石油和化工行业"十四五"规划教材

食品加工与保藏原理

Principles of Food Processing and Preservation

敬思群　张丽华　主编
赵仲凯　胡永红　副主编
曾名湧　主审

化学工业出版社

·北京·

内容简介

食品加工与保藏原理应用化学、生物学、生物化学、微生物学、营养学，以及工程学等领域的相关理论知识，融合包装基础应用、仪器分析、生物技术等重要实践方法，形成了一套较为完善的科学体系。重点根据食品原料的特性研究：①食品的加工保藏，包括分析食品腐败变质的原因，如生物、酶、物理化学等因素导致的食用品质降低，食品外观、质构、风味和成分的改变，以及潜在的食用安全性评价等；②食品保藏的途径，旨在通过采取合理的技术、方法控制食品腐败变质，以保证产品质量和达到相应的保藏期，包括运用无菌原理（热杀菌、冷杀菌、辐照杀菌、化学杀菌等），以及利用发酵、气调等手段抑制微生物活动，获得预期的货架期。

本书可作为高等院校食品科学与工程专业、食品质量与安全专业、食品营养与健康专业本科生和研究生的教材，也可用作食品生产和经营企业的管理人员、生产技术人员的工具书。

图书在版编目（CIP）数据

食品加工与保藏原理 / 敬思群，张丽华主编. --北京：化学工业出版社，2025.4. --（石油和化工行业"十四五"规划教材）. -- ISBN 978-7-122-47759-0

Ⅰ. TS205

中国国家版本馆 CIP 数据核字第 2025LM6221 号

责任编辑：赵玉清　　　　文字编辑：药欣荣
责任校对：王　静　　　　装帧设计：张　辉

出版发行：化学工业出版社
　　　　（北京市东城区青年湖南街 13 号　邮政编码 100011）
印　　装：河北鑫兆源印刷有限公司
787mm×1092mm　1/16　印张 18¼　字数 422 千字
2025 年 5 月北京第 1 版第 1 次印刷

购书咨询：010 64518888　　　　售后服务：010-64518899
网　　址：http://www.cip.com.cn
凡购买本书，如有缺损质量问题，本社销售中心负责调换。

定　价：56.00元　　　　　　　　版权所有　违者必究

编写人员

主　编　敬思群（韶关学院）
　　　　　张丽华（郑州轻工业大学）
副主编　赵仲凯（新疆大学）
　　　　　胡永红（南京工业大学）
编　者（按拼音顺序排列）
　　　　　胡永红（南京工业大学）
　　　　　姜启兴（江南大学）
　　　　　敬思群（韶关学院）
　　　　　李　波（郑州轻工业大学）
　　　　　李泽珍（山西农业大学）
　　　　　龙　肇（中南林业科技大学）
　　　　　罗依扎·瓦哈甫（新疆大学）
　　　　　茹先古丽·买买提依明（新疆大学）
　　　　　王小媛（郑州轻工业大学）
　　　　　张丽华（郑州轻工业大学）
　　　　　张俊艳（韶关学院）
　　　　　赵仲凯（新疆大学）
　　　　　朱建华（韶关学院）
主　审　曾名湧（中国海洋大学）

序 言

食品加工与保藏原理是食品科学与工程相关专业的一门重要专业课程，也是食品科学技术的基础性课程之一。食品加工与保藏原理研究的内涵和要素以质量控制和产品设计为中心，研究食品加工与保藏的基本理论、工艺与技术原理，研究食品新产品设计研发的要素及全过程，研究食品货架期及其预测技术，研究如何开展食品感官评价，是一门建立在多学科基础上的专业课程。

从食品学科的发展趋势看，提升食品的风味和营养健康水平是一个长期的任务，更是食品从业人员满足人民对美好生活向往的实际行动。食品加工与保藏，是现代食品理性设计与消费流通环节的核心单元。教材遵循成果导向（OBE）的教学理念，坚持"面向产出、创新培养、夯实理论、强化实践"的育人要求，以食品技术原理、食品保藏学作为基本理论体系，对知识结构进行了优化整合，对新产品开发、食品感官评价等内容也进行了系统的介绍，利于学生产品设计和研发能力的培养。同时教材中的各个章节"盐模式"思政教育，体现科学思维、学术思维和工程思维，并关联了课程的知识图谱与思政育人的关系图谱，方便学生线上学习和归纳课程要点知识。

参与教材编写的单位高校，均是国内食品科学与工程类专业领域的教学名校，以及具有典型区域特色的地方高校，编写专家多年从事食品加工与贮藏领域的一线教学与科研工作，具备丰富的教育教学以及行业实践经验，编撰成果得到了教育部高等院校食品科学与工程类专业教学指导委员会和中国化工教育协会教材工作委员会的大力肯定。在编者们的共同努力下，本教材于2023年获批了第一批石油和化工行业"十四五"规划教材（普通高等教育），相信本教材的出版，对提高食品科学与工程专业及相关专业的教育教学质量和行业研究水平皆具有积极的贡献和作用。

特此作序，以资鼓励。

中国工程院院士
江南大学校长、博士生导师

前 言

在智能化教学的背景下,教材不仅成为推动教育教学改革发展的重要抓手,更是提升专业建设质量、创新课程体系的重要载体。国家倡导构建"纸质教材、在线课程、混合式学习"三位一体新形态教材。教学内容上要"盐模式"融入"双思"(思维和思政)教育;"新工科"的核心理念是培养学生解决复杂工程问题的能力,要随时关注食品加工与保藏技术发展的前沿,把相关前沿科技及时融入课程内容中,拓展学生科研视野,增加其解决工程实践问题的能力。教学内容与时俱进,体现高阶性、创新性和挑战度。食品科学与工程类专业教材要体现科学思维、学术思维和工程思维,使学生的知识、能力和素质立体协调发展。

本教材将"减损增效、碳中和食品、智能大数据"等新工科内容、课程实验等做成数字化的音视频资源,体现思维教育和课程思政的双思融合,体现数字化、新工科等时代特色,课程知识图谱可在智慧树平台上查阅。

食品保藏与加工原理是食品工艺学的基础,它是科学和工程学的紧密结合。由于它主要是对原理的阐述,所以不像食品工艺学那样涉及具体产品,但是,这些原理对具体的食品开发、工程设计都会发挥重要的基础性作用。全书内容共分十章,较系统阐述了食品加工与保藏过程涉及的主要工艺原理和技术,以及如何进行食品产品的品质评价、食品新产品设计研发。内容包括绪论、食品的品质劣变及其控制、食品的低温处理和保藏、食品的热处理技术、食品的非热处理技术、食品的干燥、食品的微波处理、食品的腌制、烟熏与发酵保藏、食品化学保藏、食品新产品研发、食品感官评价。

参加本书编写的人员都是来自国内高等院校承担食品保藏原理及相关课程教学的一线老师。编写分工如下:绪论由胡永红编写;第一章由敬思群编写;第二章第一节至第五节由张丽华编写,第六节由赵仲凯编写;第三章第一节至第三节由张丽华编写,第四节由敬思群编写;第四章第一节由敬思群编写,第二节由龙肇编写,第三节至第六节由王小媛编写;第五章由王小媛编写;第六章由李泽珍编写;第七章第一节至第四节由姜启兴编写,第五节由罗依扎·瓦哈甫编写;第八章第一节至第三节由赵仲恺编写,第四节和第五节由茹先古丽·买买提依明编写;第九章第一节由张俊艳编写,第三节由朱建华编写,第二节和第四节由敬思群编写;第十章第一节由敬思群编写,第二节至第四节由李波编写,附录由李波编写。全书由敬思群、张丽华负责统稿,曾名湧负责审稿。

本教材重点阐明食品加工与保藏的基本理论、工艺与技术原理,同时以学生掌握新产品开发的科研思路为宗旨,较系统阐述了食品新产品研发的要素及全过程、食品货架期及其预测技术、如何尽可能创造人类所认知的上好的食品感官品质,是学生学习其他食品工艺学课程的基础,要求学生具有食品生物化学、食品工程原理、食品化学、食品微生物学等先修课程的基础。本书可作为高等院校食品科学与工程专业、食品质量与安全专业、食品营养与健康专业本科生和研究生的教材，也可用作食品生产和经营企业的管理人员、生产技术人员的工具书。

本书在编写过程中，得到化学工业出版社、韶关学院教务部和韶关学院食品学院领导以及工作人员的指导、帮助和支持，谨在此一并表示衷心感谢。

由于时间和编写者水平有限，加之学科内容广泛和数字化智能化发展迅速，书中疏漏和不妥之处在所难免，恳请诸位同仁和读者赐教惠正。

敬思群　张丽华
2025 年 1 月

目 录

绪论 ·· 1
    一、食品加工与保藏的内容和任务 ·· 2
    二、食品加工与保藏的目的和类型 ·· 3
    三、食品加工与保藏的历史和发展 ·· 3
    四、食品加工与保藏原理的学习方法 ··· 6

第一章 食品的品质劣变及其控制 ·· 8

第一节 引起食品品质劣变的主要因素及其特性 ························· 8
    一、生物学因素 ·· 8
    二、化学因素 ·· 14
    三、物理因素 ·· 16

第二节 食品保藏的基本原理 ·· 18
    一、温度对食品腐败变质的抑制作用 ······································· 18
    二、水分活度对食品腐败变质的抑制作用 ································ 25
    三、pH 对食品腐败变质的抑制作用 ·· 29
    四、电离辐射对食品腐败变质的抑制作用 ································ 31
    五、其他因素对食品腐败变质的抑制作用 ································ 34

第三节 栅栏技术 ··· 38
    一、栅栏技术概念的提出 ·· 38
    二、栅栏效应 ·· 38

第二章 食品的低温处理和保藏 ·· 41

第一节 食品的冷却和冷藏 ··· 41
    一、冷却食品物料的选择和前处理 ··· 41
    二、食品冷却方法 ·· 41
    三、不同食品原料的冷藏工艺 ·· 43

四、冷藏库的管理和冷藏食品品质控制 …………………………………………… 45
第二节　食品的冻结 ……………………………………………………………………… 47
　　一、冻结点与冻结率 ………………………………………………………………… 47
　　二、冻结曲线 ………………………………………………………………………… 47
　　三、冻结速率 ………………………………………………………………………… 49
　　四、冻结速度与冰晶 ………………………………………………………………… 50
第三节　食品的冻藏 ……………………………………………………………………… 50
　　一、冷冻食品原料的选择和预处理 ………………………………………………… 50
　　二、食品冻结方法 …………………………………………………………………… 51
　　三、冷冻食品的包装 ………………………………………………………………… 54
　　四、冷冻食品的流通与冷链管理 …………………………………………………… 54
第四节　冻结食品的解冻 ………………………………………………………………… 55
　　一、解冻过程 ………………………………………………………………………… 55
　　二、解冻方法 ………………………………………………………………………… 56
第五节　速冻保藏新技术 ………………………………………………………………… 57
　　一、超声波辅助冻结 ………………………………………………………………… 58
　　二、超高压辅助冻结 ………………………………………………………………… 58
　　三、低频磁场辅助冻结 ……………………………………………………………… 58
第六节　食品的冷链流通 ………………………………………………………………… 59
　　一、食品冷链 ………………………………………………………………………… 59
　　二、食品冷链运输设备 ……………………………………………………………… 60
　　三、食品冷藏链销售设备 …………………………………………………………… 67
　　四、HACCP 在食品冷链流通中的应用 …………………………………………… 69

第三章　食品的热处理技术 —————————————————————— 72

第一节　食品加工与保藏中的热处理 …………………………………………………… 72
　　一、烫漂 ……………………………………………………………………………… 72
　　二、烘烤和焙烤 ……………………………………………………………………… 72
　　三、煎炸 ……………………………………………………………………………… 73
　　四、介电和红外加热 ………………………………………………………………… 74
　　五、热挤压 …………………………………………………………………………… 74
　　六、热杀菌 …………………………………………………………………………… 75
第二节　食品热处理反应的基本规律 …………………………………………………… 75
　　一、微生物的热致死反应动力学 …………………………………………………… 75
　　二、热处理对微生物的影响 ………………………………………………………… 78
　　三、热处理对酶的影响 ……………………………………………………………… 78
　　四、热处理对食品品质的影响 ……………………………………………………… 79
第三节　微生物的耐热性 ………………………………………………………………… 81
　　一、微生物的耐热机制 ……………………………………………………………… 81

二、热杀菌的原理 …… 82
　第四节　食品热处理条件的选择与确定 …… 83
　　一、食品热处理方法的选择 …… 83
　　二、食品热处理条件的确定 …… 84

第四章　食品的非热处理技术　89

第一节　食品的非热杀菌 …… 89
　　一、非热杀菌的定义 …… 89
　　二、非热杀菌技术分类 …… 89
　　三、非热杀菌技术在食品工业中应用现状 …… 90
第二节　食品的辐照保藏技术 …… 90
　　一、食品辐照的特点 …… 90
　　二、食品辐照技术基础 …… 91
　　三、食品的辐照保藏原理 …… 96
　　四、辐照技术在食品保藏中的应用 …… 100
第三节　超高压技术 …… 102
　　一、超高压杀菌基本原理 …… 102
　　二、影响超高压杀菌效果的因素 …… 103
　　三、超高压杀菌技术在食品中的应用 …… 104
第四节　脉冲电场技术 …… 105
　　一、脉冲电场杀菌基本原理 …… 105
　　二、影响脉冲电场杀菌效果的因素 …… 106
　　三、脉冲电场杀菌技术在食品中的应用 …… 109
第五节　超声波技术 …… 110
　　一、超声波杀菌基本原理 …… 110
　　二、影响超声波杀菌效果的因素 …… 111
　　三、超声波杀菌技术在食品中的应用 …… 112
第六节　等离子体技术 …… 113
　　一、等离子体杀菌基本原理 …… 113
　　二、影响等离子体杀菌效果的因素 …… 114
　　三、等离子体杀菌技术在食品中的应用 …… 115

第五章　食品的干燥　117

第一节　食品的干燥保藏原理 …… 117
　　一、食品干燥的推动力和阻力 …… 117
　　二、干燥特性曲线 …… 117
　　三、影响干燥的因素 …… 118

第二节　干制对食品品质的影响 ·· 119
　　　一、物理变化 ·· 119
　　　二、化学变化 ·· 120
　　第三节　食品的干燥方法及控制 ·· 122
　　　一、对流干燥 ·· 122
　　　二、接触干燥 ·· 122
　　　三、真空干燥 ·· 123
　　　四、冷冻干燥 ·· 124
　　第四节　干燥食品的贮藏与运输 ·· 125
　　　一、各类干燥食品贮藏的水分要求 ··· 125
　　　二、干燥食品贮藏的环境条件 ··· 127
　　　三、干燥食品的储运要求 ··· 127

第六章　食品的微波处理　129

　　第一节　微波的性质与微波加热原理 ·· 129
　　　一、微波的性质 ·· 129
　　　二、微波加热的原理 ··· 130
　　　三、微波加热的特点 ··· 131
　　　四、微波加热设备 ··· 132
　　第二节　微波技术的应用 ·· 137
　　　一、微波烹调 ··· 137
　　　二、微波干燥 ··· 137
　　　三、微波烘烤 ··· 138
　　　四、微波解冻 ··· 139
　　　五、微波杀菌与灭酶 ··· 140
　　　六、微波膨化 ··· 141
　　　七、微波提取 ··· 141
　　　八、其他应用 ··· 142
　　第三节　微波应用中的安全问题 ·· 143
　　　一、微波加热对食品品质的影响 ··· 143
　　　二、微波对人体的影响 ··· 145
　　　三、微波辐射的安全标准 ··· 145
　　　四、微波应用中的安全技术措施 ··· 146

第七章　食品的腌制、烟熏与发酵保藏　148

　　第一节　食品腌制的基本原理 ·· 148
　　　一、腌制的基本原理 ··· 148

二、腌制对微生物的影响 ……………………………………………………………… 151
第二节　食品盐制 ………………………………………………………………………… 152
　　一、食品的盐制方法 …………………………………………………………………… 152
　　二、腌制过程中的变化 ………………………………………………………………… 155
第三节　食品糖制 ………………………………………………………………………… 158
　　一、食品糖制方法 ……………………………………………………………………… 158
　　二、糖制与食品保藏 …………………………………………………………………… 159
第四节　食品的烟熏 ……………………………………………………………………… 160
　　一、烟熏的目的 ………………………………………………………………………… 160
　　二、熏烟的主要成分及其作用 ………………………………………………………… 161
　　三、熏烟的产生 ………………………………………………………………………… 162
　　四、熏烟在制品上的沉积 ……………………………………………………………… 163
　　五、烟熏材料的选择及处理 …………………………………………………………… 164
　　六、食品的烟熏方法 …………………………………………………………………… 164
第五节　食品的发酵保藏 ………………………………………………………………… 166
　　一、发酵的概念 ………………………………………………………………………… 166
　　二、食品发酵的基本理论 ……………………………………………………………… 167
　　三、现代高新技术在发酵产品中的应用 ……………………………………………… 170

第八章　食品化学保藏 …………………………………………………………… 173

第一节　食品化学保藏的定义和要求 …………………………………………………… 173
　　一、食品化学保藏及其特点 …………………………………………………………… 173
　　二、食品添加剂的定义 ………………………………………………………………… 173
　　三、食品添加剂的作用 ………………………………………………………………… 174
　　四、食品添加剂及其使用原则 ………………………………………………………… 176
第二节　食品的防腐 ……………………………………………………………………… 176
　　一、食品防腐剂的概述 ………………………………………………………………… 176
　　二、食品防腐剂的分类 ………………………………………………………………… 177
　　三、食品防腐剂作用机制 ……………………………………………………………… 177
　　四、食品防腐剂的作用与特点 ………………………………………………………… 177
　　五、食品防腐剂的合理使用 …………………………………………………………… 178
　　六、常用的化学（合成）防腐剂 ……………………………………………………… 178
　　七、生物防腐剂 ………………………………………………………………………… 185
　　八、新型天然防腐剂 …………………………………………………………………… 188
第三节　食品的抗氧化 …………………………………………………………………… 189
　　一、食品抗氧化剂的作用机制 ………………………………………………………… 189
　　二、食品抗氧化剂的种类和特性 ……………………………………………………… 190
　　三、食品抗氧化剂使用要点 …………………………………………………………… 193
第四节　食品的脱氧 ……………………………………………………………………… 194

  一、食品脱氧剂的种类 …………………………………………………………… 194
  二、常用的食品脱氧剂及其特性 ………………………………………………… 194
 第五节 食品保鲜剂 …………………………………………………………………… 195
  一、保鲜剂的作用 ………………………………………………………………… 195
  二、保鲜剂种类及其性质 ………………………………………………………… 195

第九章 食品新产品研发 198

 第一节 新产品概述 …………………………………………………………………… 198
  一、新产品概念及其分类 ………………………………………………………… 198
  二、新产品开发、创新的原则和方式 …………………………………………… 200
  三、新产品开发的文化塑造 ……………………………………………………… 203
 第二节 食品新产品开发过程 ………………………………………………………… 204
  一、新产品开发过程 ……………………………………………………………… 204
  二、食品新产品开发的创意来源 ………………………………………………… 205
  三、食品新产品市场调查方法 …………………………………………………… 208
 第三节 食品新产品设计研发过程 …………………………………………………… 214
  一、人体工程学与食品新产品开发 ……………………………………………… 214
  二、食品产品的标准制订 ………………………………………………………… 215
  三、食品研发选题设计 …………………………………………………………… 216
  四、食品新产品配方设计 ………………………………………………………… 218
  五、食品工艺研发设计 …………………………………………………………… 219
  六、食品标签设计要求 …………………………………………………………… 221
 第四节 食品货架期及其预测技术 …………………………………………………… 221
  一、食品货架期概念及影响因素 ………………………………………………… 221
  二、食品货架期预测的基本数学模型 …………………………………………… 223
  三、食品货架期的加速试验 ……………………………………………………… 228
  四、食品货架期的其他预测技术 ………………………………………………… 229

第十章 食品感官评价 232

 第一节 食品感官评价的条件 ………………………………………………………… 232
  一、食品感官评价人员的筛选与训练 …………………………………………… 232
  二、食品感官评价的环境条件 …………………………………………………… 236
  三、样品的制备和呈送 …………………………………………………………… 238
  四、食品感官评价的组织和管理 ………………………………………………… 241
 第二节 食品感官评价的方法 ………………………………………………………… 241
  一、差别检验 ……………………………………………………………………… 241
  二、标度和类别检验 ……………………………………………………………… 247

三、描述分析检验 …………………………………………………………… 248
第三节　食品感官评价的应用 …………………………………………………… 250
　　一、消费者试验 ……………………………………………………………… 250
　　二、产品质量管理 …………………………………………………………… 253
第四节　食品感官评价的仪器分析 ……………………………………………… 255
　　一、质构仪 …………………………………………………………………… 255
　　二、电子舌 …………………………………………………………………… 258
　　三、电子鼻 …………………………………………………………………… 260

参考文献 ……………………………………………………………………… 265

附录 …………………………………………………………………………… 266

　　附录一　三位随机数表 ……………………………………………………… 266
　　附录二　t 值表 ……………………………………………………………… 267
　　附录三　F 分布表 …………………………………………………………… 269
　　附录四　χ^2 值表 …………………………………………………………… 272
　　附录五　顺位检验法检验表 ………………………………………………… 273

绪 论

食品是指各种供人食用或者饮用的成品和原料,以及按照传统既是食品又是中药材的物品,但是不包括以治疗为目的的物品(引自《中华人民共和国食品安全法》)。还有其他定义:

① 为了维持正常生理功能而经口摄入体内的含有营养素的物品。

② 一般把经过加工后的食物称为食品。

食品按照原料来源可以分为植物性食品和动物性食品。植物性食品包括粮食、豆类、蔬菜、水果;动物性食品包括禽畜类、水产类、蛋类、乳类。

食品的要求有以下方面:①安全性:"民以食为天,食以安为先";②"绿色食品";③HACCP(Hazard Analysis and Critical Control Point,即危害分析的临界控制点),SC生产许可(食品生产许可);④耐藏性:是流通的需要;⑤营养:商品标签;⑥外观:影响消费者选购;⑦风味:可产生嗜好性;⑧质构:影响消费者选购,是内在质量的表现;⑨方便性。

大食物观背景下的营养和风味双轮驱动,而风味是食品的灵魂。大食物观下食品加工三原则见视频1-1。

随着工业时代的到来以及农业革命,种植业、养殖业、捕捞业迅速发展,农产品的局部和暂时过剩,以及生活与政治、经济、军事的需要,推动了食品加工与保藏技术的发展和应用,产生了现代食品工业。社会经济的发展以及人类生活水平的提高,已经使天然食物、加工食品(食物)在人类饮食中的结构和比例发生极大变化,饮食给人们生活带来的不仅是物质的需要和享受,而且在维护人体健康和激发精神快乐等方面具有重要的作用,已成为一个国家和民族的重要文化特征。

视频1-1

食品工业是指具有一定生产规模、固定的生产厂房(场所)、相当的生产设施,采用科学的管理方法和生产技术,生产商品化的安全食品、饮品和其他与食品工业相关的配料、辅料等产物的产业。食品工业是关系国计民生的生命工业,也是一个国家、一个民族经济发展水平和人民生活质量的重要标志。

现代的食品加工不只是停留在传统的农副产品初级加工的范畴,而是指对可食资源原料进行必要的技术处理,以保持和提高其可食性和利用价值,开发适合人类需求的各种食品和工业产物的全过程。本书所指的食品加工包括了食品的处理、加工与制造,即食品的工业生产过程。

经过长期的发展，我国食品工业已经成为国民经济的重要产业，在经济社会发展中具有举足轻重的地位和作用。

进入21世纪以来，信息技术、生物技术、纳米技术、新材料等高新技术发展迅速，与食品科技交叉融合，不断转化为食品生产新技术，如物联网技术、生物催化、生物转化等技术已应用于从食品原料生产、加工到消费的各个环节中。营养与健康技术、酶工程、发酵工程等高新技术的突破催生了传统食品的工业化，新型保健与功能性食品产业、新资源食品产业等不断涌现。全球已进入空前的密集创新和产业振兴时代。

加快推进食品工业企业的信息化建设，引导企业运用信息化技术提升经营管理和质量控制水平，降低管理成本，丰富市场营销方式。推进食品安全可追溯体系建设，建立集信息、标识、数据共享、网络管理等功能于一体的食品可追溯信息系统。推进物联网技术在种植养殖、收购、加工、贮运、销售等各个环节的应用，逐步实现对食品生产、流通、消费全过程关键信息的采集、管理和监控。

我国《"十四五"智能制造发展规划》提出，到2025年，70%规模以上制造业企业基本实现数字化网络化，建成500个以上引领行业发展的智能制造示范工厂。我国坚定不移地以智能制造为主攻方向，推动产业技术变革和优化升级。以现代信息技术为标志的第四次工业革命正快速影响食品制造业。

近年来食品跨国集团空前活跃，发达国家和跨国公司大举进入我国食品工业，他们在全球范围内通过资本整合，以专利、标准、技术和装备的垄断以及人才的争夺，已将技术领先优势迅速转化为市场垄断优势，不断提升核心竞争能力。国外资本采用兼并、控股、参股等多种手段大举进入我国市场，我国竞争力尚不够强的食品工业面临着严峻的国际竞争挑战。

合成生物学是继分子生物学革命之后的第三次生物科学革命。食品合成生物学是在传统食品加工工艺基础上，利用合成生物学技术，对食品资源微生物或细胞的基因底盘进行设计、编辑和组装，构建具有合成特定食品资源组分能力的细胞工厂，生产人类设定目标的食品资源、食品组分、添加剂和营养物质等产品，服务于健康中国战略。目前美国、以色列等国家已经在积极开展食品合成生物学研究，并已成功研制出"人造肉""人造奶"等人工合成食品。我国在食品合成生物学领域的技术进展和成果水平与国外同行呈现出齐头并进的势头，都在积极探索产业化突破和实际生产应用。

一、食品加工与保藏的内容和任务

食品加工与保藏原理是食品科学与工程专业课程体系中的一门综合运用生物学、化学、物理学、营养学、公共卫生学、食品工程等各领域基础知识，研究和讨论食品原料，以及食品生产和贮运过程中所涉及的基本技术和安全问题的专业技术基础课、必修课。

食品加工与保藏原理是食品工艺学的基础，它是科学和工程学的紧密结合，主要是对原理的阐述，不涉及具体产品，但是对不同类型食品的开发、工程设计发挥着重要的基础性作用。课程以食品加工与保藏过程重要的单元操作原理与工艺条件控制为主要内容，根据"宽专业、强基础、重能力"的原则组织教学，较系统阐述了食品加工与保藏过程涉及的主要工艺原理和技术，以及如何进行食品产品的品质评价、食品新产品研发。通过上述内容的学习，读者能掌握食品生产工艺控制的理论和食品保藏原理，学会分析生产过程存在的技术问题和安全问题，提出解决问题的方法，具备产品研发的初步能力。

二、食品加工与保藏的目的和类型

食品加工就是将原粮或其他原料经过人为的处理过程，形成一种可直接食用的新形式产品。食品加工包括谷物磨制、饲料加工、制糖和植物油加工、屠宰及肉类加工、水产品加工，蔬菜、水果和坚果等食品的加工，以及脱水蔬菜加工、蔬菜罐头加工，是广义农产品加工业的一种类型。

食品保藏的方法众多，通常依据保藏的原理分为以下四种主要类型。

（一）维持食品最低代谢活动的保藏方法

主要用于新鲜水果、蔬菜等生机食品的保藏。控制水果、蔬菜保藏环境的温度、相对湿度及气体组成等因素条件，使水果、蔬菜的新陈代谢活动维持在较低水平，从而延长它们的保藏期。这类方法包括冷藏法、气调法等。

（二）抑制变质因素的活动来达到保藏目的的方法

微生物及酶等主要变质因素在某些物理因素、化学因素的作用下，将会受到不同程度的抑制，从而使食品品质在一段时间内得以保持。但是，解除这些因素的作用后，微生物和酶即会恢复活动，导致食品腐败变质。这类保藏方法包括：冷冻保藏、干藏、腌制、熏制、化学保藏及改性气体包装保藏等。

（三）通过发酵来保藏食品的方法

这是一类通过培养有益微生物进行发酵，利用某些发酵产物，如酸和乙醇等来抑制腐败微生物的生长繁殖，从而保持食品品质的方法。

（四）利用无菌原理来保藏食品的方法

例如利用热处理、微波、辐射、脉冲等方法，将食品中的腐败微生物数量减少到无害的程度或全部杀灭，并长期维持这种状况，从而达到长期保藏食品目的的方法。罐藏、辐射保藏及无菌包装技术等均属于此类方法。

三、食品加工与保藏的历史和发展

（一）食品保藏的历史、现状和发展

食品保藏是一种古老的技术。据确切记载，公元前 3000 年至公元前 1200 年间，犹太人经常用从死海取来的盐保藏各种食物。中国人和希腊人也在同时代学会了盐腌鱼技术。这些事实可以看成是腌制保藏技术的开端。大约公元前 1000 年，古罗马人学会了用天然冰雪来保藏龙虾等食物，同时还出现了烟熏保藏肉类的技术。这说明在当时低温保藏和烟熏保藏技术已具雏形。《圣经》中曾记载了人们利用光照将枣子、无花果、杏及葡萄等晒成果干进行保藏的方法。我国古书中也常出现"焙"，这些证据均表明干藏技术在古代就已开始进入人们的日常生活。《北山酒经》中也曾记载了瓶装酒密封煮沸后保存的方法，可以看作是罐藏技术的萌芽。

1809 年，法国人 Nicolas Appert 将食品放入玻璃瓶中加木塞密封并杀菌后，制造出真正的罐藏食品，成为了现代食品保藏技术的开端。从此，各种现代食品保藏技术不断问世。1883 年前后出现了食品冷冻技术，1908 年出现了化学品保藏技术，1918 年出现了气调冷藏技术等。现代食品保藏技术与古代食品保藏技术的本质区别在于，现代食品保藏技

术是在阐明各种保藏技术所依据的基本原理的基础上，采用人工可控制的技术手段来进行的，因而可以不受时间、气候、地域等因素的限制，可大规模、高质量、高效率地实施。

食品保藏技术的发展是不平衡的，它表现在不同食品保藏技术之间的发展不平衡，以及同种保藏方法中实施不同技术手段之间的发展不平衡。例如，罐藏技术在相当长的一段时间内曾占据着食品保藏技术的主导地位，但是，随着人们生活水平逐渐提高，食品保鲜技术的开发和广泛应用，罐头食品在色、香、味等方面的缺陷以及相对较高的成本使罐头工业的发展陷入困境。与此相反，食品低温保藏技术能较好地保存食品的色、香、味及营养价值，并能提供丰富多彩的冷冻食品，因而逐渐受到食品工业的青睐，其中速冻食品特别是速冻调理食品发展迅猛，令人瞩目。2005年我国速冻调理食品产量约350万吨，是食品产业中发展最快的行业之一。目前，全世界的速冻食品正以年均20%的增长速度持续发展，年总产量已达到6000万吨，品种达3500余种。预计未来十年内，速冻食品的销售量将占市场食品销售总量的60%以上。另外，在同种保藏方法的不同技术手段之间也存在着明显的发展不平衡状况，例如罐藏法中金属罐藏技术、玻璃罐藏技术发展缓慢，而塑料罐、软罐头及无菌罐装技术等的发展潜力巨大。又如干藏法中普通热风干燥技术的发展处于相对停滞状态，而喷雾干燥及冷冻干燥技术的发展却非常迅速。总之，只有适应现代化生产需要，能为人类提供高质量食品，并且具有合理生产成本的食品保藏技术才能获得较快发展。食品保藏作为一种有效利用食品资源、减少食品损耗的重要技术手段，对于缓解当今因人口迅速膨胀而导致食物资源相对短缺的状况，具有不可替代的作用。开发更为有效、更为先进的食品保藏技术是从事食品研究与开发的所有人员的义务与责任。

（二）我国食品工业发展面临的挑战

1. 食品安全是全世界食品消费面临的重要问题

包括发达国家在内的世界各国每年都在遭受食源性疾病的侵害。工业化国家每年的食源性疾病患病率占食源性侵害的30%左右，据世界卫生组织（WHO）统计，全球每年发生食源性疾病人数超过十亿。2001年世界卫生大会通过"食品安全决议"，将食品安全列为公共卫生的优先领域。近年世界发生的诸多食品安全事件，如"二噁英污染食品""疯牛病""李斯特菌污染食品""三聚氰胺事件""日本雪印乳品造成的中毒事件"等，严重影响了食品工业的健康发展，食品消费安全信心受到严重的冲击。

世界工农业发展的不平衡，违反自然规律的过速发展和失控，以及失策造成的环境污染，已直接影响到人类的食物资源及食品的安全性。食源性疾病，动植物产品中的化学药物、抗生素、激素等残留问题已引起世界各国的广泛重视。在国际、国内贸易中，食品的安全性已成为监控的第一质量因素。农业生产过程、食品生产加工过程以及食品贮运销售过程的任何一个环节缺乏监控，都会直接造成食品出现安全问题。

在现代传媒高度发达、公众对健康安全高度关心的时代背景下，食品安全问题具有显著的传播扩大及放大的效应。一旦出现食品安全事件，哪怕是个别问题，也会迅速传播扩散，成为公众关注的热点、媒体聚光的焦点。食品安全事件没有得到及时处置，也会转化或发展为重大的政治与经济问题，对食品产业发展带来致命的打击。如美国，每年有7600万人患上食源性疾病（其中水产品引起的占1/5），死亡5500人，32.5万人因此住院，由此开支高达数亿美元。每年由于5种食源性疾病造成的药费和生产力丧失达69亿美元。1999年比利时"二噁英污染食品"事件，直接损失达3.55亿欧元，如果加上与此关联的食品工业,损失已超过上百亿欧元。

2. 食品安全质量成为国际贸易中最有效的技术壁垒

食品贸易是国际贸易中的重要组成部分。其中,食品安全以及食品流通公平、公正,是维护国际食品贸易正常运行的首要前提。

世界贸易组织(World Trade Organization,WTO)/技术性贸易壁垒协议(Technical Barriers to Trade,TBT),允许各成员以保护国家安全利益、保护人类和动植物的生命和健康、保护环境等为目标而提高进口产品的技术要求,增加进口难度,最终达到限制进口的目的。它是目前各国,尤其是发达国家人为设置贸易障碍,推行贸易保护主义的最有效的手段。

延伸阅读1
落实食品安全
"四个最严"要求
守护群众"舌
尖上的安全"

虽然联合国粮农组织(Food and Agriculture Organization,FAO)和世界卫生组织(World Health Organization,WHO)下属的食品法典委员会(Codex Alimentarius commission,CAC)公布的《食品法典》成为全世界公共标准,但是各进口国政府会制定强制性法规(法律)来保护本国的利益,如关税、反倾销和各种特别保护措施或临时性保护措施。例如,美国2003年12月12日开始实行的"防生物恐怖法",日本2006年推行的"可用农药清单制度"。因此,按照国际法规和要求对食品生产进行严格管理,建立无公害的食品生产基地,加强食品生产和管理的技术改造,确保食品安全与质量,是食品工业发展的必然趋势。

3. 食品生产经营和监督的安全管理制度要求更为严格

我国《食品安全法》及《食品安全法实施条例》《农产品质量安全法》《刑法修正案(八)》《乳品质量安全监督管理条例》等相关法律法规,对食品生产经营者、食品安全监管部门和人员的职责都有明确的要求,强化了企业主体责任;同时,这些相关法规建立了食品安全监管责任制和责任追究制度,为加强食品安全监管、严厉打击违法犯罪行为提供了有力的法律依据。

国务院在《国家食品安全监管体系"十二五"规划》中强调,要加强食品产业链全过程的质量安全控制,提高各环节监管能力。严格市场准入,严把食品生产经营许可关。强化食品安全源头管理,继续推进全国农产品产地安全状况调查和评价,加快食用农产品禁止生产区域划分工作,实施农产品产地环境安全分级管理。强化农业生产过程质量控制,实施良好农业规范。在食品生产加工环节推行良好生产规范、危害分析与关键控制点体系和食品防护计划;完善生产加工环节食品风险监测和排查制度,加强食品生产系统性和区域性质量安全问题的防控和处置。完善食品退市、召回制度,加强对问题食品处理过程的监督。加强食品质量安全溯源管理,建立健全追溯制度。运用物联网等技术建立食品安全全程追溯管理系统,逐步建立全国互联互通的食品安全验证管理体系,是新时期的主要任务。

4. 合理充分利用食物资源,开发各种新食品,满足人类的需求

据自然资源部和农业农村部统计,我国耕地面积从1996年的19.51亿亩,至2008年底降至18.2574亿亩,耕地减少的趋势难以避免,但粮食需求将不断提高,供求矛盾依然突出。而且我国农业粮食、果蔬产后损失率仍高于发达国家1%和5%的水平。虽然养殖业的发展带动粮食转化和经济的发展,在改善中国居民的营养摄入、生活水平等方面起着重要的作用,但养殖业的发展,离不开饲料,也受粮谷类产量的限制。受技术和装备水平的制约，我国农产品加工业物耗、能耗、水耗相对较高，资源利用率低，节能减排压力大。因此，提高资源的利用效率和价值，仍然是食品工业的主要任务。

2012年我国人均GDP已超过6100美元，开始步入小康社会。虽然反映食品消费支出比重的恩格尔系数有所下降，但仍位于居民消费比重之首。居民食品消费的档次、结构也将发生较大的变化。人们在饮食上已不仅仅满足于食品数量的增加，而是对质量的要求更高，不仅要求吃饱、吃好，更需要吃得营养与健康，吃得安全。食品消费的个性化、多样化趋势，给食品工业提出新的任务和要求。

资源的合理充分利用离不开食品有效成分的分离、提取、重组、结构化等食品加工新技术。要使食品调节平衡人们膳食的营养摄入水平，促进身体健康，必须不断研究、认识食品营养成分、功能成分及其加工特性，合理选用食品加工与保藏技术；要使食品质量安全有保证，必须在食品产业链的每一个环节，建立有效的质量安全检测与控制等质量管理体系。

5. 食品加工程度相对较低

我国粮食、油料、水果、豆类、肉类、蛋类、水产品等产量目前均居世界首位，但加工程度相对较低。发达国家农产品加工业的产值一般为农业产值的3～4倍，我国仅为1～2倍；发达国家初级农产品加工转化率达到80%以上，我国仅有30%（主要农产品加工转化率达到73%）；发达国家加工品占食物消费总量的80%以上，我国不到30%；发达国家的种植业、养殖业产品加工成食品的比例都在30%以上，我国仅为2%～6%。

6. 食品产业链建设尚需加强完善

食品产业链中食品工业与上、下游产业的有效衔接不足，原料保障、食品加工、产品营销存在一定程度的脱节。绝大多数食品加工企业缺乏可控的原料生产基地，原料生产与加工需求不适应，价格和质量不稳定。我国小麦产量居世界首位，但优质专用品种数量不足，每年仍需进口优质专用小麦；我国柑橘产量的95%用于鲜食和榨汁，但市场消费需求较大，大部分浓缩橙汁仍需要进口。多数食品加工企业缺乏必要的仓储和物流设施，原料供应保障程度低，资源浪费严重，抗风险能力弱。

世界许多国家和地区都充分利用本地资源和区域优势，大力发展食品工业，将资源优势转化为国家经济优势。如新西兰的乳品产量只占世界总产量的2%，但其乳制品的贸易量却占世界总量的30%，为全世界115个国家提供800多种乳制品；巴西橙汁出口量占全球出口量的50%，其中冷冻浓缩橙汁出口量占该类产品市场的80%；法国的葡萄酒产量占世界葡萄酒产量的1/6，每年出口值10亿多美元。

7. 企业规模小，技术水准偏低

目前我国食品生产企业集约化程度低，主要以中小型、微型企业为主，企业技术提升及创新能力薄弱，市场产品仍多以初级、次级加工产品居多。此外，食品加工过程中的能耗、污染普遍较高，部分行业生产能力过快增长，导致产能过剩。针对以上问题，迫切需要通过科技赋能提高食品加工产品的附加值，在满足消费者基础食用需求的同时，不断提升产品营养以及对人体健康的有益属性。

四、食品加工与保藏原理的学习方法

食品加工与保藏原理是一门应用性很强的专业课程，既研究食品在加工和保藏中本身的变化及其基本理论，又利用食品工程原理（或化工原理）中的工程基础，对工程实践方面加以综合。因此，在学习过程中要注意科学思维能力及工程素质的培养。由于课程的理论涉及面广，教材上只是基本的内容，同学学习完某一章后，应通过阅读课程网站提供的资料来扩大知识面，丰富课堂上教师所授的内容，观看相关视频、完成社会实践调查报告等巩固学习内容。认真进行"在线自测"，注重学习效果。

【复习思考题】

1. 名词解释：食物、食品工业、食品加工、食品合成生物学。
2. 我国食品保藏方法的类型有哪些？
3. 食品工业发展所面临的主要挑战是什么？

第一章
食品的品质劣变及其控制

第一节 引起食品品质劣变的主要因素及其特性

一、生物学因素

(一) 微生物

自然界微生物分布极其广泛,几乎无处不在,而且生命力强,生长繁殖速度快。食品中的水分和营养物质是微生物生长繁殖的良好基质,如果保藏不当,易被微生物污染,导致食品腐败变质。引起食品腐败变质的微生物种类很多,主要有细菌、酵母菌和霉菌三大类。我们把引起食品腐败的微生物称作腐败微生物。腐败微生物的种类及其引起的腐败现象,主要取决于食品的种类及加工方法等因素,分述如下。

1. 微生物与蔬菜的腐败

由于新鲜蔬菜含有大量的可利用水分,而且其 pH 处于很多细菌的生长范围之内,因此,细菌是引起蔬菜腐败的常见微生物。由于蔬菜具有相对较高的氧化-还原电势及缺乏平衡能力,因而引起蔬菜腐败的细菌主要是需氧菌和兼性厌氧菌。

由细菌引起的蔬菜腐败中最常见的是软腐病,是由欧氏杆菌和假单胞菌等细菌引起的。它们破坏蔬菜的果胶质,使其变得软烂,有时还会产生使人不愉快的气味及水浸状外观。由真菌引起的蔬菜腐败现象也普遍存在,主要是由灰绿葡萄孢霉引起的灰霉病、白地霉引起的酸腐病、匍枝根霉等引起的根腐病等,见表 1-1。

表 1-1 蔬菜中常见的腐败菌及腐败特征

腐败菌类型	腐败特征	蔬菜种类
欧氏杆菌	软腐病,病部呈水浸状病斑,微黄色,后扩大呈黄褐色而腐烂,呈滑软腐状,并发出恶臭味	十字花科蔬菜(如大白菜、青菜、甘蓝、萝卜、花椰菜)、番茄、黄瓜、莴苣等
鞭毛菌亚门霜霉属真菌	霜霉病,初期为淡绿色病,后逐渐扩大,转为黄褐色,呈多角形或不规则形,病斑上有白色霉层	十字花科蔬菜
半知菌亚门葡萄孢霉属真菌	灰霉病,病部灰白色,水浸状,软化腐烂,常在病部产生黑色菌核	番茄、茄子、辣椒、白菜、蚕豆、黄瓜、莴苣、胡萝卜等
半知菌亚门链格孢霉属真菌	早疫病,又称轮纹病,病斑黑褐色,稍凹陷,有同心轮纹	番茄、马铃薯、茄子、辣椒
鞭毛菌亚门疫霉属真菌	疫病,初为暗绿色小斑块,水浸状,后形成黑褐色明显微缩的病斑,病部可见白色稀疏霉层	辣椒、黄瓜、冬瓜、南瓜、丝瓜等

续表

腐败菌类型	腐败特征	蔬菜种类
半知菌亚门地霉属真菌	酸腐病,病斑暗淡,油污水浸状,表面变白,组织变软,发出特有的酸臭味	番茄
半知菌亚门刺盘孢霉属真菌	炭疽病,病斑凹陷,深褐色或黑色,潮湿环境下,病斑上产生粉红色黏状物	瓜类、菜豆、辣椒

2. 微生物与水果的腐败

由于水果的pH大多低于细菌生长的pH范围,因此,由细菌引起的水果腐败现象并不常见。水果的腐败主要是由酵母菌和霉菌引起的,特别是霉菌。酵母菌能使水果中的糖类酵解产生乙醇和CO_2。而霉菌能以水果中的简单化合物作为能源,破坏水果中的结构多糖和果皮等部分。水果中常见的腐败微生物有酵母属、青霉属、交链孢霉属、根霉属、葡萄孢霉属及镰刀霉属等,见表1-2。

为避免水果贮藏过程中霉菌的污染,收获水果应在其合适的成熟季节并避免果实损伤。采摘用具必须卫生,霉变的果实应销毁。低温和高CO_2在水果贮运过程中有助于防止水果霉变。

表1-2 水果中常见的腐败菌及腐败特征

腐败菌类型	腐败特征	水果类型
半知菌亚门炭疽属真菌	炭疽病,初期病斑为浅褐色圆形小斑点,后逐渐扩大,变黑,凹陷,果软烂,高湿条件下病斑上产生粉红色黏状物	苹果、梨、柑橘、葡萄、香蕉、芒果、番木瓜、番石榴等
半知菌亚门小穴壳属真菌	轮纹病,初期出现以皮孔为中心的褐色水浸状圆斑,点不断扩大,呈深浅相间的褐色同心轮纹,病斑不凹陷,烂果呈酸臭味	苹果、梨等
半知菌亚门青霉属真菌	青霉病/绿霉病,初期果实局部表面出现浅褐色病斑,稍凹陷,病部表面产生霉状块,初为白色,后为青绿色粉状物覆盖其上	苹果、梨、柑橘等
担子菌亚门胶锈菌属	锈病,初期为橙黄色小点,后期病变后,背面呈淡黄色疱状隆起,散出黄褐色粉末(锈孢子),最后病斑变黑、干枯	苹果、梨
半知菌亚门葡萄孢霉属真菌	灰霉病,病果先出现褐色病,迅速扩展使之腐烂,病果上产生灰色霉层	葡萄、草莓等
子囊菌亚门链核盘菌属真菌	褐腐病,果面出现褐色圆斑,果肉变褐、变软、腐烂,病斑表面产生褐色绒状霉层	桃
接合菌亚门根霉属真菌	软腐病,初期出现褐色水浸状病,组织软烂,并长出灰色绵霉状物,上长黑色小点	草莓
半知菌亚门地霉属真菌	酸腐病,病部初期出现水浸状小斑点,后扩大,稍凹陷,白色霉层,皱褶状轮纹,发出酸臭味	柑橘、荔枝
半知菌亚门刺盘孢霉属真菌	霜疫病,初期出现褐色斑点,白色霉层,后全果变褐,腐烂呈肉浆状,有强烈酒味及酸臭味	荔枝

但对各种水果要区别对待,因为有些水果种类对低温和高CO_2较敏感。罐装水果由于受到热处理杀菌,大部分霉菌繁殖体被杀死,但某些霉菌的囊孢子因耐热性强而能存活。引起罐装水果腐败的主要有青霉属。

3. 微生物与肉类的腐败

引起肉类腐败的微生物种类繁多,因肉类的加工及包装方法而异。在新鲜及冷藏的肉类中存在的微生物常见的有假单胞菌属、黄杆菌属、小球菌属、无色杆菌属、产碱杆菌属及梭状芽孢杆菌属等细菌,有芽枝霉属、枝霉属、毛霉属、青霉属、根霉属及分枝孢霉属等霉菌,有假丝酵母属、丝孢酵母属及赤酵母属等酵母菌。采用真空包装的肉类中,占优势的微生物常常是乳酸菌等。而咸肉中存在的微生物主要是霉菌,包括曲霉属、交链孢霉属、镰刀霉属、毛霉属、根霉属、葡萄孢霉属、青霉属等。引起腌火腿腐败的微生物主要有假单胞菌属、乳杆菌属、变形杆菌属、小球菌属及梭状芽孢杆菌属等。

微生物引起的肉类腐败现象主要有发黏、变色、长霉及产生异味等。发黏主要是由酵母菌、乳酸菌及一些革兰阴性细菌的生长繁殖所引起,当肉表面细菌总数达到 $10^{7.5} \sim 10^8 \text{CFU/cm}^2$ 时,即出现此现象。肉类的变色现象有多种,如绿变、红变等,但以绿变为常见。绿变有两种,一种是由 H_2O_2 引起的绿变,另一种是由 H_2S 引起的绿变。前者主要见于牛肉香肠及其他腌制和真空包装的肉类制品中。当它们与空气接触后,即会形成 H_2O_2,并与亚硝基血色素反应产生绿色的氧化卟啉。引起这种绿变的最常见细菌是乳杆菌、明串珠菌及肠球菌属等。后一种绿变见于新鲜肉中,是由 H_2S 与肌红蛋白反应形成硫肌红蛋白所致。引起该类绿变的细菌主要是臭味假单胞菌及腐败希瓦菌,而清酒乳芽孢杆菌属中的某些菌种在缺氧及有可利用的糖类的情形下也能产生 H_2S,引起肉类的绿变,此类绿变在 pH 低于 6.0 时将不发生。能使肉类产生变色的微生物还有产生红色的黏质沙雷杆菌,产生蓝色的深蓝色假单胞菌,以及产生白色、粉红色和灰色斑点的酵母菌等。长霉也是鲜肉及冷藏肉中常见的变质现象,例如白分枝孢霉和白地霉可产生白色霉斑,腊叶枝霉产生黑色斑点,草酸青霉产生绿色霉斑等。微生物在引起肉类变质时,通常都伴随着各种异味的产生,如酸败味,因乳酸菌和酵母菌的作用而产生的酸味以及因蛋白质分解而产生的恶臭味等。一般地,当肉表面的菌数在 $10^7 \sim 10^{7.5} \text{CFU/cm}^2$ 时,即会产生异味。

4. 微生物与禽类的腐败

新鲜禽类中存在的微生物种类超过 25 种,但占优势的主要是假单胞菌属、不动细菌属、黄色杆菌属及棒状杆菌属等。在贮藏过程中,假单胞菌Ⅰ群将逐渐减少,而假单胞菌Ⅱ群将逐渐增加,不动细菌及其他菌类也随假单胞菌Ⅰ群的减少而减少。

一般地,禽类很少出现真菌引起的腐败。但是当禽肉中添加了抗菌剂时,真菌则成为引起禽肉类腐败的基本因素。在禽类中,最重要的真菌是假丝酵母属、红酵母属及圆酵母属等。

在禽类腐败的早期,细菌的生长仅限于禽类的表皮,而皮下肌肉组织基本无菌。随着腐败的进行,细菌逐渐深入肌肉组织内部,引起蛋白质的分解,使禽肉变味和发黏。

一般地,当细菌总数达到 $10^{7.2} \sim 10^8 \text{CFU/cm}^2$ 时,即会产生异味,而当细菌总数超过 10^8CFU/cm^2 时,即会出现发黏现象。

5. 微生物与蛋类的腐败

带壳蛋类中常见的腐败微生物有假单胞菌属、不动菌属、变形杆菌属、产碱杆菌属、埃希杆菌属、小球菌属、沙门菌属、沙雷菌属、肠细菌属、黄色杆菌属及葡萄球菌属等细菌,有毛霉属、青霉属、单孢枝霉属、芽枝孢霉属等霉菌,而圆酵母属则是蛋类中发现的唯一酵母菌。

污染蛋类的微生物从蛋壳上的小孔进入蛋内后,首先使蛋白分解,系带断裂,蛋黄因失去固定作用而移动。随后蛋黄膜被分解,蛋黄与蛋白混合成为散黄蛋,发生早期变质现象。散黄蛋被腐败微生物进一步分解,产生 H_2S、吲哚等腐败分解产物,形成灰绿色的稀薄液并伴有恶臭,称为泻黄蛋,此时蛋即已完全腐败。有时腐败的蛋类并不产生 H_2S 而产生酸臭,蛋液不呈绿色或黑色而呈红色,而且呈浆状或形成凝块,这是由于微生物分解糖而产生的酸败现象,称为酸败蛋。当霉菌进入蛋内并在壳内壁和蛋白膜上生长繁殖时,会形成大小不同的霉斑,其上有蛋液黏着,称为黏壳蛋或霉蛋。

6. 微生物与鱼贝类的腐败

健康新鲜的鱼贝类肌肉及血液等处是无菌的,但鱼皮、黏液、鳃部及消化器官等处是带菌的。据 Shewan 测定的结果,鲭鱼体表的黏液中带有 $10^2 \sim 10^6 \text{CFU/cm}^2$ 细菌,每克鳃带菌 $10^3 \sim 10^7 \text{CFU}$,肠内容物中每毫升带菌 $(4 \sim 8) \times 10^6 \text{CFU}$。

海水鱼中常见的腐败微生物有假单胞菌、无色杆菌、摩氏杆菌、黄色杆菌、小球菌、棒状杆菌及葡萄球菌等。海水鱼中的腐败微生物种类随渔获海域、渔期及渔获后处理方法的不同而不同。比如在北海、挪威远海捕获的鱼带有较多的假单胞菌、摩氏杆菌及黄色杆菌等细菌,而在日本近海捕获的鱼中,假单胞菌、无色杆菌及摩氏杆菌等细菌占有较大的比例。虾等甲壳类中的腐败微生物主要有假单胞菌、希瓦氏菌、不动细菌、摩氏杆菌、黄色杆菌及小球菌等。而牡蛎、蛤、乌贼及扇贝等软体动物中常见的腐败微生物包括假单胞菌、无色杆菌、不动细菌、摩氏杆菌等。淡水鱼中带有的腐败微生物除海水鱼中常见的那些细菌以外,还有产碱杆菌属、产气单胞杆菌属、短杆菌属等细菌。

污染鱼贝类的腐败微生物首先在鱼贝类体表及消化道等处生长繁殖,使其体表黏液及眼球变得浑浊,失去光泽,鳃部颜色变灰暗,表皮组织也因细菌的分解而变得疏松,使鱼鳞脱落。同时,消化道组织溃烂,细菌即扩散进入体腔壁并通过毛细血管进入肌肉组织内部,使整个鱼体组织分解,产生氨、H_2S、吲哚、粪臭素、硫醇等腐败特征产物。一般地,当细菌总数达到或超过 10^8CFU/g 时,从感官上即可判断鱼体已进入腐败期。

7. 微生物与罐头食品的腐败

罐头食品中存在需氧性芽孢菌已是公认的事实。但实际上一般的罐头食品并不因此而腐败,这是因为罐内的缺氧环境抑制了这些需氧性芽孢菌的生长。但当罐头杀菌不充分或密封不良时罐头食品就可能发生腐败。导致罐头食品腐败的微生物种类很多,因罐头食品种类、配料及加工方法等而异,其中罐头食品本身的 pH 是一个非常重要的影响因素。

依据罐头食品 pH 不同,可将其分成 3 类:低酸性罐头食品,即 pH>4.6 者,包括动物性食品、豆类等蔬菜及蔬菜与肉类混合制品等;酸性罐头食品,即 pH 3.7~4.6 者,主要是水果及果汁类食品;高酸性食品,即 pH<3.7 者,包括菠萝、杏、柠檬及其果汁制品,以及果冻、醋渍食品等。

一般地,低酸性食品中存在的微生物主要是嗜热菌、嗜温厌氧菌、嗜温兼性厌氧菌等,酸性食品中常见的腐败菌有非芽孢耐酸菌及耐酸芽孢菌等,而高酸性食品中常见的腐败菌则是霉菌及酵母菌等。罐头食品中常见的腐败现象有胀罐、平酸腐败、黑变、发霉等。

① 胀罐有隐胀、软胀及硬胀 3 种。隐胀罐的外观正常,但叩击或压罐的一端,另一端即外凸,撤去外力后,罐可复原。软胀罐的一端或两端同时呈外凸状,但指压可使之内凹。硬胀罐外观与软胀罐相似,但指压不能使之内凹。硬胀罐若继续膨胀,则焊缝处就会爆裂。引起胀罐的原因有多种,如内容物过多或真空度过低会引起假胀,内容物酸性太高则会引起氢胀罐,但主要原因是腐败微生物的生长繁殖,这类胀罐也称为细菌性胀罐,是

最常见的胀罐现象。引起各类罐头食品胀罐的常见腐败菌及腐败特征见表1-3。

② 平酸腐败的罐头外观正常，但内容物酸度增加，pH可下降到0.1~0.3，因而需开罐后检查方能确认。引起平酸腐败的微生物也称为平酸菌，大多为兼性厌氧菌，见表1-3。

③ 黑变是由于微生物的生长繁殖使含硫蛋白质分解产生唯一的H_2S气体，与罐内壁铁质反应生成黑色硫化物，沉积在罐内壁或食品上，使其发黑并呈臭味。黑变罐外观一般正常，有时会出现轻胀或隐胀现象，敲击时有浊音。引起黑变的细菌是致黑梭状芽孢杆菌，其芽孢的耐热性较差。因此，只有在杀菌严重不足时才会出现。

④ 发霉是指罐头内容物表面出现霉菌生长的现象。此种变质现象较少出现，但当罐身裂漏或罐内真空度过低时，可在果酱、糖浆水果等低水分、高糖含量的罐头食品中出现。较常出现的霉菌有青霉、曲霉及柠檬霉等。

因食用罐头食品而发生食物中毒的现象，是由肉毒杆菌、金黄色葡萄球菌等食物中毒菌分泌的外毒素引起的。食物中毒菌除肉毒杆菌外，耐热性均较差。因此，罐头食品通常是以肉毒杆菌作为杀菌对象，以防止食物中毒。

如果罐头有裂缝，则此类罐头的腐败主要是由非芽孢菌所引起，芽孢菌也起一定的作用，而酵母菌及霉菌的影响甚小。

表1-3 罐头食品中常见的腐败菌及腐败特征

腐败菌类型	腐败特征	食品种类
嗜热脂肪芽孢杆菌	平酸腐败,产酸不产气或产微量气体,不胀罐,食品有酸味	青豆、刀豆、芦笋、蘑菇、红烧肉、猪肝酱等
嗜热解糖梭状芽孢杆菌	高温缺氧发酵,产气(CO_2和H_2,没H_2S),胀罐,产酸(酪酸)	芦笋、蘑菇、蛤
致黑梭状芽孢杆菌	致黑腐败,产H_2S,平盖或软胀,有硫臭味,食品罐内壁有黑色沉积物	青豆、玉米
肉毒杆菌A型和B型	缺氧腐败,产毒素、产酸、产气(有H_2S),胀罐	肉类肠制品、油浸鱼、青刀豆、芦笋、蘑菇等
生芽孢梭状芽孢杆菌(P.A.3679)	缺氧腐败,不产毒素、产酸、产气(有H_2S),胀罐,有臭味	肉类、鱼类(不常见)
嗜热酸芽孢杆菌(或凝结芽孢杆菌)	平酸腐败,产酸、不产气、不胀罐、变味	番茄及其制品
巴氏固氮梭状芽孢杆菌	缺氧发酵,产酸(酪酸)、产气(CO_2+H_2)、胀罐	菠萝、番茄
多黏芽孢杆菌,软化芽孢杆菌	发酵变质、产酸、产气,也产生丙酮和酒精,胀罐	桃、番茄及其制品
乳酸菌,明串珠菌	胀罐、产酸、产气(CO_2)	水果及其制品
球拟酵母,假丝酵母、啤酒酵母	缺氧发酵,产气(CO_2)浑浊及沉淀,风味改变,胀罐	果酱、果汁、含糖饮料等
霉菌	发酵,食品表面长霉菌	果酱、糖浆水果
纯黄丝衣霉,纯白丝衣霉	发酵,分解果胶,使果实柔软和解体,产生CO_2,胀罐	水果

8. 微生物与冷冻食品的腐败

微生物是引起冷冻食品腐败的最主要原因。冷冻食品中常见的腐败微生物主要是嗜冷性菌及部分嗜温性菌，有些情形下还可发现酵母菌和霉菌。在嗜冷性菌中，假单胞菌（Ⅰ群、Ⅱ群、Ⅲ群/Ⅳ群）、希瓦氏菌、黄色杆菌、无色杆菌、产碱杆菌、摩氏杆菌、小球菌等是普遍存在的腐败菌，而在嗜温性菌中，较为重要的是金黄色葡萄球菌、沙门菌及芽孢杆菌等，冷冻食品中常见的酵母有酵母属、圆酵母属等，常见的霉菌有曲霉属、枝霉属、交链孢霉属、念珠霉属、根霉属、青霉属、镰刀霉属及芽枝霉属等。

冷冻食品中存在的腐败微生物的种类与食品种类及所处温度等因素有关。比如冷藏肉类中常见的微生物包括沙门菌、无色杆菌、假单胞菌及曲霉、枝霉、交链孢霉等。而冷藏鱼类中常见的微生物主要是假单胞菌、无色杆菌及摩氏杆菌等。另外，虽然同是鱼类，但是微冻鱼类的主要腐败微生物是假单胞菌、摩氏杆菌、弧菌等，冻结鱼类的主要腐败菌是小球菌、葡萄球菌、黄色杆菌、摩氏杆菌及假单胞菌等，它们之间存在明显的差异。

冷冻食品中微生物存在的状况还要受 O_2、渗透压、pH 等因素的影响。例如在真空下冷藏的食品，其腐败菌主要为耐低温的兼性厌氧菌如无色杆菌、产气单胞杆菌、变形杆菌、肠杆菌，以及厌氧菌如梭状芽孢杆菌等。

9. 微生物与干制食品的腐败

干制食品由于具有较低的水分活度，使大多数微生物不能生长。但是也有少数微生物可以在干制食品中生长，主要是霉菌及酵母菌，而细菌较为少见。

存在于干制食品中的微生物种类取决于食品的种类、水分活度、pH、温度、O_2 等因素。常见的有曲霉、青霉、毛霉、根霉等霉菌，鲁氏酵母、木兰球拟酵母、接合酵母等酵母菌，以及球菌、无孢子杆菌和孢子形成菌等细菌。另外，沙门菌、葡萄球菌及埃希杆菌也能在干制食品中存在，应该引起重视。

10. 微生物与腌制食品的腐败

引起盐腌食品腐败的微生物主要有两类，即好盐细菌和耐盐细菌。好盐细菌是指在浓度高于 10% 的食盐溶液中才能生长的细菌，而耐盐细菌是指不论食盐浓度大或小均能生长的细菌。

在盐腌食品中常见的好盐细菌有盐制品盐杆菌、红皮盐杆菌、八叠球菌属等，它们也是导致盐腌食品劣变的主要细菌。在盐腌食品中常见的耐盐细菌有小球菌、黄杆菌、假单胞菌、马铃薯芽孢杆菌、金黄色葡萄球菌等。另外，某些酵母菌如圆酵母及某些霉菌如青霉等真菌类，也常在盐腌食品中出现。

11. 微生物与食物中毒

某些微生物在引起食品腐败的同时，还会导致食物中毒现象，这些微生物被称为病原菌或食物中毒菌。因污染了病原菌而引起的食物中毒也称细菌性食物中毒，包括感染型食物中毒和毒素型食物中毒两类。引起感染型食物中毒的细菌主要是沙门菌、病原性大肠菌、肠炎弧菌等。这类食物中毒现象的共同特点是食用了大量含有上述病原菌的食物后，引起人体消化道的感染，从而导致食物中毒。

引起毒素型食物中毒的细菌主要有葡萄球菌、肉毒杆菌等。这类食物中毒的共同特点是食物污染了上述细菌后，这些细菌又在适宜的条件下繁殖并产生毒素，人体在摄入了这些食物之后就会引起中毒。比较而言，毒素型食物中毒比感染型食物中毒更需引起注意。因为引起感染型食物中毒的病原菌容易通过加热杀灭，而毒素型食物中毒菌虽可通过加热杀灭，但其产生的某些毒素却有较强的耐热性，比如金黄色葡萄球菌所产生的肠毒素，在

120℃下处理20min仍不能被完全破坏。

另外，还有一些病原菌引起的食物中毒既不完全属于毒素型，也不完全属于感染型，被称为中间型食物中毒。能够引起此类食物中毒的病原菌主要是肠球菌、魏氏杆菌及亚利桑那菌等。

（二）害虫和鼠类

害虫和鼠类对于食品保藏有很大的危害性，它们不仅是食品保藏损耗加大的直接原因，而且由于害虫和鼠类的繁殖迁移，以及它们排泄的粪便、分泌物、遗弃的皮壳和尸体等还会污染食品，甚至传染疾病，因而使食品的卫生质量受损，严重者甚至丧失商品价值，造成巨大的经济损失。

延伸阅读2 微生物检验与食品安全控制

1. 害虫

害虫的种类繁多，分布较广，并且躯体小、体色暗、繁殖快、适应性强，多隐居于缝隙、粉屑或食品组织内部，所以一般的食品仓库中都可能有害虫存在。对食品危害性大的害虫主要有甲虫类、蛾类、蟑螂类和螨类。如危害禾谷类粮食及其加工品、水果蔬菜的干制品等的害虫主要是象虫科的米象、谷象、玉米象等甲虫类。防治害虫的方法，可从以下几个方面着手：①加强食品仓库和食品本身的清洁卫生管理，消除害虫的污染和匿藏滋生的环境条件；②通过环境因素中的某些物理因子（如温度、水分、氧、放射线等）的作用达到防治害虫的目的，如高温、低温杀虫，高频加热或微波加热杀虫，辐射杀虫，气调杀虫等；③利用机械的力量和振动筛或风选设备使因震动呈假死状态的害虫分离出来，达到机械除虫和杀虫的目的；④利用高效、低毒、低残留的化学药剂或熏蒸剂杀虫。

2. 鼠类

鼠类是食性杂、食量大、繁殖快和适应性强的啮齿动物。鼠类有咬啮物品的特性，对包装食品及其他包装物品均能造成危害。鼠类还能传播多种疾病。鼠类排泄的粪便、咬食物品的残渣也能污染食品和贮藏环境，使之产生异味，影响食品卫生，危害人体健康。防治鼠害要防鼠和灭鼠相结合。

防鼠的方法主要有以下几种：①建筑防鼠法，即利用建筑物本身与外界环境的隔绝性能，防止鼠类侵入库内，使食品免受鼠害；②食物防鼠法，是通过加强食品包装和贮藏食品容器的密封性能等，断绝鼠类食物的来源，达到防鼠的目的；③药物及仪器防鼠法，是利用某些化学药物产生的气味或电子仪器产生的声波，刺激鼠类的避忌反应，达到防鼠的目的。

灭鼠的方法主要有以下几种：①化学药剂灭鼠法，是利用灭鼠毒饵的灭鼠剂、化学绝育剂、熏蒸剂等毒杀或驱避鼠类；②器械灭鼠法，是利用力学原理以机械捕杀鼠类，如捕鼠夹等；③气体灭鼠法，是通过造成贮藏环境高CO_2浓度，使鼠类无法正常生存。

二、化学因素

食品和食品原料是由多种化学物质组成的，其中绝大部分为有机物质和水分，另外还含有少量的无机物质。蛋白质、脂肪、碳水化合物、维生素、色素等有机物质的稳定性差，从原料生产到贮藏、运输、加工、销售、消费，每一环节无不涉及一系列的化学变化。有些变化对食品质量产生积极的影响，有些则产生消极的甚至有害的影响，导致食品质量降低。其中对食品质量产生不良影响的化学因素主要有酶的作用、非酶褐变、氧化作用等。

(一) 酶的作用

酶是生物体内的一种特殊蛋白质,能降低反应的活化能,具有高度的催化活性。绝大多数食品来源于生物界,尤其是鲜活食品和生鲜食品,在其体内存在着具有催化活性的多种酶类,因此食品在加工和贮藏过程中,由于酶的作用,特别是由于氧化酶类、水解酶类的催化会发生多种多样的酶促反应,造成食品色、香、味和质地的变化。另外,微生物也能够分泌导致食品发酵、酸败和腐败的酶类,与食品本身的酶类一起作用,加速食品腐败变质的发生。

常见的与食品变质有关的酶主要是脂肪酶、蛋白酶、果胶酶、淀粉酶、过氧化物酶、多酚氧化酶等。因酶的作用引起的食品腐败变质现象中较为常见的是果蔬的褐变、虾的黑变、脂质的水解和氧化,以及鱼类、贝类的自溶作用和果蔬的软烂等,见表1-4。

酶的活性受温度、pH、水分活度等因素的影响。如果条件控制得当,那么酶的作用通常不会导致食品腐败。经过加热杀菌的加工食品,酶的活性被钝化,可以不考虑由酶作用引起的变质。但是如果条件控制不当,酶促反应过度进行,就会引起食品的腐败甚至变质。比如果蔬的后熟作用和肉类的成熟作用就是如此,当上述作用控制到最佳点时,食品的外观、风味及口感等感官特性都会有明显的改善,但超过最佳点后,就极易在微生物的参与下发生腐败。

表1-4 引起食品质量变化的主要酶类及其作用

酶的种类		酶的作用
与风味改变有关的酶	脂氧合酶	催化脂肪氧化,导致臭味和异味产生
	蛋白酶	催化蛋白质水解,导致组织产生肽和呈苦味
	抗坏血酸氧化酶	催化抗坏血酸氧化,导致营养物质损失
与变色有关的酶	多酚氧化酶	催化酚类物质的氧化,形成褐色聚合物
	叶绿素酶	催化叶绿醇环从叶绿素中移去,导致绿色的丢失
与质地变化有关的酶	果胶脂酶	催化果胶脂的水解,可导致组织软化
	多聚半乳糖醛酸酶	催化果胶中多聚半乳糖醛酸残基之间的糖苷键水解,导致组织软化
	淀粉酶	催化淀粉水解,导致组织软化、黏稠度降低

(二) 非酶褐变

非酶褐变主要有美拉德反应引起的褐变、焦糖化反应引起的褐变以及抗坏血酸氧化引起的褐变等。这些褐变常常由于加热及长期的贮藏而发生。

由葡萄糖、果糖等还原性糖与氨基酸引起的褐变反应称为美拉德反应(Maillard reaction),也称为羰-氨反应。美拉德反应所引起的褐变与氨基化合物和糖的结构有密切关系。含氮化合物中的胺、氨基酸中的盐基性氨基酸反应活性较强,糖类中凡具有还原性的单糖、双糖(麦芽糖、乳糖)都能参加这一反应,反应活性以戊糖(木糖)最强,己糖次之,双糖最低。褐变的速度随温度升高而加快,温度每上升10℃,反应速率增加3~5倍。食品的水分含量高则反应速率加快,如果食品完全脱水干燥,则反应趋于停止。但干制品吸湿受潮时会促进褐变反应。美拉德反应在酸性和碱性介质中都能进行,但在碱性介质中更容易发生,一般是随介质的pH升高而反应加快,因此,高酸性介质不利于美拉德反应进行。氧、光线及铁、铜等金属离子都能促进美拉德反应。防止美拉德反应引起的褐变可以采取如下措施,即降低贮藏温度、调节食品水分含量、降低食品pH、使食品变为酸性、用惰性气体置换食品包装材料中的氧气、控制食品中转化糖的含量、添加防褐变剂如亚硫酸盐等。

罐藏过程中，食品成分与包装容器的反应，如与金属罐的金属离子反应等也能引起食品褐变。含酸量高的原料做成果汁时容易使罐壁的锡溶出，如菠萝、番茄等要特别注意。桃、葡萄等含花青素的食品罐藏时，与金属罐壁的锡、铁反应，颜色从紫红色变成褐色。此外，甜玉米、芦笋、绿豆等，以及鱼肉、畜禽肉加热杀菌时产生的硫化物，常会与铁、锡反应产生紫黑色、黑色物质。单宁物质含量较多的果蔬，也容易与金属罐壁起反应而变色。罐藏这类食品时，应使用涂料罐，以防止变色。

抗坏血酸属于抗氧化剂，对于防止食品的褐变具有一定的作用。但当抗坏血酸被氧化放出二氧化碳时，它的一些中间产物又往往会引起食品的褐变，这是由于抗坏血酸氧化为脱氢抗坏血酸与氨基酸发生美拉德反应生成红褐色产物，以及抗坏血酸在缺氧的酸性条件下形成糠醛并进一步聚合为褐色物质的结果。在富含抗坏血酸的柑橘汁和蔬菜中有时会发生抗坏血酸氧化引起的褐变现象。抗坏血酸氧化褐变与温度、pH 有较密切的关系，一般随温度的升高而加剧。pH 的范围在 2.0～3.5 之间的果汁，随 pH 的升高氧化褐变速度减慢，反之则褐变加快。为防止抗坏血酸氧化褐变，除了降低产品温度以外，还可以用亚硫酸盐溶液处理产品，抑制葡萄糖转变为 5-羟甲基糠醛，或通过还原基团的络合物抑制抗坏血酸变为糠醛，从而防止褐变。

（三）氧化作用

当食品中含有较多的诸如不饱和脂肪酸、维生素等不饱和化合物，而在贮藏、加工及运输等过程中又经常与空气接触时，氧化作用将成为食品变质的重要因素。

在因氧化作用引起的食品变质现象中，油脂的自动氧化和维生素、色素的氧化是特别重要的。上述变质现象会导致食品的色泽、风味变差，营养价值下降及生理活性丧失，甚至会生成有害物质。这些变质现象容易出现在干制食品、盐腌食品及长期冷藏而又包装不良的食品中，应予以重视。

脂肪的氧化受温度、光线、金属离子、氧气、水分等的影响，因而食品在贮藏过程中应采取低温、避光、隔绝氧气、控制水分等措施，通过减少食品在贮藏过程中与金属离子的接触，或通过添加抗氧化剂等，来防止或减轻脂肪氧化酸败对食品产生的不良影响。

另外，氧气的存在也有利于需氧性细菌、产膜酵母菌、霉菌及食品害虫等有害生物的生长，同时也能引起罐头食品中金属容器的氧化腐蚀，从而间接地引起食品变质，需特别注意。

三、物理因素

食品在贮藏和流通过程中，其质量总体呈下降趋势。质量下降的速度和程度除了受食品内在因素的影响外，还与环境中的温度、湿度、空气、光线等物理因素密切相关。

（一）温度

温度是影响食品质量变化最重要的环境因素，它对食品质量的影响表现在多个方面。食品中的化学变化、酶促反应、鲜活食品的生理作用、生鲜食品的僵直和软化、微生物的生长繁殖、食品的水分含量及水分活度等无不受温度的制约。温度升高引起食品的腐败变质主要表现在影响食品中发生的化学变化和酶催化的生物化学反应速率以及微生物的生长发育程度等。

根据范特霍夫（Van't Hoff）规则，温度每升高10℃，化学反应速率增加2～4倍。这是温度升高，反应速率常数值增大的缘故。在生物科学和食品科学中，Van't Hoff 规则常用 Q_{10} 表示，并被称为温度系数（temperature coefficient），即

$$Q_{10} = \frac{V_{(t+10)}}{V_t} \tag{1-1}$$

式中，$V_{(t+10)}$ 和 V_t 分别表示在 $(t+10)$℃和 t℃时的反应速率。

由于温度对反应物的浓度和反应级数影响不大，主要影响反应速率常数 (k)，故 Q_{10} 又可表示为：

$$Q_{10} = \frac{k_{(t+10)}}{k_t} \tag{1-2}$$

式中，$k_{(t+10)}$ 和 k_t 分别表示在 $(t+10)$℃和 t℃时的反应速率常数。

当然，温度对化学反应速率的影响是复杂的，反应速率不是温度的单一函数。阿雷尼乌斯（Arrhenius）用活化能的概念解释温度升高化学反应速率加快的原因，即：

$$k = Ae^{E/(RT)} \tag{1-3}$$

式中，k 为反应速率常数；E 为反应的活化能；R 为气体常数；T 为热力学温度；A 为频率因子。

由于在一般的温度范围内，对于某一化学反应，A 和 E 不随温度的变化而改变，而反应速率常数 (k) 与热力学温度 (T) 成指数关系，由此可见 T 的微小变化都会导致值的较大改变。因此，降低食品的环境温度，就能降低食品中的化学反应速率，延缓食品的质量变化，延长其贮藏寿命。

温度对食品的酶促反应比对非酶反应的影响更为复杂，这是因为一方面温度升高，酶促反应速率加快，另一方面当温度升高到使酶的活性被钝化时，酶促反应就会受到抑制或停止。在一定的温度范围内，温度对酶促反应的影响也常用温度系数（Q_{10}）来表示。如新鲜果蔬的呼吸作用是由一系列的酶催化的，温度每升高10℃，呼吸强度增加到原来的2～4倍。在一定范围内，温度与微生物生长速率的关系也可用温度系数（Q_{10}）表示。多数微生物 Q_{10} 在1.5～2.5之间。此外，由高温加速的反应情形很多，如加热杀菌引起罐藏果蔬质地软化，失去爽脆的口感等。

淀粉含量多的食品，要通过加热使淀粉α化后才能食用，若放置冷却后，α化淀粉会变老化，产生回生现象。淀粉老化在水分含量为30%～60%时最容易发生，而在10%以下时基本上不发生。温度在60℃以上淀粉老化不会发生，60℃以下慢慢开始老化，2～5℃老化速度最快。粳米比糯米容易老化，加入蔗糖或饴糖可以抑制老化。α化淀粉在80℃以上迅速脱水至10%以下可防止老化，如挤压食品等就是利用此原理加工而成。

（二）水分

水分不仅影响食品的营养成分、风味物质和外观形态的变化，而且影响微生物的生长发育和各种化学反应，因此，食品的水分含量特别是水分活度与食品质量的关系十分密切。

食品所含的水分分为结合水和游离（自由）水，但只有游离水才能被微生物、酶和化学反应所利用，此即为有效水分，可用水分活度来估量。微生物的活动与水分活度密切相

关，低于某一水分活度，微生物便不能生长繁殖。大多数化学反应必须在水中才能进行，离子反应也需要自由水进行离子化或水化作用，很多化学反应和生物化学反应还必须有水分子参与。许多由酶催化的反应，水除了起到一种反应物的作用外，还通过水化作用促使酶和底物活化。因此，降低水分活度，可以抑制微生物的生长繁殖，减少酶促反应、非酶反应、氧化反应等引起的劣变，稳定食品的质量。

由于水分的蒸发，一些新鲜果蔬等食品会外观萎缩，鲜度和嫩度下降。一些组织疏松的食品，因干耗也会产生干缩僵硬或重量损耗。

原本水分含量和水分活度符合贮藏要求的食品在贮藏过程中，如果发生水分转移，有的水分含量下降了，有的水分含量上升了，水分活度也会发生变化，不仅使食品的口感、滋味、香气、色泽和形态结构发生变化，而且对于超过安全水分含量的食品，还会导致微生物的大量繁殖和其他方面的质量劣变，这在生产中应引起注意。

（三）光

光线照射也会促进化学反应，如脂肪的氧化、色素的褪色、蛋白质的凝固等均会因光线的照射而加速。清酒等放置在光照的场所，会从淡黄色变成褐色。紫外线能杀灭微生物，但也会使食品的维生素 D 发生变化。因此，食品一般要求避光贮藏，或用不透光的材料包装。

（四）氧

空气组分中约 78% 的氮气对食品不起什么作用，而只占 20% 左右的氧气因性质非常活泼，能引起食品中多种变质反应和腐败。首先，氧气通过参与氧化反应对食品的营养物质（尤其是维生素 A 和维生素 C）、色素、风味物质和其他组分产生破坏作用。其次，氧气还是需氧微生物生长的必需条件，在有氧条件下，由微生物繁殖而引起的变质反应速度加快，食品贮藏期缩短。

（五）其他因素

除了上述因素外，还有许多因素能导致食品变质，包括机械损伤、环境污染、农药残留、滥用添加剂和包装材料等，这些因素引起的食品变质现象不但普遍存在，而且十分重要，特别是农药残留、滥用添加剂引起的食品变质现象呈愈来愈严重的趋势，必须引起高度重视。

综上所述，引起食品腐败变质的因素多种多样，而且常常是多种因素共同作用的结果。因此，必须清楚了解各种因素及其作用特点，找出相应的防止措施，从而应用于不同的食品原料及其加工制品中。

第二节　食品保藏的基本原理

一、温度对食品腐败变质的抑制作用

在实际的食品加工过程中，对于化学性腐败变质，一般只能在加工过程中将其限制到最低程度，但不容易根除；对于物理性损伤，只要加工过程中操作规范、贮存环境适宜，一般对食品的保藏也构不成威胁。对食品保藏影响最严重的因素就是微生物的活动。因此，食品的保藏原理主要是针对微生物引起的腐败变质而提出来的。

(一)温度与微生物的关系

1. 高温对微生物的杀灭作用

(1) 微生物的耐热性 不同的微生物具有不同的生长温度范围。超过其生长温度范围的高温,将对微生物产生抑制或杀灭作用。根据细菌的耐热性,可将其分为四类,即嗜热菌、中温性菌、低温性菌、嗜冷菌,见表1-5。

表 1-5 细菌的耐热性

细菌种类	最低生长温度/℃	最适生长温度/℃	最高生长温度/℃
嗜热菌	30～40	50～70	70～90
中温性菌	5～15	30～45	45～55
低温性菌	-5～5	25～30	30～35
嗜冷菌	-10～-5	12～15	15～25

一般地,嗜冷微生物对热最敏感,其次是嗜温微生物,而嗜热微生物的耐热性最强。然而,同属嗜热微生物,其耐热性因种类不同而有明显差异。通常,产芽孢细菌比非芽孢细菌更为耐热,而芽孢也比其营养细胞更耐热。例如,细菌的营养细胞大多在70℃下加热30min死亡,而其芽孢在100℃下加热数分钟甚至更长时间也不死亡。

芽孢具有较强耐热性的机制,迄今仍未完全搞清楚。有人认为原生质的脱水作用、矿化作用及热适应性是其主要原因,其中原生质的脱水作用对孢子的耐热性最为重要。孢子的原生质由一层富含Ca^{2+}和吡啶二羧酸的细胞质膜包裹,Ca^{2+}和吡啶二羧酸形成凝胶状的钙——吡啶二羧酸盐络合物。由于孢子的耐热性与原生质的含水量(确切地说是游离水含量)有很大的关系,而上述带凝胶状物质的皮膜在营养细胞形成芽孢之际产生收缩,使原生质脱水,从而增强了芽孢的耐热性。另外,芽孢菌生长时所处温度越高,所产孢子也更耐热。原生质中矿物质含量的变化也会影响到孢子的耐热性,但它们之间的关系尚无结论。

(2) 影响微生物耐热性的因素 无论是在微生物的营养细胞间,还是在营养细胞和芽孢间,其耐热性都有显著差异,就是在耐热性很强的细菌芽孢间,其耐热性的变化幅度也相当大。微生物的这种耐热性是复杂的化学性、物理性以及形态方面的性质综合作用的结果。因此,微生物的耐热性首先受到其遗传性的影响,其次,与其所处的环境条件也有关。

① 菌株和菌种 微生物的种类不同,其耐热性的程度也不同,而且即使是同一菌种,其耐热性也因菌株而异。正处于生长繁殖期的营养体的耐热性比它的芽孢弱。不同菌种芽孢的耐热性也不同,嗜热菌芽孢的耐热性最强,厌氧菌芽孢次之,需氧菌芽孢的耐热性最弱。同一菌种芽孢的耐热性也会因热处理前菌龄、培养条件、贮存环境的不同而异。

② 微生物的生理状态 微生物营养细胞的耐热性随其生理状态而变化。一般处于稳定生长期的微生物营养细胞比处于对数期者耐热性更强,刚进入缓慢生长期的细胞也具有较高的耐热性,而进入对数期后,其耐热性将逐渐下降至最低。另外,细菌芽孢的耐热性与其成熟度有关,成熟后的芽孢比未成熟者更为耐热。

③ 培养温度 不管是细菌的芽孢还是营养细胞,一般情况下,培养温度越高,所培养的细胞及芽孢的耐热性就越强。枯草芽孢杆菌芽孢的耐热性随培养温度升高,其加热死亡时间增长,见表1-6。

表 1-6 培养温度对枯草芽孢杆菌芽孢耐热性的影响

培养温度/℃	100℃加热死亡时间/min
21~23	11
37	16
41	18

④ 热处理温度和时间 热处理温度越高则杀菌效果越好,如图 1-1 所示。炭疽杆菌芽孢在 90℃下加热时的死亡率远远高于在 80℃下加热时的死亡率。但是,加热时间的延长,有时并不能使杀菌效果提高。因此,在杀菌时,保证足够高的温度比延长杀菌时间更为重要。

⑤ 初始活菌数 微生物的耐热性与初始活菌数之间有很大关系。初始活菌数越多,微生物的耐热性越强,因此,要杀死全部微生物所需的时间也越长。加热杀菌效果与初始活菌数之间的关系见表 1-7,从中可以看到,初始活菌数越多,玉米罐头杀菌效果越差,而平酸腐败的可能性也越大。

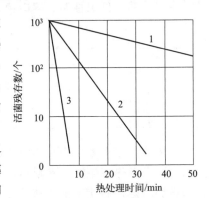

图 1-1 不同温度下炭疽杆菌芽孢的活菌残存数曲线
1—80℃;2—85℃;3—90℃

⑥ 水分活度 水分活度或加热环境的相对湿度对微生物的耐热性有显著影响。一般地,水分活度越低,微生物细胞的耐热性越强。其原因可能是蛋白质在潮湿状态下加热比在干燥状态下加热变性速度更快,从而使微生物更易于死亡。因此,在相同温度下湿热杀菌的效果要好于干热杀菌。

另外,水分活度对于细菌的营养细胞及其芽孢以及不同细菌和芽孢的影响明显不同,如图 1-2 所示。随着水分活度的增大,肉毒梭菌(E 型)的芽孢迅速死亡,而嗜热脂肪芽孢杆菌芽孢的死亡速度所受影响要小得多。

⑦ pH 微生物受热时环境的 pH 是影响其耐热性的重要因素。微生物的耐热性在中性或接近中性的环境中最强,而偏酸性或偏碱性的条件都会降低微生物的耐热性。其中尤以酸性条件的影响更为强烈。例如大多数芽孢杆菌在中性 pH 范围内有很强的耐热性,但在 pH<5 时,细菌芽孢的耐热性就很弱了。如图 1-3 所示,粪便肠球菌在某个近中性的 pH 下具有最强的耐热性,而偏离此值的 pH 均会降低其耐热性,尤以酸性 pH 的影响更为显著。因此,在加工蔬菜及汤类食品时,常添加柠檬酸、醋酸及乳酸等酸类,提高食品的酸度,以降低杀菌温度和减少杀菌时间,从而保持食品原有品质和风味。

表 1-7 初始菌数和玉米罐头杀菌效果的关系

121℃时的杀菌时间/min	玉米罐头平酸腐败的百分率/%		
	不含菌	60 个平酸菌/10g 糖	2500 个平酸菌/10g 糖
70	0	0	95.8
80	0	0	75.0
90	0	0	54.2

⑧ 蛋白质 加热时食品介质中如有蛋白质(包括明胶、血清等在内)存在,则将对微生物起保护作用。实验表明,蛋白胨、牛肉膏对产气荚膜梭菌的芽孢有保护作用,酵母

膏对大肠杆菌有保护作用，氨基酸、蛋白胨、大部分蛋白质等对鸭沙门菌有保护作用。将细菌芽孢放入 pH 6.9 的 1/15mol/L 磷酸和 1%～2% 明胶的混合液中，其耐热性比没有明胶时高 2 倍。虽然蛋白质对微生物具有保护作用，但此保护作用的机制尚不十分清楚。认为可能是蛋白质分子之间或蛋白质与氨基酸之间相互结合，从而使微生物的蛋白质产生了稳定性所致。这种保护现象虽然是在细胞表面产生的，但也不能忽视在细胞内部也存在着蛋白质对细胞的保护作用。

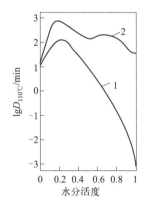

图 1-2　细菌芽孢在 110℃ 加热时死亡时间（D 值）和水分活度的关系
1—肉毒梭菌 E 型；2—嗜热脂肪芽孢杆菌

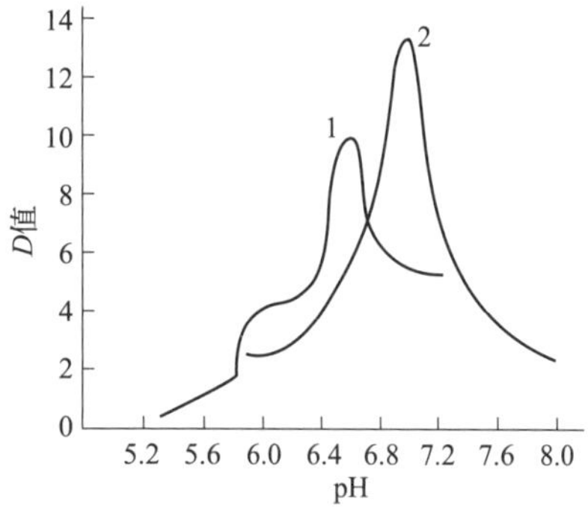

图 1-3　pH 对粪便肠球菌耐热性的影响（60℃）
1—柠檬酸盐-磷酸盐缓冲液；2—磷酸盐缓冲液

⑨ 脂肪　脂肪的存在可以增强细菌的耐热性。例如在油、石蜡及甘油等介质中存在的细菌及芽孢，需在 140～200℃ 温度下进行 5～45min 的加热方可杀灭。以埃希杆菌为例，它在不同的含脂食物中的耐热性不同，见表 1-8。

表 1-8　埃希杆菌在不同介质中的热致死温度

食品介质	热致死温度/℃	食品介质	热致死温度/℃
奶油	73	乳清	63
全乳	69	肉汤	61
脱脂乳	65		

注：加热时间为 10min。

脂肪使细菌的耐热性增强是通过减少细胞的含水量来达到的。因此，增加食品介质的含水量，即可部分消除或基本消除脂肪的热保护作用。另外，对肉毒梭状杆菌的实验表明，长链脂肪酸比短链脂肪酸更能增强细菌的耐热性。

⑩ 盐类　盐类对细菌耐热性的影响是可变的，主要取决于盐的种类、浓度等因素。食盐是对细菌耐热性影响较显著的盐类。当食盐浓度低于 3%～4% 时，能增强细菌的耐热性。食盐浓度超过 4% 时，随浓度的增加，细菌的耐热性明显下降。其他的盐类如氯化钙、硝酸钠、亚硝酸钠等对细菌的耐热性有一定的影响，但比食盐弱。

⑪ 糖类　糖的存在对微生物的耐热性有一定的影响，这种影响与糖的种类及浓度有关。以蔗糖为例，当其浓度较低时，对微生物耐热性的影响很小，但浓度较高时，则会增强微生物的耐热性。其原因主要是高浓度的糖类能降低食品的水分活度。不同糖类即使在相同浓度下对微生物耐热性的影响也是不同的，这是因为它们所造成的水分活度不同。不

同糖类对受热细菌的保护作用由强到弱，其顺序为：蔗糖＞葡萄糖＞山梨糖醇＞果糖。

⑫ 其他因素　当微生物生存的环境中含有防腐剂、杀菌剂时，微生物的耐热性将会降低。另外，对牛乳培养基中的大肠杆菌、鼠伤寒沙门菌，分别进行常压加热和减压加热处理，无论哪一种菌，不管培养基的组成成分如何以及采用多高的温度，真空时的 D 值都比常压下的小。

2. 低温对微生物的抑制作用

（1）微生物的耐冷性　微生物的耐冷性因种类而异，一般地，球菌类比革兰阴性（G）杆菌更耐冷，而酵母菌和霉菌比细菌更耐冷。例如，观察在－20℃左右冻结贮藏的鱼贝类中的大肠菌群和肠球菌的生长发育状况，可以发现，大肠菌群将在冻藏中逐渐死亡，而肠球菌贮藏370天后几乎没有死亡。不同食品中微生物生长发育的最低温度见表1-9。

对于同种类的微生物，它们的耐冷性则随培养基的组成、培养时间、冷却速度、冷却终温及初始菌数等因素而变化。一般地，培养时间短的细菌，耐冷性较差；冷却速度快，则细菌在冷却初期死亡率高；冷冻开始时温度愈低则细菌死亡率愈高；在相同温度下冻结后，再于不同温度下冻藏时，冻藏温度愈低，则细菌死亡愈少，见表1-10。

如果食品的pH较低或水分较多，则细菌的耐冷性较差；如果食品中存在糖、盐、蛋白质、胶状物及脂肪等物质时，则可增强微生物的耐冷性。由于大多数嗜冷性微生物为需氧微生物，因此，在缺氧环境下，微生物的耐冷性很差。

表1-9　微生物在食品介质中发育的最低温度

食品	微生物	温度/℃	食品	微生物	温度/℃
肉类	霉菌、酵母菌	－5	柿子	酵母菌	－17.8
肉类	假单胞菌属	－7	冰淇淋	嗜冷菌	－20～－10
肉类	霉菌	－8	浓缩橘子汁	耐渗透酵母菌	－10
咸猪肉	嗜盐菌	－10	树莓	霉菌	－12.2
鱼类	细菌	－11			

表1-10　冻藏温度对大肠菌死亡的影响

冻藏温度/℃	冻藏时间/d		
	11	25	42
－20	417000	315000	367000
－10	314000	35000	111000
－5	45800	5500	8300
－2	17300	—	160

注：－70℃下冻结。

（2）低温对微生物的抑制作用　如果将温度降低到最适生长温度以下，则微生物的生长繁殖速度就会下降，它们之间的关系可用温度系数（Q_{10}）来表示。Q_{10}随微生物种类而异，大多数嗜温性微生物的Q_{10}在5～6之间，而大多数嗜冷性微生物的Q_{10}为1.5～4.4。因此，在降温幅度相同时，嗜温性微生物的生长繁殖速度下降得比嗜冷性微生物更大，也可说是受到的抑制作用更强。当微生物的生长繁殖速度下降到零时的温度称作生物学零度，通常为0℃。但嗜冷性微生物的生物学零度远低于0℃，可达－12℃甚至更低。

虽然处于生物学零度下的微生物不能生长繁殖，但也不会死亡。De-Jong曾指出，产气乳杆菌即使在－190℃的液化空气和－253℃的液氧中仍不会死亡。因此，低温只是抑制微生物的生长繁殖，是抗菌作用而非杀菌作用。

尽管如此，当微生物所处环境的温度突然急速降低时，部分微生物将会死亡。此现象称作冷冲击或低温休克。但是，不同的微生物对低温休克的敏感性不一样，G^-细菌比G^+细菌强，嗜温性菌比嗜冷性菌强。对于同一菌株，降温幅度越大，降温速度越快，低温休克效果越强烈。低温休克的机制尚未完全明了，可能与细胞膜、DNA的损伤有关。

另外，冻结和解冻也会引起微生物细胞的损伤及细菌总数的减少。受到损伤的微生物是否死亡，与是否存在肽、氨基酸、葡萄糖、柠檬酸、苹果酸等成分，以及温度、pH、渗透压、紫外线等外部条件的改变有关。损伤菌摄取上述成分后即可复原，如缺少上述成分，则会死亡。损伤菌对上述外部条件的改变非常敏感，极易因此而死亡。冻结和解冻引起的微生物损伤及细菌总数的减少还与冻结和解冻的速度有较大的关系。一般地，缓慢冻结或解冻所引起的微生物细胞的损伤更严重，细菌总数减少得更多，而快速冻结或解冻则相反。虽然不少微生物能在低温下生长繁殖，但是，它们分解食品引起腐败的能力已非常微弱，甚至已完全丧失。比如荧光假单胞菌、黄色杆菌及无色杆菌等，虽然在0℃以下仍可继续生长繁殖，但对碳水化合物的发酵作用在-3℃时需120天才可测出，而在-6.5℃下则完全停止。对蛋白质的分解作用，在-3℃时需46天才能测出，而在-6.5℃下则已停止。这也正是低温可以保持食品品质的原因或者说低温保藏的基础。

(二) 温度与酶的关系

1. 高温对酶活性的钝化作用及酶的热变性

酶的活性和稳定性与温度之间有密切的关系。在较低温度范围内，随着温度的升高，酶活性也增加。通常，大多数酶在30~40℃的范围内显示最大的活性，而高于此范围的温度将使酶失活。酶活性（酶催化反应速率）和酶失活速度与温度之间的关系均可用温度系数（Q_{10}）来表示。前者的Q_{10}一般为2~3，而后者的Q_{10}在临界温度范围内可达100。因此，随着温度的提高，酶催化反应速率和失活速度同时增大，但是由于它们在临界温度范围内的Q_{10}不同，后者较大，因此，在某个关键性的温度下，失活的速度将超过催化的速度，此时的温度即酶活性的最适温度。这里需要指出的是，任何酶的最适温度都不是固定的，而是受到pH、共存盐类等因素的影响。

酶的热失活时间曲线与细菌的热力致死时间曲线相似。因此，同样可以用D值、F值及Z值来表示酶的耐热性。其中D值表示在某个恒定的温度下使酶失去其原有活性的90%时所需要的时间。Z值是使热失活时间曲线横过一个对数循环所需改变的温度。F值是指在某个特定温度和不变环境条件下使某种酶的活性完全丧失所需时间。过氧化酶的热失活时间曲线如图1-4所示，从图中可以看出，过氧化酶的Z值大于细菌芽孢的Z值，这表明升高温度对酶活性的损害比对细菌芽孢的损害更轻。

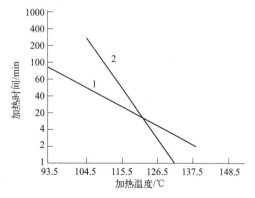

图1-4 过氧化酶的热失活时间曲线
1—过氧化酶；2—细菌芽孢

温度对酶稳定性和对酶催化反应速率的影响如图 1-5 和图 1-6 所示,从图中可以清楚地看出当温度超过 40℃后,酶将迅速失活。另外,温度超过最适温度后,酶催化反应速率急剧降低。

酶的耐热性因种类不同而有较大差异。例如,牛肝的过氧化氢酶在 35℃时即不稳定,而核糖核酸酶在 100℃下,其活力仍可保持几分钟。虽然大多数与食品加工有关的酶在 45℃以上时即逐渐失活,但乳碱性磷酸酶和植物过氧化物酶在 pH 中性条件下相当耐热。在加热处理时,其他的酶和微生物大都在这两种酶失活前就已被破坏,因此,在乳品工业和果蔬加工时常根据这两种酶是否失活来判断巴氏杀菌和热烫是否充分。

某些酶类如过氧化物酶、催化酶、碱性磷酸酶和酯酶等,在热钝化后的一段时间内,其活性可部分地再生。这种酶活性的再生是由于酶的活性部分从变性蛋白质中分离出来。为了防止活性的再生,可以采用更高的加热温度或延长热处理时间。

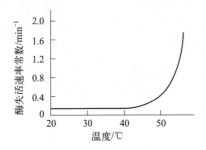 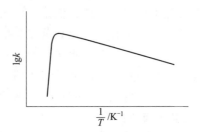

图 1-5　温度对酶稳定性的影响　　　　图 1-6　温度对酶催化反应速率的影响

2. 低温对酶活性的抑制作用

如图 1-7 所示,低温特别是冻结将对酶的活性产生抑制作用。从图中还可看出,在低温(小于 0℃)范围内,某些酶如过氧化物酶就开始偏离 Arrhenius 的直线关系。但也有另一些酶如过氧化物酶的辅基血红素的催化活力在低温下遵循 Arrhenius 直线关系。

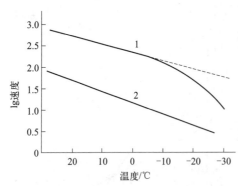

图 1-7　温度对血红素和过氧化物酶催化
愈创木酚氧化反应速率的影响
1—过氧化物酶;2—血红素

酶的活性在低温下也可能会增强。例如在快速冻结的马铃薯和缓慢冻结的豌豆中的过氧化氢酶的活性在 -5～-0.8℃ 范围内会提高。冻结究竟是使酶活性降低还是提高,与最初的介质组成、冻结的速度和程度、冻结的浓缩效应、环境的黏度以及反应体系的复杂程度等因素有关。

低温对酶活性的抑制作用因酶的种类而有明显差异。例如脱氢酶的活性会受到冻结的强烈抑制,而转化酶、酯酶、脂氧化酶、过氧化物酶、组织蛋白酶及果胶水解酶等许多酶类,即使在冻结的条件也能继续活动。其中,酯酶和脂氧化酶的耐冷性尤其强大,它们甚至在 -29℃的温度下仍可催化磷脂产生游离脂肪酸,说明有些酶的耐冷性强于细菌。因此,由酶造成的食品变质,可在产酶微生物不能活动的更低温度下发生。

此外，在某些情况下，酶类经过冻结和解冻后的活性比原来的活性要高些或低些。Nord 认为，当生物胶体颗粒浓度低于 1% 时胶体颗粒会破裂，酶活性即上升。而当生物胶体颗粒浓度超过 1.5% 时，会积聚成大颗粒，酶活性即降低。在某些解冻后的组织内，当酶从细胞析出而与相邻基质作反常的接触时，酶的活性比在新鲜产品内还要大。

（三）温度与其他变质因素的关系

引起食品变质的原因除了微生物及酶促反应外，还受到其他一些因素的影响，如氧化作用、生理作用、蒸发作用、机械损害、低温冷害等，其中较典型的例子是油脂的酸败。油脂与空气直接接触，发生氧化反应，生成醛、酮、酸、内酯、醚等物质，并且油脂本身黏度增加，相对密度增加，出现令人不愉快的"哈喇"味，称为油脂的酸败。维生素 C 被氧化成脱氢维生素，继续分解，生成二酮古洛糖酸，失去维生素 C 的生理作用。番茄色素是由 8 个异戊二烯单元通过头尾结合方式连接，形成对称的直链型碳氢化合物，由于其中含有较多的共轭双键，故易氧化。胡萝卜色素类也有类似的反应。

无论是细菌、霉菌、酵母菌等微生物引起的食品变质，还是由酶和其他因素引起的变质，在低温环境下，都可以延缓或减弱，但低温并不能完全抑制它们的作用，即使在低于冻结点的低温下进行长期贮藏的食品，其质量仍然有所下降。

二、水分活度对食品腐败变质的抑制作用

（一）有关水分活度的基本概念

1. 水分活度

人们早已认识到食品的含水量与其腐败变质之间有一定的关系，例如新鲜鱼要比鱼干更容易腐败变质。但是，人们也发现许多具有相同水分含量的不同食品之间的腐败变质情况存在明显的差异。其原因在于水与食品的非水成分之间结合的强度不同，参与强烈结合的水或者说结合水是不能为微生物的生长和生化反应所利用的水，因此，水分含量作为衡量腐败变质的指标是不可靠的。有鉴于此，提出了水分活度这一概念。

水分活度是指某种食品体系中，水蒸气分压与相同温度下纯水蒸气压之比，以 A_w 表示，即

$$A_w = \frac{p}{p_0} \tag{1-4}$$

式中，p 为食品的水蒸气分压，Pa；p_0 为同温度下纯水的蒸气压，Pa。

显然，从理论上说，A_w 值在 0~1 之间。大多数新鲜食品的 A_w 在 0.95~1.00 之间。另外，水分活度还有一个重要的特性，即它在数值上与食品所处环境的平衡相对湿度相等。例如，某种食品与相对湿度为 85% 的湿空气之间处于平衡状态时，则该食品的 A_w 为 0.85。

食品的水分活度受到许多因素的影响，主要有食品的组成、温度、添加剂等。如果食品的水溶液中含有两种或两种以上的溶质，而且它们之间存在盐溶作用时，则会使 A_w 增大；而它们之间存在盐析作用时，则会使 A_w 减小。添加糖类、盐类及甘油等物质，将使食品的 A_w 减小。温度与 A_w 之间的关系可用 Clausius-Clapeyron 方程来表示：

$$\frac{d\ln A_w}{d(1/T)} = \frac{-\Delta H}{R} \tag{1-5}$$

式中，T 为热力学温度；R 为气体常数；ΔH 为在食品的含水量下的等量吸附热。

如以 $1/T$ 为横轴，以 $\ln A_w$ 为纵轴，可得到一直线关系。不同水分含量时天然马铃薯淀粉的 A_w-$1/T$ 的关系如图 1-8 所示，从图中可以看出，在各种水分含量时和在 $2 \sim 40$℃ 范围内，水分活度与温度之间均存在良好的线性关系。另外还可看出，含水量越低，温度对水分活度的影响越大。高碳水化合物或高蛋白质食品的 A_w 的温度系数（温度范围为 $278 \sim 323$K）为 $0.003 \sim 0.02 \text{K}^{-1}$。由于温度的改变会引起食品 A_w 变化，因此，温度的改变将影响密封袋内或罐内食品的稳定性。

应该指出，A_w 与温度的直线关系并非在任何温度范围内都是如此。当温度降到冰点时，A_w-$1/T$ 之关系将会出现明显的折点。另外，温度对冰点以下食品的影响与冰点以上的情况有明显不同。其一，在冰点以上时，A_w 是食品组成和温度的函数，而且前者是主要的因素；而在冰点以下时，A_w 与食品的组成无关，仅为温度的函数。其二，冰点之上或冰点之下的 A_w 对食品的稳定性具有不同的意义。例如，同是 A_w 为 0.86，当食品温度为 -15℃时，微生物生长停止，化学反应也极其缓慢；而当食品温度为 20℃时，微生物仍可生长，化学反应也将快速进行。

2. 水分吸附等温线

在恒定温度下，食品的水分含量与其水分活度之间的关系称为水分吸附等温线（moisture sorption isotherm）。该曲线的形状与食品种类有关，典型的水分吸附等温线为逆 S 形，如图 1-9 所示。而含有较多糖类及其他可溶性小分子但其他高聚物含量较少的食品如水果、糖果及咖啡提取物等的水分吸附等温线为 J 形。

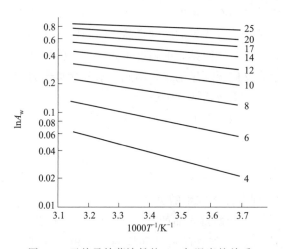

图 1-8　天然马铃薯淀粉的 A_w 与温度的关系

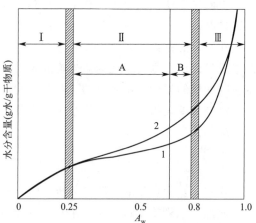

图 1-9　水分吸附等温线与滞后现象
1—水分吸附等温线；2—水分解吸等温线

为了深刻理解吸附等温线的意义和用途，可将等温线分成如图 1-9 所示的三个区域。处在三个不同区域中的水，其性质有很大差异，因而对食品稳定性的影响也有明显不同。

处于 Ⅰ 区的水被最牢固地吸附着，是食品中最难迁移的水。这部分水是通过水-离子相互作用或水-偶极相互作用被吸附到可接近的极性部位。它的蒸发焓比纯水的蒸发焓大得多，而且在 -40℃下不结冰。实际上它可以简单地看作是食品固形物中的一部分。Ⅰ 区域的水占新鲜食品总水分含量的极小比例。区域 Ⅱ 的水也称为多层水，可分为 A、B 两部分，A 部分的水又被称作单层结合水，它以等摩尔比与高极性基团相结合，是与干物质最牢固结合的水量。单层结合水的多少因食品种类而异，可用 BET 方程来计算，该方程式如下：

$$\frac{P}{m(P_0-P)}=\frac{1}{m_0 c}+\frac{c-1}{m_0 c}\times\frac{P}{P_0} \tag{1-6}$$

式中，m 为在水蒸气压 P 时每 100 克干物质所含的水分质量，g；P 为食品的水蒸气压；P_0 为相同温度下纯水蒸气压；m_0 为 100g 干物质上所吸附的单分子层水的质量，g；c 为与吸收热有关的常数。

B 部分的水接近体相水，主要是通过与相邻的水分子和溶质分子缔合，它的流动性比体相水稍差，其中大部分在 -40℃不能冻结，可对溶质产生显著的增溶作用，区域Ⅱ的水可以引起溶解过程，使反应物质流动，因而加快了大多数反应的速度。

区域Ⅲ的水称为体相水，是食品中结合得最弱、流动性最大的水。如果是在凝胶体系和细胞体系中，体相水被物理截留，因此不能产生宏观上的流动，此时的体相水也叫截留水。如果在溶液或其他体系中，体相水可以自由流动，因此也被称为游离水。体相水与纯水具有相近的蒸发焓，可以结冰，也可以作为溶剂，能被微生物和化学反应利用。区域Ⅰ和区域Ⅱ的水仅占生鲜食品总含水量的 5% 左右，区域Ⅲ的水量很大，占生鲜食品总含水量的 95% 左右，但这个含量在图 1-9 中是不明显的。

由于 A_w 与温度有关，因此水分吸附等温线也与温度有关。当食品的含水量一定时，温度升高则水分吸附等温线向横轴移动。

另外，有一个与吸附有关的现象值得引起重视，那就是许多食品的水分吸附等温线与其解吸等温线不重叠，这种现象称为"滞后"，如图 1-9 所示。滞后环的大小、起点、终点等与食品的性质、吸附或解吸时所产生的物理变化、温度、解吸速度及解吸过程中除去的水分多少等因素有关。一般地，当 A_w 值一定时，解吸过程中食品的含水量总是大于吸附过程中的含水量。Labuza 等人发现，由于存在滞后现象，为使微生物停止生长，有时由解吸制得的产品的 A_w 必须大大低于吸附制得产品的 A_w。

（二）水分活度与微生物的关系

1. 微生物生长

实验表明，微生物的生长需要一定的水分活度，过高或过低的 A_w 均不利于它们的生长。微生物生长所需的 A_w 因种类而异，如图 1-10 和图 1-11 所示。从图中不难看出，多数霉菌在 $A_w=0.90$ 可良好生长，而大多数细菌在 $A_w=0.93$ 时即不能生长。同是霉菌，它们的耐干燥能力也因菌种而异。例如根霉、毛霉等在 A_w 低于 0.9 时完全不能生长发芽，而耐干霉菌即便在 A_w 降低到 0.70 以下也可生长。通常，大多数霉菌的最低生长 A_w 为 0.80 左右。酵母菌的耐干燥能力介于细菌和霉菌之间。大多数酵母菌最低生长 A_w 在 0.88~0.91 之间。

另外，微生物生长与 A_w 之关系还要受到基质的组成、温度、O_2 分压、pH 等因素的影响。上述各因素处于最适条件时，则微生物生长的 A_w 范围将变宽。

2. 微生物的耐热性和水分活度的关系

微生物的耐热性因环境水分活度不同而有差异。例如，将嗜热脂肪芽孢梭菌的冻结干燥芽孢置于不同相对湿度的空气中加热，以观察其耐热性，结果是以 A_w 为 0.2~0.4 之间为最高。而且很有意思的是,当 A_w 在 $0.80\sim1.0$ 之间时,随 A_w 的下降微生物的耐热性也降低,其原因尚未明确。霉菌孢子的耐热性则随 A_w 的降低而呈增大的倾向。

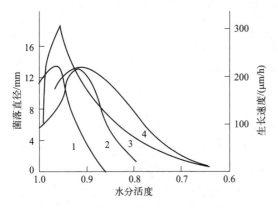

图1-10 霉菌生长速度与 A_w 的关系

1—20℃黑曲霉的生长菌落直径;2—灰绿曲霉的生长菌落直径;3—25℃安氏曲酶的生长菌丝长度;4—耐干霉菌的生长菌丝长度

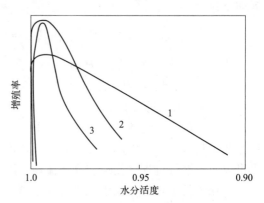

图1-11 细菌生长速度与 A_w 的关系

1—30℃金黄色葡萄球菌;2—30℃纽波特沙门菌;3—30℃梅氏弧菌

3. 细菌芽孢的形成及毒素的产生和水分活度的关系

细菌的芽孢形成一般比营养细胞发育所需的 A_w 更高些。例如,用蔗糖和食盐来调节培养基的 A_w,发现突破芽孢梭菌的发芽发育的最低 A_w 为0.96,而要形成完全的芽孢,则在相同的培养基中,A_w 必须高于0.98。

毒素的产生量也与水分活度有关。当水分活度低于某个值时,毒素的产生量会急剧降低甚至不产生毒素。以金黄色葡萄球菌C-243株产生肠毒素B与培养基 A_w 之关系为例,当水分活度低于0.96时,金黄色葡萄球菌几乎不产生肠毒素B。

(三) 水分活度与酶的关系

酶的活性与水分活度之间存在着一定的关系。当水分活度在中等偏上范围内增大时,酶活性也逐渐增大。相反,减小 A_w 则会抑制酶的活性。酯酶的活性与 A_w 的关系如图1-12所示,由图可见,当水分活度低于单分子层水值时,酯酶实际上不起作用。随着 A_w 的增大,酯酶的活性也逐渐增加,当 A_w 超过0.7左右时(也即存在较多的Ⅲ区域水或体相水),酶的活性迅速增加。这说明,酶要起作用,必须在最低 A_w 以上才行。最低 A_w 与酶的种类、食品种类、温度及pH等因素有关。例如同是大麦磷脂分解酶,磷脂酶D的最低 A_w 为0.45,而磷脂酶B的最低 A_w 为0.55。

另外,局部效应在酶活性与 A_w 关系中也起着一定的作用。局部效应是指食品的某个局部的水分子存在状态将影响酶的活性。例如,在面团糊与淀粉酶的混合体系中,虽然在 A_w 小于0.70时淀粉不分解,但是当把富含毛细管的物质加入该混合体系时,只要 A_w 达到0.46,面团就会发生酶解反应。

酶的稳定性也与 A_w 存在着较密切的关系。一般在低 A_w 时,酶的稳定性较高。黑麦酯酶的热稳定性与 A_w 的关系如图1-13所示,从中看出,酯酶的起始失活温度随含水量的增加而降低。这就说明,酶在湿热状态下比在干热状态下更易失活。

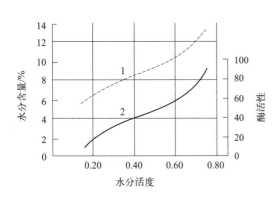

图1-12　25℃下酯酶的活性与A_w的关系
1—水分吸附等温线；2—酶活性曲线

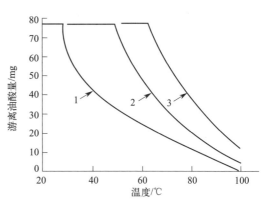

图1-13　A_w对黑麦酯酶的热稳定性的影响
1—含水量23%；2—含水量17%；3—含水量10%

（四）水分活度与其他变质因素的关系

氧化作用是普遍存在于食品中的一种化学变质现象。氧化作用的快慢与A_w之间有密切关系。这可用脱水猪肉脂质氧化与A_w之间的关系来加以说明，如图1-14所示。由图可知，当A_w为0.21及0.51时，脂质的氧化速度最小，而当A_w为0及0.75时，氧化速度加快。

上述现象可作如下解释：当水分活度为0.20～0.51时，由于水与金属离子发生水化作用而显著降低了金属催化剂的催化活性，而且由于与氢过氧化物结合使自由基消失，同时阻止氧与大分子的活性基团接触，从而减慢了脂类的氧化速率。当水分活度逐渐升高时，由于食品体系中的金属催化剂的流动性提高，氧的溶解度增加，大分子吸水胀润而暴露更多的催化部位，从而使氧化速率加快。但是，当水分活度继续升高到大于0.80后，由于催化剂被稀释，氧化速率将有所下降。当水分活度低于0.2（或单分子层水值）时，由于食品中的水分尚不足以与全部极性基团等摩尔结合，从而为它们提供保护作用，使之免受氧分子的攻击，因此氧化速率将加快。

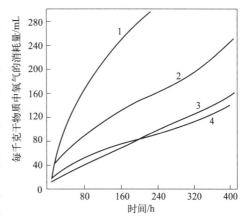

图1-14　37℃下猪肉的脂质氧化与A_w的关系
1—$A_w=0.75$；2—$A_w=0$；
3—$A_w=0.51$；4—$A_w=0.21$

另外，实验表明，以单分子层水所对应的A_w为分界点，当A_w高于此值时，脂质氧化主要表现为受酯酶作用，使游离脂肪酸增加；而当A_w低于此值时，则脂质氧化主要表现为自动氧化反应，使过氧化值急剧增大。

还有一点应指出的是，当存在类胡萝卜素这样含有较多共轭双键的不饱和化合物时，它与饱和油脂之间可以引起共轭氧化，从而加快氧化反应速率。

三、pH对食品腐败变质的抑制作用

（一）pH与微生物的关系

每一种微生物的生长繁殖都需要适宜的pH。一般地，绝大多数微生物在pH 6.6～

7.5的环境中生长繁殖速度最快,而在pH低于4.0时,则难以生长繁殖,甚至会死亡。不同种类的微生物生长所需的pH范围有很大的差异,如表1-11所示。霉菌能适应的pH范围最大,细菌能适应的pH范围最小,而酵母菌介于两者之间。

微生物生长的pH范围并不是一成不变的,还要取决于其他因素的影响。例如乳酸菌生长的最低pH取决于所用酸的种类,在柠檬酸、盐酸、磷酸、酒石酸等酸中生长的最低pH比在乙酸或乳酸中低。在0.2mol/L NaCl的环境中,粪产碱杆菌生长的pH范围比没有NaCl存在或存在0.2mol/L柠檬酸钠时更宽。

表1-11 微生物生长的最低、最高及最适pH

微生物	最低pH	最高pH	最适pH	微生物	最低pH	最高pH	最适pH
大肠杆菌	4.3	9.5	6.0~8.0	金黄色葡萄球菌	4.0	9.8	7.0
伤寒沙门菌	4.0	9.6	6.8~7.2	肉毒芽孢梭菌	4.8	8.2	6.5
痢疾志贺菌	4.5	9.6	7.0	产气荚膜芽孢梭菌	5.4	8.7	7.0
枯草芽孢杆菌	4.5	8.5	6.0~7.5	霉菌	0~1.5	11.0	3.8~6.0
乳酸菌	3.2	10.4	6.5~7.0	酵母菌	1.5~2.5	8.5	4.0~5.8

在超过其生长pH范围的酸碱环境中,微生物的生长繁殖受到抑制,甚至会死亡,其原因在于影响了微生物酶系统的功能和细胞对营养物质的吸收。正常的微生物细胞质膜上带有一定的电荷,它有助于某些营养物质的吸收。当细胞质膜上的电荷性质因受环境H^+浓度改变的影响而改变后,微生物吸收营养物质的功能也发生改变,从而影响了细胞正常物质代谢的进行。微生物酶系统的功能只有在一定的pH范围内才能充分发挥,如果pH偏离了此范围,则酶的催化能力就会减弱甚至消失,这就必然影响到微生物的正常代谢活动。

另外,强酸或强碱均可引起微生物的蛋白质和核酸水解,从而破坏微生物的酶系统和细胞结构,引起微生物的死亡。改变食品介质的pH从而抑制或杀死微生物,是用某些酸碱化合物作为防腐剂来保藏食品的化学保藏法的基础。

(二)pH与酶的关系

酶的活性受其所处环境pH的影响,只有在某个狭窄的范围内时,酶才表现出最大活性,该pH即酶的最适pH。在低于或高于此最适pH的环境中,酶的活性将降低甚至会丧失。但是,酶的最适pH并非酶的属性,它不仅与酶种类有关,而且还随温度、反应时间、底物的性质及浓度、缓冲液的性质及浓度、介质的离子强度和酶制剂的纯度等因素的变化而改变。例如胃蛋白酶在30℃时的最适pH为2.5,而在0℃时最适pH为0~10。又如多黏芽孢杆菌的中性蛋白酶的最适pH在20℃时为7.2左右,在45℃时则为6左右。

pH变化与酶活性之间的关系如图1-15所示。从图中看到,酶不仅存在最适pH,还存在一个可逆失活的pH范围。这在通过改变介质pH以达到保藏目的的食品保藏中是必须注意的问题。

另外,pH还会显著影响酶的热稳定性。一般地,酶在等电点附近的pH条件下热稳定性最高,而高于或低于此值的pH都将使酶的热稳定性降低。例如豌豆的脂氧化酶在65℃下加热时,如果pH为6(等电点附近),则其D值为400min,如果pH为4或8时,则其D值下降到3.1min。

(三)pH与其他变质因素的关系

蛋白质类食品加热之后易产生NH_3及H_2S等化合物。这些化合物的产生量一般在中性到碱性的 pH 范围内比较多，而在 pH 4.5 以下，实际上不产生 H_2S 等化合物。羊肉、牛肉、猪肉等加热过程中 H_2S 的产生量与 pH 的关系如图 1-16 所示，从中可以看出，H_2S 的产生量在 pH 超过 7.0 时急速增加，到 pH 11.2 附近时达到最大值，随后又急剧减少。

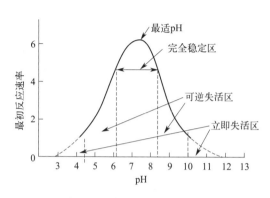

图 1-15 酶活性与 pH 的关系

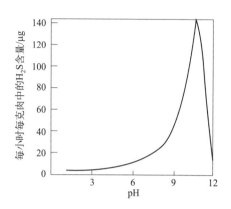

图 1-16 羊肉、牛肉、猪肉加热产生 H_2S 与 pH 的关系

在软体动物和甲壳类罐头、油浸金枪鱼等罐头类食品中，常会出现透明的坚硬结晶——磷酸镁铵结晶。这种结晶在 pH 6.0 以下的酸性环境中可完全溶解，pH 6.3 以上则逐渐变成不溶解，在碱性条件下则完全不溶。

在腌制火腿、咸肉时常用亚硝酸盐作为发色剂，但亚硝酸盐易与亚胺化合生成致癌物质亚硝胺。而亚硝胺的生成与 pH 有很大的关系，在 pH 中性附近时，不会生成亚硝胺，但在强酸性条件下容易生成亚硝胺。

四、电离辐射对食品腐败变质的抑制作用

(一) 有关辐射的基本概念

1. 辐射线的种类及其特性

在电磁波谱中存在着不同波长的射线，如 X 射线、α 射线、β 射线及 γ 射线等，由于它们均具有一定的杀菌作用，因而可用于食品保藏。

X 射线是指波长在 100～150nm 之间的电磁波，是通过用高速电子在真空管内轰击重金属靶标而产生的。X 射线的穿透能力比紫外线强，但效率较低。因此，X 射线在食品上的应用主要是试验性的。

α 射线、β 射线及 γ 射线是放射性同位素放出的射线。α 射线是高速运动的氦核，具有很强的电离作用，但穿透能力极弱，在到达被照射物体之前，即可能被空气分子吸收，因此不能用于食品的杀菌。β 射线是高速运动的电子束，电离作用比 α 射线弱，但穿透力比 α 射线强。γ 射线是波长非常短的电磁波束，是从 ^{60}Co 和 ^{137}Cs 等元素的被激发的核中发射出来的，具有较高的能量，穿透物体的能力相当强，但电离能力比 α 射线、β 射线弱。由于 α 射线、β 射线及 γ 射线辐射物体后能使之产生电离作用，因而又称为电离辐射。

2. 辐射的计量单位

有多种单位可用来定量地表示辐射强度和辐射剂量的大小，分别介绍如下。

（1）伦琴（roentgen） 在标准状况（0℃，$1.0133 \times 10^5 \mathrm{Pa}$）下，使每立方厘米干空气中产生 2.08×10^9 个离子对或形成一个正电或负电的静电单位所需的辐射量为 1 伦琴。

（2）电子伏特 eV 即 1 个电子在真空中通过电压 1V 的电场被加速时所获得的能量。在空气中产生 1 个离子对约需 32.5eV。1eV 相当于 $1.6 \times 10^{-19} \mathrm{J}$ 的能量。

（3）物理伦琴当量或伦普（rep） 用于表示被辐射物体吸收的辐射能量。每立方厘米的食品或软组织吸收 $9.3 \times 10^{-6} \mathrm{J}$ 的辐射能即为 1 伦普。现在伦普已被拉德所取代。

（4）拉德（rad） 1g 任何物体吸收 $1 \times 10^{-5} \mathrm{J}$ 的辐射能即为 1 拉德。此外还有千拉德及兆拉德等单位。1krad=1000rad，1Mrad=10^6 rad。

（5）戈瑞（Gray） 目前，戈瑞（Gy）已逐渐取代拉德成为照射剂量的单位，1Gy=100rad=1J/kg，1kGy=10^5 rad。

（二）电离辐射与微生物的关系

1. 电离辐射的杀菌作用

离子辐射一方面直接破坏微生物遗传因子（DNA 和 RNA）的代谢，导致微生物死亡，另一方面通过离子化作用产生自由基，影响微生物的细胞结构，从而抑制微生物的生长繁殖。离子辐射杀菌与加热杀菌不同，前者在杀菌处理时，食品的温度并不升高，因此，也称为冷杀菌。

离子辐射杀菌用于食品时有不同的目的。有时是为了长期保藏食品，有时是为了消毒，有时是为了减少细菌污染程度等。不同的目的所需照射剂量也不同，见表 1-12。

表 1-12　离子辐射用于不同目的时所需照射剂量

食品	主要目的	达到目的的方法	照射剂量/Gy
肉、鸡肉、鱼肉等	不需低温的长期保藏	杀灭腐败菌、病原菌	4.0～6.0
肉、鸡肉、鱼肉等	3℃以下延长贮藏期	耐冷细菌的减少	0.5～1.0
冻肉、鸡肉及蛋类	防止中毒	杀灭沙门菌	3～10
生鲜及干燥水果等	防止虫害及贮藏损失	杀虫或使其丧失繁殖力	0.1～0.5
水果、蔬菜	改善保藏性	减少霉菌、酵母菌，延长成熟	1～5
根茎类植物	延长贮藏期	防止发芽	0.05～0.15
香辛料及其他辅料	减少细菌污染	减少菌数	10～30

2. 影响辐射杀菌效果的因素

辐射杀菌的效果除了与辐射线的种类、辐射剂量有关外，还要受到微生物种类、微生物数量、介质的组成、氧气、微生物的生理阶段等因素的影响。

（1）微生物的种类　不同的微生物对辐射的抵抗力有很大差别。一般地，革兰阳性细菌比革兰阴性细菌抗辐射能力更强。除少数例外，产孢子菌比不产孢子菌的抗辐射能力更强。在产孢子菌中，larvae 芽孢杆菌比其他绝大多数的需氧芽孢菌更抗辐射。肉毒芽孢梭菌 A 型的孢子在所有芽孢梭菌的孢子中抗辐射能力最强。在不产孢子菌中，粪便肠球菌 R53、小球菌、金黄色葡萄球菌及单一发酵的乳酸杆菌是最抗辐射的细菌。在革兰阴性细菌中，假单胞菌和黄色杆菌是对辐射最敏感的细菌。酵母菌和霉菌的抗辐射能力一般都比革兰阳性细菌强，而酵母菌比霉菌更耐辐射。某些假丝酵母菌株的抗辐射能力甚至与某些细菌的芽孢不相上下。

一般地,细菌的抗辐射能力与其耐热性是平行的。但也有例外,例如嗜热脂肪芽孢杆菌,它的耐热性极强,但对辐射却极为敏感;而对热相当敏感的小球菌,却具有很强的抗辐射能力。

微生物的抗辐射能力可用 D_m 值来衡量。D_m 为使活菌数减少90%(或减少一个对数周期)所需的辐射剂量。不同微生物的 D_m 值见表1-13。

根据表1-13所提供的 D_m 值,对于抗辐射能力最强的肉毒杆菌 A 型、B 型,要达到 $12D_m$ 的杀菌要求,则照射剂量为4.8Mrad。但当介质 pH 低于4.6时,肉毒杆菌的作用变得次要了,而其他的腐败菌起主要作用,按 $12D_m$ 杀菌要求,照射剂量在2.4Mrad左右即可。

(2)最初污染菌数　与加热杀菌效果相似,最初污染菌数越多,则辐射杀菌的效果越差。

表1-13　微生物的抗辐射能力

菌种	基质	D_m/Mrad	菌种	基质	D_m/Mrad
肉毒杆菌 A 型	牛肉(pH 大于4.6)	0.40	肉毒杆菌 B 型	缓冲液	0.33
短小芽孢杆菌	缓冲液、厌氧	0.30	短小芽孢杆菌	缓冲液、需氧	0.17
产气荚膜杆菌	肉汤	0.20~0.25	肉毒杆菌 E 型	肉汤	0.20
嗜热脂肪芽孢杆菌	缓冲液、需氧	0.10	大肠杆菌	肉汤	0.02
枯草芽孢杆菌	缓冲液	0.20~0.25	假单胞菌	缓冲液、需氧	0.004
啤酒酵母	缓冲液	0.20~0.25	米曲菌	缓冲液	0.043

(3)介质的组成　一般地,微生物在缓冲液中比在含蛋白质的介质中对辐射更敏感。产气荚膜杆菌在磷酸盐缓冲液中的 D_m 值为2.3kGy,而在煮肉汁中的 D_m 值为3kGy。因此,蛋白质能增强细菌的抗辐射能力。另外,有实验表明,亚硝酸盐能使细菌内生孢子对辐射更敏感。

(4)氧气　微生物在缺氧条件下比在有氧条件下的抗辐射能力更强。如果完全除去埃希杆菌细胞悬浮液中的氧,那么其抗辐射能力可增大3倍。另外,添加还原剂如含巯基化合物与缺氧条件一样能增大微生物的抗辐射能力。

(5)食品的物理状态　微生物在潮湿食品中比在脱水食物中对辐射更敏感,这显然是由于离子射线对水辐射作用的结果。微生物在冻结状态下比非冻结状态下更耐辐射。在 $-196℃$ 下用 γ 射线照射碎牛肉时,对微生物的致死效力比在0℃时下降47%。这是由于冻结对水分子的固定作用所致。

(6)菌龄　不同生长阶段的细菌具有不同的抗辐射能力。在缓慢生长期的细菌具有最强的抗辐射能力。进入对数期后,细菌的抗辐射能力逐渐下降,并在对数期末降到最低。

(三)电离辐射与其他变质因素的关系

电离辐射除对微生物和酶产生辐射效应外,还可对其他变质因素产生影响,最常见的就是电离辐射可引发间接作用,使食品发生化学变化。一般认为由电离辐照使食品成分产生变化的基本过程有二,即初级辐照和次级辐照。初级辐照是指辐照使物质形成了离子、激发态分子或分子碎片,也称为直接效应。例如食品色泽的变化或组织的变化可能是由于 γ 射线或高能 β 粒子与特殊的色素或蛋白质分子发生直接效应引起的。次级辐照是指由初级辐照的产物相互作用,形成与原物质成分不同的化合物,故将这种次级辐照引起的化学效果称为间接效应。初级辐照一般无特殊条件,而次级辐照与温度、水分、含氧等条件有关。氧气经辐照能产生臭氧。氮气和氧气混合后经辐照能形成氮的氧化物，溶于水可生成硝酸等化合物。可见，在空气和氧气中辐照食品时臭氧和氮的氧化物的影响也足以使食品产生化学变化。

除以上作用外，辐射还可抑制果蔬发芽，调节果蔬呼吸和后熟作用，抑制乙烯的生物合成，延缓果蔬衰老等。

五、其他因素对食品腐败变质的抑制作用

（一）高压

高压保藏就是将食品物料以某种方式包装后，置于高压（100～1000MPa）下加压处理，高压将会导致食品中的微生物和酶的活性丧失，从而延长食品的保藏期。

一般高压可降低微生物生长繁殖的速率，特高压还可引起微生物的死亡。大多数微生物能够在20～30MPa下生长，但超过60MPa时则大多数微生物的生长繁殖受到抑制。在压力作用下，细胞膜的双分子层结构被破坏，通透性增加，进而细胞的功能遭到破坏，细胞壁也会因发生机械断裂而松弛，细胞受到破坏，从而破坏微生物的生长活动，达到保持食品品质的目的。100～300MPa的压力引起的蛋白质变性是可逆的，超过300MPa则是不可逆的。高压条件下，酶的内部分子结构发生变化，同时活性部位上的构象发生变化，从而导致酶的失活。高压效应除与压力有关外，还受pH、底物浓度、酶亚单元结构以及温度的影响。受到高压影响的生物化学反应主要表现在反应物体积增减变化上。压力对反应物体系产生影响主要通过两方面，即减小有效分子空间和加速键间反应。

蛋白质分子结构的伸展引起其功能的改变。高压抑制发酵反应，高压发酵产物与常压发酵有较大的差异。牛乳在70MPa下放置12天不会变酸。酸乳在10℃、200～300MPa下处理10min，可以使乳酸菌保持在发酵终止时的菌数，避免在贮藏中发酵而引起酸度上升。

（二）渗透压

渗透压是引起溶液发生渗透的压强，数值上等于在原溶液液面上施加恰好能阻止溶剂进入溶液的机械压强，也就是等于渗透作用停止时半渗透膜两边溶液的压力差。溶液愈浓，溶液的渗透压强愈大。

提高食品的渗透压时，微生物细胞内的水分就会渗透到细胞外，引起微生物细胞发生质壁分离，导致微生物生长活动停止，甚至死亡，从而使食品得以长期保藏。

应用高渗原理保藏的食品主要有腌制品和糖制品。一般来说，盐浓度在0.9%以下左右时，微生物的生长活动不会受到影响。当盐浓度为1%～3%时，大多数微生物就会受到暂时性抑制。多数杆菌在超过10%的盐浓度下即不能生长，抑制球菌生长的盐浓度为15%，霉菌则需要20%～25%。

由于糖的分子量比食盐的分子量大，所以要达到相同的渗透压，糖制时需要的溶液浓度就要比盐制时高得多。一般1%～10%的糖溶液会促进某些微生物的生长，50%的糖溶液会阻止大多数酵母菌的生长，65%的糖溶液可抑制细菌，而80%的糖溶液才可抑制霉菌。

（三）烟熏

利用熏烟控制食品腐败变质有着悠久的历史，可以追溯到公元前。食品的烟熏是在腌

制的基础上利用木材不完全燃烧时产生的烟气熏制食品的方法。它可赋予食品特殊风味并延长其保藏期。食品的烟熏主要用于动物性食品的制作,如肉制品、禽制品和鱼类制品,某些植物性食品也可采用烟熏,如豆制品(熏干)和干果(乌枣)。

烟熏之所以能防止食品腐败变质,与熏烟的化学成分有密切关系。熏烟的成分比较复杂,但主要包括酚、醛、有机酸、醇、羰基化合物、烃等。熏烟中的酚类物质、醛类物质和有机酸类物质杀菌作用较强。由于熏烟渗入制品深度有限,因而只对产品外表面有抑菌作用。经熏制后表面的微生物可减少 1/10。有机酸与肉中的氨、胺等碱性物质中和,由于其本身的酸性而使肉酸性增强,从而抑制腐败菌的生长繁殖。醛类一般具有防腐性,特别是甲醛,不仅具有防腐性,而且还与蛋白质或氨基酸的游离氨基结合,使碱性减弱,酸性增强,进而增加防腐作用。

熏烟中许多成分具有抗氧化作用。熏烟中抗氧化作用最强的是酚类及其衍生物,其中以邻苯一酚和邻苯三酚及其衍生物作用尤为显著。熏烟的抗氧化作用可以较好地保护脂溶性维生素不被破坏。

(四) 气体成分

空气的正常组成大约是 N_2 含量为 78%、O_2 含量为 21%、CO_2 含量为 0.03%,其他气体 1%。在各种气体成分中,O_2 对食品质量变化的影响最大,如蔬菜的呼吸作用、维生素的氧化、脂肪酸败等都与 O_2 有关。在低氧条件下,上述氧化反应的速率变慢,有利于食品的保藏。气体成分对食品保藏影响的研究和实践主要集中在果蔬气调贮藏上,即在适宜的冷藏条件下,根据果蔬自身的特性,降低 O_2 和增加 CO_2 浓度,降低果蔬的呼吸速率和乙烯释放量,延缓果蔬的成熟和衰老进程,保持食品品质,而且能增强果蔬的抗病性,延长贮藏期和货架期。

采用改变气体条件的方法,一方面可以限制需氧微生物的生长,另一方面可以减少营养成分的氧化损失。近年来,改变气体组成除了主要应用于果蔬的贮藏保鲜外,在食品生产中如密封、脱气(罐头、饮料)、脱氧包装、充氮包装、真空包装、在包装中使用脱氧剂等也广泛应用。新含气调理食品,采用低强度的杀菌处理(加工处理)减菌,如蔬菜、肉类和水产品每克原料含菌 $10^5 \sim 10^6$ 个,经减菌处理,使之降至 $(10 \sim 10^2)$ 个/g,然后改变气体条件,抽出氧气,充入氮气,置换率达到 99%,食品保藏效果较好,货架期可达到 6~12 个月。

(五) 发酵

在人类生存环境中总是有各种各样的微生物存在,它们与人类的生活、生产有着密切的关系。它们既有不利的一面,即当条件适宜时,可引起食品的腐败变质,引起动植物和人类的病害等;又存在有利的一面,例如生产发酵食品以及用于食品保藏。食品的发酵作用主要表现在乳酸发酵、酒精发酵和醋酸发酵等。利用此方法保藏食品,其代谢物的积累需达到一定程度方可。

发酵在延长保藏期、抑制食品腐败变质的同时,还为人类提供了花色品种繁多的食品,如酿酒、制酱、腌酸菜、面包发酵、干酪、豆腐乳、酱油、食醋、味精等。微生物通过发酵作用可分泌降解人体所不消化吸收物质的酶,合成一些营养物质(如维生素、短肽、有机酸等),并改善食品质构。另外,在制药行业中,微生物的发酵还可以用来生产抗生素等。

(六) 包装

食品在生产、贮藏、流通和消费过程中，导致食品发生不良变化的作用有微生物作用、生理生化作用、化学作用和物理作用等。影响这些作用的因素有水分、温度、湿度、氧气和光线等。而对食品采取包装措施，不但可以有效地控制这些不利因素对食品质量的损害，而且还可给食品生产者、经营者及消费者带来很大的方便和利益。

1. 食品包装与材料

食品包装是指用合适的包装材料、容器、工艺、装潢、结构设计等手段将食品包裹和装饰，以便在食品的加工、运输、贮藏和销售过程中保持食品品质和增加其商品价值。包装是食品产后增值和保藏的重要手段，也是食品流通不可缺少的环节。

食品包装材料是指用于包装食品的一切材料，包括纸、塑料、金属、玻璃、陶瓷、木材及各种复合材料，以及由它们所制成的各种包装容器等。一般食品包装材料应具有以下性质。

（1）对包装食品的保护性 食品包装材料应有合适的阻隔性如防水性、遮光性、隔热性等，以及稳定性如耐水性、耐油性、耐腐蚀性、耐光性、耐热性、耐寒性等。

（2）足够的机械强度 应具有一定的拉伸强度、撕裂强度、破裂强度、抗冲击强度和延伸率等。

（3）合适的加工特性 便于机械化、自动化操作，便于加工成所需的形状，便于印刷和密封。

（4）卫生和安全性 材料本身无毒，与食品成分不起化学反应，不因老化而产生毒性，不含有毒的添加物。

（5）方便性 要求重量轻，携带运输方便，开启食用方便，还要有利于材料的回收，减少环境污染。

（6）经济性 如价格低廉，便于生产、运输和贮藏等。

通常所说的食品包装是指以销售为目的，与食品一起到达消费者手中的销售包装，也包括食品工业或其他行业所用的工业包装。只要经商品流通渠道销售，销售包装的食品就需要有食品标签。食品标签是指预包装食品容器上的文字、图形、符号以及一切说明物。标签必须标注的基本内容为：食品名称，配料表，净含量，制造者、经销者的名称和地址，日期标志和贮藏指南，质量等级，产品标准号及特殊标注内容。推荐标注的内容有：产品批号，食用方法，热量和营养素等。另外，食品标签要符合销售国（地区）的标签法规。

2. 食品包装对食品保藏的影响

采用合适的包装能防止或减轻食品在贮运、销售过程中发生的质量下降。

（1）防止微生物及其引起的食品变质 利用包装可将食品与环境隔离，防止外界微生物侵入食品。采用隔绝性能好的密封包装，配合其他杀菌保藏方法，如控制包装内不同气体的组成与浓度、降低氧浓度、提高二氧化碳浓度或以惰性气体代替空气成分，可抑制包装内残存微生物的生长繁殖，延长食品的保藏期。

（2）防止化学因素引起的食品变质 在直射光、有氧环境下，食品中的脂肪、色素等物质将会发生各种化学反应，引起食品变质。选用隔氧性能高、遮挡光线和紫外线的包装材料进行包装，可减轻或防止这种变化。

(3) 防止物理因素引起的食品变质　干燥或焙烤食品,容易吸收环境中的水分而变质;新鲜水果或蔬菜中的水分易蒸发而变质。为了防止这种变化,需选用隔气性好的防湿包装材料或其他防湿包装。

(4) 防止机械损坏　采用合适的包装材料及包装设计可以保护食品,避免或减轻食品在贮运、销售过程中发生摩擦、震动、冲击等机械力造成的食品质量下降。

(5) 防盗与防伪　采用防盗、防伪包装及标识,并在包装结构设计及包装工艺上进行改进,如采用防盗盖、防盗封条、防伪全息摄影标签、收缩包装、集装运输等,均有利于防盗、防伪。

3. 隔绝性食品包装

(1) 食品的防氧包装　受氧气影响较大的食品,需选择防氧性能较好的包装材料,或采用真空包装、脱氧包装或气体置换包装,形成低氧状态,以延长或保证食品品质。

真空包装即在真空状态下封口,可在常温下进行。真空包装能迅速降低包装内氧的浓度,降低食品变质速度,同时抑制有害微生物的生长繁殖,延长食品的保质期。

气体置换包装是采用不活泼的气体,如氮气、二氧化碳或它们的混合物,置换包装内部的活泼气体(如氧和乙烯等)。气体置换包装既要根据不同食品的保藏要求采用不同的气体组成,也要考虑包装材料的气密性和适应性。如用于果蔬、粮食等生机食品保藏,就要采用非密封性的气体置换包装。

进行真空或气体置换包装尚不能完全去除包装内的微量氧气。对氧特别敏感的食品需采用脱氧包装。利用连二硫酸钠、铁系脱氧剂的氧化作用可消耗包装内的微量氧气。连二硫酸钠在水作用下生成硫酸钠,可除去包装中的微量氧。铁系脱氧剂的脱氧速度虽比连二硫酸钠慢,但其吸氧能力较强,如铁粉、碳酸铁型脱氧剂是用85%纯度碳酸铁作为CO_2形成剂(5.5g),100目的还原铁粉(0.05g)、食盐(0.003g)、水(0.0025g)为配料,将上述混合物热封于一透气性袋中,放在100mL容器中,经7天后,容器中O_2含量下降至0.1%以下,CO_2量上升并稳定在38.9%。

(2) 食品的防湿包装　食品的防湿包装包括两方面:一是防止包装内食品从环境中吸收水分,二是防止包装内的食品水分丧失。前者多用于加工食品,后者多指新鲜食品或原料。食品保藏的理想湿度条件与环境湿度相差越大,则对包装的阻湿性要求越高。

选择隔湿性包装材料,既要考虑材料的透湿性和透湿系数,也要考虑材料的密封性和经济性,根据包装食品的保藏要求、保质期等合理选择。从阻湿性方面说,金属、玻璃材料是最优良的包装材料;而塑料及其复合材料,其阻湿性能依材料而异,变化较大。PVDC(聚偏二氯乙烯)具有较强的防止水蒸气透过和防止氧气渗透的能力,又具有易热封合的特点,可单独或复合成膜,用于食品的防湿包装。此外,PE(聚乙烯)、pp(聚丙烯)及铝箔等以复合膜使用,可显著改善其性能。

对湿度特别敏感的食品,除采用防湿包装外,也可采用内藏吸湿剂的防湿包装。防湿包装中的吸湿剂不能与食品直接接触,以免污染食品。常用的吸湿剂有氯化钙和硅胶等。氯化钙装在纸袋里,有较强的吸湿作用,但在高湿下容易从纸袋中渗出而污染食品。现在多采用硅胶,在硅胶中添加钴之后变成蓝色,这种蓝色吸湿剂具有吸水后逐渐变色的特征(由蓝变粉红)。因此,可依据颜色变化了解其吸湿状况。该吸湿剂可通过干热(121℃)再生。

吸湿剂种类不同，不同环境下的吸湿效率和吸湿量也不同，而且吸湿剂仅是一种辅助防湿方法，其使用也受到一定限制。对于水分含量多的食品，使用吸湿剂就显得无意义。不过，像紫菜或酥脆饼干等只要吸收极少的水分就能引起物性变化的食品，使用吸湿剂效果较好。

（3）食品的隔光包装　光可以催化许多化学反应，进而影响食品的贮存品质。光可促进油脂的氧化，产生复杂的氧化腐败产物。光能引起植物类产品的绿色素、黄色素和红色素发生变色，还能引起鱼虾类中的虾青素、虾黄素等发生变色。某些维生素对光十分敏感，如核黄素暴露在光下很容易失去其营养价值。

多数包装材料在可见光范围内光的透过量变化不大，但在紫外光波长范围内差异较大。减少包装材料的光透过量或增加包装材料的反射光量，是隔光材料选用的主要依据。在包装材料制造过程中加入燃料或采用隔光涂料，可大大降低透明包装材料的光透过量。采用涂敷二氯乙烯的材料或用铝、纸等隔光性能较好的材料制造复合膜，可将光透过量降至最低程度。在包装装潢设计中，印刷颜色可降低光的透过性，许多食品的二级或二级以上的包装或运输包装（如纸板箱等）都有一定的隔光性。

在贮运流通过程中，食品包装的保护作用是靠多层次包装的相互配合来达到的。只注意初级包装或只重视贮运包装都是片面的。贮运包装没有初级包装要求严格，除了密封性、气密性程度低于初级包装外，其他的防护功能（如抗机械性能、隔光性、防湿性等）都与初级包装同样重要。例如热收缩包装、集装箱包装及托盘组合包装在食品包装中均占有重要的地位。

第三节　栅栏技术

一、栅栏技术概念的提出

栅栏技术应用于食品保藏是德国肉类研究中心 Leistner（1976）提出的，他把食品防腐的方法或原理归结为高温处理（F）、低温冷藏（t）、降低水分活度（A_w）、酸化（pH）、降低氧化还原电势（E_h）、添加防腐剂（P_{res}）、竞争性菌群及辐照等因子的作用，将这些因子称为栅栏因子（hurdle factor）。国内也有将栅栏技术和栅栏因子相应译为障碍技术和障碍因子。栅栏保藏技术就是将上述栅栏因子两个或两个以上组合在一起用于保藏食品的技术。

二、栅栏效应

在保藏食品的数个栅栏因子中，它们单独或相互作用，形成特有的防止食品腐败变质的"栅栏"，使存在于食品中的微生物不能逾越这些"栅栏"，这种食品从微生物学角度考虑是稳定和安全的，这就是所谓的栅栏效应（hurdle effect）。通过图 1-17 中的几个模式图，可以比较形象且全面地认识和理解栅栏效应。

例1：理论化栅栏效应模式。某一食品内含同等强度的 6 个栅栏因子，即图中所示的抛物线几乎为同样高度，残存的微生物最终未能逾越这些栅栏。因此，该食品是可贮藏的，并且是卫生安全的。

例2：较为实际型栅栏效应模式。这种食品的防腐是基于几个强度不同的栅栏因子，其中起主要作用的栅栏因子是 A_w 和 P_{res}，即干燥脱水和添加防腐剂，贮藏低温、酸化和氧化-还原电势为较次要的附加栅栏因子。

例3：初始菌数低的食品栅栏效应模式。例如无菌包装的鲜肉，只需少数栅栏因子即可有效地抑菌防腐。

例4和例5：初始菌数多或营养丰富的食品栅栏效应模式。微生物具有较强生长势能，各栅栏因子未能控制住微生物活动而使食品腐败变质；必须增强现有栅栏因子或增加新的栅栏因子，才能达到有效防腐。

例6：经过热处理而又杀菌不完全的食品栅栏效应模式。细菌芽孢尚未受到致死性损伤，但生存力已经减弱，因而只需较少而且作用强度较低的栅栏因子，就能有效地抑制其生长。

例7：栅栏顺序作用模式。在不同食品中，微生物的稳定性是通过加工及贮藏过程中各栅栏因子之间以不同顺序作用来达到的。本例为发酵香肠栅栏效应顺序，P_{res} 栅栏随时间推移作用减弱，A_w 栅栏成为保证产品保藏性的决定性因子。

例8：栅栏协同作用模式。食品的栅栏因子之间具有协同作用，即两个或两个以上因子的协同作用强于多个因子单独作用的累加，关键是协同因子的选配是否得当。

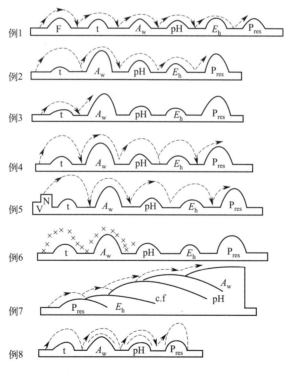

图 1-17　栅栏效应模式图

F—高温处理；pH—酸化；A_w—降低水分活度；t—低温冷藏；P_{res}—添加防腐剂；
E_h—降低氧化还原电势；c.f—竞争性菌群；N—营养物；V—维生素

栅栏效应是食品能够保藏的基础，对于一种可贮藏且卫生安全的食品，任何单一因子都可能不足以抑制微生物的危害，而 A_w、pH、t、P_{res} 等栅栏因子的复杂交互作用控制着微生物的腐败、产毒或有益发酵，这些因子对食品起着联合防腐保质作用。食品防腐可利用的栅栏因子很多，但就每一类食品而言，起重要作用的因子可能只有几个，应通过科学分析和经验积累，准确地选择其中的关键因子，以构成有效的栅栏技术。

　　栅栏技术最初应用于食品的加工和保藏，主要局限于控制引起食品腐败变质的微生物，后来逐渐将栅栏因子的作用扩大到抑制酶活性、改善食品的质量以及延长货架期等方面。事实上，世界上没有哪一种食品在加工和保藏中只考虑抑制微生物而不重视其质量。

【复习思考题】

1. 引起食品品质劣变的主要原因有哪些？其各有什么特性？
2. 食品腐败的外因有哪些？
3. 栅栏技术的原理是什么？
4. 食品标签的要求有哪些？

第二章
食品的低温处理和保藏

第一节 食品的冷却和冷藏

食品的冷藏是将食品贮存在高于冰点的某个低温环境中,使其品质能在合理的时间内得以保持的一种低温保藏技术。一般冷藏温度为-1~8℃,冷藏可以降低生化反应速率和微生物的生长速率,并且能延长新鲜食品和加工制品的货架期。冷藏几乎适合于所有食品的保藏,尤其适合水果、蔬菜的保藏。它包括原料的选择处理、冷却及冷藏等环节。

一、冷却食品物料的选择和前处理

(一) 植物性原料选择及其处理

用于冷藏的植物性原料应特别注意原料的成熟度和新鲜度。果蔬原料应选择外观良好、成熟度一致、无损伤、无微生物污染、对病虫害的抵抗力强、收获量大且价格经济的品种。植物性原料在冷却前的处理主要有:剔除有机械损伤、虫伤、霜冻及腐烂、发黄等质量问题的原料;然后将挑出的优质原料按大小分级、整理并进行适当包装。包装材料和容器在使用前应用硫黄熏蒸、喷洒波尔多液或福尔马林(甲醛水溶液)进行消毒。整个预处理过程均应在清洁、低温条件下快速进行。

(二) 动物性原料选择及其处理

动物性原料主要包括畜肉类、水产类、禽蛋类等。不同的动物性原料,具有不同的化学成分、饲养方法、生活习性及屠宰方法,这些都会影响到产品的贮藏性能和最终产品的品质。例如牛羊肉易发生寒冷收缩,使肌肉嫩度下降,多脂的水产品易发生酸败,使其品质严重劣变等。动物性食品在冷却前的处理因种类而异。畜肉类及禽类主要是静养、空腹及屠宰等处理;水产类包括清洗、分级、剖腹去内脏、放血、去头等步骤;蛋类则主要是进行外观检查以剔除各种变质蛋以及分级和装箱等过程。动物性原料的处理必须在卫生、低温下进行,以免污染微生物,导致制品在冷藏过程中变质腐败。因此,原料处理车间及其环境、操作人员等应定期消毒,操作人员还应定期作健康检查并按规定佩戴卫生保障物品。

二、食品冷却方法

冷却又称为预冷,是将食品物料的温度降低到冷藏温度的过程。冷却是食品冷藏或冷冻前的必经阶段,其本质上是一种热交换的过程,在尽可能短的时间内使食品温度降低到食品冷藏或其他加工的预定温度，以便及时地抑制食品内的生物化学反应和微生物的繁殖活动。因此，为了及时控制食品物料的品质，延长其冷藏期，应在植物性食品物料采收后、动物性食品物料屠宰或捕获后尽快进行冷却，冷却速率也应尽可能快。

冷却可通过传导、对流、辐射或蒸发来达到目的。就制造低温的方法而言，可分为自然降温和人工降温。自然降温是利用自然低气温来调节并维持贮藏库（包括各种简易贮藏和通风库贮藏）内的温度，在我国北方用于果蔬贮藏。但是，该法受自然条件的限制，在温暖地区或者高温季节就难以应用。人工降温贮藏方法主要采用机械制冷来制造贮藏低温，这样就能够不分寒暑，全年贮藏果蔬，是工业常用的方法。食品物料的冷却降温过程一般在冷却间进行，冷却间与冷藏室之间的温度差应保持最小，这样由冷却间进入冷藏室的食品物料对冷藏室的温度影响最小，同时对维持冷藏室内空气的相对湿度也极为重要。

(一) 强制空气冷却法

采用空气作为冷却介质来冷却食品物料，即让低温空气流经包装食品或未包装食品表面，将产品散发的热量带走，以达到冷却的目的。强制通风冷却可先用冰块或机械制冷使空气降温，然后用冷风机将被冷却的空气从风道吹出，在冷却室或冷藏间中循环，吸收食品中的热量，促使其降温。其工艺效果主要取决于空气的温度、相对湿度和流速等因素，工艺条件的选择根据食品的种类、有无包装、是否干缩、是否需要快速冷却等因素来确定。空气的流速愈快，降温的速率愈快，一般空气的流速控制在 $1.5\sim 5.0 \text{m/s}$ 的范围。用相对湿度较低的冷空气冷却未经阻隔包装的食品物料时，食品表面水分会一定程度地蒸发，空气的相对湿度和空气的流速会影响食品表面水分的蒸发引起食品干耗，应引起注意。空气冷却法应用的范围很广，常用于冷却果蔬、鲜蛋、乳品及畜禽肉等冷藏、冻藏食品的预冷处理，特别是花椰菜、绿叶类蔬菜等经浸水后品质易受影响的蔬菜产品。

(二) 真空冷却法

真空冷却也称减压冷却，是把被冷却的食品物料放在可以调节空气压力的密闭容器中，使产品表面的水分在真空负压下迅速蒸发，带走大量汽化潜热，从而使食品冷却的方法。通常的做法是先将食品原料湿润，为蒸发提供较多的水分，再进行抽空冷却操作。这样既加快了降温速度，又减少了植物组织内水分损失，从而减少了原料的干耗。此法适用于蒸发表面积大，通过水分蒸发能迅速降温的食品物料，如蔬菜中的叶菜类，对葱蒜类、花菜类、豆类和蘑菇类等也可应用，某些水果和甜玉米也可用此法预冷。真空冷却法降温速度快、冷却均匀，30min 内可以使蔬菜的温度从 30℃ 左右降至 0～5℃。然而，真空冷却法的缺点是食品干耗大、能耗大，设备投资和操作费用都较高，除非食品预冷的处理量很大和设备使用期限长，否则使用该法并不经济。

(三) 水冷却法

水冷却法将干净水（淡水）或盐水（海水）经过机械制冷或机械制冷与冰制冷结合制成冷却水，然后用此冷却水通过浸泡或喷淋的方式冷却食品。淡水制得的冷却水的温度一般在 0℃ 以上，而盐水（海水）形成的冷却水的温度可在 $-0.5\sim -2$℃。采用浸泡或喷淋的方式可使冷却水与食品物料接触均匀，传热快，如采用 $-0.5\sim -2$℃ 的冷海水浸泡冷却个体为 80g 的鱼时，所需的冷却时间只需要几分钟到十几分钟。采用水浸泡法冷却食品物料时，水的流速直接影响到冷却的速率，但流速太快可能产生泡沫，影响传热效果。目前冷海水冷却法在远洋作业的渔轮上应用较多，由于鱼的密度比海水低，鱼体会浮在海水之上，装卸时采用吸鱼泵，不会挤压鱼体，可提高工作效率，降低劳动强度。采用水冷却法时应注意，水与被冷却的食品物料接触可能对食品物料（即使对于水产品）的品质有一定的影响，如用冷海水冷却鱼体，可能使鱼体吸水膨胀、肉变咸、变色，也易污染。因此，一些食品物料采用水冷却法冷却时，需要有一定的包装，所需的降温时间短（10~15s），造成的水分损失并不很大（2%~3%）。冷水和冷空气相比有较高的传热系数，可以大大缩短冷却时间，而不会产生干耗，费用也低。适合采用冷水冷却的果蔬有甜瓜、甜玉米、胡萝卜、菜豆、番茄、茄子和黄瓜等。

(四) 冰冷却法

采用冰来冷却食品，利用冰融化时的吸热作用来降低食品物料的温度。冷却用的冰是机械制冰或天然冰，可以是净水形成的冰，也可以是海水形成的冰。目前，应用较多的是在产品上层或中间放入装有碎冰的冰袋与食品一起运输。水产品冷却时一般有碎冰和水冰冷却两种方式。

碎冰冷却（干式冷却）法常用于冷却鱼类食品，可将鱼体的温度降至1℃，一般可保鲜7~10天不变质。为了使传热均匀，并控制食品物料不发生冻结，要求在底部和四周先添加碎冰，然后再一层冰一层鱼进行逐层码放或将碎冰与鱼混拌一起。前者被称为层冰层鱼法，适合于大鱼的冷却，后者称为拌冰法，适合于中、小鱼的冷却。由于冰融化时吸热大，冷却用冰量不多，采用拌冰法鱼和冰的比例约为1:0.75，层冰层鱼法用冰量稍大，鱼和冰的比例一般为1:1。为了防止冰水对食品物料的污染，通常对制冰用水的卫生标准有严格的要求。

水冰冷却（湿式冷却）法是先将海水预冷到1.5℃，送入船舱或泡沫塑料箱中，再加入鱼和冰，要求冰完全将鱼浸没，鱼与冰的比例为2:1或3:1。水冰冷却法易于操作、用冰量少，冷却效果好，但鱼在冰水中浸泡时间过长，易引起鱼肉变软、变白，因此该法主要用于鱼类的临时保鲜。

三、不同食品原料的冷藏工艺

(一) 果蔬的冷却、冷藏工艺

果蔬的主要作用是提供维生素C、矿物质和一些次生植物化学成分。其特点是采后仍有旺盛的生命力，具有很强的呼吸作用，同时部分果蔬采后会有伤口，易受微生物的侵染而变质。因此，果蔬需要在第一时间内冷却，降低其内在温度，抑制呼吸、微生物的生长和降低乙烯的产生量。

果蔬原料常用的冷却方法有空气冷却法、冷水冷却法和真空冷却法等。空气冷却可在冷藏库的冷却间或过堂内进行，空气流速一般在0.5m/s，冷却到冷藏温度后再入冷藏库。冷水冷却法中冷水的温度为0~3℃，冷却速率快，干耗小，适用于根菜类和较硬的果蔬。真空冷却法多用于表面积较大的叶菜类，真空室的压力为613~666Pa。为了减少干耗，果蔬放入真空室前要进行喷雾加湿，冷却的温度一般为0~3℃。但由于品种、采摘时间、成熟度等多因素的影响，冷却温度差别很大。完成冷却的果蔬放入冷藏库。冷藏过程主要控制的工艺条件包括：温度和空气的相对湿度。采用气体调节与冷藏结合的方法贮藏果蔬时，气体成分的改变（氧气的降低）可以明显地抑制果蔬的呼吸作用，延长果蔬的贮藏期。

（二）肉类的冷却、冷藏工艺

畜禽肉类食品主要包括牛肉、羊肉、猪肉、鸡肉、鸭肉、鹅肉等。其化学成分主要是蛋白质和脂肪，由肌肉、脂肪和结缔组织组成。共同的特点是宰杀后没有生命，但出现僵直、软化成熟、自溶和酸败等四个阶段。从自溶开始前为成熟阶段，质量最优。因此，所有肉类贮藏的目的是在低温下控制肉的成熟，延迟自溶的发生。

肉类原料的冷却一般采用吊挂在空气中冷却，在冷却间吊挂的密度和数量因肉的种类、大小和肥瘦等级等而定。对于个体较大的畜肉胴体，冷却的方法有一段冷却法和两段冷却法。一段冷却法是指整个冷却过程在一个冷却间内完成的方法。冷却空气的温度控制在0℃左右，空气的流速在0.5~1.5m/s，相对湿度在90%~98%，冷却结束时，胴体后腿肌肉最厚部的中心温度应达到4℃以下，整个冷却过程一般不超过24h。两段冷却法的冷却过程是通过不同冷却温度和空气流速的两个冷却阶段完成的，冷却过程可以在同一冷却间内完成，也可在不同的冷却间内完成。第一阶段的空气温度在-10~-15℃，空气的流速在1.5~3.0m/s，冷却2~4h，使肉的表面温度降至-2~0℃，内部温度降至16~25℃。第二阶段的空气温度在-2~0℃，空气的流速在0.1m/s左右，冷却10~16h。两段冷却法的优点是干耗小，微生物的繁殖和生化反应容易控制，目前应用较多。但此法单位耗冷量比较大。

对于个体较小的禽肉，常用的冷却工艺条件为：空气温度在2~3℃，相对湿度在80%~85%，空气的流速在1.0~1.2m/s，冷却7h左右，可使鸭、鹅体温降低至3~5℃，而冷却鸡的时间会更短些。若适当降低温度，提高空气流速，冷却的时间可进一步缩短。目前对于禽肉的冷却多采用水冷却法，冰水浸泡或喷淋法的冷却速率快，而且没有干耗，但易被微生物污染。肉类冷却后应迅速进入冷藏库，空气的相对湿度在85%~90%。如果温度低，湿度可以增大一些，以减少干耗，贮藏过程应尽量减少冷藏温度的波动。常见肉类冷藏条件和冷藏期见表2-1。

表2-1 肉类冷藏条件与冷藏期

品种	温度/℃	相对湿度/%	冷藏期/d	品种	温度/℃	相对湿度/%	冷藏期/d
牛肉	-1.5~0	90	21	兔肉	-1~0	85	5
猪肉	-1.5~0	85~90	7	家禽	2.2	85~90	10
羊肉	-1~1	85~90	7				

（三）鱼类的冷却、冷藏工艺

鱼类死亡后无生命，会经历僵直、成熟、自溶和酸败过程，但僵直与自溶速度更快，受温度的影响大。鱼类在僵直前还会分泌表面黏液，这种黏液是腐败菌的良好培养基，当温度高于3℃时，易使鱼体腐败。因此，鱼类捕获死亡后，应迅速用清水冲洗，同时迅速冷却。鱼类原料的冷却一般采用冰冷却法和水冷却法，采用层冰层鱼法时，鱼层的厚度在50~100mm，冰鱼整体堆放高度约为75cm，上层用冰封顶，下层用冰铺垫。冰冷却法一般只能将鱼体的温度冷却到1℃左右。冷却鱼的贮藏期一般为：淡水鱼8~10d，海水鱼10~15d，若冰中添加防腐剂可以延长贮藏期。应用冷海水冷却法时，冷海水的温度一般在-2~-1℃，水的流速一般在0.5m/s，冷却时间几分钟到十几分钟。冷海水中盐含量一般在2~3g/L，鱼与海水的比例约为7:3。如果采用机械制冷与冰结合的冷却方法时，应及时添加食盐，以免冷却水的盐浓度下降。若将CO_2充入海水中可使冷海水的pH降低至 4.2 左右，可以抑制或杀死部分微生物，使贮藏期延长，如鲑鱼在冷海水中最多贮藏 5d，若去掉头和内脏也只能贮藏 32d，而在充入 CO_2 的海水中可贮藏 17d。水产食品冷藏条件和贮藏期见表 2-2。

表 2-2 水产食品贮藏条件和贮藏期

食品类型	温度/℃	相对湿度/%	贮藏期/d	食品类型	温度/℃	相对湿度/%	贮藏期/d
鳟鱼	-1～1	95～100	18	虾	-1～1	95～100	2～14
鲑鱼	-1～1	95～100	18	扇贝	0～1	95～100	12
鲐鱼	0～1	95～100	6～8	牡蛎	5～10	95～100	5
鳕鱼	-1～1	95～100	12				

（四）其他食品物料的冷却、冷藏工艺

鲜乳应在挤出后尽早进行冷却，乳品厂在收乳后经过必要的计量、净乳后应迅速进行冷却。常用冷媒（制冷剂）冷却法进行冷却，冷媒可以用冷水、冰水或盐水（如氯化钠、氯化钙溶液）。简易的冷水冷却法可以直接将盛有鲜乳的乳桶放入冷水池中冷却，地下水温度较低时可以直接利用，或加适量的冰块辅助解决。为保证冷却的效果，池中的水量应 4 倍于冷却乳量，并适当换水和搅拌冷却乳。冷排，即表面冷却器，是牧场采用的一种鲜乳冷却设备。其结构简单，清洗方便，缺点是鲜乳暴露于空气中，易受污染并混入空气、产生泡沫，影响下一工序的操作。现代的乳品厂均已采用封闭式的板式冷却器进行鲜乳的冷却。冷却后的鲜乳应保持在低温状态，温度的高低与乳的贮藏时间密切相关。

鲜蛋应在一定的冷却时间内完成降温，可以利用冷库和过道等处冷却，一般采用空气冷却法。冷却开始时，冷却空气的温度与蛋体的温度不要相差太大，一般低于蛋体 2～3℃。随后每隔 1～2h 将冷却空气的温度降低 1℃ 左右，直至蛋体的温度达到 1～3℃。冷却间空气相对湿度在 75%～85%，空气流速在 0.3～0.5m/s。通常情况下冷却过程可在 24h 内完成。冷却蛋的普通冷藏条件一般为 -1.5～0℃，相对湿度 80%～85%，冷藏期为 4～6 个月。与鱼类一样，鲜蛋也非常适合冰温保藏，其条件一般为 -1.5～-2℃，相对湿度 85%～90%，冷藏期为 6～8 个月。冷藏蛋若常温销售，在出库上市之前，应该在库内逐渐升温，直至蛋温低于库外温度 3～5℃，否则，冷藏蛋出库后将在蛋体表面上结露，使产品的质量迅速下降。

四、冷藏库的管理和冷藏食品品质控制

（一）冷藏库的管理

冷藏过程中主要控制的工艺条件包括冷藏温度、空气的相对湿度和空气的流速等。这些工艺条件因食品物料的种类、贮藏期的长短和有无包装而异。一般来说，贮藏期短，对相应的冷藏工艺要求可以低一些。在冷藏工艺条件中，冷藏温度是最重要的因素。冷藏温度不仅指的是冷库内空气的温度，更重要指的是食品物料的温度。植物性食品物料的冷藏温度通常要高于动物性的食品物料，这主要是因为植物性食品物料的活态生命可能会受到低温的影响而产生低温冷害。冷藏室内的温度应严格控制，任何温度的变化都可能对冷藏的食品物料造成不良后果。大型冷藏库内的温度控制要比小型冷藏库容易些，这是由于它的热容量较大，外界因素对它的影响较小。冷藏库内若贮藏大量高比热容的食品物料时，空气温度的变化虽然很大而食品物料的温度变化却并不显著，这是由于冷藏库内空气的比

热容和空气的量均比食品物料的小和少。

冷藏室内空气中的水分含量对食品物料的耐藏性有直接的影响。冷藏室内的空气既不宜过干也不宜过湿。低温的食品物料表面如果与高湿空气相遇，就会有水分冷凝在其表面，导致食品物料容易发霉、腐烂。空气的相对湿度过低时，食品物料中的水分会迅速蒸发并出现萎缩。冷藏时大多数水果和植物性食品物料适宜的相对湿度在85%～90%，绿叶蔬菜、根菜类蔬菜和脆质蔬菜适宜的相对湿度可提高到90%～95%，坚果类冷藏的适宜相对湿度一般在70%以下。畜、禽肉类冷藏时适宜的相对湿度一般也在85%～90%，而冷藏干态颗粒状食品物料如乳粉、蛋粉等时，空气的相对湿度一般较低（50%以下）。若食品物料具有阻隔水汽的包装时，空气的相对湿度对食品物料影响较小，控制的要求相对也较低。

冷藏室内空气流速也相当重要，一般冷藏室内的空气保持一定的流速以保持室内温度的均匀和空气循环。空气的流速过大，空气和食品物料间的蒸气压差也随之增大，食品物料表面的水分蒸发也随之增大，在空气相对湿度较低的情况下，空气的流速将对食品干缩产生严重的影响。只有空气的相对湿度较高而流速较低时，才会使食品物料的水分损耗降低到最低的程度。

（二）食品在冷藏过程中的质量变化

食品在冷藏过程中会发生一系列变化，其变化程度与食品的种类、成分、食品的冷却、冷藏条件密切相关。除了肉类在冷却过程中的成熟作用有助于提高肉的品质和果蔬的后熟可以增加产品风味外，其他变化均会引起食品品质的下降。研究和掌握这些变化及其规律将有助于改进食品冷却冷藏工艺，以避免和减少冷藏过程中食品品质的下降。食品在冷藏过程中发生的质量变化主要有以下几方面。

1. 干耗

食品在运输和贮藏过程中，其水分会不断向环境空气蒸发而逐渐减少，导致质量减轻，这种现象就是水分蒸发（蒸腾），俗称干耗。食品的失重主要是由于干耗造成的，也有一部分是因呼吸消耗而造成，但所占比例较小。例如苹果在3.0℃时，每周由于呼吸引起的失重约为自重的0.05%，而由于蒸腾引起的失重约为自重的0.5%。失水不仅引起质量损失，而且会导致食品品质下降。

2. 冷害

有些水果、蔬菜在冷藏过程中的温度虽未低于其冻结点，但当贮温低于某一温度界限时，这些水果、蔬菜的正常生理功能就会因受到障碍而失去平衡，引起一系列生理病害，这种由于低温造成的生理病害现象称为冷害。冷害有各种现象，最明显的症状是组织内部变褐和表皮出现干缩、凹陷斑纹等。像荔枝的果皮变黑、鸭梨的黑心病、马铃薯的发甜现象都属于低温伤害。有些水果、蔬菜在冷藏后从外观上看不出冷害的现象，但如果再放到常温，却不能正常成熟，这也是一种冷害。例如，绿熟的番茄保鲜温度为10℃，若低于这个温度，番茄就失去后熟能力，不能由绿变红。引起冷害发生的因素很多，主要与果蔬的种类、贮藏温度和时间有关。

3. 后熟作用

果蔬在收获后还有后熟过程，温度会直接影响果蔬的后熟，适宜的贮藏温度可以有效推迟后熟作用。应根据不同品种选择最佳贮藏温度，既要防止冷害的发生，又不能产生高温病害，否则果蔬会失去后熟能力。例如，香蕉的最适宜贮藏温度是 15～20℃，在 30℃ 时会产生高温病害，12℃以下又会出现冷害。未成熟的果蔬风味一般较差，对于呼吸高峰型的水果（如香蕉、猕猴桃等）在销售、加工之前可以对其进行人为控制的催熟，以满足适时的加工或鲜货上市的需要。

4. 肉的成熟

刚屠宰的畜禽肉也有成熟过程，即使在低温下，这个过程也在缓慢地进行。由于动物种类不同，成熟作用的效果也不同。对猪肉、家禽等原来就比较柔嫩的肉类来说，成熟作用并不十分重要。但对牛、羊肉等成熟作用就十分重要，它对肉质的嫩化和风味的增加具有显著的效果，可以大大提高其商品价值。

5. 微生物的繁殖

食品在冷藏状态下，其中的微生物特别是低温微生物的繁殖和分解作用并没有被充分抑制，只是繁殖和分解速度变缓慢了，其总量还在不断增加，如贮藏时间较长，就会使食品发生腐败。低温细菌的繁殖在 0℃以下变得缓慢，如果要使它们停止繁殖，一般需要将温度降低到 −10℃以下。对于个别低温细菌，在 −40℃的低温下仍有繁殖现象。

第二节　食品的冻结

一、冻结点与冻结率

冻结点是指一定压力下液态物质由液态转向固态的温度点。图 2-1 为水的相图，图中 AO 线为液汽线，BO 线为固汽线，CO 线为固液线，O 点为三相点。从图中可以看出，压力对水的冻结点有影响，真空（610Pa）下水冻结点为 0.0099℃。常压（1.01×10^{5}Pa）下，水中溶解有一定量的空气，这些空气使水的冻结点下降，冻结点变为 0.0024℃，但在一般情况下，水只有被冷却到低于冻结点某一温度时才开始冻结，这种现象被称为过冷。低于冻结点的这一温度被称为过冷点，冻结点和过冷

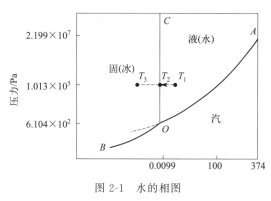

图 2-1　水的相图

点之间的温度差为过冷度。冻结点和过冷点之间的水处于亚稳态（过冷态），极易形成冰结晶。冰结晶的形成包括冰晶的成核和冰晶的成长过程。

对于水溶液而言，溶液中溶质和水（溶剂）的相互作用使得溶液的饱和水蒸气压比纯水的低，也使溶液的冻结点低于纯水的冻结点，此即溶液的冻结点下降现象。溶液冻结点的下降值与溶液中溶质的种类和数量（即溶液的浓度）有关。食品物料中的水是溶有一定溶质的溶液，只是其溶质的种类较为复杂。

二、冻结曲线

食品冻结时，随着时间的推移表示其温度变化过程的曲线称为食品冻结曲线。涵盖食

品物料降温到完全冻结的整个过程。以纯水为例（见图 2-2），水从初温开始降温，达到水的过冷点 S，由于冰结晶开始形成，释放的相变潜热使水的温度迅速回升到冻结点 T_2，然后水在这种不断除去相变潜热的平衡的条件下，继续形成冰结晶，温度保持在平衡冻结温度，形成结晶平衡带，平衡带的长度（时间）表示全部水转化成冰所需的时间。当全部的水被冻结后，冰以较快的速率降温，达到最终温度 T_3。

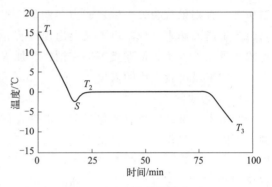

图 2-2　纯水的冻结曲线图

食品的冻结曲线表示的食品冻结过程大致可分为三个阶段。第一阶段是食品从初温降至冰点，放出的是显热。此热量与全部放出的热量相比值较小，故降温快，曲线较陡。第二阶段是食品温度达到冰点后，食品中大部分水分冻结成冰，水转变成冰的过程中放出的相变潜热通常是显热的 50~60 倍，食品冻结过程中绝大部分的热量是在第二阶段放出的，温度将不降低，曲线出现平坦段。对于新鲜食品来说，一般温度降至 -5 ℃ 时，已有 80% 的水分生成冰结晶。通常把食品冻结点至 -5 ℃（或者 -7 ℃）的温度区间称为最大冰晶生成带，一般通过此阶段的时间越短，形成的冰晶越小。第三阶段是残留的水分继续结冰，已成冰的部分进一步降温至冻结终温。水变成冰后其比热容下降，冰进一步降温的显热减小，但因还有残留水分结冰放出冻结潜热，因此降温没有第一阶段快，曲线也不及第一阶段那样陡。

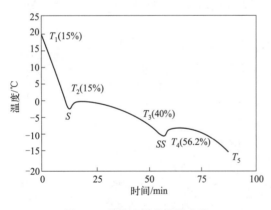

图 2-3　蔗糖溶液的冻结曲线

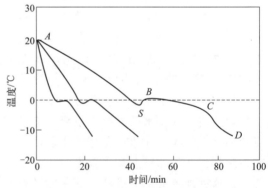

图 2-4　不同冻结速率的食品物料冻结曲线

蔗糖溶液的冻结曲线见图 2-3。质量分数 15% 的蔗糖溶液从初温 T_1 开始下降，经过过冷点 S 后，达到初始冻结点 T_4，为低共熔点温度。从 T_2 到 T_4 阶段的前期温度下降较慢，这是由于大量的水形成冰结晶，因此这一阶段被称为最大冰晶生成带。可以根据图 2-3 确定液体的浓度和冰结晶/液体的比率。经过过饱和状态点 SS 达到理论低共熔点温度（对应低共熔浓度为 56.2%），随着进一步的冻结到达低共熔体，在 T_4 后出现小平衡带。小平衡带长度表示去除冰和糖水合物结晶形成所放出热量需要的时间。

图 2-4 为食品物料在不同冻结速率下的冻结曲线。图 2-4 中，$A \sim S$：冷却过程，只除去显热，S 为过冷点，多数样品都有过冷现象出现，但不一定很明显。过冷点的测定取决于测温仪的敏感度、对时间反应的迅速程度以及测温仪在样品中的位置。样品组织表面

的过冷程度较大，通常缓冻及测温仪深插难测出过冷点，若过冷温度很小或过冷时间很短，结晶放热，温度回升到初始冻结点 B。$B\sim C$：大部分水（约 3/4）在此阶段冻结，需要除去大量的潜热，BC 段为有一定斜率的平衡带。在此段的初始阶段水分近乎以纯水的方式形成冰结晶，后阶段则有复杂共晶物的形成。$C\sim D$：由于大部分水分已冻结，此时去除一定量的热能将使样品的温度下降较多，样品中仍有一些可冻结的水分。只有当温度已达到低共熔点温度时，所有自由水分才全部冻结。

在有些食品物料冻结过程中会出现"第二冻结点"现象，如图 2-5 所示。图中箭头所指的即为"第二冻结点"，此现象在不少活态植物组织冻结时出现，而动物性食品物料则无此现象。关于此现象还无准确的解释，但多数理论认为这是由组织中各处的水分性质不同所造成的，如胞内水和胞外水、不同种类细胞中的水或胶体网内外的水等。图 2-5 中还有另一现象，样品重新冻结时的冻结温度一般高于第一次冻结，图中虚线所示为重新冻结的情况。重新冻结中不再出现"第二冻结点"现象。

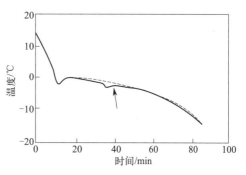

图 2-5 具有"第二冻结点"的冻结曲线

三、冻结速率

冻结速率是指食品物料内某点的温度下降速率或冰峰的前进速率。缓慢冻结、快速冻结和超快速冻等概念与食品物料的冻结速率相关。目前，常用于表示冻结速率的方法有以下几种。

（一）时间-温度法

一般以降温过程中食品物料内部温度最高点，即热中心的温度表示食品物料的温度。但由于在整个冻结过程中食品物料的温度变化相差较大，选择的温度范围一般是最大冰晶生成带，常用热中心温度从 $-1℃$ 降低到 $-5℃$ 这一温度范围的时间来表示。若通过此温度区间的时间少于 30min，称为快速冻结；大于 30min，称为缓慢冻结。这种表示方法使用起来较为方便，多应用于肉类冻结。但这种方法也有不足，一是对于某些食品物料而言，其最大冰晶生成带的温度区间较宽（甚至可以延伸至 $-10\sim -15℃$）；二是此法不能反映食品物料的形态、几何尺寸和包装情况等多因素的影响，因此在用此方法时一般还应标注样品的大小等。

（二）冰峰前进速率

冰峰前进速率是指单位时间内 $-5℃$ 的冻结层从食品表面伸向内部的距离，单位 cm/h。常称线性平均冻结速率，或名义冻结速率。这种方法最早由德国学者普朗克提出，他以 $-5℃$ 作为冻结层的冰峰面，将冻结速率分为三级：快速冻结 $5\sim 20$cm/h；中速冻结 $1\sim 5$cm/h；慢速冻结 $0.1\sim 1$cm/h。该方法的不足是实际应用中较难测量，而且不能应用于冻结速率很慢以至产生连续冻结界面的情况。

（三）国际制冷学会定义

国际制冷学会把冻结速率（v）定义为：食品表面与中心温度点间的最短距离（δ_0）

与食品表面达到0℃以后食品中心温度降到比食品冻结点低10℃所需时间（t_0）之比，单位cm/h。如食品中心与表面的最短距离（δ_0）为5cm，食品冰点−5℃，中心降至比冰点低10℃，即−15℃，所需时间为10h，其冻结速率为：

$$v = \frac{\delta_0}{t_0} = \frac{5}{10} = 0.5 \text{cm/h}$$

该方法考虑到因食品外观差异、成分不同、冰点不同，故其中心温度计算值随不同食品的冰点而变，因此，对冻结条件要求更为苛刻。

四、冻结速度与冰晶

冻结速度快，食品组织内冰层推进速度大于水移动速度，冰晶的分布接近天然食品中液态水的分布情况，冰晶数量极多，呈针状结晶体。冻结速度慢，细胞外溶液浓度较低，冰晶首先在细胞外产生，而此时细胞内的水分是液相。在蒸汽压差作用下，细胞内的水向细胞外移动，形成较大的冰晶，而且分布不均匀。除蒸汽压差外，因蛋白质变性，其持水能力降低，细胞膜的透水性增强而使水分转移作用加强，从而产生更多更大的冰晶大颗粒。

速冻形成的冰结晶多且细小均匀，水分从细胞内向细胞外的转移少，不至于对细胞造成机械损伤。冷冻中未被破坏的细胞组织，在适当解冻后水分能保持在原来的位置，并发挥原有的作用，有利于保持食品原有的营养价值和品质。

缓冻形成的较大冰结晶会刺伤细胞，破坏组织结构，解冻后汁液流失严重，影响食品的价值，甚至不能食用（表2-3）。

表2-3　冻结速度与冰晶形状的关系

从0～−5℃的时间	冰晶体形状	冰晶体大小(直径×长度)/μm	冰晶体数量
数秒	针状	(1～5)×(5～10)	无数
1.5min	杆状	(0～20)×(20～50)	数量多
40min	块状	(50～100)×100以上	数量少
90min	块粒状	(50～200)×200以上	数量少

第三节　食品的冻藏

食品冻藏就是采用缓冻或速冻方法先将食品冻结，继而在能保持食品冻结状态的温度下贮藏的保藏方法。常用的贮藏温度为−23～−12℃。食品冻结或冻制时运用各种冻结技术，在尽可能短的时间内，将食品温度降低到它的冻结点（即冰点）以下预期的冻藏温度，使它所含的大部分水分随着食品内部热量的外散而形成冰晶体，以减少生命活动和生化变化，从而保证食品在冻藏过程中的稳定性。常见的冻藏食品有经过初加工的新鲜果蔬、果汁、肉类、禽类、水产品和去壳蛋等，还有不少加工品，如面包、点心、冰淇淋及品种繁多的预制和特种食品、膳食用菜肴等。

一、冷冻食品原料的选择和预处理

由于冻藏食品物料中的水分冻结产生冰结晶，冰的体积较水大，而且冰结晶较为锋利,易对食品物料(尤其是细胞组织比较脆弱的果蔬)的组织结构产生损伤,使解冻时食品物料产生汁液流失;冻藏过程中的水分冻结和水分损失使食品物料内的溶液浓度增加,各种反应加剧。因此食品物料在冻藏前,除了采用类似食品冷藏的一般预处理,如挑选、清洗、分割、包装等外,冻藏食品物料往往需采取一些特殊的前处理形式,以减少冻结、冻藏、运输和解冻过程中对食品物料质量的影响。

(一) 热烫处理

主要是针对蔬菜,又称为杀青、预煮。通过热处理使蔬菜等食品物料内的酶失活变性。常用热水或蒸汽对蔬菜进行热烫,热烫后应注意沥干蔬菜上附着的水分,使蔬菜以较为干爽状态进入冻结。

(二) 加糖处理

主要是针对水果。将水果进行必要的切分后渗糖,糖分使水果中游离水分的含量降低,减少冻结时冰结晶的形成;糖液还可减少食品物料和氧的接触,降低氧化作用。渗糖后可以沥干糖液,也可以和糖液一起进行冻结,糖液中加入一定的抗氧化剂可以增加抗氧化的作用效果。加糖处理也可用于一些蛋品,如蛋黄粉、蛋清粉和全蛋粉等,加糖有利于对蛋白质的保护。

(三) 加盐处理

主要针对水产品和肉类,类似于盐腌。加入盐分也可减少食品物料和氧的接触,降低氧化作用。这种处理多用于海产品,如海产鱼卵、海藻和植物等均可经过食盐腌制后进行冻结,食盐对这类食品物料的风味影响较小。

(四) 浓缩处理

主要用于液态食品,如乳、果汁等。液态食品不经浓缩而进行冻结时,会产生大量的冰结晶,使液体的浓度增加,导致蛋白质等物质的变性。浓缩后液态食品的冻结点大大降低,冻结时结晶的水分含量减少,对胶体物质的影响小,解冻后易复原。

(五) 加抗氧化剂处理

主要针对虾、蟹等水产品。此类产品在冻结时容易氧化而变色、变味,可以加入水溶性或脂溶性的抗氧化剂,以减少水溶性物质(如酪氨酸)或脂质的氧化。

(六) 镀冰衣处理

在冻结、冻藏食品表面形成一层冰膜,可起到隔离的作用,这种形式被称为包(镀)冰衣。净水制作的冰衣质脆、易脱落,常用增稠物质(如海藻酸钠、CMC等)作糊料,提高冰衣在食品物料表面的附着性和完整性,还可以在冰衣液中加入抗氧化剂或防腐剂,以提高贮藏的效果。

(七) 包装处理

主要是为了减少食品物料的氧化、水分蒸发和微生物污染等,通常采用不透气的包装材料。

二、食品冻结方法

食品冻结的方法与介质、介质和食品物料的接触方式以及冻结设备的类型有关。冻结方法按照冻结速度,可以分成缓冻和速冻两大类。缓冻就是食品放在绝热的低温室中($-40\sim-18$℃,常用$-29\sim-18$℃),并在静态的空气中进行冻结的方法。速冻方法常用的主要有三类:第一类,鼓风冻结,采用连续不断的低温空气在物料周围流动;第二类,平板冻结或间接接触冻结，物料直接与中空的金属冷冻盘接触，其中冷冻介质在中空的盘中流动；第三类，直接接触冻结，主要有浸渍冷冻和喷雾冷冻两种，物料直接与冷冻介质接触。

（一）空气冻结法

空气冻结法所用的冷冻介质是低温空气，冻结过程中空气可以是静止的，也可以是流动的。静止空气冻结法在绝热的低温冻结室进行，冻结室的温度一般在$-18\sim-40℃$。冻结过程中的低温空气基本上处于静止状态，但仍有自然的对流。有时为了改善空气的循环，在室内加装风扇或空气扩散器，以便使空气可以缓慢流动。冻结所需的时间为3h～3d，视食品物料及其包装的大小、堆放情况以及冻结的工艺条件而异。这是目前唯一的一种缓慢冻结方法。用此法冻结的食品物料包括牛肉、猪肉（半胴体）、箱装的家禽、盘装整条鱼、箱装的水果、5kg以上包装的蛋品等。

鼓风冻结法也属于空气冻结法之一。冷冻所用的介质也是低温空气，但鼓风冻结法采用鼓风，使空气强制流动并和食品物料充分接触，增强制冷的效果，达到快速冻结目的。冻结室内的空气温度一般为$-29\sim-46℃$，空气的流速在10～15m/s。冻结室可以是供分批冻结用的房间，也可以是用小推车或输送带作为运输工具进行连续隧道冻结。隧道式冻结适用于大量包装或散装食品物料的快速冻结。鼓风冻结法中空气的流动方向可以和食品物料总体的运动方向相同（顺流），也可以相反（逆流）。

采用小推车隧道冻结时，需冷冻的食品物料可以先装在冷冻盘上，然后置于小推车上进入隧道，小推车在隧道中的行进速率可根据冻结时间和隧道的长度设定，使小推车从隧道的末端出来时食品物料已完全冻结。温度一般在$-35\sim-45℃$，空气流速在2～3m/s，冻结时间为：包装食品1～4h，较厚食品6～12h。采用输送带隧道冻结时，食品物料被置于输送带上进入冻结隧道。输送带可以做成螺旋式以减小设备的体积，输送带上还可以带有通气的小孔，以便冷空气从输送带下由小孔吹向食品物料，这样在冻结颗粒状的散装食品物料（如豆类蔬菜、切成小块的果蔬等）时，颗粒状的食品物料可以被冷风吹起而悬浮于输送带上空，使空气和食品物料能更好地接触，这种方法又被称为流化床式冻结。散装的颗粒型食品物料可以通过这种方法实现快速冻结，冻结时间一般只需要几分钟，这种冻结被称为单体快速冻结。

（二）间接接触冻结法

板式冻结法是最常见的间接接触冻结法。它采用制冷剂或低温介质冷却金属板以及和金属密切接触的食品物料。这是一种制冷介质和食品物料间接接触的冻结方式，其传热的方式为热传导，冻结效率跟金属板与食品物料接触的接触状态有关。该法可用于冻结包装和未包装的食品物料，外形规整的食品物料由于和金属板接触较紧密，冻结效果较好。小型立方体型包装的食品物料特别适用于多板式速冻设备进行冻结，食品物料被紧紧夹在金属板之间，使它们相互密切接触而完成冻结。冻结时间取决于制冷剂的温度、包装的大小、相互密切接触的程度和食品物料的种类等。厚度为3.8～5.0cm的包装食品的冻结时间一般在1～2h。该法也可用于生产机制冰块。板式冻结装置可以是间歇的，也可以是连续的。与食品物料接触的金属板可以是卧式的，也可以是立式的。卧式的主要用于冻结分割肉、肉制品、鱼片、虾及小包装食品物料的快速冻结，立式的适合冻结无包装的块状食品物料，如整鱼、剔骨肉和内脏等，也可用于包装产品。立式装置不用贮存和处理货盘，大大节省了占用的空间，但立式的不如卧式的灵活。回转式或钢带式分别是用金属回转筒和钢输送带作为和食品物料接触的部分，具有可连续操作、物料干耗小等特点。

(三) 直接接触冻结法

直接接触冻结法又称为液体冻结法，有浸渍冷冻和喷雾冷冻两种，用载冷剂或制冷剂直接喷淋或（和）浸泡需冻结的食品物料，可以用于包装和未包装的食品物料。通常用于单体速冻技术制品，仅用于一些特殊的、高附加值的产品上，如虾及高附加值或调味制品，如双壳软体动物的肉等。

由于直接接触冻结法中载冷剂或制冷剂等不冻液直接与食品物料接触，这些不冻液应该无毒、纯净、无异味和异样气体、无外来色泽和漂白作用、不易燃、不易爆等，和食品物料接触后也不能改变食品物料原有的成分和性质。常用的载冷剂有盐水、糖液和多元醇-水混合物等。所用的盐通常是 NaCl 或 $CaCl_2$，应控制盐水的浓度使其冻结点在 $-18℃$ 以下。当温度低于盐水的低共熔点时，盐和水的混合物会从溶液中析出，所以实际上盐水有一个最低冻结温度，如 NaCl 盐水的最低冻结温度为 $-21.13℃$，盐水可能对未包装食品物料的风味有影响，目前主要用于海鱼类。盐水的特点是黏度小、比热容大和价格便宜等，但其腐蚀强，使用时应加入一定量的防腐蚀剂。常用的防腐蚀剂为重铬酸钠和氢氧化钠。蔗糖溶液是常用的糖液，可用于冻结水果，但要达到较低的冻结温度所需的糖液浓度较高，如要达到 $-21℃$ 所需的蔗糖浓度（质量分数）为 62%，而这样的糖液在低温下黏度很高，传热效果差。

1. 浸渍冷冻

浸渍冷冻机可以保证制品表面与冷冻介质之间紧密接触，保证良好的传热。冷冻介质有盐水、糖液和甘油溶液。通常采用氧化的盐水，其低共熔点为 $-21.2℃$，因此，在冷冻过程中通常采用 $-15℃$ 左右的盐水温度。要使温度进一步下降必须将制品转移到冷库中。

在盐水中冷冻的大型金枪鱼，可能需要 3 天才能彻底冻结。采用现代的鼓风冷冻机在 $-60～-50℃$ 下操作，鱼的冷冻时间可能会低于 24h。对于捕获后鱼的保藏，盐水冷冻曾经在金枪鱼渔业工业中非常流行，但现在正逐渐被鼓风冷冻所取代。

水果一般可用甘油-水混合液冻结，67% 甘油水溶液的温度可降低到 $-46.7℃$，但这种介质对不宜变甜的食品并不适用，对于一些速冻肉产品，如调理牛排、调理猪排及速冻肉饼等，浸渍冻结是比较好的选择，有研究表明选取海藻糖、聚葡萄糖和黄原胶作为调理肉制品冻藏期间抗冻剂的主要成分，以调理肉制品的汁液损失率和硬度为评价指标，得出了适合调理肉制品的低热量、低甜度的功能性抗冻剂配方：1.8% 海藻糖、3.3% 聚葡萄糖和 0.5% 黄原胶，可以有效地保持肉品在冻藏期间的品质。

2. 喷雾冷冻

喷雾冷冻也可称为深冷冻结，在深冷冻结时，通过将未包装或仅薄层包装的制品暴露在具有低沸点、温度极低的制冷剂中，取得极快的冷冻速率。在这个方法中，制冷剂被喷射到产品表面，在制冷剂相态变化时将热带走。制冷剂通常采用二氧化碳或液氮。

在以二氧化碳为冷冻介质的冻结机中，当产品通过冷冻隧道二氧化碳喷嘴时，液态二氧化碳喷到产品上，在离开喷嘴时发生相态变化，吸收大量的热量致使制品快速冷却。在一些系统中，固体二氧化碳（干冰）层被置于传送带上，制品则置于干冰之上，然后液态二氧化碳从上喷下。由于干冰在 $-78℃$ 时升华，因此冷却至少在 $-75℃$ 时发生。在这种情况下冷冻非常快，汁液损失也下降到小于 1%。

在液氮冻结机中，当产品在移动的传送带上经过隧道时液化的气体喷射到产品的表面，氮气与传送带逆向流动，这种物料在液氮喷射前已被预冷。在大气压下，液氮的沸点是 -196 ℃，因此在进入冷冻隧道前预冷非常重要，否则制品可能会由于冷却太快而出现应力破碎。在喷嘴后，必须要有个回温区，使产品在出冷冻隧道前回温，这可以使制品表面与中心的温度梯度趋向于一定程度的平衡。一旦产品被移入冻藏库，其通常会发生完全的平衡。

三、冷冻食品的包装

对于食品本身来讲，其性质、形状、表面积大小等对干耗和冻结都会产生直接的影响，但很难使它改变。从工艺控制角度出发，可采用加包装或镀冰衣和合理堆放的方法。冻结食品使用包装材料的目的通常有三个方面：卫生、保护表面和便于解冻。

包装通常有内包装和外包装之分，对于冻品的品质保护来说，内包装更为重要。由于包装把冻结食品与冻藏室的空气隔开，防止了水蒸气从冻结食品中移向空气，抑制了冻品表面的干燥。为了达到良好的保护效果，内保护材料不仅应具有防湿性、气密性，还要求在低温下柔软，具有一定的强度和安全性。常用的内包装材料有聚乙烯、聚丙烯、聚乙烯与玻璃纸复合、聚乙烯与聚酯复合、聚乙烯与尼龙复合、铝箔等。食品包装时，内包装材料要尽量紧贴冻品，如果两者之间有空气间隙，水蒸气蒸发、冰晶升华可能在包装袋内发生。

镀冰衣主要用于冻结水产品的表面保护，特别是用于多脂鱼类。因为多脂鱼类含有大量高度不饱和脂肪酸，冻藏中很容易氧化而使产品发生油烧现象。镀冰衣可让冻结水产品的表面附着一层薄的冰膜，在冻藏过程中由冰衣的升华替代冻鱼表面冰晶的升华，使冻品表面得到保护。同时，冰衣包裹在冻品的四周，隔绝了冻品与周围空气的接触，这样能防止脂类和色素的氧化，延长冻结水产品的贮藏期。冻鱼镀冰衣后再进行内包装，可取得更佳的冻藏效果。在镀冰衣的清水中加入糊料或被膜剂，如海藻酸钠、羧甲基纤维素、聚丙烯酸钠等可以加强冰衣，使附着力增强，不易龟裂。对于采用冷风机的冻藏间来说，商品都要包装或镀冰衣。库内气流分布要合理，并要保持微风速（0.2～0.4m/s）。

四、冷冻食品的流通与冷链管理

速冻食品自身的特性决定了从生产加工到市场流通，必须有与之相匹配的冷链作保证，由于速冻食品行业的飞速发展，冷链物流也随之得到快速发展。冷链物流泛指冷藏冷冻类食品在生产、贮藏、运输、销售直到最终消费前的各个环节中始终处于规定的低温环境下，以保证食品质量、减少食品损耗的一项系统工程。其包括低温加工、低温运输与配送、低温贮存、低温销售等各个方面，各个环节必须始终处于商品所必需的低温环境下，各作业环节也必须紧密配合，在设备数量上相互协调，在质量管理标准上一致，形成一个完整的"冷藏（冻）链"，以保证商品的品质和安全，减少损耗，防止污染。

冷链物流中商品的早期质量主要取决于下列因素：原料（product），速冻前处理和速冻加工（processing）以及包装（package），通常称为"3P"理论；冷链物流中商品的最终质量取决于冷链的贮藏温度（temperature）、流通时间（time）以及产品本身的耐藏性（tolerance），即"3T原则"。不同品种和品质的货物会随着时间和温度的变化而产生相异的品质变化，因此，对于冷链物流中的商品，要进行原产地和各种加工信息的实时跟踪与监控，必须要有相对应的产品温度监控、控制和贮藏时间的经济技术指标，并且需设置不同种类和品质的商品所应遵循的贮存放置规则。一般速冻食品的冷链物流流程及其温度要求见图2-6。

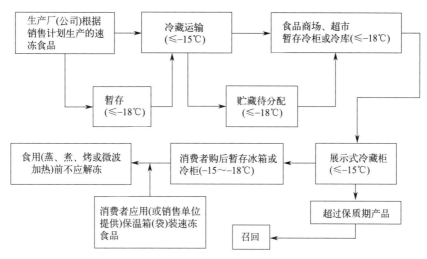

图 2-6 速冻食品的冷链物流流程

国家标准对速冻调制食品，速冻食品生产管理规范，水产品流通管理技术规范，冷藏、冷冻食品物流的包装、标志、运输和贮存等都有具体规定。《速冻调制食品》（SB/T 10379）标准规定，速冻调制食品是采用速冻工艺，在低温状态下（产品热中心温度≤－18℃）贮存、运输和销售的预包装食品。运输车辆应保持清洁，装运速冻调制食品前，厢体温度降至＜－10℃，运输期间，车辆温度应保持－18℃，低温陈列柜内带预包装销售。如《冷藏、冷冻食品物流包装、标志、运输和贮存》标准规定：冷藏运输必须使用冷藏汽车、冷藏火车、冷藏集装箱、冷藏运输船或保温车，冷冻食品的温度在－18℃以下，冷藏食品在8℃以下、冻结点以上；液体乳类（饮料）运输途中产品温度不高于10℃；巴氏杀菌乳为冻结点以上至7℃；运输速冻食品时，装载前厢体要预冷到－10℃或更低温度，运输途中保持－18℃等。

第四节 冻结食品的解冻

一、解冻过程

解冻过程是冻藏食品物料回温、冰结晶融化的过程。从温度时间的角度看，解冻过程似乎简单地被看作是冻结过程的逆过程。但由于食品物料在冻结过程的状态和解冻过程的状态不同，解冻过程并不是冻结过程的简单逆过程。从时间上看，即使冻结和解冻以同样的温度差作为传热推动力，解冻过程也要比冻结过程慢。一般的传导型传热过程是由外向内、由表及里的，冻结食品物料的表面首先冻结，形成固化层；解冻时则是食品物料表面首先融化。解冻食品的热量由两部分组成，即冰点上的相变潜热和冰点下的显热。由于冰的热导率和热扩散率较水的大，因此冻结时的传热较解冻时快。低温时（－20℃）食品物料中的水主要以冰结晶的形式存在，其比热容接近冰的比热容，解冻时食品中的水分含量增加，比热容相应增大，最后接近水的比热容。解冻时随着温度升高，食品的比热容逐渐增大（在初始冻结点时达到最大值），升高单位温度所需要的热量也逐渐增加。

图 2-7 显示了以冻结圆柱形样品的几何中心温度变化画出的解冻曲线，为了便于比

较，图中还画出了相同温差下该样品的冻结曲线。从图中的解冻曲线可以看出，解冻开始的阶段样品的温度上升较快，因为此时样品表面还没有出现融化层，传热是通过冻结的部分进行的，而且由于冻结状态样品的比热容小，故传热较快。而当样品的表面出现融化层后，由于融化层中非流态水的传热性差，传热的速率下降。而且由于相变吸收大量的潜热，样品的温度出现了一个较长的解冻平衡区。当样品全部解冻之后，温度才会继续上升。有趣的是对于速冻的样品解冻平衡区的温度往往不在冻结点，而是低于冻结点。

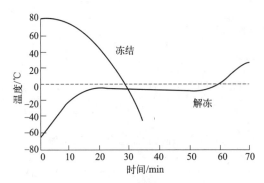

图 2-7 圆柱形样品的冻结和解冻曲线

上述的解冻曲线只是针对解冻时的传热，是以热传导为主的情况，而不适合微波解冻，以及解冻食品物料成为可流动液态的情况。解冻速率和冻结速率的差异在含水量低的肉类以及空气含量高的果蔬中不太明显。另外，在实际情况中，冻结过程的温度差一般远较解冻过程的大。这一因素也大大降低了解冻速率。由于解冻过程的上述特点，解冻中的食品物料在冻结点附近的温度停留时间较长，这时化学反应、重结晶，甚至微生物生长繁殖都可能发生。此外，有些解冻过程可能在不正确的程序下完成，因此可能成为影响冻藏食品物料品质的重要阶段。

二、解冻方法

从能量的提供方式和传热的情况来看，解冻方法可以分为两大类。一类是采用具有较高温度的介质加热食品物料，传热过程从食品物料的表面开始，逐渐向食品物料的内部（中心）进行。另一类是采用介电或微波场加热食品物料，此时食品物料的受热是内外同时进行的。常有以下几种解冻方法。

延伸阅读 3
冷冻食品解冻对肉类食品品质的影响

（一）空气解冻法

空气解冻法是采用湿热的空气作为加热的介质，将要解冻的食品物料置于热空气中进行加热升温解冻。空气的温度不同，物料的解冻速率也不同，0～4℃的空气为缓慢解冻，20～25℃则可以达到较快速的解冻。由于空气的比热容和热导率都不大，在空气中解冻的速率不高。在空气中混入水蒸气可以提高空气的相对湿度，改善其传热性能，提高解冻的速率，还可以减少食品物料表面的水分蒸发。解冻时的空气可以是静止的，也可以采用鼓风。采用高湿空气解冻时，空气的湿度一般不低于98%，空气的温度可以在-3～20℃之间，空气的流速一般为3m/s。但使用高湿空气时，应注意防止空气中的水分在食品物料表面冷凝析出。

（二）水或盐水解冻法

水和盐水解冻都属于液体解冻法。由于水的传热特性比空气好，食品物料在水或盐水中的解冻速率要比在空气中快很多。类似液体冻结时的情况，液体解冻也可以采用浸渍或喷淋的形式进行。水或盐水可以直接和食品物料接触，但应以不影响食品物料的品质为宗旨，否则食品物料应有包装等形式的保护。水或盐水温度一般在4～20℃，盐水浓度一般为4%～5%，盐水解冻主要用于海产品。盐水还可能对物料有一定的脱水作用，如用盐水解冻海胆时，海胆的适度脱水可以防止其出现组织崩溃。

（三）冰块解冻法

冰块解冻法一般是采用碎冰包围待解冻的食品物料，利用接近水的冻结点的冰使食品物料升温解冻，这种方法可以使食品物料在解冻过程中一直保持在较低的温度，减少了物料表面的质量下降，但该法解冻时间较长。

（四）板式加热解冻法

板式加热解冻法与板式冻结法相似，是将食品物料夹于金属板之间进行解冻的方法，此法适合于外形较为规整的食品物料，如冷冻鱼糜、金枪鱼肉等，其解冻速率快，解冻时间短。

（五）微波解冻法

微波解冻法是将待解冻的食品置于微波场中，使食品物料吸收微波能并将其转化成热能，从而达到解冻的作用。由于高频电磁波的强穿透性，解冻食品物料内外可以同时受热，解冻所需的时间很短。在冷冻食品的微波解冻过程中，频率是一个关键因素。一般说来，频率越高，其加热速度越快，但穿透深度越小。低频915MHz的微波其穿透深度可达20cm，而2450MHz微波只有10cm，这样，物料表层更易过热。故在微波解冻工艺过程中，常用从冷库引出的低于0℃的循环空气从物料表面吹过，或用干冰作表面冷却媒介，以免表层过热。其次，频率对解冻食品的质量有影响。

对于冻鱼、冻肉、冻鸡等产品，将冷冻制品-超级市场-微波解冻三者联系起来显示出极大的优越性。另外，冷冻工厂用微波来快速解冻可以提高制品的质量。零售商店可采用微波解冻机，按需要即时解冻，方便灵活，可避免通常的预先解冻好又销售不了而造成的浪费。家庭使用更是省时、方便。冷冻食品中的饮食类产品如水饺、包子、馒头、锅贴、烧麦、云吞、芝麻包、鱼丸、贡丸、披萨、汉堡、盒饭等，现在可方便地选择微波设备来加工。

（六）高压静电解冻法

高压静电解冻法是用10～30kV的电场作用于冰冻的食品物料，将电能转变成热能，从而将食品物料加热。这种方法解冻时间短，物料的汁液流失少。

除了上述的解冻方法外，近年来也报道有新型的解冻方法，如真空解冻、远红外辐射解冻、超声波解冻、高静水压解冻等。

第五节 速冻保藏新技术

在食品的冷冻过程中，水分的分布和结晶直接影响着冷冻食品的冷冻效率和质量。快速冷冻能够在细胞内部和外部形成均匀分布的细小冰晶，减少对食品组织结构的机械损伤,这有利于保持冷冻食物的原始特性。在冷冻过程中应用一些新型物理技术可以增加过冷水中成核的概率,并在较高的温度下诱导成核,从而产生更多更均匀的冰晶,降低对组织结构的破坏。近年来,为加快冷冻速度,提高冷冻食品品质,研究和应用领域涌现出了高压冻结技术、超声波辅助冻结技术、电磁辅助冻结技术、磁场辅助冻结技术、射频/微波辅助冻结技术和脱水辅助冻结技术等新型加速食品冻结过程的辅助技术。

一、超声波辅助冻结

超声波是一种波长极短的机械波,其在传递过程中能产生热效应、空化效应和机械效应。超声辅助冷冻(ultrasound-assisted freezing,UAF)技术是提高热传递系数并加速食品冷冻过程、保存食品品质的一种新型冷冻技术。UAF 技术作为一项新型的加工冷冻技术,对食品冷冻过程中晶体的形成与生长具有极为显著的改善作用,它可以促进晶核的形成,控制冰晶的大小,提高冻结速率,从而改善食品冷冻品质。超声产生的空化作用是缩短食品冷冻时间的主要原因。此外,超声可以增加过冷水中成核的可能性,并在较高温度下诱导成核,这对于控制冻结食品中冰晶的大小和分布是非常有效的。

有研究表明与没有施加超声的样品相比,使用超声辅助冷冻的马铃薯组织、蘑菇显示出优越的细胞结构。此外,在畜禽产品及水产品冷冻过程中也得到了类似的结果,施加合适的超声可以有效地维持肌肉中肌原纤维蛋白的结构,保存其功能特性,进而维持冷冻产品品质。这都表明,UIF 可能是保持冷冻食品质量的一种新方法。但是对于一些重量和尺寸较大的样品冷冻过程而言,超声波的产热特性可能会对其更广泛的应用造成一些限制。

二、超高压辅助冻结

超高压冷冻(high pressure freezing,HPF)已经成为目前新型冷冻技术中研究认可度及工厂化潜质最高的新型速冻技术。超高压辅助冻结是通过控制温度或压力来实现食品内部水、冰相变的过程,液态水的冰点在外界施压时降低到 0℃ 以下,一旦压力释放即可获得较高的过冷度,从而增加冰核形成速率,促进小冰晶形成。食品在高压下处于过冷状态,进而实现快速冷冻,这即是 HPF。HPF 是一种新型冷冻技术,能够控制冰晶的形成和分布,从而具有提高冷冻食品质量的潜力。

研究表明,在不同的压力水平下(100MPa、150MPa 和 200MPa)辅助冷冻虾肉和猪肝,冻结速率显著提高,在冻结过程中样品内部生成的冰晶颗粒小且排列规整;同时还有研究发现高压(350MPa,3min)处理对冷冻鸡肉表面的大肠杆菌有显著抑制作用,可将大肠杆菌数量减少 6 个数量级。此外,施加高压(125~200MPa)对样品的脂质氧化有较好的抑制作用,而且不改变肌浆蛋白和肌原纤维蛋白组分,以及不诱导酸性磷酸酶和组织蛋白酶活性的实质性修饰。然而由于超高压设备较昂贵,而且在连续化加工中有一定局限性,故而未能进行大规模工业化应用。

三、低频磁场辅助冻结

低频磁场(LF-MF)是一种非电离辐射场,易于产生且对人体健康安全无危害。近年来,研究表明磁场可能会对蛋白质的结构和功能产生一定程度的影响,这种辐射场已在肉类加工中得到应用。其中通过永磁场（PMF：0~16mT）和交变磁场（AMF：0~1.8mT）对冷冻猪肉品质影响的研究表明，PMF可以显著降低初始成核温度，导致更高的过冷度，促进更多更均匀的小冰晶的形成，减少对食品组织结构的破坏，最大限度地保持其品质。与AMF相比，PMF可能是一种控制水分子成核结晶更有前途的方法，可用于食品冷冻行业。然而，目前，低频磁场的穿透效果和不稳定性需要更多的实验来进行验证及加强。

第六节　食品的冷链流通

一、食品冷链

食品冷链是指从生产到销售，用于易腐食品收集加工、贮藏、运输、销售直到消费前的各种冷藏工具和冷藏作业过程的总和。它是随着科学技术的进步、制冷技术的发展而建立起来的，是以冷冻工艺学为基础、以制冷技术为手段的低温物流过程。目前食品冷链由食品的冷冻加工、冷冻贮藏、冷藏运输及配送和冷冻销售4个方面构成。

冷链流通的适用范围包括：蔬菜、水果、肉、禽、蛋、水产品、花卉产品等初级农产品；速冻食品、禽、肉、水产等包装熟食、冰淇淋和乳制品；快餐原料以及特殊商品药品等。冷链的建设要求把所涉及的生产、运输、销售、经济和技术性等各种问题集中起来考虑，协调相互间的关系，以确保易腐农产品的加工、运输和销售，保证食品品质和安全，减少食品损耗，防止污染。

（一）食品冷链主要环节

食品冷链中的主要环节有原料前处理环节、预冷环节、速冻环节、冷藏环节、流通运输环节、销售分配环节等。一般组成包括：

原料预处理→预冷→速冻→冷藏→流通运输→销售分配→冷链终端

原料前处理、预冷、速冻是食品的冷加工环节，可以称其为冷藏链中的"前端环节"；冷藏环节，主要是冷却物冷藏和冻结物冷藏，这是冷藏链的"中端环节"；销售分配环节，是冷藏链的"末端环节"，而流通运输则贯穿在整个冷藏链的各个环节中。原料前处理、预冷、速冻，对冷藏链中低温食品（指冷却和冻结食品）的质量影响很大，因此，前端环节非常重要。

（二）食品冷链的主要设备构成

食品冷链设备贯穿在整个冷链各个环节中，集合了各种装备、设施，主要有原料前处理设备、预冷设备、速冻设备、冷藏库、冷藏运输设备、冷冻冷藏陈列柜（含冷藏柜）、家用冷柜、电冰箱等，如图2-8所示。

（三）冷藏链的特点

由于食品冷藏链是以保证易腐食品品质为目的，以保持低温环境为核心要求的供应链系统，所以它比一般常温物流系统的要求更高，也更加复杂。首先，它比常温物流的建设投资要大很多，它是一个庞大的系统工程，以冷藏库建设为例，一个中型冷藏库的造价是同样规模的常温仓库的2~3倍；其次，易腐食品的时效性要求冷藏链各环节具有更高的组织协调性，冷藏链运行的关键是不能出现断链；最后，食品冷藏链的运行成本始终和能耗成本相关联，有效控制运作成本与食品冷藏链的发展密切相关。

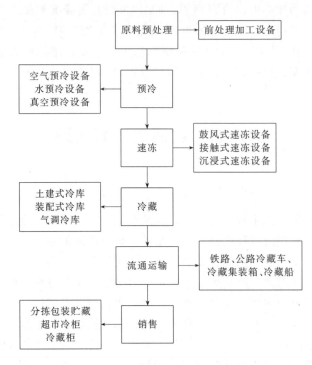

图2-8 冷藏链的主要设备构成

（四）食品冷藏链的发展状况与展望

食品冷链是保持食品原有色、香、味的重要手段，为了降低成本，延长保鲜时间，学者们先后提出了保证冷冻食品品质的3T概念，即冷藏链中贮藏和流通的时间（time）、温度（temperature）、产品耐藏性（tolerance）；保证冷冻食品品质的3P概念，即原料（products）、加工（processing）、包装（package）；以及延伸出的3C原则，即冷却（chilling）、清洁（clean）、小心（care）。这些概念不仅是低温食品加工流通与冷链设施建设所遵循的理论技术依据，而且奠定了低温食品和冷链发展与完善的理论基础。

我国的冷链产生于20世纪50年代的肉食品外贸出口。冷冻食品随着冷链的不断完善而发展，迅速发展的冷冻食品产业又促进了冷链的进步。目前我国食品冷冻、冷藏行业主要分布在畜产品加工制造业、水产品加工制造业、果蔬加工业、速冻食品制造业、冷冻饮品生产制造业以及上述各类产品的流通领域。2010年国家发展改革委编制并发布了《农产品冷链物流发展规划》，标志着冷链物流作为一个新的专业领域得到认可。

二、食品冷链运输设备

主要包括冷冻运输设备和冷藏运输设备。冷冻运输设备是指在保持一定低温的条件下运输冷冻食品所用的设备，是冷藏装置与交通工具相结合的冷链运输装置，是食品冷链的重要组成部分。冷藏运输装置主要有冷藏汽车、铁路冷藏车、冷藏集装箱、冷藏船等。

（一）冷藏运输装置特点

由于同交通工具相结合，冷藏运输装置具有如下特点：

1. 厢体采用金属结构

冷藏运输装置的厢体采用金属骨架，内外侧多采用薄钢板或铝合金板，中间填充隔热材料。厢体要有足够的强度和刚度，在装卸货物时经受重压，同时还要便于叉车或吊车的使用。

2. 装备负荷变化大

冷藏运输装备可以随运输工具昼夜行进。白天环境温度高而且厢体还要受到太阳的辐射，冷藏装置的负荷大；夜晚环境温度低，冷藏装置负荷小。此外，冷藏装置的载货品种与装载量的变化较大，货物的热容量也不同，这样也导致装置的负荷变化大。

3. 制冷方式多

冷藏运输装置可以用于长途或短途运输，因而其制冷方式多种多样，包括采用制冷机的机械制冷式，采用蓄冷剂的冷板式，采用冰或盐混合物的冰冷式，以及采用向厢内喷液的一次扩散式等制冷方法。

冷藏运输装置多结合隔热层材料。由于冷藏运输装置运载货物的周期短，操作频繁，舱（厢）内的空气温度易受装卸货物的影响，使得舱（厢）内空气的温度可能高于隔热层表面的温度，使与此表面接触的空气含水量达到饱和程度，水蒸气分压高于隔热层内部的水蒸气分压，这就可能使水蒸气渗入隔热层中，影响隔热层的隔热性能，因此，隔热层必须具有良好的防潮措施。

(二) 设备种类

常见的冷藏运输设备有：

1. 冷藏汽车

冷藏汽车广义上泛指运输易腐货物的专用汽车，是公路冷藏运输的主要工具，按专用设备功能可将其细分为保温汽车、冷藏汽车和保鲜汽车。只有隔热车体而无制冷机组的称为保温汽车；有隔热车体和制冷机组且厢内温度可调范围的下限低于－18℃用来运输冻结货物的称为冷藏汽车；有隔热车体和制冷机组（兼有加热功能）厢内温度可调范围在0℃左右用来运输新鲜货物的称为保鲜汽车。

通常，按制冷方式又可将冷藏汽车分为冰冷冷藏车、机械冷藏车、冷冻板制冷冷藏车、干冰制冷冷藏车和液氮冷藏车等。

(1) 机械制冷冷藏汽车　机械冷藏汽车车内带有蒸气压缩式制冷机组，采用直接吹风冷却，车内温度实现自动控制，很适合短、中、长途特殊冷藏货物的运输。

蒸气压缩式制冷机组通常安装在车厢前端，称为车首式制冷机组。大型货车的制冷压缩机配备专门的发动机（多数情况下用汽油发动机，以便利用与汽车发动机同样的燃油）。小型货车的压缩机与汽车共用一台发动机。压缩机与汽车共用一台发动机时，车体较轻，但压缩机的制冷能力与行车速度有关，车速低时，制冷能力小。通常用40km/h的速度设计制冷机的制冷能力。为在冷藏汽车停驶状态下驱动制冷机组，有的冷藏汽车装备一台能利用外部电源的电动机。

空气冷却器通常安装在车厢前端，采用强制通风方式。冷风贴着车厢顶部向后流动，从两侧及车厢后部流动到车厢底面，沿底面间隙返回车厢前端。这种通风方式使整个食品货堆都被冷空气包围着，外界传入车厢的热流直接被冷风吸收，不会影响食品的温度。为了形成上述冷风循环，食品要堆放在木板条上，在货垛的顶部与四围留有一定的间隙，作为冷空气循环通路。

运输冷却水果、蔬菜时，果蔬放出呼吸热，除了在货堆周围留有间隙以利通风外，还要在货堆内部留有间隙，便于冷风把果蔬放出的呼吸热及时带走。而运输冻结食品时，没有呼吸热放出，货垛内部不必留间隙，只要冷风能在货堆周围循环即可。

车厢内的温度用恒温器控制，使车厢内的温度保持在与规定温度偏离±2℃的范围内。冷藏汽车壁面的热流量与外界温度、车速、风力及太阳辐射有关。停车时太阳辐射的影响是主要的；行车时空气流动的影响是主要的。最常用的隔热材料是聚苯乙烯泡沫塑料和聚氨酯泡沫塑料。厢壁的传热系数通常小于 $0.6W/(m^2 \cdot ℃)$。

机械制冷冷藏汽车的优点是：车内温度比较均匀稳定，车内温度可调，运输成本较低。其缺点是：结构复杂，易出故障，维修费用高；初期投资高；噪声大；大型车的冷却速度慢，时间长，需要融霜。

(2) 液氮制冷冷藏汽车　液氮冷藏汽车主要由汽车底盘、隔热车厢和液氮制冷装置构成，利用液氮汽化吸热的原理，使液氮从-196℃汽化并升温到-20℃左右，吸收车厢内的热量，实现制冷并达到给定的低温。

液氮制冷装置主要由液氮容器、喷嘴及温度控制器组成。由液氮容器供给的液氮由喷嘴喷出，汽化过程吸收大量热量，使车厢降温。根据厢内温度，恒温器自动地打开或关闭液氮通路上的电磁阀，调节液氮的喷射，使厢内温度维持在规定温度±2℃范围内。液氮汽化时，为了防止车厢内压力升高，车厢上部装有排气管，供氮气排出车外。由于车厢内空气被氮气置换，长途运输冷却水果、蔬菜时，可能对果蔬的呼吸作用会产生一定影响。运输冻结食品时，氮气置换了空气，有助于减少食品的氧化。

液氮冷藏汽车的优点：装置简单，初投资少；降温速度很快；无噪声；与机械制冷装置比较重量大大减小。缺点：液氮成本较高；运输途中液氮补给困难，长途运输时必须装备大的液氮容器，减少有效载货量。

(3) 干冰制冷冷藏汽车　车厢中装有隔热的干冰容器，可容纳100kg或200kg干冰。干冰容器下部有空气冷却器，通风使冷却后的空气在车厢内循环。吸热升华的气态二氧化碳由排气管排出车外，车厢中不会蓄积二氧化碳气体。

由空气到干冰的传热是以空气冷却器的金属壁为间壁进行的，干冰只在干冰容器下部与空气冷却器接触的一侧进行升华。根据车内温度，恒温器调节通风机的转速，即靠改变风量调节制冷能力。

干冰制冷冷藏汽车的优点：设备简单，投资费用低；故障率低，维修费用少，无噪声。缺点：车厢内温度不够均匀，冷却速度慢，时间长，干冰的成本高。

(4) 冷冻板制冷冷藏车　冷冻板中装有预先冻结成固体的低温共晶溶液，外界传入车厢的热量被冷冻板中的共晶溶液吸收，共晶溶液由固态转变为液态，实现冷藏汽车的降温。只要冷冻板的块数选择合理，就能保证运输途中车厢内维持规定的温度。

蓄冷的方法通常有两种：第一，利用集中式制冷装置，即当地现有的供冷藏库用的或具有类似用途的制冷装置。拥有冷冻板冷藏汽车很多的地区，可设立专门的蓄冷站，利用停车或夜间使冷冻板蓄冷；第二，借助于装在冷藏汽车内部的制冷机组，停车时借助外部电源驱动制冷机组使冷冻板蓄冷。

从有利于厢内空气对流方面来讲，应将冷冻板安装在车厢顶部，但这会使车厢重心升高，不平稳。出于安全上的考虑，一般将冷冻板安装在车厢两侧。

冷冻板冷藏汽车的优点：设备费用比机械式少；可以利用夜间廉价的电力为冷冻板蓄冷，降低运输费用；无噪声；故障少。缺点：冷冻板的数量不能太多，蓄冷能力有限，不适于超长距离运输冻结食品；冷冻板减少了汽车的有效容积和载货量；冷却速度慢。

（5）保温汽车 保温汽车不同于以上4种冷藏汽车，没有制冷装置，一般只在壳体上加设隔热层。这种汽车不能长途运输冷冻食品，只能用于市内由批发商店或食品厂向零售商店配送冷冻食品。

国产保温车的车体用金属内外壳，中夹聚苯乙烯塑料板为隔热层，传热系数为 $0.47\sim0.80W/(m^2 \cdot ℃)$，装货容积 $8\sim21m^3$，载重量 $2\sim7t$。在我国冷藏企业中，只有很少一部分企业修有铁路专用线，能用冷藏火车、保温火车，绝大部分企业主要用保温汽车将冷冻加工后的食品运往分配性冷藏库或零售商店。由分配性冷藏库送往销售网点或由港口冷藏库运到码头也主要靠保温汽车。

2. 冷藏火车

在食品冷藏运输中，铁路冷藏车具有运输量大、速度快的特点，在食品冷藏运输中占有重要地位。良好的冷藏火车应具有良好的隔热性能，并设有制冷、通风和加热装置。要求能适应铁路沿线和各个地区的气候条件变化，保持车内食品必要的贮运条件，在要求的时间完成食品运送任务。冷藏火车是我国食品冷藏运输的主要承担者。

铁路冷藏车分为冰冷藏火车、机械冷藏火车、冷冻板式冷藏火车、无冷源保温火车、液氮和干冰冷藏火车，其中以机械冷藏火车和冰冷藏火车在我国使用最为广泛。

（1）冰制冷冷藏火车 加冰铁路冷藏火车具有一般铁路棚车相似的车体结构，但设有车壁、车顶和地板隔热、防潮结构，装有气密性好的车门。我国铁路典型加冰保温车有B11、B8、B6B型。其车壁用厚170mm、车顶用厚196mm的聚苯乙烯或聚氨酯泡沫塑料隔热防潮，地板采用玻璃棉及油毡复合结构防潮，还设有较强的承载地板和镀锌铁皮防水及离水格栅灯设施。

这种冷藏火车的冷源是冰或冰盐，置于车厢两端，利用冰或冰盐混合物的溶解热，使车内温度降低。以纯冰作冷源的加冰保温车，由于冰的溶解温度为0℃，所以只能运送贮运温度在0℃以上的食品如蔬菜、水果、鲜蛋等。然而，当采用冰盐混合物作冷源时，由于在冰上加盐，盐吸收水而形成水溶液，并与未溶冰形成两相（冰、水）混合物，因为盐水溶液的冰点低于0℃，则使两相混合物中的冰也在低于0℃以下溶解。试验证明，混合物的溶解温度最低可降到$-8\sim-4℃$或更低的温度。此时，可以适应鱼、肉等的冷藏运输条件。

加冰冷藏火车结构简单，造价低，冰和盐的冷源价廉易购，但车内温度波动较大，温度调节困难，使用局限性较大。而且行车沿途需要加冰、加盐，影响列车速度，溶化的冰盐水不断溢流排放，腐蚀钢轨、桥梁等，近年已被机械冷藏火车等逐步取代。

（2）机械制冷冷藏火车 铁路机械冷藏火车是以机械式制冷装置为冷源的冷藏火车，它是目前铁路冷藏运输中的主要工具之一。按供冷方式分为整列车厢集中供冷和每个车厢分散供冷两种类型。铁路机械冷藏火车具有制冷速度快、温度调节范围大、车内温度分布均匀和运送迅速等特点。在运输易腐食品时，工况要求如下：对未预冷的果蔬，能从$25\sim30℃$冷却到$4\sim6℃$；在$0\sim6℃$的温度下运送冷却物；在$-12\sim-6℃$的温度下运送冻结物；

在11~13℃的温度下运送香蕉等货物。机械铁路冷藏火车适应性强，能实现制冷、加热、通风换气，以及融霜的自动化。新型机械冷藏火车还设有温度自动检测、记录和安全报警装置。

铁路机械冷藏火车一般以车组出现，车厢长15~21m、宽2.8~3.1m、高3.1~4.4m，有效装载容积70~90m^3，运载质量30~40t。采用聚苯乙烯或发泡聚氨酯作隔热层，围护结构的传热系数为0.29~0.49W/(m^2·℃)。制冷机为双级氟利昂半封闭式压缩机，其标准产冷量为10.5~24.4kW。

冷空气在冷藏车厢内的均匀分布十分重要。利用通风机强制空气流经蒸发器，冷却后的空气沿顶板与厢顶形成的风道流动，并从顶板上开设的缝隙沿着车厢侧壁从上向下流动，冷空气流过食品垛后温度升高，由垛下的回风道被通风机吸回，重新冷却。行车时车内温度基本上可由一台制冷机组维持，另一台制冷机组备用。必要时可同时启动2台制冷机组。为了在很低的外界温度下运行时保持规定的车厢温度，有的冷藏火车配备有电加热装置。

(3) 冷冻板制冷冷藏火车 冷冻板冷藏火车是在一节隔热车体内安装冷冻板而成的。冷冻板内充注一定量的低温共晶溶液，当共晶溶液充冷冻结后，即贮存冷量，并在不断溶解的过程中吸收热量，实现制冷。铁路冷冻板冷藏火车的冷冻板装在车顶或车壁上。充冷时可以地面充冷，也可以自带制冷机充冷；低温共晶溶液可以在冷冻板内反复冻结、溶解，循环使用，制造成本低，运行费用小。

冷板式冷藏火车的缺点是要求车站设置充冷站，而充冷站的设置又涉及投资与合理布局等问题。为了克服冷板车的缺点而产生了机械冷板式冷藏火车。

机械冷板式冷藏火车是在车上设置制冷机组，靠车站地面电源供电，驱动制冷机组为冷板充冷。制冷机组采用风冷式压缩冷凝机组，在冷板中装有蒸发器并与制冷机组相连。充冷时只需开启制冷机即可使冷板中的低共晶溶液冻结。

(4) 干冰制冷冷藏火车 若食品不宜与冰、水直接接触，也可用干冰代替水和冰。可将干冰悬挂在车厢顶部或直接将干冰放在食品上。运输新鲜水果、蔬菜时，为了防止水果、蔬菜发生冻害，不要将干冰直接放在水果、蔬菜上，两者要保持一定的间隙。

用干冰冷藏运输新鲜食品时，空气中的水蒸气会在干冰容器表面结霜。干冰升华完后，容器表面的霜会融化成水滴落到食品上，为此，要在食品表面覆盖一层防水材料。

(5) 液氮制冷冷藏火车 液氮冷藏火车是在具有隔热车体的冷藏车上装设液氮贮罐而成的。罐中的液氮通过喷淋装置喷射出来，突变到常温常压状态，并汽化吸热，造成对周围环境的降温。氮气在标准大气压下 -196℃液化，因此在液氮汽化时便产生 -196℃的低温，并吸收199.2kJ/kg的汽化潜热而实现制冷。液氮制冷过程吸收的汽化潜热和温度升高吸收的热量之和，即为液氮的制冷量，其值为385.2~418.7kJ/kg。液氮冷藏火车兼有制冷和气调的作用，能较好地保持易腐食品的品质。

3. 冷藏船

冷藏船主要用于渔业，尤其是远洋渔业。远洋渔业的作业时间很长，有的长达半年以上，必须用冷藏船将渔获物及时冷冻加工和冷藏。此外，由海路运输易腐食品也必须用冷藏船。

船舶冷藏包括渔业冷藏船、商业冷藏船、海上运输船的冷藏货舱和船舶伙食冷库，此外还包括海洋工程船舶的制冷及液化天然气的贮运槽船等。

渔业冷藏船通常与海上捕捞船组成船队,船上制冷装置为本船和其他船舶的渔获物进行冷却、冷冻加工和贮运。商业冷藏船作为食品冷藏链中的一个环节,完成各种水产品或其他冷藏食品的转运,保证运输期间食品必要的运送条件。运输船上的冷藏货舱主要负担进出口食品的贮运。船舶伙食冷库为船员提供各类冷藏食品,满足船舶航行期间船员的生活所需。此外,各类船舶制冷装置还为船员在船上制作所需的冷饮和冷食。

现在国际上的冷藏船分3种:冷冻母船、冷冻运输船、冷冻渔船。冷冻母船是万吨以上的大型船,有冷却、冻结装置,可进行冷藏运输。冷冻运输船包括集装箱船,它的隔热保温要求很严格,温度波动不超过±5℃。冷冻渔船一般是指备有低温装置的远洋捕鱼船或船队中较大型的船。冷藏船包括带冷藏货舱的普通货船和只有冷藏货舱的专业冷藏船,此外还有专门运输冷藏集装箱的船和特殊货物冷藏运输船。

船舶冷藏需具有隔热结构良好且气密的冷藏舱船体结构,必须通过隔热性能试验鉴定或满足平均传热系数不超过规定值的要求,其传热系数一般为 $0.4\sim0.7W/(m^2 \cdot K)$;具有足够的制冷量,而且运行可靠的制冷装置与设备,以满足在各种条件下为货物的冷却或冷冻提供制冷量;船舶冷藏舱结构上应适应货物装卸及堆码要求,设有舱高 2.0～2.5m 的冷舱 2～3 层,并在保证气密或启闭灵活的条件下,选择大舱口及舱口盖;船舶冷藏的制冷系统有良好的自动控制,保证制冷装置的正常工作,为冷藏货物提供一定的温湿度和通风换气条件;船舶冷藏的制冷系统及其自动控制器、阀件技术等比陆用要求更高,如性能稳定性、使用可靠性、运行安全性、工作抗震性和抗倾斜性等。

冷藏船上一般都装有制冷装置,用船舱隔热保温。船用制冷设备及备用机的主要要求应以我国《钢质海船入级规范》和《国内航行海船建造规范》为依据,渔船应以我国《钢质国内海洋渔船建造规范》和《钢质远洋渔船建造规范》为依据,所有设备配套件均应经船舶检验部门检验并认可后方能装船。

4. 船舶冷藏货舱

我国海上冷藏运输任务主要由冷藏货船承担。冷藏货舱按冷却方式分为两种,即直接冷却和间接冷却。

直接冷却时,制冷剂在冷却盘管内并直接吸收冷藏舱内的热量,其热量的传递依靠舱内空气的对流作用。直接冷却按照空气的对流情况,又分为直接盘管冷却和直接吹风冷却两种,前者舱内的空气为自然对流,后者为强迫对流。强迫对流冷却的冷却效率高,舱内降温速度快,温湿度分布均匀,易于实现自动融霜,但其能耗较大,运行费高,货物干耗大,结构也较复杂。

间接冷却时,制冷剂在盐水冷却器内先冷却盐水(即载冷剂),然后通过盐水循环泵,把低温盐水送至冷藏舱内的冷却盘管,实现冷藏舱的降温。冷藏舱的降温是通过盐水吸热,相对制冷剂而言是间接获得热量。间接冷却根据其空气对流特点,也有间接吹风冷却和间接盘管冷却之分,其特点类同于直接吹风冷却和直接盘管冷却。

5. 冷藏集装箱

集装箱是国内外公认的一种经济合理的运输工具,在海、陆、空运输中占有重要地位。冷藏集装箱技术和冷藏集装箱运输更具有特殊的意义。大力发展集装箱运输是我国交通运输的既定技术政策。

冷藏集装箱是一类具有良好隔热、气密,而且能维持一定低温要求,适用于各类易腐食品的运送、贮存的特殊集装箱。

冷藏集装箱主要有保温集装箱、外置式冷藏集装箱、内藏式冷藏集装箱、气调冷藏集装箱、液氮和干冰冷藏集装箱,采用镀锌钢结构,箱内壁、底板、顶板和门由金属复合板、铝板、不锈钢板或聚酯-胶合板制造。大多采用聚氨基甲酸酯泡沫作隔热材料。常用的隔热材料有玻璃棉、聚苯乙烯、发泡聚氨酯等。

目前,国际上集装箱尺寸和性能都已标准化,使用温度范围为-30℃(用于运送冻结食品)到12℃(用于运送香蕉等果蔬),更通用的范围是-30~20℃。我国目前生产的冷藏集装箱主要有两种外形尺寸:6058mm×2438mm×2438mm 和 12192mm×2438mm×2896mm。

冷藏集装箱必须具有良好的隔热性能。内藏式冷藏箱的制冷装置必须稳定可靠,通用性强,并配有实际温度自动检测记录和信号报警装置。冷藏集装箱具有装卸灵活、货物运输温度稳定,货物污染、损失低,适用于多种运载工具等优点。此外,集装箱装卸速度很快,使整个运输时间明显缩短,降低了运输费用。

按照运输方式冷藏集装箱可分为海运和陆运两种。船舶冷藏集装箱是专门用于运送冷冻货和冷藏货的集装箱。海运和陆运冷藏集装箱的外形尺寸没有很大差别,但陆地运输的特殊要求又使两者有着一些差异。如海运冷藏集装箱的制冷机组用电是由船上统一供给,不需自备发电机,因此机组结构简单、体积小、造价低,但当其卸船后,就得靠码头供电才能继续制冷,如要转入陆路运输时,就必须增设发电机组,国际上常规做法是采用插入式发电机组。

用冷藏集装箱运输的优点是:可用于多种交通运输工具进行联运,中间无需货物换装,而且货物可不间断地保持在所要求的低温状态,从而避免了食品质量的下降;集装箱装卸速度很快,使整个运输时间明显缩短,降低了运输费用。

冷藏集装箱的冷却方式很多,多数利用机械制冷机组,少数利用其他方式(冰、干冰、液化气体等)。集装箱应保证冷空气在箱内循环,使温度分布均匀。集装箱内部应容易清洗,而且不会因用水洗而降低隔热层的隔热性能。底面应设排水孔,能防止内外串气,保持气密性。对机械制冷的冷藏集装箱,应保证制冷压缩机既可用各自的动力机驱动,也可以用外部电源驱动。

6. 航空运输

航空冷藏运输是现代冷藏链中的组成部分,是市场贸易国际化的产物。航空运输是所有运输方式中速度最快的一种,但是运量小、运价高,往往只用于急需物品、珍贵食品、生化制品、药品、苗种、观赏鱼、花卉、军需物品等的运输。主要特点包括以下几方面。

(1) 运输速度快　飞机作为现代速度最快的交通工具,是冷藏运输中的理想选择,特别适用于远距离的快速运输。然而飞机往往只能运行于机场之间,冷藏货物的进出机场还要有其他方式的冷藏运输来配合,因此,航空冷藏运输一般是综合性的,采用冷藏集装箱,通过汽车、列车、船舶、飞机等联合连续运输。

(2) 冷藏集装箱　航空冷藏运输是通过装载冷藏集装箱进行的。除了使用标准的集装箱外,小尺寸集装箱和一些专门行业非国际标准的小型冷藏集装箱更适合于航空运输,因为它们既可以减少起重装卸的困难,又可以提高机舱的利用率,给空运的前后衔接都带来方便。

(3) 不消耗电能，采用液氮、干冰制冷　由于飞机上动力电源困难、制冷能力有限，不能向冷藏集装箱提供电源或冷源，因此空运集装箱的冷却方式一般是采用液氮和干冰。在航程不太远、飞行时间不太长的情况下，可以采取对货物适当预冷后，保冷运输。由于飞机飞行的高空温度低，飞行时间又短，货物的品质能够较好地保持。

7. 利用冷冻运输设备的注意事项

① 运输冻结食品时，为减少外界侵入热量的影响，要尽量密集码放。装载食品越多，食品的热容量就越大，食品的温度就越不容易变化。运输新鲜水果、蔬菜时，果蔬有呼吸热放出。为了及时移走呼吸热，货垛内部应留有间隙，以利于冷空气在货垛内部循环。无论冻结食品还是新鲜食品，整个货垛与车厢或集装箱的围护结构之间都要留有间隙，供冷空气循环。

② 加强卫生管理，避免食品受到异味、异臭及微生物的污染。运输冷冻食品的冷藏车，尽量不运其他货物。

③ 冷冻运输设备的制冷能力只用来排出外界侵入的热流量，不足以用来冻结或冷却食品，因此冷冻运输设备只能用来运输已经冷冻加工的食品。切忌用冷冻运输设备运输未经冷冻加工的食品。

三、食品冷藏链销售设备

冷藏陈列柜作为食品冷藏链销售设备是菜场、副食品商场、超级市场等销售环节的冷藏设施，也是食品冷藏链建设中的重要一环。随着冷冻食品的发展，冷冻陈列柜已成为展示产品品质、直接和消费者见面的、方便的销售装置。

(一) 商业冷冻陈列销售柜的要求

① 具有制冷设备，有隔热处理，能保证冷冻食品处于适宜的温度下。
② 能很好地展示食品的外观，便于顾客选购。
③ 具有一定的贮藏容积。
④ 日常运转与维修方便。
⑤ 安全、卫生、无噪声。
⑥ 动力消耗少。

(二) 商业冷冻陈列销售柜的种类

根据陈列销售的冷冻食品，冷冻柜可分为冻结食品用与冷却食品用两类。

根据陈列销售柜的结构形式，冷冻柜可分为：卧式敞开式、立式多层敞开式、卧式封闭式、立式多层封闭式。

(三) 各种冷冻陈列销售柜的结构与特性

1. 卧式敞开式冷冻陈列销售柜

敞开式冷冻陈列销售柜的上部敞开，开口处有循环冷空气形成的空气幕，防止外界热量侵入柜内。由围护结构传入的热流也被循环冷空气吸收，对食品没有直接影响。对食品影响较大的是由开口部侵入的热空气及辐射热。当为冻结食品时，内外温差很大，辐射热流较大。当食品包装材料为塑料或纸盒时，黑度大约为 0.9，辐射热流密度可达 $16W/m^2$。辐射热被表层食品吸收后，以对流方式传给循环的冷空气，因此，柜内最表层食品的表面温度高于空气幕温度。高出的度数与空气幕的空气流量及温度有关，一般为 5~10℃。

当用铝箔包装时，因其黑度很小，辐射热流也很小，表层食品的温度接近空气幕的温度。当食品为冷却食品时，由于内外温差小，辐射换热影响较小。当室内空气流速大于0.3m/s时，侵入销售柜内的空气量会明显增加，影响销售柜的保冷性能。美国有关资料建议，室内空气速度应小于0.08m/s。侵入柜内空气量多时，还会增加冷却器的结霜，增加融霜次数。在整个销售柜内温度自下而上逐渐降低。当包装袋内存在空气时食品的下表面往上表面扩散，并在上表面结霜。

2. 立式多层敞开式冷冻陈列销售柜

与卧式敞开式冷冻销售柜相比，立式多层敞开式冷冻陈列销售柜的单位占地面积的内容积大，商品放置高度与人体高度相近，便于顾客购货。卧式敞开式冷冻陈列销售柜中的冷空气较重，不易逸出柜外。立式多层敞开式冷冻销售柜很难使密度较大的冷空气不逸出柜外。因此，在冷风幕的外侧，再设置一层或两层非冷却空气构成的空气幕，较好地防止了冷空气与柜外空气的混合。销售冷却食品时，柜内外空气密度差小。

侵入立式多层敞开式冷冻销售柜中的外界空气量多，制冷机的制冷能力要大一些，空气幕的风量也要大一些。此外，还要控制空气幕的风速分布，以求达到较好的隔热效果。

由于立式多层敞开式冷冻销售柜的空气幕是垂直的，外界空气侵入柜内的数量受外界空气流动速度影响较大。外界空气的温度、湿度直接影响到侵入柜内的热负荷。为了节能，要求柜外空气温度在25℃以下，相对湿度在55%以下，空气流速在0.15m/s以下。

3. 卧式封闭式冷冻陈列销售柜

卧式封闭式冷冻陈列销售柜开口处一般设有2层或3层玻璃构成的滑动盖，玻璃夹层中的空气起隔热作用。在箱体内壁外侧（即靠隔热层一侧）埋有冷却排管。通过围护结构传入的热流被冷却排管吸收，不会传入柜内。通过滑动盖传入柜内的热量有辐射热和取货时侵入柜内的空气带入的热量。这些热量通过食品由上而下地传递至箱体内壁，再由箱体内壁传给冷却排管。因此，自上而下温度逐渐降低，这与敞开式销售柜内的温度分布正好相反。在小包装食品内部，也存在同样的温度分布，上表面温度高，下表面温度低。若包装袋内有空气，水蒸气将从上表面向下表面扩散，并在下表面处结霜。

4. 立式多层封闭式冷冻陈列销售柜

紧靠立式多层封闭式冷冻陈列销售柜柜体后壁有冷空气循环用风道，冷空气在风机作用下强制地在柜内循环。柜门为2层或3层玻璃，玻璃夹层中的空气具有隔热作用。由于玻璃对红外线的透过率低，虽然下柜门很大，传入的辐射热并不多，直接被食品吸收的辐射热就更少。

5. 半敞开式冷冻陈列销售柜

半敞开式冷冻陈列销售柜多为卧式小型销售柜，外形很像卧式封闭式冷冻销售柜，不同之处是没有滑动盖。在箱体内部的后壁上侧装置有翅片冷却管束，用以吸收开口部传入柜内的热量。至于通过围护结构传入的热量，则由箱体内壁外埋设的冷却排管吸收，这与卧式封闭式是一样的。因此，整个箱体内的温度分布均匀，小包装食品的结霜情形，都与卧式封闭式冷冻陈列销售柜相同。

根据各类市售商品的品类特性不同，选取不同陈列销售柜，不同冷冻陈列销售柜优缺点见表2-4。例如不同成熟期果蔬在储运过程中，果实后熟变化差异较大，早熟品种不耐储藏，而晚熟品种由于生育期长，采收期气候冷凉，组织发育缓慢而充实，果皮厚、韧性大、果粉多、蜡质层致密而均匀,能有效地阻止浆果水分的散失和病害的传染,货架寿命明显优于易腐果蔬。高效保鲜不仅与温度密切相关还受湿度影响较大,高湿运输及储藏极易引起霉烂现象的产生,而冰晶结晶情况的产生对细胞组织的破坏同样是不可逆的,因此陈列柜在选择过程中务必结合售卖商品属性综合考量。

表 2-4 不同冷冻陈列销售柜优缺点

名称	优点	缺点
卧式敞开式冷冻陈列销售柜	冷气不易逸散	上表面结霜
立式多层敞开式冷冻陈列销售柜	占地面积小、空间利用度高	冷气易逸散、能耗高
卧式封闭式冷冻陈列销售柜	冷藏效果好	下表面结霜
立式多层封闭式冷冻陈列销售柜	冷藏隔热效果好	能耗高、取物不便利
半敞开式冷冻陈列销售柜	温度分布均匀	下表面结霜

6. 家用冰箱

家用冰箱虽然不属于食品冷藏链销售设备,但它作为冷冻食品冷藏链的终端,是消费者食用前的最后一个贮藏环节。食品冷藏链作为一个整体,家用冰箱是一个不可缺少的环节。冷冻食品和冻结食品贮存于家用冰箱中,由于微生物繁殖受到抑制,可较长时间地保持食品原有的风味和营养成分,延长保鲜时间。

家用电冰箱通常有 2 个贮藏室:冷冻室和冷藏室。冷冻室用于食品的冻结贮藏,存放冷冻食品和需进行较长时间贮藏的食品。冷冻室温度,单门冰箱冻结器温度一般为二星级,即 $-12℃$;双门冰箱三星级,即 $-18℃$。冻结食品在冷冻室中的贮藏期以 1 个月左右为宜,时间过长,会因发生干燥和氧化等作用,使冻结食品的颜色、风味发生变化,造成食品的质量下降。

冷藏室用于冷却水产品的贮藏,温度为 $0\sim10℃$,在这样的温度范围内,微生物的繁殖已受到一定程度的抑制,但未能完全停止繁殖,因此冷藏室中的冷却水产品只能作短期贮藏,通常存放当天或最近几天内即要食用的蔬菜食品。冷藏室也可作为冻结食品食用前的低温解冻室,由于空气温度低,解冻食品的质量好。在一些新型的家用电冰箱中还有冰温室或微冻室,使食品的温度可保持在 $0℃$ 以下、冻结点以上的冰温范围,或 $-3\sim-22℃$ 的微冻状态下贮藏,可延长冷却食品的贮藏时间,并可取得更好的保鲜效果。

四、 HACCP 在食品冷链流通中的应用

食品的质量、安全风险来源于两方面:一是食品生产过程中原材料和制成品的质量问题,即食品在生产过程中由于技术、工艺使用不当和管理不当而产生的质量问题;另一方面便是在食品流通过程中,由于管理不当或流通设施设备与技术水平落后引起的食品安全问题,即食品本身没有质量安全问题,而在流通过程中出现了质量安全问题。由此可见,食品物流过程也是涉及食品质量安全水平的关键环节之一,要真正提高我国食品的质量、安全水平,必须大力发展我国的食品物流,用先进的食品物流管理理念和技术,如采用危害分析与关键控制点(HACCP)技术、现代化的食品物流设施设备(如冷藏链设施设备等)对食品物流配送全过程进行安全质量控制。

(一) HACCP 食品安全管理体系概述

HACCP(hazard analysis critical control point),即危害分析与关键控制点,是一种

保证食品安全、维护人们健康的质量控制系统。随着对HACCP食品安全管理体系认同性的提高，HACCP的应用领域在不断拓宽，不仅仅局限于生产和加工企业，其应用范围可以扩展到整个供应链，即对从田间到餐桌的整个流通过程实行有效的监控和预防，将温湿度等品质调控因子的影响，以及诱发危害的各因素的影响控制到最小限度。HACCP食品安全管理体系是以良好操作规范（GMP）为基础的质量保证体系，它首先对原材料（包括加工用水和空气）及整个加工工艺甚至消费者的消费过程进行危险性分析，确定需要控制的关键环节，然后在生产中按照GMP进行重点控制，最后用食品安全性经典检验方法（细菌总数、大肠菌群数及致病菌检验等）对最终产品检验，看产品是否达到国家标准。HACCP食品安全管理体系运行前，首先依据以下七个原则，制定出HACCP食品安全管理体系操作的具体步骤并按照它在食品加工中进行操作、检查和记录。分别为：

① 进行危害性和危险性分析；
② 确定关键控制点；
③ 拟定关键控制限度；
④ 拟定监控关键控制限度的程序；
⑤ 拟定在关键控制点发生偏差时采取的纠正措施；
⑥ 建立HACCP食品安全管理体系的档案系统；
⑦ 建立验证HACCP系统正常工作的评价程序。

（二）HACCP在冷藏链物流中的运用

HACCP食品安全管理体系是在生产过程中，对原材料、生产工序以及影响产品安全的人为因素进行分析，找出潜在危害并确定关键控制环节，建立并完善监控程序和监控标准，采取规范的纠正措施，将可能发生的食品安全危害消除在生产过程中。将HACCP提出的预防性思维应用在食品流通过程中，从物流的过程入手来分析食品物流中可能对食品安全构成威胁的危害，并对关键点予以控制，在危害发生前采取相应的措施以减少危害带来的损失，而不仅仅通过最终的检验来保证食品安全。核心环节包括：

1. 确定冷链物流的组成

生鲜食品从原供应地开始，经过采购、验收、运输、装卸、搬运等一系列操作之后到达工厂进行生产，然后进行运输、配送、分拣、销售等操作，食品经过配送中心、中间商最终到达消费者手中，在整个过程中必须进行严格控温，保证食品质量，如图2-9所示。

2. 冷链环节中的危害分析

根据物流的基本职能现将冷链物流分为以下几个作业环节：采购验收、装卸搬运、运输配送、储存、分拣、流通加工。从生物性、化学性、物理性3种角度对每个环节中的潜在危害进行分析，如表2-5所示。

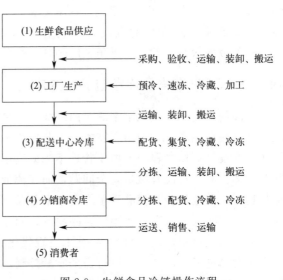

图2-9 生鲜食品冷链操作流程

表 2-5　冷链物流的危害分析

作业环节	潜在危害
1. 采购验收	环境污染、动植物病毒感染、农药残留、添加剂及配料问题;操作不当引入杂质;货物数量、品类不符,贮存条件不当
2. 装卸搬运	细菌繁殖,食品变质、变味;操作不当、包装破损、杂质进入引起污染
3. 运输配送	控温不当或运输时间过长导致途中变质;不同品质食品集中运输引发的交叉污染,运输设备消毒不净引发的污染,不合理堆放导致货物倾倒、损坏及杂质污染
4. 贮存	贮存温、湿度不当引发食品变质;不同品质食品集中贮存引发的交叉污染,贮存区微生物数量不达标;不合理堆放导致货物倾倒、损坏及杂质污染
5. 分拣	分拣区控温不当引发食品变质;作业人员及设备携带有害微生物及化学污染物导致食品污染变质;危险作业导致产品破损及杂质污染
6. 流通加工	温、湿度、微生物数量不达标引发食品污染;作业时间过长、货物数量过多引发的食品变质、变味;作业人员及设备携带有害微生物及化学污染物

3. 关键控制点确定

这是确定食品安全与不安全的临界点,只要所有的关键控制点均控制在安全范围内,食品品质将是安全的。

4. 制定计划表

在危害分析的基础上制定的 HACCP 计划表。

【复习思考题】

1. 酶促反应速率随温度发生怎样的变化?大多数酶的最适反应温度在什么范围内?
2. 低温影响微生物活动的机制是什么?
3. 果蔬类冷藏食品对于原料有哪些要求?如何减少对其品质的破坏?
4. 列举几种新型物理冻结方法的原理、应用及其限制。

第三章
食品的热处理技术

第一节 食品加工与保藏中的热处理

一、烫漂

烫漂（blanching or scalding），又称热烫、杀青、预煮。烫漂主要应用于果蔬制品的加工和保藏中，通常是果蔬冷冻、干燥或罐藏前的一种前处理工序。

烫漂主要目的有钝化果蔬中的与品质相关的关键酶，如多酚氧化酶、脂肪氧化酶和果胶酶等，减少氧化变色，防止品质下降；排出原料组织内的空气，减少氧化反应，减轻金属罐内壁的腐蚀；增加细胞透性，便于加工，如果脯加工时便于糖分的渗透，干制时可加速水分的蒸发，缩短干制时间；进一步杀菌，降低微生物的数量；软化原料组织质地，便于后面的加工，如增加了组织的弹性，减少了破损率；消除了某些原料的不良风味，改善原料的品质。

烫漂的方法有热水处理和热蒸汽处理两种方法。热水法是直接将处理好的原料放在热水中热烫，一般在夹层锅或热水池中进行，或专门的预煮机内完成，优点是物料受热均匀，升温速度快，方法简便；但缺点是维生素等营养物质流失较多。可反复使用烫漂水，减少营养物质流失。部分绿色蔬菜为了保绿，在烫漂液中加入少许小苏打进行护色。

蒸汽法是在密闭条件下，用蒸汽喷射原料达到热烫的效果，其优点是原料中维生素和可溶性物质流失较少，但需要专门的设备，投入较大。烫漂的温度、时间视果蔬种类、块大小和工艺要求而定，烫漂终点以果蔬中过氧化物酶完全失活为准。果蔬中过氧化物酶活性的判断可用1.5%愈创木酚酒精溶液和3%的H_2O_2等量混合，滴于原料表面，几分钟内不变色表明原料中过氧化物酶活性已被钝化。

烫漂后需及时冷却，防止热处理的余热进一步伤害原料品质并保持原料的脆嫩。冷却方法有冷水冷却法和冷风冷却法两种。

二、烘烤和焙烤

烘烤和焙烤本质上是同一种单元操作，二者都是选用热气来改变食品的食用品质。两个术语的区别在于通常用法的不同。烘烤主要应用于主要成分为面粉的食品或水果，而焙烤则应用于肉类、坚果和蔬菜中。烘焙的第二个目标是通过杀灭微生物和降低食品表面的水分活度达到防腐的目的。但是除非借助冷冻或包装，否则大部分烘焙食品的货架期并不长。

烘焙对食品质地的影响取决于食品的性质（水分、脂肪、蛋白质及结构性碳水化合物，如纤维素、淀粉和果胶的含量）、烘焙温度和烘焙时间。许多烘焙食品的一个特点是形成一层干的焦皮，内部包含着湿润的部分（如肉类、面包、马铃薯）。

另一些食品（如饼干）烘焙至含水量较低的水平，使食品内部和外部均发生类似于焦皮形成的变化。当肉被加热时，脂肪发生溶解并以油的形式分散到食品内部或作为"滴液损失"中的一种成分流到食品之外。胶原蛋白在表面之下溶解，形成明胶。蛋白质发生变性，失去持水力并收缩，使多余的脂肪和水分被挤出，使肉硬化。温度的进一步升高使微生物被杀死并使酶失活。烘焙使食品表面失去水分，蛋白质发生凝固、分解和部分热解，表面的质地变得较为脆硬。在谷类食品中，淀粉的颗粒结构发生胶化和脱水等变化，形成了焦皮的特征性质地。

烘焙产生的香气是烘焙食品一个重要的感官特征。香气的类型取决于食品表层含有的脂肪、氨基酸和糖的特定组合、温度、含水量及加热时间。烘焙食品通常具有的特征性金褐色是美拉德反应、糖和糊精（包括食品中原来就有的和由淀粉的水解产生的）的焦化形成糖醛，以及糖、脂肪和蛋白质炭化的结果。因此在烘焙过程中会产生种类繁多的芳香物质成分。

烘焙中的主要营养变化发生在食品的表面，因而在确定烘焙对营养损失量的影响时，食品的表面积与体积比是一个重要因子。在烤盘面包中，只有上表面受到影响，烤盘避免了面包其他部分发生大幅度的营养变化。除了作为改良剂加入生面团中的维生素C在烘焙过程中受到破坏以外，其他维生素的损失相对较小。在化学发酵的面团中，碱性发酵条件使面团中烟酸释放出来，从而提高发酵面团中B族维生素的含量。对肉类而言，营养物的损失受肉块大小、类型，骨和脂肪的比例，屠宰前后的处理和动物种类的影响。

三、煎炸

煎炸作为一种基本的食品加工手段可追溯到公元前1600年，这种古老的烹饪方法是以油脂作为传热介质使食物从表面到内部的热脱水和煮制相结合的过程，它被广泛应用于食品的工厂化生产和家庭烹饪。用于煎、炸食品的食用油统称为煎炸油。几乎所有品种的油脂都已经或可以用于煎炸，包括植物油、氢化植物油、动物油（牛油和猪油），动植物油混合油以及人造奶油或起酥油。在世界上多数国家及我国，煎炸被广泛用于食品行业，煎炸食品因其独特的口感和诱人的风味而倍受广大消费者的喜欢，其品种及食用量近年来均有明显增加。

煎炸的主要目的是形成煎炸食品焦皮中特征性的色泽、风味和香气。这些食用品质的形成通过美拉德反应和食品从油中吸收的化合物共同实现。因此控制某种食品的色泽和味道变化的主要因素有：①煎炸用油的类型；②油的使用时间和受热记录；③油和产品之间的表面张力；④煎炸的温度和时间；⑤食品的大小、含水量和表面特征；⑥煎炸后的处理。

煎炸食品的质地是蛋白质、脂肪和碳水化合物等发生的变化形成的，这些变化和烘焙中发生的变化相似。蛋白质品质发生变化是焦皮中蛋白质与氨基酸发生美拉德反应的结果。碳水化合物和矿物质的损失大多未见报道。由于对油的吸收和夹带，食品的脂肪含量增加。但这些脂肪的营养价值难以判定，因为它随诸多因素的变化而变化。这些因素包括油的种类、受热状况及在食品中受夹带的油量。

煎炸对食品营养价值的影响取决于采用的加工方式。高的油温使焦皮迅速形成，将食品表面密封起来，减少了食品内部的变化程度，因此保留了大部分的营养物质。另外，这些食品往往在煎炸后很短时间内就被食用，因此由于储藏造成的营养损失也不多。据报道，尽管使用被热破坏的油煎炸的鱼肉中可消化赖氨酸的损失量可增至25%，但一般损失量为17%；煎炸马铃薯中维生素C的损失比沸煮后维生素C的损失要低，这是因为低含水量使维生素C以脱氢抗坏血酸（DAA）的形式积累，而沸煮时DAA水解成2,3-二酮古洛糖酸，使人体无法吸收。

四、介电和红外加热

介电（微波和射频）能和红外（或辐射）能是两种形式的电磁波（或辐射能），它们都以波的形式传播，穿透食品，被食品吸收后转化为热能。

微波和射频能的穿透深度都取决于食品的介电常数和损耗因数。它们随着食品的含水量、温度和电磁波的频率而变化。总的来说，损耗因数越小，频率越低，穿透深度越大。在允许的波段范围内针对某一特定损耗因数，选择一个可产生适当电场强度的频率是可行的。大多数食品的含水量高，因而其损耗因数也大，因此它们易于吸收微波和射频能，不会出现弧闪的问题。但在选择某种设备用于干燥低含水量的食品时，需注意电场强度不得超过一定水平，以免出现弧闪现象。射频能主要用于加热或使食品中的水分蒸发掉，而高频微波则用于解冻和低压干燥。

红外加热技术兴起于20世纪70年代初，它是重点推广的一项节能技术。红外加热器有板状、管状、灯状和灯口状几种，所用的能源以电能为主，但亦可用煤气、蒸汽、沼气和烟道气等。红外线辐射出的热能以电磁波的形式产生，其波长范围介于微波和可见光之间，分为远红外、中红外和近红外三个波段，其对应的光谱范围为 $3\sim1000\mu m$、$1.4\sim3.0\mu m$ 和 $0.75\sim1.40\mu m$。红外加热技术在食品加工行业的应用以远红外为主，原因是大部分的食品组分吸收红外辐射的范围主要集中在远红外波段上。远红外加热的特点有辐射率高、热损失小、容易进行操作控制、加热速度快、有一定的穿透能力、产品质量好、热吸收率高。现阶段红外加热技术逐渐应用在食品的干燥脱水、灭酶和杀菌等食品加工过程。

远红外加热是利用远红外线照射食品时，将热量通过热辐射传递给食品，同时引起食品内部水分及有机物质分子振动，导致体系温度上升。显然，它对于食品体系的作用分为两方面：一方面是在远红外线照射时的热辐射作用，通过热辐射作用将热量传给食品，起到对体系加热的作用；另一方面远红外线照射还会引起蛋白质、碳水化合物等物质的分子振动，从而使其性质发生变化，如变性等。单一认为远红外线辐射处理技术仅限于加热是不全面的。利用这项技术可以提高加热效率，重要的是提高被加热物料对辐射能的吸收能力，使其分子振动波长与远红外光谱的波长相匹配。因此，必须根据被加热物的要求来选择合适的辐射元件，同时还应采用不同的选择性辐射涂层材料，并要改善加热体的表面状况。

五、热挤压

挤压是将食品物料放入挤压机中，物料在旋转螺杆的作用下被混合、压缩，然后在卸料端通过模具出口被挤出的过程。挤压是一种较新的加工技术，可以产生不同形状、质地、色泽和风味的食品。挤压过程中物料可通过剪切摩擦自行产热，也可对物料进行外加热。根据挤压过程中物料的受热程度分为热挤压和挤压成型。热挤压过程中物料的温度在蒸煮温度之上，故也被称为挤压蒸煮，热挤压是结合了混合、蒸煮、揉搓、剪切、成型等几种单元操作的过程。热挤压是一种高温短时的热处理过程，它能够减少食品中的微生物数量和钝化酶，但无论是热挤压或是挤压成型，其产品的保藏主要是靠其较低的水分活性和其他条件。挤压处理具有下列特点：挤压食品多样化，可以通过调整配料和挤压机的操作条件直接生产出满足消费者要求的各种挤压食品；挤压处理的操作成本较低；在短时间内完成多种单元操作，生产效率较高；便于生产过程的自动控制和连续生产。

六、热杀菌

热杀菌是以杀灭微生物为主要目的的热处理形式，根据要杀灭微生物的种类不同可分为巴氏杀菌（pasteurisation）和商业杀菌（sterilization）。相对于商业杀菌而言，巴氏杀菌是一种温和的热杀菌形式，巴氏杀菌的处理温度通常在100℃以下，典型的巴氏杀菌条件为62.8℃、30min，也可以有不同的温度、时间组合。巴氏杀菌可使食品中的酶失活，并破坏食品中热敏性的微生物和致病菌。巴氏杀菌的目的及其产品的贮藏期主要取决于杀菌条件、食品成分（如pH）和包装情况。对低酸性食品（pH＞4.6），其主要目的是杀灭致病菌，而对于酸性食品，还包括杀灭腐败菌和钝化酶。商业杀菌一般简称为杀菌，是一种较强烈的热处理形式，通常是将食品加热到较高的温度并维持一定时间以达到杀死所有致病菌、腐败菌和绝大部分微生物的目的，使杀菌后的食品符合货架期的要求。当然这种热处理形式一般也能钝化酶，但它同样对食品的营养成分破坏较大。杀菌食品通常也并非达到完全无菌，只是杀菌之后食品中不含致病菌，残存的处于休眠状态的非致病菌在正常的食品贮藏条件下不能生长繁殖，这种无菌程度被称为"商业无菌（commercial sterility）"，也就是说它是一种部分无菌（partically sterility）。很明显，这种效果只有密封在容器内的食品才能获得（防止杀菌后的食品再受污染）。将食品先密封于容器内再进行杀菌处理是通常罐头的加工形式，而将经超高温瞬时（UHT）杀菌后的食品在无菌的条件下进行包装，则称为无菌包装。从杀菌时微生物被杀死的难易程度看，细菌的芽孢有更高的耐热性，它通常比营养细胞难被杀死。另外，专性好氧菌的芽孢较兼性和专性厌氧菌的芽孢易被杀死。杀菌后食品所处的密封容器中氧的含量通常较低，这在一定程度上也能阻止微生物繁殖，防止食品腐败。在考虑确定具体的杀菌条件时，通常以某种具有代表性的微生物作为杀菌的对象，通过这种对象菌的死亡情况反映杀菌的程度。

第二节 食品热处理反应的基本规律

一、微生物的热致死反应动力学

要控制食品热处理的程度，必须了解热处理食品中各成分（微生物、酶、营养成分和质量因素等）的变化规律，主要包括：①在某一热处理条件食品成分的热处理破坏速率；②温度对这些反应的影响。

延伸阅读4
热杀菌与食品加工

1. 微生物的热致死反应动力学方程

食品中各成分的热破坏反应一般均遵循一级反应动力学,也就是说各成分的热破坏反应速率与反应物的浓度成正比关系。这一关系通常被称为"热灭活或热破坏的对数规律"。它意味着,在某一热处理温度(足以达到热灭活或热破坏的温度)下,单位时间内,食品成分被灭活或被破坏的比例是恒定的。下面以微生物的热致死来说明热破坏反应的动力学。微生物热致死反应的一级反应动力学方程为:

$$-\frac{\mathrm{d}N}{\mathrm{d}t} = kN \tag{3-1}$$

式中,$-\mathrm{d}N/\mathrm{d}t$ 为微生物浓度(数量)减少的速率;t 为时间,min;k 为热致死速率常数,$\min^{-1}$;N 为任一时刻活菌浓度,CFU/mL。

对上式进行积分,设在边界条件 $t_0=0$,$N=N_0$,则反应至 t 时的结果为:

$$-\int_{N_0}^{N} \frac{\mathrm{d}N}{\mathrm{d}t} = k\int_{0}^{t} \mathrm{d}t$$

即:

$$-\ln N + \ln N_0 = k(t-t_1)$$

也可以写成:

$$\lg N = \lg N_0 - \frac{kt}{2.303} \tag{3-2}$$

式(3-2)所反映的意义可用热致死速率曲线表示,该曲线为一直线,该直线的斜率为 $-\frac{k}{2.303}$。如果微生物的活菌数跨过一个对数循环,即减少 90% 所对应的时间是相同的,这一时间被定义为 D 值,称为指数递减时间。因此直线的斜率可表示为 $-\frac{k}{2.303} = -\frac{1}{D}$,则 $D = \frac{2.303}{k}$。

D 值是在一定温度下活菌(或芽孢)数量下降 90% 所需要的时间,通常以 min 为单位。D 值的大小可以反映微生物的耐热性。D 值可以通过计算求得,即根据残存活菌曲线中的时间与残存活菌数的数据,用最小平方法求出曲线方程,再取其斜率的倒数,即 D 值。也可按式(3-3)进行计算。

$$D = \frac{t}{\lg N_0 - \lg N} \tag{3-3}$$

式中,N_0 为原始微生物数;N 为 t 时残存的微生物数;t 为经过的时间。

D 值因微生物的种类、环境、热处理温度的不同而不同。由 D 值的大小,可以区别不同菌的耐热性大小。需注意的是,D 值不受原始菌数的影响,但随热处理的温度不同而变化,温度越高,菌的死亡速率越大,D 值则越小。此外,由于细菌芽孢在热处理时所处的环境不同,其死亡率也不相同,因此 D 值也会变化。为区别不同温度下的 D 值,可在 D 的右下角标注温度 T 的符号或热处理温度值,如 D_T 或 D_{121},因 D_{121} 在实际杀菌时应用较多,通常以 D_{121} 代替 D_T。

除 D 值外,反映微生物耐热性的指标还有 TDT 值、F 值、Z 值和 TRT 值。

2. TDT 值、F 值、Z 值

在一定的时间内对细菌进行热处理时,从细菌死亡的最低热处理温度开始的各个加热期的温度称为热致死温度。热致死时间(thermal death time,TDT)是在热致死温度下杀灭一定浓度的菌所需要的全部时间。TDT 值的单位为 min。同样在右下角标注杀菌温度如 TDT_{121} 等。在 121.1℃（250℉）热致死温度下的腐败菌热致死时间，通常用 F 值来表示，即在 121℃ 温度下杀死容器中全部微生物所需的时间。F 值等于 D 值与微生物降低对数数量级的乘积。

求得 D 值后，就可用 $\lg D$ 对温度 T 作图，在一定温度范围内，$\lg D$ 与 T 呈直线关系，直线的斜率为 $\frac{\lg D_2 - \lg D_1}{T_2 - T_1}$，由于此斜率为负值，为避免引入负值而提出 Z 值。

$$Z = -\frac{T_2 - T_1}{\lg D_2 - \lg D_1} \tag{3-4}$$

故定义 Z 值为降低一个 $\lg D$ 值所需的温度。Z 值也可以认为是当热致死时间减少 1/10 或增加 10 倍时所需提高或降低的温度值。Z 值是衡量温度变化时微生物热致死速率变化的一个尺度。由于 D 值和热致死速率常数 k 互为倒数关系，则

$$\lg \frac{k}{k_1} = \frac{T - T_1}{Z} \tag{3-5}$$

式(3-5) 说明，热致死速率常数的对数与温度呈正比，较高温度的热处理所取得的杀菌效果高于低温热处理所取得的杀菌效果。不同微生物对温度的敏感程度可以由 Z 值反映，Z 值小的对温度的敏感程度高。F 值可用于比较相同 Z 值时腐败菌的耐热性，它与原始菌数、菌种、菌株、环境温度等有关。为简便起见，习惯上使用 F_0，它表示致死温度为 121.1℃ 时，杀死 Z 值为 10℃ 的一定量的细菌所需的热处理时间（min）。因此，应用 F 值和 Z 值可以比较处于不同环境下菌的耐热性，只是比较 F 值时还应注意原始菌数是否一致。

3. TRT 值（即热力指数递减时间）

TRT 值是在某特定的热致死温度 T 下，将细菌或芽孢数减少到 10^{-n} 时所需的热处理时间，单位为 min。例如，设将供试菌减少到原始菌数的百万分之一需要 5min，则 TRT_n 的值用 $TRT_6 = 5$ 来表示，n 为 10^{-n} 中的指数，称为递减指数（reduction exponent），D 值即 $n = 1$ 时的 TRT 值（TRT_1）。

4. 热破坏反应和温度的关系

上述的热力致死曲线是在某一特定的热处理温度下取得的，食品在实际热处理过程中温度往往是变化的。因此，要了解在一定变化温度的热处理过程中食品成分的破坏情况，必须了解不同（致死）温度下食品的热破坏规律，同时掌握这一规律，也便于人们比较不同温度下的热处理效果。反映热破坏反应速率常数和温度关系的方法主要有三种：一种是热力致死时间曲线；另一种是阿伦尼乌斯（Arrhennius）方程；还有一种是温度系数。这 3 种描述热处理过程中食品成分破坏反应的方法和概念总结于表 3-1。

表 3-1 描述热处理过程中食品成分破坏反应速率常数和温度关系的方法

方法	方程式	反应速率	温度相关因子
热力致死时间	$\lg(D_1/D) = \frac{T - T_1}{Z}$	D 或 F	Z
阿伦尼乌斯方程	$k = k_0 e^{-\frac{E_a}{RT}}$	k	E_a

续表

方法	方程式	反应速率	温度相关因子
温度系数	$Z=\dfrac{10}{\lg Q_{10}}$	k	Q_{10}

二、热处理对微生物的影响

(一) 微生物和食品的腐败变质

食品中的微生物是导致食品不耐贮藏的主要原因。一般说来，食品原料都带有微生物。在食品原料的采收、运输、加工和贮运整个食品供应链中，食品都有可能污染微生物。

在一定的条件下，这些微生物会在食品中生长、繁殖，使食品失去原有的或应有的营养价值和感官品质，甚至产生有害和有毒的物质。细菌、霉菌和酵母菌都可能引起食品的变质，其中细菌是引起食品腐败变质的主要微生物。细菌中非芽孢细菌在自然界存在的种类最多，污染食品的可能性也最大，但其耐热性并不强，巴氏杀菌条件下可将其杀死。细菌中耐热性强的是芽孢菌。芽孢菌中还分需氧性的、厌氧性的和兼性厌氧的。需氧和兼性厌氧的芽孢菌是导致罐头食品发生平盖酸败的原因菌，厌氧芽孢菌中的肉毒梭状芽孢杆菌常作为罐头杀菌的对象菌。酵母菌和霉菌引起的变质多发生在酸性较高的食品中，一些酵母菌和霉菌对渗透压的耐性也较高。

(二) 微生物的生长温度和微生物的耐热性

不同微生物的最适生长温度不同，大多数微生物以常温或稍高于常温为最适生长温度，当温度高于微生物的最适生长温度时，微生物的生长就会受到抑制，而当温度高到足以使微生物体内的蛋白质发生变性时，微生物即会出现死亡现象。表 3-2 列出来不同类型微生物的生长温度和热致死条件。

表 3-2 不同类型微生物的生长温度和热致死条件

种类		热致死条件		生长温度	
		温度/℃	时间/min	最适	界限
霉菌	菌丝	60	5～10	25～30	15～37
	孢子	65～70	5～10		
酵母菌	营养细胞	55～65	23	27～28	10～35
	孢子	60	10～15		
细菌	营养细胞	63	30	35～40	5～45
	孢子	100 以上			

三、热处理对酶的影响

酶也会导致食品在加工和贮藏过程中的质量下降，主要反映在食品的感官和营养方面的质量降低。这些酶大部分是氧化酶类和水解酶类，包括过氧化物酶、多酚氧化酶、脂肪氧合酶、抗坏血酸氧化酶等。

不同食品中所含的酶的种类不同，酶的活力和特性也可能不同。以过氧化物酶为例，在不同的水果和蔬菜中酶活力相差很大，其中辣根过氧化物酶的活力最高，其次是芦笋、土豆、萝卜、梨、苹果等，蘑菇中过氧化物酶的活力最低。与大多数蔬菜相比，水果具有较低的过氧化物酶活力。又如大豆中的脂肪氧合酶相对活力最高,绿豆和豌豆的脂肪氧合酶活力相对较低。过氧化物酶在果蔬加工和保藏中最受人关注。由于它的活力与果蔬的产品质量有关,还因为过氧化物酶是最耐热的酶类,它的钝化作为热处理对酶破坏程度的指标,当食品中过氧化物酶在热处理中失活时,其他的酶以活性形式存在的可能性很小。但最近的研究也提出,对于某些食品(蔬菜)热处理灭酶而言,破坏导致这些食品质量降低的酶,如豆类中的脂肪氧合酶较过氧化物酶与豆类变味的关系更密切,对于这些食品的热处理以破坏脂肪氧合酶为灭酶的指标更合理。几种来源不同的氧化酶的耐热性见表 3-3。

表 3-3 几种来源不同的氧化酶的耐热性

酶	来源	pH	D_T/min
过氧化物酶	豌豆	自然	$(D_{121})3.0$
过氧化物酶	芦笋	自然	$(D_{90})0.20$(不耐热部分) $(D_{350})350$(耐热部分)
过氧化物酶	黄豆(带荚)	自然	$(D_{100})1.14$
过氧化物酶	黄豆(不带荚)	自然	$(D_{95})0.75$
脂肪氧合酶	黄豆(带荚)	7.0	$(D_{100})0.32$
脂肪氧合酶	黄豆(带荚)	9.0	$(D_{100})0.50$
脂肪氧合酶	黄豆(不带荚)	7.0	$(D_{95})0.39$
多酚氧化酶	土豆	自然	$(D_{100})2.5$

传统的耐热性酶为腺苷激酶,可在 100℃、pH 1 的条件下保留活性相当长的时间。通过适当的基因控制方法所生产的微生物酶,如细菌淀粉酶,耐热性可达到相当高的程度。食品中的过氧化物酶的耐热性也较高,通常被选为热烫的指示酶。与食品相关的酶类中有不少是耐热性中等的,这些酶在 40~80℃ 的温度范围内可起作用,包括果胶甲酯酶、植酸酶、叶绿素酶等;此外还包括一些真菌酶类,如淀粉酶;作为牛乳和乳制品巴氏杀菌的指示酶的碱性磷酸酶也属此类。食品中绝大多数的酶是耐热性一般的,如酯酶和大蒜蒜素酶等,其作用的温度范围为 0~60℃,最适的温度在 37℃,通常对温度的耐性不超过 65℃。同一种酶,若来源不同,其耐热性也可能有很大的差异。植物中过氧化物酶的活力愈高,它的耐热性也较高。

pH、水分含量、加热速率等热处理的条件参数也会影响酶的热失活。从上述酶的耐热性参数可以看出,热处理时的 pH 直接影响着酶的耐热性。一般食品的水分含量愈低,其中酶对热的耐性愈高,谷类中过氧化物酶的耐热性最明显地体现了这一点。这意味着食品在干热的条件下灭酶的效果比较差。加热速率影响过氧化物酶的再生,加热速率愈快,热处理后酶活力再生的愈多。采用高温短时(HTST)的方法进行食品热处理时,应注意酶活力的再生。食品中的蛋白质、脂肪、糖类等都可能会影响酶的耐热性,如糖分能提高苹果和梨中过氧化物酶的热稳定性。

四、热处理对食品品质的影响

食品加工中的热处理对食品成分的影响可以产生有益的结果,也会造成营养成分的损失。大部分与食品保藏加工有关的热处理会引起质量属性的降低,主要表现在食品中热敏性营养成分的损失和感官品质的劣化。例如,热处理虽然可提高蛋白质的消化性,但可引起美拉德反应、蛋白质热变性、聚集、降解等。过分的或不适当的热处理会降低蛋白质的功能性质和可消化性。

(一) 热处理对食品营养成分的影响

食品碳水化合物中，以还原糖含量最多，还原糖极易被氧化，本身还会发生分解、缩合反应，同时还会与食品中其他成分相互作用，使食品很快产生褐变、异臭等。褐变反应在常温下速度很慢，但随加热温度升高，反应速度加快，每升高10℃，可加快3~3.5倍。常常往食品中添加有机酸来抑制或减缓褐变产生。

热处理会导致食品中蛋白质变性，变性后的蛋白质黏度增高，溶解度下降，产生凝固，生物学活性消失，导致食品的生物价值下降。肉中蛋白质在100℃以上的温度时，会产生有机硫化物或硫化氢，与罐壁发生反应形成黑色硫化物，从而污染食品。UHT可以解决蛋白质变性问题，牛乳经超高温瞬时杀菌后，贮藏中生成的沉淀物较少。

脂质存在于动植物体内的脂肪组织中，脂质变化有相的变化、乳化分散态、皂化与酸败，其中酸败对食品品质影响最重要。脂肪氧化的同时，还会影响食品的色泽，导致色变。更为重要的是脂肪酸败后，油脂丧失营养价值，甚至会变得有毒。加热会促进油脂的酸败，特别是温度超过250℃时还可能产生有害化合物。

维生素是维持人体正常生命活动不可缺少的营养物质。随温度升高，维生素会随之分解，其中维生素C对热敏感性最强，维生素E则最为稳定。高温短时杀菌对热敏感性强的维生素的保存是有利的。

(二) 热处理对食品色泽的影响

食品受热时，食品中的各种色素成分会发生变化，如叶绿素长时间受热会导致镁离子缺失呈现黄绿色。花青素是果蔬呈现红紫色的主要色素，对温度和光都很敏感，加热会导致食品色泽的变化。类胡萝卜素也会发生异构化作用，由5,6-环氧化物变成颜色较浅的5,8-环氧化物，而花色素苷分解为褐色的色素。果蔬制品色泽的劣变常常可以通过添加批准使用的人工着色剂来补救。罐头食品在贮藏期间也会变色。罐头生产中，时间-温度的结合使用对食品中大部分天然色素都会产生巨大影响。例如，肉中鲜红色的氧合肌红蛋白转变为褐色的高铁肌红蛋白，而淡紫色的脱氧肌红蛋白转变为红褐色的肌血色原。美拉德褐变及焦糖化反应也参与灭菌后肉类颜色的形成。但是对于熟肉而言，这种变化是可以接受的。一些肉制品中会加入硝酸钠和亚硝酸钠以减少肉毒梭菌生长的可能性，由此产生的深粉红色是氧化氮肌红蛋白和硝酸高铁肌红蛋白的形成造成的。

(三) 热处理对食品风味和香气的影响

在果蔬中发生的变化是由于乙醛、酮、糖、内酯、氨基酸和有机酸发生的分解、再结合、挥发等复杂反应而造成的。肉类罐头会发生复杂的变化，如氨基酸发生高温裂解、脱氨基和脱羧基反应，碳水化合物发生分解、美拉德褐变和焦糖化作用变为糖醛和羟甲基糖醛，以及脂质发生氧化和脱羧基反应，这些组分之间发生的相互作用可形成多种风味化合物。而乳类中产生的煮过的味道是由于乳浆蛋白变性形成氢硫化物，以及脂质形成内酯和甲基酮造成的。在无菌条件下，灭菌食品发生的变化仍是比较轻微的，乳类、果蔬汁的天然风味能更好地保留下来。

(四) 热处理对食品质地的影响

在果蔬中，其烫漂用水或罐头盐水或糖水中可能会加入钙盐以形成不溶的果胶酸钙，从而增加罐装果蔬的硬度。在罐装肉类中,由于蛋白质的凝固和持水力的丧失、肌肉组织收缩和硬化,使肉类的质地发生变化。其软化则是由胶原的水解和其水解产物凝胶的溶解,以及脂类溶解并分散于产品组织中造成。某些产品中会加入聚磷酸盐来保持水分,这样可增加产品的柔嫩度和减少收缩程度。

第三节 微生物的耐热性

一、微生物的耐热机制

一般认为,微生物细胞内蛋白质受热凝固而失去新陈代谢的能力是加热导致微生物死亡的原因。因此,细胞内蛋白质受热凝固的难易程度直接关系到微生物的耐热性。蛋白质的热凝固条件受其他一些条件,如酸、碱、盐和水分等的影响。影响微生物耐热性的因素有很多,总的来说有三方面:微生物的种类;微生物生长和细胞(芽孢)形成的环境条件;热处理时的环境条件。

首先,微生物的菌种不同,耐热的程度也不同,而且即使是同一菌种,其耐热性也因菌株而异。正处于生长繁殖的微生物营养细胞的耐热性较它的芽孢弱。各种芽孢菌的耐热性也不相同,一般厌氧性芽孢菌耐热性较需氧性芽孢菌强。嗜热菌的芽孢耐热性最强。同一菌种芽孢的耐热性也会因热处理前的培养条件、贮存环境和菌龄的不同而异。例如,菌体在其最高生长温度生长良好并形成芽孢时,其芽孢的耐热性通常较高;不同培养基所形成的芽孢对耐热性影响很大,实验室培养的芽孢都比在大自然条件下形成的芽孢耐热性要低;培养基中的钙离子会使芽孢耐热性增高;热处理后残存芽孢经培养繁殖和再次形成芽孢后,新形成芽孢的耐热性就较原来的芽孢强;嗜热菌芽孢随贮藏时间增加耐热性可能降低,但对厌氧性细菌影响较少,减弱的速率慢得多;也有研究者发现菌龄对耐热性也有影响,但缺乏规律性。

芽孢之所以具有很高的耐热性与其结构有关。芽孢的外皮很厚,约占芽孢直径的1/10,由网状构造的肽聚糖组成,其外皮膜通常为三层,依细菌种类不同外观有差异。它保护细胞不受伤,而对酶的抵抗力强,透过性不好并具阳离子吸附能力。其原生质含有较高的钙和吡啶二羧酸(DPA),镁/钙质量比愈低则耐热性愈强。其含水量低也使其具有较高的耐热性。紧缩的原生质及特殊的外皮构造能阻止芽孢吸收水分,并防止脆弱的蛋白质和DNA分子外露以免因此而发生变化。

芽孢萌发时,其外皮由于溶酶的作用而分解,原生质阳离子消失,吸水膨胀。较低的热处理可促使芽孢萌发,使渗透性增加而降低对药物的抵抗力,易于染色,甚至改变其外观。当芽孢受致死高温热处理时,其内容物消失而产生凹陷现象,钙及DPA很快就消失。但一般在溶质消失前生命力已消失。芽孢生命力的消失表示芽孢的死亡。芽孢的死亡是由于其与DNA形成、细胞分裂和萌发等有关的酶系被钝化所致的。酵母菌和霉菌的耐热性都不是很高,酵母菌(包括酵母孢子)在100℃以下的温度容易被杀死。大多数的致病菌都不耐热。

其次,微生物生长和细胞(芽孢)形成的环境条件。这方面的因素包括:温度、离子环境、非脂类有机化合物、脂类和微生物的菌龄。长期生长在较高温度环境下的微生物会被驯化,在较高温度下产生的芽孢比较低温度下产生的芽孢耐热性强;尽管离子环境会影响芽孢的耐热性,但没有明显规律,Ca^{2+}、Mg^{2+}、Fe^{3+}、Mn^{2+} 和 Na^+ 等离子的存在均会降低芽孢的耐热性;许多有机物也会影响芽孢的耐热性。有研究显示低浓度的饱和与不饱和脂肪酸对微生物有保护作用,它使肉毒杆菌芽孢的耐热性提高;关于菌龄对微生物耐热性的影响,芽孢和营养细胞不一样,而年幼的营养细胞对热更敏感,也有研究指出营养细胞的耐热性在最初的对数生长期会增强。

热处理时影响微生物耐热性的环境条件有 pH 和缓冲介质、离子环境、水分活性、其他介质组分。由于多数微生物生长于中性或偏碱性的环境中,过酸和过碱的环境均使微生物的耐热性下降,故一般芽孢在极端的 pH 环境下的耐热性较中性条件下的差。缓冲介质对微生物的耐热性也有影响,但缺乏一般性的规律。大多数芽孢杆菌在中性范围内耐热性最强,pH 低于 5 时芽孢就不耐热,此时耐热性的强弱常受其他因素的影响。某些酵母菌的芽孢耐热性在 pH 4~5 时最强。由于 pH 与微生物的生长有密切的关系,它直接影响到食品的杀菌和安全。

在罐头食品中,人们从公共卫生安全的角度常将罐头食品按酸度(pH)进行分类,其中最常见的分为酸性和低酸性两大类。酸性食品:指天然 pH≤4.6 的食品。低酸性食品:指最终平衡 pH>4.6 和水分活度(A_w)>0.85 的食品。在加工食品时,可以通过适当的加酸提高食品的酸度,以抑制微生物(通常是肉毒杆菌芽孢)的生长,降低或缩短杀菌的温度或时间,此即为酸化食品。值得注意的是,不是任何食品都能通过简单加酸进行酸化的,水分活度等其他一些因素也会影响酸化的效果,酸化处理通常仅用于某些蔬菜和汤类食品,而且必须按照合理的酸化方法进行酸化。此外酸的种类也会影响酸化的效果。

食品中低浓度的食盐(低于 4%)对芽孢耐热性有一定的增强作用,但随着食盐浓度的提高(8%以上)会使芽孢的耐热性减弱。如果浓度高于 14%,一般细菌将无法生长。盐浓度的这种保护和削弱作用的程度,因腐败菌的种类而异。例如在加盐的青豆汤中芽孢菌的耐热性试验,当盐浓度为 3%~3.5%时,芽孢耐热性有增强的趋势,盐浓度为 1%~2.5%时芽孢的耐热性最强,而盐浓度增至 4%时,影响甚微。其中肉毒杆菌芽孢耐热性在盐浓度为 0.5%~1.0%时,芽孢的耐热性有增强的趋势,当盐浓度增至 6%时,耐热性不会减弱。

二、热杀菌的原理

高温对细菌有明显的致死作用。热力灭菌主要是利用高温破坏微生物的蛋白质、核酸、细胞壁和细胞膜,使菌体变性或凝固,酶失去活性,从而导致其死亡。近年来的研究也表明,热杀菌对微生物的影响更细微的变化可能发生于细菌凝固之前。有学者认为 DNA 单螺旋的断裂可能是主要的致死因素。细菌蛋白质、核酸等化学结构是由氢键连接的,而氢键是较弱的化学键,当菌体受热时,氢键遭到破坏,蛋白质、核酸、酶等结构也随之被破坏,失去其生物学活性,与细菌致死有关。此外,高温亦可导致细胞膜功能损伤而使小分子物质以及降解的核糖体渗出。

(一)热处理对细胞壁和细胞膜的损伤

细菌的细胞壁和细胞膜是热力的重要作用点,细菌可由于热损伤细胞壁和细胞膜而死亡。产气荚膜梭菌（*Clostridium perfringens*）芽孢在 105℃ 高温下作用 5min 后，受损伤的细菌表现对多黏菌素及新霉素的敏感性增高。多黏菌素作用于细胞膜，而新霉素有抑制蛋白质合成和表面活性的作用。已知受损伤的芽孢对表面活性剂，如十二烷基硫酸钠、脱氧胆酸钠等敏感性增强。受损伤的芽孢对多黏菌素和新霉素渗透性增加，并且在液体培养基中生长时发生死亡，除非培养基中含有 20% 糖、10% 聚糖或 1% 聚乙烯吡咯烷酮。这就说明，芽孢的细胞膜和细胞壁是热损伤的位点。

（二）热处理对蛋白质的作用

蛋白质是细菌的主要成分，它不仅是细菌基本结构的组成部分，而且与能量、代谢、营养、解毒、增殖及稳定内环境密切相关的酶都是蛋白质。因此，破坏了微生物的蛋白质活性，即可导致微生物的死亡。

干热和湿热对微生物蛋白质破坏的机制是不同的。湿热主要是通过凝固微生物的蛋白质导致其死亡，而干热灭活微生物的机制是氧化作用。在高温和缺乏水分的情况下，细菌细胞内蛋白质发生氧化变性，各种酶失去活力，甚至内源性分解代谢也被终止，导致微生物死亡。实验证明，在干热灭菌时，并无蛋白质凝固发生，然而在高温下细菌死亡更迅速，这可能是由于氧化作用速率增加和电解质水平增高的毒力效应等。

（三）热处理对核酸的作用

热处理不仅可以破坏微生物的酶蛋白和结构蛋白，而且也可破坏微生物的核酸。有学者研究了不同热处理温度（60℃、70℃、80℃、90℃ 和 100℃）对蓝蛤提取液核酸类物质的影响。结果表明，不同温度处理组的提取液挥发性风味差异明显，得到的蓝蛤提取液味觉差异主要体现在苦味、丰度和鲜味。不同热处理温度对蓝蛤提取液的核酸和核苷酸含量差异显著（$P<0.05$）。

第四节　食品热处理条件的选择与确定

一、食品热处理方法的选择

热处理的作用效果不仅与热处理的种类有关，而且与热处理的方法有关。也就是说，满足同一热处理目的的不同热处理方法所产生的处理效果可能会有差异。以液态食品杀菌为例，低温长时和高温短时杀菌可以达到同样的杀菌效果，但两种杀菌方法对食品中的酶和食品成分的破坏效果可能不同。杀菌温度的提高虽然会加快微生物、酶和食品成分的破坏速率，但杀菌温度对三者的破坏速率增加并不一样，其中微生物的破坏速率在高温下较大。因此采用高温短时的杀菌方法对食品成分的保存较为有利，尤其在超高温瞬时灭菌条件下更显著，但此时酶的破坏程度也会减小。

选择热处理方法和条件时应遵循下列基本原则。首先，热处理应达到相应的热处理目的。以加工为主的，热处理后食品应满足热加工的要求；以保藏为主要目的的，热处理后的食品应达到相应的杀菌、钝化酶等目的。其次，应尽量减少热处理造成的食品营养成分的破坏和损失。热处理过程不应产生有害物质，满足食品安全要求。热处理过程要重视热能在食品中的传递特征与实际效果。食品热杀菌技术的发展见视频 3-1。

视频 3-1

二、食品热处理条件的确定

为了知道食品热处理后是否达到热处理的目的,热处理后的食品必须经过测试,检验食品中微生物、酶和营养成分的破坏情况,以及食品质量(色、香、味和质构等)的变化。如果测试的结果表明热处理的目的已达到,则相应的热处理条件即可确定。现在也可以采用数学模型的方法通过计算来确定热处理的条件,但这一技术尚不能完全取代传统的实验法,因为计算法的误差需要通过实验才能校正,而且作为数学计算法的基础,热处理对象的耐热性和热处理时的传热参数都需要通过实验取得。现以罐头食品的热杀菌为主,介绍热处理条件的确定方法。

(一) 确定食品热杀菌条件的过程

确定食品热杀菌条件时,应首先考虑影响热杀菌的各种因素。食品的热杀菌以杀菌和抑酶为主要目的,应基于微生物和酶的耐热性,并根据实际热处理时的传热情况,确定达到杀菌和抑酶的最小热处理程度。确定食品热杀菌条件的过程如图 3-1 所示。

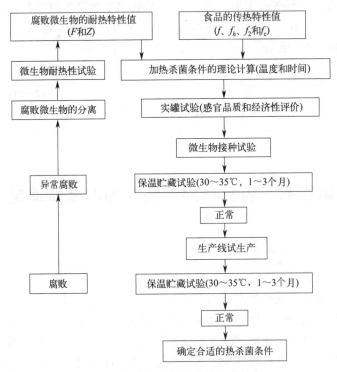

图 3-1　确定食品热杀菌条件的过程

(二) 食品热杀菌条件的计算

食品热杀菌的条件主要是杀菌值和杀菌时间,目前广泛应用的计算方法有三种:基本法、鲍尔公式计算法以及列线图解法。

1. 基本法

1920 年比奇洛(Bigelow)首先创立了罐头杀菌理论,提出推算杀菌时间的基本法,又称基本推算法。该方法提出了部分杀菌率的概念,它通过计算包括升温和冷却阶段在内的整个热杀菌过程中的不同温度-时间组合时的致死率,累计求得整个热杀菌过程的致死效果。

在杀菌过程中，食品的温度会随着杀菌时间的变化而不断发生变化，当温度超过微生物的致死温度时，微生物就会出现死亡。温度不同，微生物死亡的速率不同。在致死温度停留一段时间就有一定的杀菌效果。可以把整个杀菌过程看成是在不同杀菌温度下停留一段时间所取得的杀菌效果的总和。

基本推算法的关键是找出罐头食品传热曲线与各温度下细菌热力致死时间的关系，为此比奇洛首先提出了部分杀菌量（partial sterility）的概念，以 A 表示。假如某细菌在 T 温度下致死时间为 τ_1，而在该温度下加热时间为 τ，则 τ/τ_1 就是部分杀菌效率值。

因此，基于以上分析，总的杀菌效率值就是各个很小温度区间内部分杀菌效率值之和，即：

$$A = A_1 + A_2 + \cdots + A_n \tag{3-6}$$

当 $A=100\%$ 时，表示整个杀菌过程达到了 100% 的杀菌量，罐内微生物被完全杀死。而当 $A<100\%$ 时，表示杀菌不足；$A>100\%$ 时，表示杀菌过度。由此可以推算出所需的杀菌时间。

2. 鲍尔公式计算法

上述的基本法是根据一定的罐型、杀菌温度及罐头内容物的初始温度等条件所得到的传热曲线推出的。它很难比较不同杀菌条件下的加热杀菌效果。为此，1923 年鲍尔（Ball）根据加热杀菌过程中罐头中心所受的加热效果用积分计算杀菌效果的方法，引入了杀菌值或致死值的概念，形成了公式计算法。后经美国制罐公司热工学研究组简化，用来计算简单型和转折型传热曲线上杀菌时间和 F 值。简化虽然会引入一些误差但影响不大。此法已经列入美国 FDA 的有关规定中，在美国得到普遍应用。

杀菌值又可以称为 F 值，是指在一定的致死温度下将一定数量的某种微生物全部杀死所需的时间。公式法根据罐头在杀菌过程中罐内容物温度的变化在半对数坐标纸上所绘出的加热曲线，以及杀菌结束冷却水立即进入杀菌锅进行冷却的曲线进行推算并找出答案。它的优点是可以在杀菌温度变更时算出杀菌时间，其缺点是计算烦琐、费时，还容易在计算中发生错误，又要求加热曲线必须呈有规则的简单型加热曲线或转折型加热曲线，才能求得较正确的结果。近几十年来许多学者对这种方法进行了研究，以达到既正确又简单，而且应用方便的目的。随着计算机技术的应用，公式法和改良基本法一样准确，但更为快速、简洁。现就公式法计算的基本内容进行简单介绍。

在进行公式法计算之前，首先应该标绘加热曲线，求得加热曲线中直线部分的斜率（f_h 值）和滞后因子（j 值），对转折型加热曲线还需求得转折型加热曲线中转折点后第二条加热曲线中直线部分的斜率（f_2 值）、x 和冷却曲线中直线部分的斜率（f_c 值）等。其次，为了进行公式法计算，还必须有 F_i 值表和 f_h/U-lg$g$ 图（表）和 r-lg$g$ 图（表）。公式法计算杀菌值和杀菌时间中部分符号的意义见表 3-4。

表 3-4　公式法计算杀菌值和杀菌时间中部分符号的意义

符号	意义
T_h	杀菌温度，即杀菌或杀菌锅温度，℃
T_p	罐头温度，即杀菌时罐头的冷点温度，℃

续表

符号	意义
T_c	冷却温度,即冷却水的温度,℃
T_i	罐头初温,即杀菌开始时罐头的冷点温度,℃
I	杀菌温度和罐头初温的差值,即 $I=T_h-T_i$
j	滞后因子,在半对数坐标上加热曲线呈直线前加热时间的滞后因子
f_h	加热曲线中直线部分的斜率,即横跨一个对数周期所需的时间,min
g	简单型加热曲线中杀菌温度与加热结束时罐头温度的差值,℃
m	杀菌结束时冷却水温度与罐头冷点温度的差值,℃
$m+g$	杀菌温度与冷却温度的差值,即 T_h-T_c,℃
U	实际杀菌值,以标准杀菌温度为参照的实际杀菌温度下的杀菌值(时间),min

3. 列线图解法

列线图解法是将有关参数制成列线计算图,利用该图计算出杀菌值和杀菌时间。该法适用于 $Z=10℃$,$m+g=76.66℃$ 的任何简单型加热曲线,快速方便,但不能用于转折型加热曲线的计算。列线计算法如图 3-2 所示。

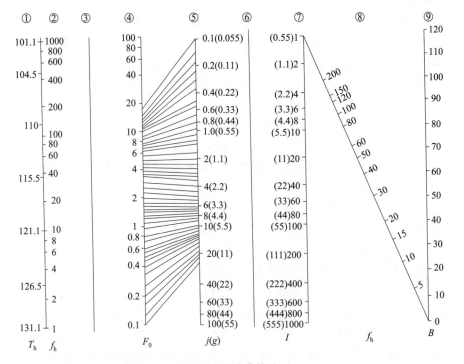

图 3-2 列线计算法

(1) 杀菌值的求取 由给定的条件(杀菌锅温度 T_h、杀菌时间 B、罐头初温 T_i、传热曲线速率 f_h 和滞后因子 j)按下列步骤求取杀菌值。

A. 在⑨线上找到杀菌时间 B 值点和⑧线上的 f_h 值点,以此两点做直线使其与⑦线相交于 A 点;

B. 在⑤线上找到 j 值点,⑦线上找到 $I=T_h-T_i$ 值点,连两点与⑥线交于 B 点;

C. 以 A、B 两点画直线交⑤线于 C 点,以 C 点按列线图上的直线找到相应于 C 点的

④线上的 D 点；

D. 在②线上找到 f_h 值点，与 D 点连直线交于③线上的 E 点；

E. 在①线上找到 T_h 值点，并与 E 点画直线交④线于 F 点，F 点的值即为所求的 F_0 值。

(2) 杀菌时间的求取　由给定的条件（杀菌温度 T_h、杀菌值 F_0、罐头初温 T_i、传热曲线速率 f_h 和滞后因子 j）按下列步骤求取杀菌时间。

A. 在①线上找到 T_h 值点和④线上的 F_0 值点，以此两点做直线使其与③线相交于 A 点；

B. 在②线上找到 f_h 值点，与 A 点连直线交④线于 B 点，由 B 点找到⑤线上相应的 C 点（g 值）；

C. 在⑦线上找到 $I=T_h-T_i$ 值点，与⑤线上的 j 值点连直线与⑥线相交于 D 点；

D. 将 C 点与 D 点连直线并延长交⑦线于 E 点；

E. 将 E 与⑧线上的 f_h 值点连直线并延长交⑨线于 F 点，F 点的值即为所求的 B 值。

(三) 食品热杀菌条件的确定

1. 实罐试验

一般情况下罐头食品经热力杀菌处理后，其感官品质将下降，但是采用高温短时杀菌，可加速罐内传热速率，从而使内容物感官品质变化减小，同时还可提高杀菌设备的利用率。这是当前罐头工业杀菌工艺的趋势。

以满足理论计算的杀菌值（F_0）为目标，可以有各种杀菌温度-时间组合，实罐试验的目的就是根据罐头食品质量、生产能力等综合因素选定杀菌条件，使食品热杀菌既能达到杀菌安全的要求，又能维持其高质量，同时在经济上也最合理。

某些食品选用低温长时间的杀菌条件可能更合适些。例如，属于传导传热型的非均质态食品，若选用高温短时杀菌条件，常会因为传热不均匀而导致有些个体食品中出现 F_0 值过低的情况，并有杀菌不足的危险。计算杀菌条件时，如 $\lg g>+1$，表明杀菌结束时冷点温度和杀菌温度差将超过 10℃。这说明传热速率很缓慢，靠近冷点的食品受热不足，而靠近罐壁的部分食品则受热过度。

2. 实罐接种杀菌试验

实罐试验可根据产品感官质量最好和经济上又合理选定最适宜的温度-时间组合，在此杀菌条件基础上，为了确证所确定（理论性）杀菌条件的合理性，往往还要进行实罐接种杀菌试验。将常见导致罐头腐败的细菌或芽孢定量接种在罐头内，在所选定的杀菌温度中进行不同时间的杀菌，再保温检查其腐败率。根据实际商业上一般允许罐头腐败率为 0.01% 来计算，若检出的正确率为 95%，实罐试验数应达 29960 罐之多。当然实际上难以用数量如此大的罐头来做试验，经济上也不合理。因此，目前常采用将耐热性强的腐败菌接种于少量的罐头内进行杀菌试验，借以确证杀菌条件的安全程度。如实罐接种杀菌试验结果与理论计算结果很接近，表明所选定的杀菌条件在合理性和安全性有可靠的保证。此外，对那些用其他方法无法确定杀菌工艺条件的罐头也可用此法确定其合适的杀菌条件。

3. 保温贮藏试验

接种实罐试验后的试样要在恒温下进行保温试验。培养温度依据试验菌的不同而不同：如霉菌，21.1～26.7℃；嗜温菌和酵母菌，26.7～32.2℃；凝结芽孢杆菌，35.0～43.2℃；嗜热菌，50.0～57.2℃。培养时间依据试验菌的不同也不相同，如梭状厌氧菌、酵母菌或乳酸菌，至少保温1个月，如一星期内全部胀罐，可不再继续培养。霉菌生长也慢，要2～3周，也可能要3个月或更长一些时间。嗜热菌要10天～3周，高温培养时间不宜过长，因可能加剧腐蚀而影响产品质量，FS1518嗜热脂肪芽孢杆菌的芽孢如在其生长温度以下存放较长时间，可能导致其自行死亡，因此必须在杀菌试验后尽早保温培养。

保温试验样品应每天观察其容器外观有无变化，当罐头胀罐后即取出，并存放在冰箱中。保温试验完成后，将罐头在室温下放置冷却过夜，然后观察其容器外观，罐底盖是否膨胀，是否低真空，然后对全部试验罐进行开罐检验，观察其形态、色泽、pH和黏稠性等，并一一记录其结果。接种肉毒杆菌试样要做毒性试验，也可能有的罐头产毒而不产气。

4. 生产线上实罐试验

接种实罐试验和保温试验结果都正常的罐头加热杀菌条件，就可以进入生产线的实罐试验做最后验证。试样量至少100罐，试验时必须对以下内容进行测定并做好记录：热烫温度与时间；装罐温度；装罐量（固形物、汤汁量）；黏稠度（咖喱、浓汤类产品）；顶隙度；盐水或汤汁的温度；盐水或汤汁的浓度；食品的pH；食品的水分活度；封罐机蒸汽喷射条件；真空度（指封罐机）；封罐时食品的温度；杀菌前的罐头初温；杀菌升温时间；杀菌温度和时间；杀菌锅上压力表、水银温度计、温度记录仪的指示值；杀菌锅内温度分布的均匀性；罐头杀菌时测点温度（冷点温度）的记录及其 F 值；罐头密封性的检查及其结果。此外，还应记录加热杀菌前食品每克（或每毫升）含微生物的平均数及其波动值，取样次数为5～10次；pH 3.7以下的高酸性食品检验乳酸菌和酵母菌，pH 3.7～5.0的酸性食品检验嗜温性需氧菌芽孢数，pH 5.0以上的低酸性食品检验嗜温性需氧菌芽孢数、嗜热性需氧菌芽孢数，这对于保证杀菌条件的最低限十分必要。

生产线实罐试样也要经历保温试验，保温3～6个月，当保温试样开罐后检验结果显示内容物全部正常，即可将此杀菌条件在生产上使用，如果发现试样中有腐败菌，则要进行原因菌的分离试验。

【复习思考题】

1. 简述热杀菌的原理。
2. 简述食品热杀菌技术的分类及对食品品质的影响。
3. 运用食品加热杀菌的原理，设计罐头食品杀菌工艺。
4. 简述食品加热杀菌条件的确定过程。

第四章
食品的非热处理技术

第一节 食品的非热杀菌

食品安全是国民健康的重要保障，由微生物污染引起的腐败变质是食品在加工和贮存过程中所面临的重要安全问题。杜绝或降低微生物污染的主要措施是杀菌和除菌，而杀菌又是最重要的手段之一。传统的热杀菌虽然能有效杀灭微生物、钝化酶活、改善食品品质特性，但同时也会造成食品营养物质和风味成分不同程度的改变，尤其是热敏性物质的损失，最终可能影响口感和营养，不能完全满足食品品质的需求。随着消费者对食品的新鲜度、营养、安全和功能的要求越来越高，非热杀菌作为一类新兴的食品"冷杀菌"技术开始受到越来越多的关注和重视。食品非热处理技术的发展见视频4-1。

视频 4-1

一、非热杀菌的定义

食品非热杀菌技术，是指无需加热或在低温条件下，借助外部因素作用于食品，通过物理或化学反应使生物分子细胞壁、细胞膜及细胞相关生化功能发生改变，起到杀菌、钝化酶及改变食品结构及功能特性的作用，可有效提高食品质量，避免热效应对食品中生物活性化合物的不利影响，既能延长食品的货架期，同时又保持了食品感官品质和营养成分。

二、非热杀菌技术分类

非热杀菌技术按其作用的原理可分为化学杀菌和物理杀菌两大类。采用化学物质来杀灭和抑制微生物的属于化学杀菌技术，采用物理因子（如温度、压力、电磁波、光线等）进行杀菌的属于物理杀菌技术。化学杀菌技术具有成本低、使用方便等特点，但在使用中易受水分、温度、pH 和机体环境等因素的影响，作用效果变化较大。与化学杀菌技术相比，物理杀菌具有如下特点：直接采用物理手段进行杀菌，不需要向食品中加入化学物质，因而克服了化学物质与微生物细胞内物质作用生成的产物对人体产生的不良影响，同时避免了食品中残留的化学物质对人体的负面作用；物理杀菌对菌体有较强烈的作用，杀菌效果明显；条件易于控制，对外界环境的影响较小；物理杀菌能更好地保持食品的原有风味，甚至可改善食品的质构。食品非热杀菌技术属于典型的交叉学科，涉及物理学、电子学、化学、微生物学和工程技术等多个学科，被誉为 21 世纪最具潜力的食品加工高新技术。

三、非热杀菌技术在食品工业中应用现状

鉴于全球化带来的挑战以及消费者对高品质、高营养食物的多样化需求，食品非热杀菌技术不仅能最大限度保留食品天然品质，还能改善食品功能特性、提高营养价值，成为食品加工行业的焦点及热点。食品加工行业已经应用了诸如超高压、超声、辐照等非热杀菌技术。近年来，高压二氧化碳、冷等离子体、电解水、高压脉冲电场等一些新型非热杀菌技术也被应用到各类食品研究中。非热杀菌技术创新的重点是不改变或最大程度保留食品本身的品质，而且可有效提高生产效率，减少能源消耗，符合当今社会绿色、健康的发展理念。基于以上优势，非热处理技术已引起科学界和工业界的广泛关注，诸多研究也证实了非热杀菌新技术对食品感官、理化等品质方面的有效性。目前，非热杀菌新技术在食品中的应用研究范围比较广泛，包括果蔬、谷物、乳蛋、水产品以及肉制品等。研究主要集中于如何在保证食品感官、营养属性的前提下对食品进行杀菌保鲜并延长货架期，并且在冷冻、解冻、干燥、腌制等食品加工以及降低食品致敏性方面也显示出其独特优势。

目前，非热杀菌高新技术在我国食品工业中得到了较好的应用，大中型企业的技术装备水平有了很大的提高，如辐照杀菌、微波冷冻杀菌、超高压杀菌等在我国食品行业得到了推广应用，特别是在葡萄酒、啤酒、方便食品加工、乳品饮料等行业中技术装备较先进，已经大部分赶上发达国家水平，我国的食品机械设备制造水平能够满足大部分食品企业对先进技术的需求，并且正在逐步适应食品工业的发展和技术改造的要求。

第二节　食品的辐照保藏技术

一、食品辐照的特点

食品辐照保藏是用γ射线、X射线或电子射线照射食品，使其达到杀菌、防腐、杀虫和抑芽目的以延长食品货架期的一种加工处理方法。用钴60（^{60}Co）、铯137（^{137}Cs）产生的γ射线或电子加速器产生的低于10MeV电子束照射的食品为辐照食品。

食品辐照是利用射线的能量实现食品保藏，无需化学添加剂，不存在化学保藏法带来的有害残留，而且在辐照处理过程中食品无需直接接触放射源，也不存在辐射残留或者使食品产生放射性。辐照保藏具有穿透能力强、对食品感官品质影响小、安全卫生、操作简便、节约能源的优点，因此适当辐射处理过的食品安全卫生性很高。但高强度的辐射处理可能会导致食品中一些成分发生化学反应，故超过一定强度的辐射处理食品需要进行毒理学试验，证明其安全性以后，经法定机构批准应用和上市。

一般情况下，杀菌剂量的辐照并不能完全钝化酶，故由食品内源酶引起的品质劣变依然不可避免。虽然辐照处理后食品所发生的化学变化微乎其微，但敏感性强的食品和经高剂量照射的食品可能会发生不愉快的感官性质变化。此外，能够致死微生物的剂量对人体来说是相当高的，因此辐射源必须充分遮蔽，操作处理食品的相关工作人员的安全防护工作必须谨慎，而且要经常、连续地对照射区和工作人员进行监测和检查。最后，辐射这种保藏方法并不适用所有的食品，具有适宜能量的射线源也很少，在食品工业中需选择性地

应用。

二、食品辐照技术基础

辐射是一种能量传输的过程,主要包括无线电波、微波、红外线、可见光、紫外线、X射线、γ射线和宇宙射线。根据辐射对物质产生的不同效应,辐射可分为电离辐射和非电离辐射,其中在食品辐照中采用的是电离辐射。

(一)电离辐射

通常把具有足够大的动能,能引起物质原子、分子电离的带电粒子称为直接电离粒子,如电子、质子、α粒子等。凡是能间接使物质释放出直接电离粒子的不带电粒子称为间接电离粒子,如中子、X射线、γ射线等。电离辐射是由直接电离粒子、间接电离粒子或由两者混合组成的任何辐射。在电离辐射中,仅有γ射线、X射线和电子束辐射用于食品辐照。

1. γ射线和X射线

γ射线和X射线是电磁波谱的一部分,位于波谱中短波长的高能区,具有很强的穿透力。电磁波谱具有波粒二相性。不同类型的电磁辐射的能量计算如下:

$$E = h\nu = \frac{hc}{\lambda} \tag{4-1}$$

式中,E为光子能量;h为普朗克常数,6.63×10^{-34} J·s;ν为辐射频率,Hz;c为光速,3×10^{8} m/s;λ为波长。

2. 电子束辐射

电子束辐射由加速到很高速度的电子组成,能量很高。运动粒子的能量大小可用下式计算:

$$E = \frac{m_0 c^2}{\sqrt{1-\frac{v^2}{c^2}}} = -m_0 c^2 \tag{4-2}$$

式中,E为粒子能量;m_0为粒子的静止质量;v为粒子达到的速度;c为电磁辐射的速度,3×10^{8} m/s;λ为波长。

电子加速器把电子加速到足够的速度时,电子就获得了很高的动能。高能电子束的穿透能力不如γ射线和X射线,因此适用于进行小包装或比较薄的包装食品的辐照。事实上,其他的基本粒子在加速器的作用下也能达到很高的能量水平,但在食品辐照中应用的粒子辐射只有电子束辐射。

(二)辐射源

根据照射目的、临界剂量、食品种类、杀菌程度(表面杀菌、深部杀菌)和防止照射后再污染的方法等因素来确定照射食品的装置及设施。用于食品辐射处理的辐射源有放射性燃料、电子加速器和X射线源三种。

1. 放射性燃料

在核反应堆中产生的天然放射性元素和人工感应放射性同位素,会在衰变过程中发射各种放射物和能量粒子,其中有α粒子、β粒子或射线、γ光子或射线以及中子,不同的放射物具有不同的特性。

在食品辐射处理时,既要求抑制食品表面的微生物和酶,还需要深入食品内部,因此需使用具有良好穿透力的散射物。但中子等高能散射物会使食品中的原子结构破坏和使食品产生放射性。因此对食品进行辐射处理主要使用 γ 射线和 β 粒子。最常用的是人工放射性核素 ^{60}Co 和 ^{137}Cs。

^{60}Co 的半衰期为 5.25 年,可在较长时间内稳定使用。在衰变过程中每个原子核放出一个 β 粒子和两个 γ 光子,最后变成稳定同位素 ^{60}Ni。β 射线能量较低,穿透力弱,因此对受辐射物质的作用很小,两个 γ 光子则具有中等的能量,穿透力很强。^{137}Cs 的优点是半衰期长,但其 γ 射线的能量低,仅为 0.66MeV,穿透力也弱,而且为粉末状化合物,安全性防护困难,分离的费用和装置投资费用都高,故 ^{137}Cs 的使用不如 ^{60}Co 广泛。

2. 电子加速器

电子加速器是利用电磁场作用,使电子获得较高能量,将电能转变为辐射能,产生高能电子射线的装置。电子加速器可以作为电子射线和 X 射线的两用辐射源。电子射线又称电子流、电子束,其能量越高,穿透能力越强。电子加速器产生的电子流强度大,剂量率高,聚焦性能好,并且可以调节和定向控制,便于改变穿透距离、方向和剂量率。加速器可在任何需要的时候启动与停机,停机后不再产生辐射,也没有放射性污染,操作方便安全,但加速器装置造价很高。

用于食品辐照处理的加速器主要有静电加速器或范德格拉夫(Van de Graft)加速器、高频高压加速器(地那米加速器)、绝缘磁芯变压器、微波电子直线加速器、高压倍加器、脉冲电子加速器等。辐照加工中常用的电子加速器产生的电子能量一般在 0.2~10.0MeV。采用 10MeV 的电子束,其穿透深度与 γ 射线相比也是有限的,因此,电子射线一般只做表面处理,大体积物料的内部辐射还需用 γ 射线进行。

3. X 射线源

快速电子在原子核的库仑场中减速时会产生连续能谱的 X 射线。采用高能电子束轰击高质量的金属靶(如金靶)时,电子被吸收,其能量的小部分转变为短波长的电磁射线(X 射线),剩余部分的能量在靶内被消耗掉。由于能量转换率一般不高,如 0.5MeV 的电子束转化率仅 1%,2MeV 的为 5%,3MeV 的为 14%,而且能量构成中含有大量低能部分,因此,一般认为不宜用于食品辐照。

进行辐射时,为了保证食品不产生放射性物质,应选择合适的辐射源。目前允许使用的辐射源有 ^{60}Co、^{137}Cs、不超过 10MeV 的加速电子、束能不超过 5MeV 的 X 射线源。在特殊类型的可利用电离射线中,人们已普遍认为,电子束(类似物:阴极射线和 β 粒子)、γ 射线以及 X 射线最适用于食品辐射保藏。

(三)辐射剂量及放射性强度

辐射剂量是物质被辐射时吸收的辐射能量。食品辐照的微观机理就是电离辐射把能量传递给受辐照物质,通过电离辐射与物质的相互作用,在被照射的食品内部引起物理、化学以及生物学的各种变化。这些变化的程度与辐射剂量之间存在着某种联系。

1. 照射剂量

照射剂量是指 X 射线或 γ 射线在单位质量空气中产生的全部次级电子被完全阻留在空气中时所产生的同一符号离子的总电荷量,表示 X 射线或 γ 射线在空气中电离能力的大小。照射剂量的符号为 X,表示在质量(dm)的一个体积元空气中,由于光子释放出的所有次级电子全部被阻止时,在空气中产生的全种符号的电荷总电量的绝对值(dQ)除以(dm)而得的商(图4-1)。曾用伦琴(R)作为辐射剂量的计量单位,现已废除,国际单位制使用库/千克(C/kg),1R=2.58×10^{-4}C/kg。

单位时间内的照射量称为照射量率,简称辐照率。

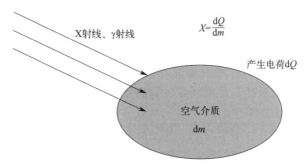

图 4-1 照射剂量的定义

2. 吸收剂量

在一定范围内的某点处,单位质量被辐照物质所吸收的辐射能的量为吸收剂量,用 D 表示(图4-2)。国际辐射单位和测定委员会把吸收剂量定义为电离辐射某一体积元物质的平均能量与该体积元物质的质量之比。吸收剂量的概念适用于各种电离辐射,包括 X 射线、γ射线、α射线、β射线等,也适用于各种介质,包括空气、生物组织和其他物质。吸收剂量的国际单位为焦耳/千克(J/kg),国际专用名称为戈瑞(Gy),表明 1Gy 的吸收剂量就等于 1kg 的受辐照物质吸收 1J 的辐射能量。曾用单位为拉德(rad),现已废除,1Gy=1J/kg=100rad。

吸收剂量率是单位时间内的吸收剂量,单位为 Gy/s。

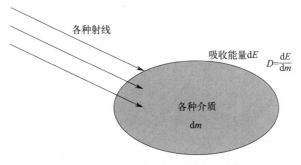

图 4-2 照射剂量的定义

在食品辐照处理中,为获得食品所受辐射效应的准确数据,可信赖的辐射量是吸收剂量。而食品辐照的吸收剂量受到辐照源的类型和强度、传送机的速度、射束的几何形状以及被辐照食品的堆积密度及成分的复杂性等因素影响。在任何既定的辐照条件下,由于不同食品具有不同的辐射吸收性质,故必须规定被辐照特定食品的吸收剂量,才能有效地促使食品中微生物、酶和其他成分发生变化。

3. 剂量当量

物质(人体)某点处受照射后的生物学效应与其所接受的能量有关。剂量当量是从生物学效应角度引入的物理量,用 H 表示。剂量当量主要考虑了不同类型辐射所引起的生物效应的不同。剂量当量是指吸收剂量与必要修正系数的乘积,国际单位是 Sv(希沃特),曾用单位为 rem(雷姆)。

单位时间的剂量当量称为剂量当量率,在辐射防护的测量中,使用更多的是剂量当量率。

(四)食品辐照的设备

辐照食品的装置及设施,必须根据照射目的的临界剂量、食品种类、杀菌程度(表面杀菌、深部杀菌)和防止照射后再污染的方法等因素来确定。辐照装置主要由辐射源装置、产品输送系统、安全系统、控制系统、辐照室及其他辅助设施等组成,核心是处于辐照室内的辐射源与产品输送系统。

1. 辐射源装置

(1)γ射线辐照装置 γ辐照装置的辐射源通常采用 ^{60}Co 和 ^{137}Cs。典型的γ辐照装置的主体是带厚水泥墙的辐照室,主要由辐射源升降系统和产品传输系统组成。辐照室中间有一个深水井,安装可升降的辐射源架,在停止辐照时辐照源降至井中安全的储源位置。辐照时装载产品的辐照箱围绕辐射源架移动以得到均匀的辐照。辐照室混凝土屏蔽墙的厚度取决于放射性核素的类型、设计装载的最大辐照源活度和屏蔽材料的密度。

目前使用的γ辐照装置基本上都是固定源室湿法储源型,辐照方式有动态步进和静态分批两种。动态步进采用产品辐照箱传输系统,产品辐照与进出辐照室时辐射源始终处于辐照位置。静态分批则是产品采用人工进出辐照室,产品堆码、翻转时,辐射源必须降到储藏位置。典型的柜式传输多道步进辐照装置见图 4-3。

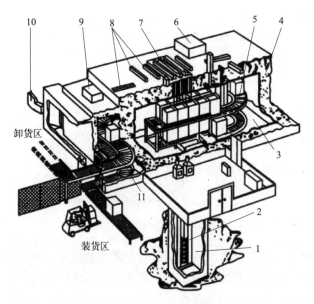

图 4-3 连续式 ^{60}Co 辐照装置

1—辐射源贮藏池;2—辐射源架;3—辐照室;4—辐照室保护壳;5—运输带;6—液压缸;
7—辐射源升降机械;8—水圆柱体;9—空气压缩机;10—控制台;11—回转运输带

(2)电子束辐照装置 电子束辐照装置是指用电子加速器产生的电子束进行辐照、加工处理产品的装置,包括电子加速器、产品传输系统、辐射安全连锁系统、产品装卸和储存区域,供电、冷却、通风等辅助设备,控制室、剂量测量和产品质量检验室等。辐照加工用加速器主要是指能量高于 150keV 电子束的直流高压型和脉冲调制型加速器。由于电子加速器产生的电子束具有辐射功率大、剂量率高、加工速度快、产量大、辐照成本低、便于进行大规模生产等优点,越来越受到食品辐照研究领域的关注。连续式电子束辐射源辐照装置见图 4-4。

(3) X 射线辐照装置 利用加速器产生的高速电子轰击重金属靶而产生高能 X 射线,可以较好地利用加速器的可控性和无放射源的特点。与穿透能力较弱的电子束相比,X 射线更适合应用于体积和密度较大食品材料的辐照处理。具有一定动能的电子束打击在重金属靶上会产生穿透力很强的 X 射线。3MeV 电子产生的 X 射线与 ^{60}Co 产生的 γ 射线具有相似的穿透性能。X 射线的空间分布不像 ^{60}Co γ 射线那样均匀地呈 4π 立体角发射,而是略倾向前方。因此,产品传输系统的设计较简单,辐照效率也较高。

食品辐照法规规定用于食品辐照的 X 射线的能量不能超过 5MeV,但研究发现 7.5MeV X 射线辐照食品不会在食品中产生放射性。辐照装置见图 4-5。

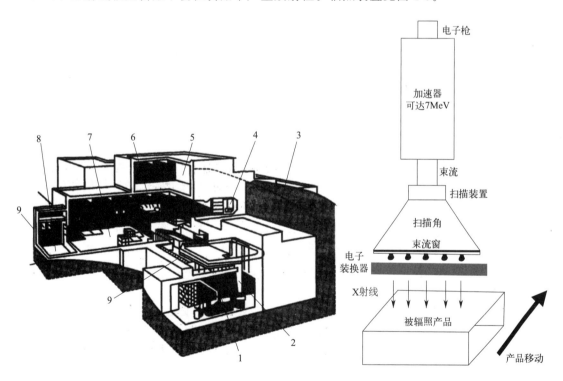

图 4-4 连续式电子束辐射源辐照装置示意
1—加速器;2—扫描腔筒;3—掩埋土;
4—产品运出;5—机械控制;6—控制室;
7—产品运进;8—放射量测定;9—运输带

图 4-5 X 射线辐照转换系统及传输体系

2. 防护设备

辐射对人体的危害作用有两种途径:一种是外照射,即辐射源在人体外部照射;另一种是内照射,放射性物质通过呼吸道、食管、皮肤或伤口侵入人体,射线在人体内照射。

食品辐照一般使用的是严格密封在不锈钢的 ^{60}Co 辐射源和电子加速器，辐照对人体的危害主要是外辐射造成的。

为了防止射线伤害辐射源附近的工作人员和其他生物，必须对辐射源和射线进行严格的屏蔽，最常用的屏蔽材料有铅、铁、混凝土和水。

铅的相对密度大，屏蔽性能好，铅容器可以用来储存辐射源。在加工较大的容器和设备中常需用钢材作结构骨架。铁用于制作防护门、铁钩和盖板等。用水屏蔽的优点是具有可见性和可入性，因此常将辐射源储存在深井内。混凝土墙，既是建筑结构又是屏蔽物，混凝土中含有水，可以较好地屏蔽中子。各种屏蔽材料的厚度必须大于射线所能穿透的厚度，屏蔽材料在施工过程要防止产生空洞及缝隙过大等问题，防止 γ 射线泄漏。

辐照室防护墙的几何形状和尺寸的设计，不仅要满足食品辐照工艺条件的要求，还要有利于 γ 射线的散射，使铁门外的剂量达到自然本底。由于辐照室空气的氧经 ^{60}Co γ 射线照射后会产生臭氧，臭氧生成的浓度大小与使用的辐射源强度成正比例关系，为防止其对照射样品质量的影响及保护工作人员健康，在辐照室内需有送排风设备。

3. 输送与安全系统

工业应用的食品辐照装置是以辐射源为核心，并配有严格的安全防护设施和自动输送、报警系统。所有的运转设备、自动控制、报警与安全系统必须组合得极其严密。如在 ^{60}Co 辐射装置中，一旦正常操作中断，有相应的机械、电器、自动与手动应急措施，使辐射源能退回到安全贮存位置。只有在完成某些安全操作手续，确保辐照室不再有任何射线，工作人员才能进入辐照室。

三、食品的辐照保藏原理

物质受到射线照射时所发生的变化大致有以下几个过程：①吸收辐射能；②发生一系列辐射性化学变化；③发生一系列生物化学性变化；④细胞或个体死亡或出现遗传性变异等生物效应。食品经射线照射会发生一系列的辐照效应，主要有物理学效应、化学效应和生物学效应。辐照保藏食品，通常是用 X 射线、γ 射线、电子射线照射食品，引起食品及食品中的微生物、昆虫等发生一系列物理化学反应，使有生命物质的新陈代谢、生长发育受到抑制或破坏，达到杀菌、灭虫，改进食品质量，延长保藏期的目的。

（一）食品辐照的化学效应

辐照的化学效应是指被辐照物质中的分子所发生的化学变化。食品经辐照处理，可能发生化学变化的物质，除了食品本身及包装材料以外，还有附着在食品中的微生物、昆虫和寄生虫等生物体与酶。食品辐照引起食品中各成分物质发生的化学变化比较复杂，一般认为电离辐射包括初级辐射与次级辐射。初级辐射使物质形成离子、激发态分子或分子碎片，由激发态分子可进行单分子分解产生新的分子产物或自由基，内转化成较低的激发状态。次级辐射是初级辐射产物的相互作用，使生成与原始物质不同的化合物。

辐照化学效应的强弱常用 G 表示。它是指介质中每吸收 100eV 能量而分解或形成的物质（分子、原子、离子和原子团等）的数目，即辐射产额。如麦芽糖溶液经过辐照发生降解的 G 值为 4.0，则表示麦芽糖溶液每吸收 100eV 的辐射能，就有 4 个麦芽糖分子发生降解。不同介质的 G 值可能相差很大。G 值大，辐照引起的化学效应较强烈，若 G 值相同，吸收剂量大则引起的化学效应较强烈。

食品及其他生物有机体的主要化学组成是水、蛋白质、糖类、脂类及维生素等，辐照对这些化学成分的效应与食品直接接受的辐照剂量、辐照条件和环境条件等因素有关。因此，应根据食品种类和辐照工艺的不同，选择合适的辐照工艺。

1. 水

大多数食品均含丰富的水分，水也是构成微生物、昆虫等生物体的重要成分，是辐照在机体中引起电离的主要物质。水分子接受了射线的能量后首先被激活，然后由活化的水分子和食品中的其他成分发生反应。水辐射的最后产物是氢气和过氧化氢等，其形成机制很复杂。现已知的中间产物有水合电子（e_{aq}）、氢氧基（OH·）和氢基（H·）三种，后两个属自由基。其反应的可能途径如下：

$$e_{aq} + H_2O = H· + OH·$$
$$H· + OH· = H_2O$$
$$H· + H· = H_2$$
$$OH· + OH· = H_2O_2$$
$$H· + H_2O_2 = H_2O + OH·$$
$$OH· + H_2O_2 = H_2O + HO_2·$$
$$H_2 + OH· = H_2O + H·$$
$$H· + O_2 = HO_2·$$
$$HO_2· + HO_2· = H_2O_2 + O_2$$

这些中间产物对于水的辐射效应而言很重要，过氧化氢是一种强氧化剂和生物毒素，水合电子是一种还原剂，氢氧基是种氧化剂，氢基有时是氧化剂有时是还原剂。自由基化学性质非常活泼，容易与周围物质发生作用，产生自由基损伤。一般把通过水的辐射引起的其他物质的化学变化称为辐照的"间接"效应或"次级"效应。正常干燥的食品和配料、脱水食品或通过冰冻而固定水分的食品，由于缺少"自由水"都不会显著产生这种"间接"的辐照效应，而是电离作用与食品组分间发生的"直接"效应。此外，对于含水量很低的食品，有机分子的辐照直接作用是化学变化的主要原因。

2. 氨基酸和蛋白质

若辐射干燥状态的氨基酸，主要反应是脱氨基作用而产生氨。辐射氨基酸水溶液时则受到水分子辐射"间接"效应的影响。如具有环状结构的，可能会发生环上断裂现象。结构简单的 α-氨基酸在水溶液中发生的辐射分解反应主要是去氨基作用和脱羧基作用，产物有 NH_3、CO_2、H_2、胺、醛等。具有巯基或二硫键的含硫氨基酸对辐射更为敏感，分解产生 H_2S、单质硫或其他硫化物，从而导致大剂量照射后含硫氨基酸食品产生异味。用放射线照射氨基酸时发现，氨基酸的种类、放射线剂量的不同以及有无氧气和水分，所得的产物及其得率均有所不同。

蛋白质的功能性质和生理活性不仅取决于一级结构，同时还取决于高级结构，而维持高级结构的次级键如氢键等的键能较弱，容易受到破坏。射线辐照会使某些蛋白质中二硫键、氢键、盐键和醚键等断裂，破坏蛋白质的二级结构和三级结构，导致蛋白质变性。辐照也会促使蛋白质的一级结构发生变化，除了巯基氧化外，还会发生脱氨基作用、脱羧基作用和氧化作用。蛋白质水溶液经射线照射会发生辐照交联，主要原因是巯基氧化生成分子内或分子间的二硫键，交联也可以由酪氨酸和苯丙氨酸的苯环偶合而发生，辐照交联导致蛋白质发生凝聚作用，甚至出现一些不溶解的聚集体。用 X 射线照射血纤维蛋白，会引起部分裂解，产生较小的碎片。卵清蛋白在等电点照射发现黏度减小，这证明发生了降解。蛋白质辐照时降解与交联同时发生，而往往是交联大于降解，所以降解常被掩盖而不易察觉。食品中的蛋白质较纯蛋白质更不易被辐照所影响，但高剂量辐照含蛋白质食品，如肉类及禽类、乳类，常会产生变味（辐照味）。辐照异味的各种挥发性辐解产物大部分是通过"间接"作用产生的，在低于冻结点的温度下进行辐照可减少辐照味的形成。

酶是生活机体组织中的重要成分，主要组分是蛋白质，一般认为辐照对酶的影响基本与蛋白质的情况相似。在无氧条件下，干燥的酶经辐照后的失活情况在不同种酶之间变化不大。但在水溶液中，酶的种类不同失活程度会有差别。在目前采用的剂量范围内进行辐照处理对食品组分的作用都比较温和，只会引起酶的轻微失活，远不如其他灭酶方法有效。因此含有活性酶的食品（如鲜肉、鱼、禽），需要进行长时间常温保存时，须在辐射消毒之前采用热处理使酶失活。

3. 糖类

一般而言，糖类物质对辐照处理相当稳定，只有在大剂量辐照处理下，才引起氧化和分解。

单糖或低聚糖在进行辐照时，不论是固体状态还是水溶液状态，随辐照剂量的增加，都会出现旋光度降低、褐变、还原性及吸收光谱变化等现象，在辐照过程中还会有 H_2、CO、CO_2 和 CH_4 等气体生成。降解所形成的新物质，会改变糖类的某些性质，如辐照能使葡萄糖和果糖的还原能力下降，但提高了蔗糖、山梨糖醇和甲基-α-吡喃葡萄糖的还原能力。在辐照固态糖时，水有保护作用，这可能是由于通过氢键的能量转移，或者是由于水和被辐照糖的自由基反应重新形成最初产物所致的。辐照糖溶液时，除辐照对糖和水有直接作用外，还伴随水的羟基自由基等与糖的间接作用，通常辐解作用随辐照剂量的增加而增加。就商业辐照剂量而言，关于单糖和低聚糖类辐照后的熔点、折射率、旋光度和颜色等物理变化是微小的。

多糖辐照后会发生糖苷键的断裂，被降解成较小的单元。在低于 20kGy 的剂量照射下，淀粉颗粒的结构几乎不发生变化，但直链淀粉、支链淀粉等会发生分子断裂，产生链长不等的糊精碎片。例如，直链淀粉经 20kGy 的剂量辐照后，平均聚合度从 1700 降至 350，支链淀粉的链长会减少到 15 个葡萄糖单位以下。果胶辐照后也会断裂成较小单元。多糖类辐射能使果蔬纤维素松脆，果胶软化。混合物的存在对多糖的辐照降解作用影响很大，特别是蛋白质和氨基酸的保护作用。混合物的降解效应通常比单个组分的辐解效应小。虽然在辐照纯淀粉时，观察到有大量的产物形成，但在更复杂的食物中不一定会产生同样的结果。

4. 脂类

辐射对脂类所产生的影响包括理化性质发生变化、受辐射感应而发生自动氧化变化、发生非自动氧化性的辐射分解这三个方面。

辐射可以诱导脂肪加速自动氧化和水解反应，导致令人不快的感官变化和必需脂肪酸的减少，而且辐射后过氧化物的出现对敏感性食物成分如维生素等有不利的影响。有氧存在时，辐照对不饱和脂肪酸自动氧化的促进作用就更为显著，促进自由基的生成，促使氢过氧化物的分解和抗氧化物质的破坏，并生成醛、醛酯、含氧酸、乙醇、酮等十多种分解产物。辐射剂量、剂量率、温度、是否有氧存在、脂肪组成、抗氧化物质等都对辐射所引起的自动氧化程度有很大的影响。过氧化物的产生可以通过调整辐射食品的气体条件和温度来改变，也可以给肉类添加肌肽、抗氧化剂来控制或者给禽类喂养添加抗氧化剂的饲料来抑制。饱和的脂类相对来说对辐照较稳定，但在无氧状态下高剂量辐照时会发生非自动氧化分解反应，产生 H_2、CO、CO_2、碳氢化合物、醛和高分子化合物。磷脂类的辐照分解物也是碳氢化合物类、醛类和酯类。对含有脂类的食品进行辐照时，也鉴定出了过氧化物、醛基物、酯类、酸类和碳氢化合物类等物质。大量试验表明，在剂量低于 50kGy 时，处于正常辐射条件下的脂肪质量指标只发生非常微小的变化。脂类辐照分解见图 4-6。

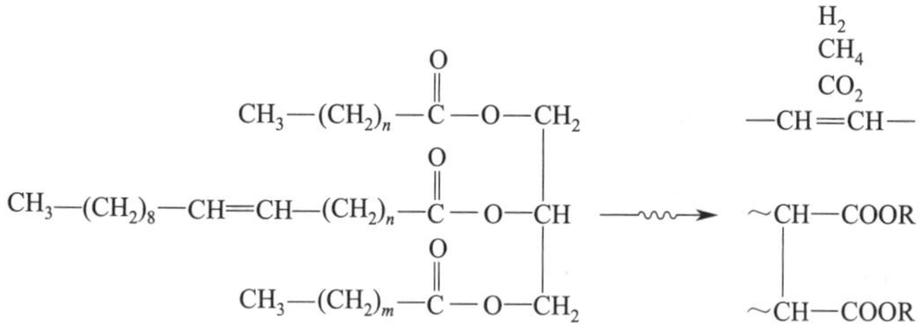

图 4-6 脂类的辐照分解示意图

5. 维生素

维生素对辐射很敏感，其损失量取决于辐射剂量、温度、氧气和食物类型。一般来说，低温缺氧条件下辐射可以减少维生素的损失，低温密封状态下也能减少维生素的损失。不同种类的维生素受辐射的影响程度不一样。水溶性维生素对辐射的敏感性从大到小顺序为：硫胺素（维生素 B_1）＞抗坏血酸（维生素 C）＞吡哆醇（维生素 B_6）＞核黄素（维生素 B_2）＞叶酸＞钴胺素（维生素 B_{12}）＞烟酸。脂溶性维生素中维生素 E 较敏感，而维生素 K 较稳定。维生素的辐射稳定性一般受食品组成、含气条件、温度及其他环境因素的影响。一般而言，食品中的维生素要比单纯溶液中的维生素稳定性强。

（二）食品辐照的生物学效应

食品中的生物有机体在接受一定剂量的辐照后表现出辐射效应，包括形态和结构的改变、代谢反应的改变、繁殖作用的改变等。当生物有机体吸收射线能以后，将会产生一系列的生理生化反应，使新陈代谢受到影响。生物演化程度越高，机体组织结构越复杂，对辐射的敏感性就越高，如动物的辐射敏感性高于植物，微生物类更低。藻类虽属于植物，但因结构简单，因此很耐辐射。昆虫也耐辐射，但比单细胞生物敏感得多。从食品保藏的角度来说，就是利用电离辐射的直接作用和间接作用，杀虫、杀菌、防霉、调节生理生化反应等效应来保藏食品。

1. 微生物

微生物在受辐射的前期，DNA 迅速降解，随后开始减慢。DNA 降解的程度取决于辐照量，辐照量越高，降解程度越大。在低剂量范围内，DNA 降解的程度与辐照量几乎呈线性。辐照后微生物 DNA 的合成受到干扰抑制，有氧存在时的抑制比无氧存在时大。此外，辐照还会导致微生物 DNA 的修复合成发生错乱，残留未修复的 DNA 和错误修复是导致微生物个体死亡的重要原因。大剂量辐照能使微生物的特异基因非特异地降解，这些降解扰乱了转录过程。水分子在辐射作用下生成的氢基、氢氧基、过氧化物基以及过氧化氢等不仅对食品成分有影响，对食品微生物也有很大的影响。

2. 昆虫

昆虫的细胞对辐射相当敏感，不同种类的昆虫辐射敏感性相差也很大。成虫的细胞敏感性较差，但性腺细胞对辐射很敏感，在昆虫成虫前的各个生命阶段中进行辐照均可以引起昆虫不育。使用较高的剂量对各种害虫及其各个虫期都有很好的致死效果，较低的剂量则能引起害虫生理发生变化，产生不育现象。辐射昆虫的一般破坏效应是致死、缩短寿命、延迟羽化、不育、减少孵化、发育迟缓、减少进食和呼吸障碍。由辐射卵发育而来的幼虫，不会发育成蛹。

3. 植物

植物性食品物料的辐射效应主要是抑制块茎、鳞茎类发芽，推迟蘑菇破膜开伞，调节后熟和衰老。电离辐射抑制植物器官发芽的机制是辐射对植物分生组织的破坏，核酸和植物激素代谢受到干扰，以及核蛋白发生变性。

跃变型果实经适当剂量辐照处理后，一般都表现出后熟过程被抑制、呼吸跃变后延、叶绿素分解减慢等现象。辐射抑制后熟是因为生物体要从辐射造成的伤害中恢复过来需经过一个修复时期，后熟作用就延迟了。非跃变型果实如柑橘类和涩柿等，辐照反而会有促进成熟的现象。

组织褐变是植物经受辐射后损伤最明显、最早表现的症状，属于酶促褐变，即氧化酶对酚类物质催化作用的结果。即使在低剂量范围（50～400Gy），褐变程度也随剂量而增高，并因植物品种、产地、成熟度等的不同而不同。

四、辐照技术在食品保藏中的应用

(一) 食品辐照的应用类型

根据食品种类的不同、辐照剂量和用途，以及处理后所需要的达到的保藏期，应用于食品保藏中的辐照类型分为三种：辐照阿氏杀菌法、辐照巴氏杀菌法和辐照耐贮杀菌法。

1. 辐照阿氏杀菌法

辐照阿氏杀菌法又称商业性杀菌，所使用的辐照剂量范围为10～50kGy。目的是通过辐照进行完全杀菌，因而所使用的辐照剂量要使食品中的微生物数量减少到零或有限个数。经过该辐照处理以后，食品在无二次污染的条件下，可以在多种环境下达到长时间的保存。

2. 辐照巴氏杀菌法

辐照巴氏杀菌法是具有针对性的杀菌方法，主要作用为杀灭除病毒与生芽孢菌以外的非芽孢病原细菌。所需要的辐照剂量是为了在对食物进行检验时，不会发现无芽孢杆菌，例如沙门菌，以及腐败微生物。其剂量范围为5～10kGy。

3. 辐照耐贮杀菌法

辐照耐贮杀菌目的是降低腐败菌及其他微生物的数量，提高食品的耐贮藏性能，并延长新鲜食品的后熟期及保藏期（例如抑制发芽等）。所用剂量在5kGy以下。选择这种辐照杀菌方法处理后的食品的贮藏期是有限的，多数情况下要与多种方式配合，如低温、降低食品水分活性等。

(二) 食品辐照技术的应用领域

食品辐照处理主要是为了对食品进行杀菌和灭虫，以防止食物原料发生生理劣变。辐照强度的大小与食品的类型、辐照的目的及需求有关，过量的辐照会对食品的品质造成损害。从食品整体来说，在常规辐照处理下，食品中的组分变化较小，而对生命活动影响较大。因此，将食品辐照技术应用到食品贮藏中，具有十分重要的理论与实际意义。食品辐照技术的应用领域包括果蔬类、粮食类、畜禽肉类、水产品类等。

1. 果蔬类

导致果蔬腐败变质的微生物大多是霉菌，一般采用辐照技术来抑制霉菌的生长，在辐照过程中要注意剂量的控制，目前对于新鲜果蔬的辐照处理一般为低剂量辐照。对草莓、葡萄等易腐烂的果实及其产品进行辐照处理，可获得较长的贮藏期。为了彻底控制柑橘中霉菌的危害，辐照剂量需要用到 0.3~0.5kGy。但如果过量（2.8kGy），会使果实表面出现锈斑。在延缓果实成熟进程上，以香蕉为代表的热带果实表现出更好的抑制作用。对于绿色的尚未成熟的香蕉，除有机械性损伤的香蕉之外，其辐照剂量通常不超过 0.5kGy。在 2kGy 的辐照剂量下，可以延缓木瓜的成熟。经 0.4kGy 辐照处理后，芒果的贮藏期可达 8 天。

蔬菜的辐照处理主要是为了抑制发芽，灭虫及延缓新陈代谢作用。低剂量 0.05~0.15kGy 可对马铃薯、洋葱和大蒜等根茎作物的发芽起到一定的抑制作用。在根茎作物休眠的情况下，进行 0.1kGy 的辐照，可以有效地抑制其发芽，而且对根茎作物上的蛾卵和幼虫也有一定的杀灭作用。辐照剂量在 1kGy 以下，可延缓食用蘑菇的菌盖开裂和严重变色；1~2kGy 的辐照剂量能有效地抑制蘑菇的破膜和开伞，使蘑菇表皮上的锈斑减少，并能维持蘑菇的鲜嫩颜色。对脱水蔬菜（如脱水胡萝卜、青梗菜等）使用 6~10kGy 剂量范围的辐照处理，不但能够有效杀灭微生物，并且其生物学检验、营养成分分析等各项指标都达到了规定的要求。在果蔬保鲜中，通常采用辐照处理与低温贮藏或其他有效的贮藏方法相结合，以达到良好的保鲜效果。

2. 粮食类

造成粮食储藏期间损失的主要原因是昆虫的危害和霉菌所导致的霉烂变质。杀虫效果与辐照剂量有关，0.1~0.2kGy 剂量可致害虫不育，1kGy 可有效杀死害虫，3~5kGy 则可彻底杀灭害虫；对谷物中霉菌的生长有抑制作用的辐射剂量是 2~4kGy，小麦、面粉为 0.20~0.75kGy，焙烤食品为 1kGy，其营养成分均无显著改变。大米可以用 5kGy 的辐照剂量进行霉菌处理，对于烘焙产品，如面包、饼干等，1kGy 的辐照剂量即可以达到杀虫和延长储藏时间的作用。

3. 畜禽肉类

在新鲜畜禽肉类中，为了确保畜禽肉产品的质量和风味，主要是减少或消灭微生物（主要为沙门菌和弯曲杆菌），延缓其生长繁殖等。一般来说，目前采用 2~7kGy 的辐照剂量，可有效消灭这些病原菌，而且对多数食品的感官特性无不良影响。低于 3kGy 的辐照剂量可以确保肉类的卫生安全性，而 1.0~2.5kGy 则可以延长肉类的保质期。建议尽量选择较小的辐射剂量，如果辐射剂量太大，会引起肉类产生异味。

在 0.15~2.5kGy 的辐照剂量下，火腿片的贮藏期可以延长 2~5 倍。牛肉、羊肉以 1.0~6.0kGy 辐照处理后，可将其贮藏时间提高 1~3 倍。用辐照方法对新鲜猪肉进行保鲜试验，结果表明，充氮包装的块状猪肉在1kGy辐照后在5℃可存放26天。

4. 水产品类

和肉制品类似，水产品的辐照处理也大多采用中低剂量处理。而在高剂量的情况下，其加工过程与肉禽类似，但其异味较肉禽类更低。3～5kGy的辐照剂量能够将冷冻虾仁中99%以上的微生物杀死，在1～9kGy剂量的辐照下，虾肉中大部分氨基酸的含量都会得到提高，其总量比正常情况下要高得多。对不同种类的水产品有不同的剂量要求，如1～2kGy辐照剂量可使淡水鲈鱼的保存期延长5～25天；大洋鲈在2.5kGy剂量下延长保藏期18～20天；在20kGy的剂量下，牡蛎的贮藏时间可以延长数个月。加拿大已经批准了用于商业用途的鳕鱼和黑线鳕鱼片的辐照剂量为1.5kGy，以延长产品的保质期。通常情况下，辐照处理水产品需要和低温贮藏相结合，以得到更长时间的贮藏期。

5. 香料及调味品

香料与调味品在加工过程中极易受到微生物的污染，尤其是霉菌和耐热芽孢细菌。对香料和调味品进行杀虫灭菌的辐射保藏，不但可以对传染性微生物的生长活动起到很好的抑制作用，还可以保持原本的风味。在5kGy的辐照剂量下，辣椒粉中没有检测出任何霉菌。在4kGy剂量的辐照下，作为香料使用的干香葱粉中，微生物的数量明显降低；而在10kGy剂量的辐照下，细菌的数量降低到10个以下。被用来提取黄油的黄蒿籽在保存期间容易发霉腐烂，然而在7.5～12.5kGy剂量的辐照下，不但杀死了害虫，而且不会对其中的主要化合物如香料油、脂肪酸的含量造成影响，还可以获得好的风味品质。虽然目前商品化的香辛料和调味品辐照处理可达到10kGy，但在实际应用中，为了防止香料的香气和色泽发生改变，节约生产成本，需要根据香辛料的种类和需要选择适当的剂量，并尽可能地减少辐照剂量。

第三节 超高压技术

一、超高压杀菌基本原理

食品超高压杀菌技术是利用加在液体中的压力，在常温或者低温（低于100℃）下，以液压作为压力传递介质对置于专门密封超高压容器内的食品加压，压力达到数百兆帕，从而达到杀菌的目的。高压会影响细胞的形态，如使液泡破裂，从而是形态发生变化，这种破坏是不可逆的。另外，高压也会引起食品原料及所含微生物主要酶系的失活。一般情况下，当压力超过300MPa后，会对蛋白质造成不可逆的变性。超高压会破坏细胞膜，通过高压改变细胞膜的通透性，从而抑制酶的活性和DNA等遗传物质的复制来实现杀菌。

延伸阅读5
辐照食品与放射性食品

（一）改变微生物的细胞形态结构

极高的流体静压会影响细胞的形态，包括细胞体积缩小、外形变长、胞壁脱离细胞质膜、无膜结构细胞壁变厚等。由于细胞膜内外物质的构造、成分不同，压缩后的变形情况也不一致，在压力作用下就会产生断裂，受到损伤，细胞的结构受到破坏。上述现象在一定压力下是可逆的，但当压力超过某一点时，便使细胞的形态发生不可逆的变化。

（二）破坏微生物细胞膜

在高压下，细胞膜磷脂分子的横切面减小，双层结构的体积随之降低，膜磷脂发生凝胶化，膜内蛋白质也发生转移甚至相变。超高压造成细胞膜的物理性损坏，通透性变大是微生物失活的主要原因之一。细胞膜功能障碍不仅抑制了营养物的摄取，也导致了细胞内容物的流失。

（三）钝化酶的活性

高压导致微生物灭活的另一个原因是酶的变性，特别是细胞膜结合的ATP酶。酶的高压失活根本机制是：①改变分子内部结构；②活性部位上构象发生变化。高压通过影响微生物细胞内部的酶促反应，进而降低细胞的存活力。

（四）抑制生化反应

高压改变了细胞内化学反应的平衡，阻遏了细胞的新陈代谢过程，营养物质的分解与合成减缓，细胞分裂减慢，导致微生物生长滞后，甚至停止。

（五）影响DNA复制

虽然DNA和RNA能耐受极高的压力，但由于高压会影响微生物细胞酶的活性，酶促反应中DNA的复制和转录过程都会被破坏。此外，人们还发现超高压处理后的单核细胞增生李斯特氏菌（*Listeria monocytogenes*）和伤寒沙门菌（*Sabno-nella typhimunum*）菌体中，大量的细胞核物质发生凝结现象，这无疑有助于细菌的压致失活。

二、影响超高压杀菌效果的因素

在超高压杀菌过程中，由于食品成分和组织状态十分复杂，因此要根据不同的食品对象采取不同的处理条件。一般情况下，影响超高压杀菌的主要因素有：压力大小、加压时间、加压温度、pH、水分活度、食品成分和微生物种类等。

（一）微生物的种类

微生物的种类不同，其耐压性不同，超高压杀菌的效果也会不同。革兰阳性细菌比革兰阴性细菌对压力更具抗性。和非芽孢类的细菌相比，芽孢菌的芽孢耐压性很强，革兰阳性细菌中的芽孢杆菌属和梭状芽孢杆菌属的芽孢最为耐压。不同生长期的微生物对超高压的反应不同。一般而言，处于对数生长期的微生物比处于静止生长期的微生物对压力反应更敏感。食品加工菌龄大的微生物通常抗逆性较强。

（二）压力大小和加压时间

在一定范围内，压力越高，灭菌效果越好。在相同压力下，灭菌时间延长，灭菌效果也有一定程度的提高。

（三）施压方式

超高压灭菌方式有连续式、半连续式、间歇式。对于芽孢菌，间歇式循环加压效果好于连续加压。第一次加压会引起芽孢菌发芽，第二次加压则使这些发芽而成的营养细胞灭活。因此，对于易受芽孢菌污染的食物用超高压多次重复短时处理，杀灭芽孢的效果比较好。

（四）温度

温度是微生物生长代谢最重要的外部条件，它对超高压灭菌的效果影响很大。由于微生物对温度敏感，在低温或高温下对食品进行超高压处理具有较常温下处理更好的杀菌效果。

(五) pH

在食品允许范围内，改变 pH，使微生物生长环境劣化，也会加速微生物的死亡，有助于缩短超高压杀菌的时间，或可降低所需压力。

(六) 物料组成成分

超高压杀菌时，物料的化学成分对灭菌效果有明显影响。许多食品组分在压力环境中对微生物有潜在的保护功能，蛋白质、脂类、糖类对微生物有缓冲保护作用，而且这些营养物质还增强了处理后微生物的繁殖和自我修复功能。

(七) 水分活度

低 A_w 产生的细胞收缩作用和对生长的抑制作用使更多的细胞在压力中存活下来。

三、超高压杀菌技术在食品中的应用

基于超高压杀菌技术的原理，已将该技术广泛应用于食品行业，包括肉制品、水产制品及果蔬制品中。

(一) 超高压处理在肉制品中的应用

对畜肉如猪肉糜经 600MPa、20min 处理，灭菌达 4 级（即残留菌数减至 10CFU/g）以上。在常温下（25℃、10min）对猪肉的超高压处理后，结果发现革兰阴性细菌和酵母菌在 400MPa 左右的压力下基本能被杀死，革兰阳性细菌被杀死的压力则需要 600MPa，而要杀死孢子类细菌要求还要高些，需要高的压力以及适当加热和延长保压时间。对猪肉和牛肉进行 400MPa、20min 的超高压处理，发现蛋白质变性、肉质鲜嫩、口感风味独特，而且保质期也大大延长。

(二) 超高压处理在水产加工中的应用

水产品的加工较为特殊，产品要求保持原有的风味、色泽、良好的口感与质地。常规的加热处理、干制处理均不能满足要求。研究表明，高压处理可保持水产品原有的新鲜风味。例如，在 600MPa 处理 10min，可使水产品中的酶完全失活，其结果是对甲壳类水产品，外观呈红色，内部为白色，并完全呈变性状态，细菌量大大减少，但仍保持原有生鲜味，这对喜食生水产制品的消费者来说极为重要。高压处理还可增大鱼制品的凝胶性，将鱼肉加 1%~3% 的食盐擂溃，然后制成 2.5cm 厚的块状，在 100~600MPa、0℃ 处理 10min，用流变仪测凝胶强度，在 400MPa 下处理，鱼糜的凝胶性最强。用含 2% 食盐的鱼糜分别加压、加热处理制成凝胶，经高压处理制得的凝胶不仅色泽、口感、弹性好，而且避免了热臭，产生了新风味。

(三) 超高压处理在果汁果酱、果酒、乳制品加工中的应用

有研究分别对柑橘类果汁 pH 2.5~3.7 经 100~600MPa、5~10min 的高压灭菌实验，结果是一般细菌和酵母菌、霉菌数均随加压而减少，直至完全杀灭。仅有部分枯草杆菌之类因形成耐热性强的孢子而残留。若加压至 600MPa 再结合适当加温（47~57℃）则可实现完全灭菌；处理后，果汁风味、组成成分均未见变化。实验指出柑橘类果汁呈酸性，pH<4.0，酵母菌、乳酸菌等是其腐败变质的主因，而耐热性强的孢子在此条件下受到抑制难以繁殖，因此采用高压灭菌最为适合。采用 400MPa、10min 处理为宜，这样在室温下保存期可达数月至一年半。此外，与果汁同 pH 的西点、调味汁等采用高压灭菌也

是合适的。而低酸性液体食品则采用高压结合适当加温更可取。杀菌技术生产果酱，如草莓、猕猴桃和苹果酱，采用在室温下以 400～600MPa 的压力对软包装封果酱处理 10～30min，所得产品保持了新鲜的口味、颜色和风味。

超高压在乳制品、植物蛋白乳的加工杀菌方面也有广泛应用。经超高压处理的牛乳、豆乳没有煮熟味，组织细腻，风味良好，保质期大大延长。高压对果酒的加工既能对果酒进行杀菌，同时又能改善果酒的风味。

第四节　脉冲电场技术

一、脉冲电场杀菌基本原理

关于脉冲电场杀菌机制的解释，人们提出了好几种理论，其中有两种模型被认可的程度较高。

(一) 细胞膜的电崩解（electric breakdown）

该理论假定微生物细胞为球形，细胞膜磷脂双分子层结构为等效电容，它有一定的电荷，具有一定的强度和通透性。当细胞受到电场作用时，如图 4-7 所示，膜的内外表面间在固有的电势差 (V) 基础上受到了一个外加电场 (V) 的作用，这个电场将使膜内外的电势差增大。细胞膜内的带电物质在电场作用下移动（即极化现象）。短时间内，带电物质分别移到细胞膜的两侧形成微电场，微电场之间的位差称为跨膜电位（trans-membrane potential，TMP）。由于细胞膜两表面堆积的异号电荷相互吸引，引起膜的挤压。随着电场强度的增大或处理时间的延长，TMP 不断变大，细胞膜的厚度则不断减小，当电场强度增大到一个临界值时，细胞膜被局部破坏，通透性剧增。此时细胞膜上出现可逆的穿孔，使膜的强度降低。但是当场强进一步增强，细胞膜上会产生更多更大不可修复的穿孔，使细胞组织破裂、崩溃，导致微生物失活。

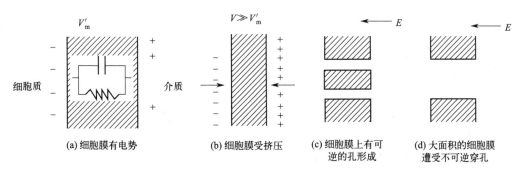

图 4-7　电场作用下细胞膜发生的可逆和不可逆崩溃过程

(二) 细胞膜的电穿孔（electroporation）

电穿孔理论认为高压脉冲电场能改变细胞的磷脂双分子层结构，扩大细胞膜上的膜孔并产生新的疏水膜孔，进而最终转变为结构上更稳定的亲水性膜孔。亲水性膜孔可以导电并能使细胞膜的局部温度瞬间升高，导致磷脂双分子层从凝胶结构转变为液晶结构并削弱细胞膜的半通透性，使其变得对小分子呈通透性。细胞内的渗透压高于细胞外，通透性的增加导致细胞吸水膨胀，并最终导致细胞膜的破损。蛋白通道的电压阈值通常在 50mV 之内，远低于跨膜电位值。但当外电场存在时，对电压敏感的蛋白通道将会打开，并通过大量电荷，使蛋白通道不可逆地变性，导致细胞死亡。

（三）电磁机制理论

电磁机制理论是建立在电极释放的电磁能量互相转化基础上的。电磁机制理论认为：电场能量与磁场能量是相互转换的，在两个电极反复充电与放电的过程中，磁场起了主要杀菌作用，而电场能向磁场的转换保证了持续不断的磁场杀菌作用。这样的放电装置在放电端使用电容器与电感线圈直接相连，细菌放置在电感线圈内部，受到强磁场（磁场强度 10~50kV/cm）作用。

（四）黏弹极性形成模型

黏弹极性形成模型认为，一是细菌的细胞膜因在杀菌时受到强烈的电场作用而产生剧烈振荡，二是在强电场作用下，介质中产生等离子体，等离子体发生剧烈膨胀，产生强烈的冲击波，超出细菌细胞膜的可塑性范围而将细菌击碎。

（五）电解产物效应

电解产物理论指出在电极施加电场时，电极附近介质中的电解质电离产生阴离子，这些阴阳离子在强电场作用下极为活跃，能穿过在电场作用下通透性提高的细胞膜，与细胞的生命物质如蛋白质、核糖核酸结合而使之变性。该理论的不足之处是难以解释在 pH 发生剧烈变化的条件下，杀菌效果没有明显变化的结果。

（六）臭氧效应

臭氧效应理论认为在电场作用下，液体介质被电解产生臭氧，在低浓度下臭氧已能有效杀灭细菌。

二、影响脉冲电场杀菌效果的因素

（一）处理过程的控制参数

处理过程的控制参数包括电场强度、脉冲数和处理时间、脉冲的波形和极性。

1. 电场强度对杀菌效果的影响

电场强度对脉冲电场的杀菌效果具有显著影响，不同电场强度对同种微生物的杀灭效果不同，不同微生物对同一电场强度的耐受性也不同。在临界场强以上时，电场强度愈高，杀菌效果愈好。研究表明，在一定的脉冲电场处理时间下，青霉菌、金黄色葡萄球菌、大肠杆菌、啤酒酵母这四种菌对脉冲电场的耐受程度依次为：青霉菌＞金黄色葡萄球菌＞大肠杆菌＞啤酒酵母。

2. 脉冲数和时间对杀菌效果的影响

脉冲数也会对脉冲电场的杀菌效果产生影响，不同微生物对脉冲电场作用的敏感性及耐受性不同。研究发现，随着脉冲电场脉冲数的增加，酵母菌、金黄色葡萄球菌、青霉菌和大肠杆菌的菌落数减少，杀菌效果越来越显著；而且在刚开始接受脉冲电场处理时，微生物的活菌数量急剧减少，当继续增加脉冲处理时间时，活菌数量级减少比较平缓。四种菌在相同的电场条件下，对电场的敏感程度依次为：啤酒酵母＞大肠杆菌＞金黄色葡萄球菌＞青霉菌。

脉冲处理时间是脉冲个数和脉宽的乘积，增大脉宽或增加脉冲个数均会增强脉冲的杀菌效果。Schoenbach 等研究发现，如要达到与脉宽 50μs、场强 4.9kV/cm 相同的杀菌效果，将脉宽降低至 2μs 时，场强则需升至 40kV/cm。

3. 脉冲的波形与极性对杀菌效果的影响

脉冲的形状包括指数衰减波形、方形波形、振荡波形、双极性波和即时反向充电脉冲等。脉冲有单极性和双极性两种。其中振荡波形杀灭微生物的效率最低，方形波的效率比指数衰减波的效率高，对微生物的致死率也高。双极性脉冲的致死作用大于单极性脉冲。例如，当电场强度为 12kV/cm，脉冲数目不大于 20，方形脉冲杀灭酿酒酵母比指数脉冲多 60%。如果脉冲数目大于 20，两者的杀菌效果相近。方形波和指数脉冲的能量效率分别为 91% 和 64%。

(二) 微生物的特性

微生物的特性包括微生物的种类、浓度和微生物的生长阶段。微生物的内在特性对脉冲电场的杀菌效果具有显著的影响，不同的微生物对脉冲电场的抵抗能力（耐受性）也不尽相同。微生物在对数期对脉冲电场的抵抗能力最小，因此设计杀菌模型时应充分考虑微生物的对数生长期。此外，微生物的生长条件也会影响杀菌效果，包括温度、微生物生长培养基的成分、氧的浓度以及恢复期的条件（接种时期、恢复培养基的成分、恢复期的温度等）。据报道，某一固定的脉冲对单种群的微生物处理效果与将该微生物置于混合微生物中得到的处理效果是不同的。

1. 微生物种类的影响

微生物细胞的结构与功能决定了其生命结构及活性，细胞结构的差异性使不同微生物对脉冲电场的处理表现出不同的耐受性。细菌的大小和形状可以影响到脉冲电场的灭菌效果。在相同条件下，具有较大直径的微生物（如酵母菌）比具有较小直径的微生物（如大肠杆菌）更容易受到脉冲电场的作用。此外，在脉冲电场作用下，结构复杂的微生物更不容易被杀灭。细菌中革兰阳性菌对脉冲电场处理的抵抗能力高于革兰阴性菌；酵母菌对脉冲电场处理的抵抗能力似乎高于革兰阴性细菌，但就整体而言，酵母菌由于其细胞较大，对脉冲电场处理更为敏感。

(1) 细菌　脉冲电场能对大肠杆菌产生不可逆的致死效果，随着电场强度的增加，处理液中大肠杆菌活菌数会明显减少。场强为 4kV/cm，作用脉宽为 1μs 的 1000 个脉冲，只能使大肠杆菌活菌数衰减 0.799 个数量级；而将场强提高至 6kV/cm 时，在脉宽为 3μs 条件下仅作用 200 个脉冲，大肠杆菌活菌数可减少近 1 个数量级。脉冲个数对杀菌效果的影响与电场强度的影响有类似的规律，随着脉冲个数的增加，大肠杆菌存活率下降。相同的电场参数条件下，大肠杆菌存活率的曲线随脉冲个数的提高呈现显著的下降趋势。此外，在一定电场强度下作用同个数的脉冲，脉宽越高，脉冲电场的杀菌效果越明显。

(2) 真菌　脉冲电场会对酵母菌产生不可逆的致死效果，而且随着电场强度的增加，脉冲电场处理后的处理液中酵母菌活菌数会明显减少，在相同脉宽的条件下，电场强度越高，酵母菌的存活率越低。场强为 4kV/cm，提高脉宽到 11μs 并作用 1000 个脉冲，只能使处理液中酵母菌的活菌数有 1.2 个数量级的减少；而在场强为 6kV/cm 时，在脉宽为 3μs 条件下仅作用 200 个脉冲，酵母菌活菌数就可减少近 1 个数量级。脉冲个数对杀菌效果的影响和电场强度的影响规律类似，随着脉冲个数的增加，酵母菌存活率下降。相同的电场参数条件下，酵母菌存活率曲线随脉冲个数的提高呈现显著的下降趋势；在一定电场强度和相同脉冲数处理下，脉宽越大，脉冲电场对酵母菌的杀菌效果越显著。

2. 生长期对杀菌效果的影响

细菌的生长期分为延滞生长期、对数生长期、稳定期和衰亡期四个阶段，脉冲电场的杀菌效果主要体现在前三个阶段。延滞生长期是细菌在新环境中前期的适应阶段。在此期间内，细菌体积增大，代谢活跃，但分裂迟缓。对数生长期是细菌经过延滞生长期后，数量呈对数增加的一段时期。细菌经过对数生长后达到稳定期阶段，在此期间，新生长的细菌与死亡的细菌数量相同。

研究发现，脉冲电场对在稳定期时的大肠杆菌杀菌效果最差，在延滞生长期时的杀菌效果最好，表明细菌在延滞生长期比稳定生长期和对数生长期对高压脉冲电场更为敏感。微生物的生长期能显著影响脉冲电场对微生物杀灭作用。细菌在延滞期体积和质量增长加快，会使细胞形态变大或细胞长轴伸长。根据 Sale 和 Hamilton 建立的灭菌机制模型可知，当跨膜电位超过 1V 左右时，细胞膜就会被击穿，所以延滞期细胞形态的变化导致膜电位很容易达到 1V 左右，所以在延滞期的细菌更容易被杀灭。对数生长期细菌细胞快速分裂，生长活跃，脉冲电场容易影响到蛋白质、核酸等生物大分子的结构和功能，以及细胞膜的流动性及完整性；但是对数期的菌体抵抗力已经比延滞期的细菌强，灭菌效果不如延滞期的细菌。稳定期的细菌相对于延滞期的细菌，菌体稳定，没有什么变化，相对于对数期的细菌，稳定期的细菌细胞生长缓慢，所以在稳定期的细菌最不容易杀灭。

3. 初始菌数对杀菌效果的影响

对初始菌数高的样品与初始菌数低的样品施加相同强度、相同作用时间的脉冲处理，初始菌数高的样品中菌数减少的数量级比初始菌数低的样品中菌数减少的数量级要多得多。例如，脉冲电场处理对鲜果汁杀菌的效果比对浓缩果汁的杀菌效果更明显。

（三）物料（处理介质）的性质

物料的性质包括 pH、抗菌成分、离子化合物、导电性和离子强度等。物料具有大的导电性时可以导致处理室电极间电场电压峰值的降低，因此导电性太高的物料不适于进行脉冲电场处理。溶液离子强度较高时会降低杀菌率。有研究指出，酸化会增加杀菌率，但这种情况与微生物的种类有关。人们研究了某些带有颗粒物质的液态食品物料的脉冲电场杀菌情况，发现脉冲电场处理可以杀灭存在于颗粒物料内部的微生物，但要取得 5 个数量级以上的杀菌效果，需要更高的能量输入。当液态食品物料中存在空气或蒸汽时，由于液体和气体的介电常数的差异，脉冲电场处理时会出现介电破坏现象。在含有固体颗粒的液体介质进行脉冲电场处理时，由于固体和液体界面介电常数上的差异，也会出现介电破坏。

（四）温度

液体食品适中的温度有利于脉冲电场杀灭微生物。随着处理温度上升（在 24～60℃ 范围内），脉冲电场的杀菌效果会有所提高，但其提高的程度一般在 10 倍以内。这种现象可以这样解释：在相对高的温度下，细胞膜在脉冲电场的作用下更容易产生电渗透差。介质温度的增加除了导致热效应外，还可以降低击穿细胞膜的跨膜电压，使细胞膜变性更容易。

（五）水分活度

一般来说，在低的水分活度（A_w）下，微生物对外界处理条件的抵抗性更高。对脉冲电场杀灭食品中微生物的影响研究并不是很多,目前已发现在较低的 A_w 下,脉冲电场处理很难使阴沟肠杆菌失活,而且脉冲电场在对沙门菌的处理中也发现有类似的现象。已有的研究发现,A_w 的降低会导致脉冲电场的灭菌效率降低。

(六) pH

脉冲电场杀菌的效果,还与液态食品的酸碱度(即 pH)有关。微生物存活环境中的 pH,会影响细胞质 pH 维持接近中性的能力。多数微生物的最佳生长环境中,pH 6.6~7.5,通过加入 HCl 或 NaOH 等调节溶液的 pH,可使微生物偏离最佳生长区,生长繁殖受到抑制。在采用脉冲电场杀菌时,当微生物的细胞膜穿孔形成后,细胞周围的介质渗入细胞,使菌体内酸碱平衡受到破坏,可以促使微生物失活,较明显地提高脉冲电场的杀菌效果。在脉冲电场处理过程中,微生物细胞膜上孔的形成促使细胞膜通透性增加,细胞周围渗透的不平衡引起羟色胺的运输速率的增加,因此可能会看到细胞质 pH 的降低,细胞质中存在更多数量的氢离子(H^+)。此外,细胞中 pH 的改变还可能引起生命物质如 DNA 或者 ATP 的化学变性。Simpson 等发现经过脉冲电场杀菌处理后,单增李斯特菌细胞内外的 pH 差降低,细胞内 pH 的改变导致细胞内基本组分(DNA 和 ATP)产生化学修饰。pH 对微生物存活率的影响与细胞质保持中性的能力有关。

一般情况下,微生物在最适生长 pH 条件下具有最强的抵抗力。偏离最适生长 pH 后,随着 pH 的升高或降低,微生物的敏感性也随之改变,该理论早在 1992 年 Jay 做巴氏灭菌时就得到了验证,Madkey 在高压处理实验中也验证了该理论。酸性和碱性环境都会导致细胞膜上压力增加,使微生物对物理和化学处理敏感度增加。而当透过细胞膜的 H^+ 数量增加后,会引起细胞质中 pH 降低。

三、脉冲电场杀菌技术在食品中的应用

自从 Sale 等发现高压脉冲电场有杀菌作用以来,国内外的一些大学和研究机构对脉冲电磁场杀菌进行了大量研究,应用领域主要集中在液态食品杀菌、钝化酶活力、提高果汁出汁率等方面。

(一) 脉冲电场对食品中微生物的作用

脉冲电场能在食品微生物的细胞膜上激发出较高的跨膜电压,对细胞膜产生附加电场力,改变细胞自身生存环境。脉冲电场处理食品时,微生物的细胞膜作为一种特殊电介质,会在脉冲电场作用下发生电击穿,对细胞膜的微结构造成不可逆的损伤,发生不可逆的破裂、穿孔,使细胞膜失去其特定功能,细胞内液外溢,细胞致死,从而导致微生物死亡。

脉冲电场处理能显著提高食品中细菌的死亡数量,从而延长食品的保存期,但不能完全杀灭各种孢子、芽孢以及微生物菌群。研究表明,脉冲电场处理对液体食品中的主要微生物如大肠杆菌和酿酒酵母等有较好的杀灭效果,而且可以通过优化工艺参数,在保证食品质量的同时获得更好的杀菌效果。脉冲电场对大肠杆菌的致死作用主要是脉冲电场对微生物细胞的损伤积累所致,即脉冲电场处理对细胞造成的亚致死性损伤,这也与细胞膜穿孔效应中微生物细胞膜的不可逆性破裂相印证。脉冲电场处理可有效杀灭果蔬汁、牛乳和茶等液体饮料中的多种微生物。

(二) 脉冲电场对食品中酶的作用

食品中的酶,尤其是果蔬中的酶对食品的贮藏属性有重要影响,酶促褐变就是影响食品质量的一个重要酶促反应。脉冲电场是一项新兴的食品加工技术,除了能有效灭菌外,脉冲电场还能钝化食品中的酶。用脉冲电场杀菌时,由于液体的电阻作用,物料温度上升,最大的升温可达40℃,一般液体的处理温度在40~55℃,可以钝化酶,提高食品的保质期。Hosy对脉冲杀菌下酶活力进行了研究,结果表明:高压脉冲可以钝化水解蛋白酶、果胶酯酶、过氧化物酶等,这对提高食品的贮藏期有重要作用。现存有关脉冲电场处理对酶活力抑制作用的研究主要在液态食品中,如果汁和牛乳。木瓜蛋白酶、胃蛋白酶、果胶酯酶、脂肪氧化酶、脂肪酶、多酚氧化酶、过氧化酶、葡萄糖氧化酶、多聚半乳糖醛酸酶、乳酸脱氢酶、碱性磷酸酶等已得到相关研究。

目前脉冲电场钝化酶的机制尚不清楚,为进一步揭示脉冲电场的钝化酶机制,研究者们开始着手研究酶在经脉冲电场处理后结构的变化。酶的活性主要依赖于自身的结构,包括活性中心和周围蛋白的复杂结构。酶蛋白分子间复杂的非共价键网络结构和共价相互作用对维持酶的结构稳定性和接触反应具有重要意义。酶活力会因为分子空间三维结构的改变而发生变化。高强电场作用下,由于电荷分离可能引起蛋白质变性、伸展,共价键断裂和氧化反应的发生。此外,电场可能通过电荷,偶极及诱发的偶极化学反应来引起蛋白质构象的变化。

第五节 超声波技术

一、超声波杀菌基本原理

超声波指的是频率在20kHz及以上的声波,常见超声波设备使用频率为20kHz到10MHz,频率为20~100kHz的超声波能引起空化,因超声波频率在2.5MHz以上时空化现象不能发生,所以使用的超声波频率必须在2.5MHz以下。超声波主要有以下几方面作用。

(一) 空化作用

在超声波处理过程中,当声波接触到液体介质时产生冲击波,这些冲击波产生非常高的温度和压力,可达到5500℃和50000kPa,这种内爆导致的压力改变是超声波杀菌的主要原因,但是作用的范围有限。利用超声波空化效应在液体中产生的局部瞬间高温及温度交变变化、局部瞬间高压和压力变化,使液体中某些细菌致死,病毒失活,甚至使体积较小的一些微生物的细胞壁破坏,从而延长保鲜期,保持食物原有风味。

(二) 机械作用

超声波在介质中传播时,介质质点振动振幅虽小,但频率很高,在介质中可造成巨大的压强变化,超声波的这种力学效应叫机械作用。超声波在介质中传播,介质质点交替压缩与伸张形成了交变声压,从而获得巨大加速度,介质中的分子因此产生剧烈运动,引起组织细胞容积和内容物移动、变化及细胞原浆环流,这种作用可引起细胞功能的改变,引起生物体的许多反应。由于不同介质质点(例如生物分子)的质量不同,则压力变化引起的振动速度有差别。

（三）热作用

超声波作用于介质，使介质分子产生剧烈振动，通过分子间的相互作用，引起介质温度升高。当超声波在机体组织内传播时，超声能量在机体或其他媒质中产生热作用主要是组织吸收声能的结果。超声波的热效应，与高频及其他物理因子所具有的弥漫性热作用是不同的。例如，用250kHz的超声波对体积为2cm^{3}的样品照射10s，可使水、酒精、甘油和硬脂酸的温度分别升高2℃、3.5℃、10℃和36℃，这种吸收声能而引起的温度升高是稳定的。

二、影响超声波杀菌效果的因素

超声杀菌效果受到处理体积、食品成分、微生物种类、微生物初始菌数、处理温度、超声波的振幅、功率、暴露时间等诸多因素的影响。超声空化强度越大，杀菌效果越好。温度、介质、pH、超声功率、频率等因素，通过改变超声空化作用的强弱，来影响超声杀菌效果。

（一）声强、频率

超声波作用于液体物料时，液体会产生空化效应，当声强达到一定数值时，空化泡瞬间剧烈收缩和崩解，泡内会产生几百兆帕的高压及数千度的高温。根据研究，杀菌所用声强最少大于$2W/cm^2$，当声强超过一定界限时，空化效应会减弱，杀菌效果会下降，为获得满意的杀菌效果，一般情况杀菌强度为$2\sim10W/cm^2$范围内。空化时还产生峰值达10^8Pa的强大冲击波和速度达$4\times10^5m/s$的射流。这些效应对液体中的微生物会产生粉碎和杀灭的作用。

频率越高，越容易获得较大的声强。另外，随着超声波在液体中传播，液体微小核泡被激活，由振荡、生长、收缩及崩溃等一系列动力学过程所表现出来的超声波空化效应越强，超声波对微生物细胞繁殖能力的破坏性也就越明显。由于频率升高，超声波的传播衰减将增大，因此用于杀菌的超声波频率为20～50kHz。

（二）振幅、杀菌时间

在超声波杀菌过程中，振幅对其灭菌效果会产生影响，一般来说振幅增大，杀菌效果也会增强。一系列研究表明，随着杀菌时间的增加，杀菌效果大致呈正比增加，但进一步增加杀菌时间，杀菌效果并没有明显增加，而是趋于一个饱和值。因此一般的杀菌时间都定10min内。另外，随着杀菌时间的增加，介质的升温会增大，这对于某些热敏感的食品杀菌是不利的。

（三）样品中菌的浓度及处理量

当杀菌时间相同时，样品中含的菌浓度高时比浓度低时杀菌效果略差。以大肠杆菌为例，研究超声波照射时间和菌浓度的关系，发现对30mL浓度为3×10^6CFU/mL的样品灭菌需用超声波照射40min，若浓度为2×10^7CFU/mL，则需照射80min。当菌液体积减为15mL时，则杀灭浓度为4.5×10^6CFU/mL的大肠杆菌只需超声照射20min。超声波在媒介的传播过程中存在着衰减的现象，会随着传播距离的增加而减弱，因此，随着样品处理量的增大，灭菌效果将会降低。

（四）微生物的种类

研究资料表明，所有的致病菌对超声波都具有一定的抗性，尤其是当超声波作为一种单独的杀菌方式时。超声波对微生物的作用效果同微生物本身的结构和功能状态有关。一般来说，超声波对微生物的杀灭效果是杀灭杆菌比杀灭球菌快；对大杆菌比小杆菌杀灭快，如频率为4.6MHz的超声波可以将伤寒杆菌全部杀死，但葡萄球菌和链球菌只能部分受到伤害。细菌菌体的大小也会影响杀菌效果，如用960kHz的超声波辐照20～75nm的细菌，比8～12nm的细菌破坏得多而且完全。Davis用2.6kHz的超声波对微生物进行杀灭实验，发现某些细菌对超声波是敏感的，如大肠杆菌、巨大芽孢杆菌、铜绿假单胞菌等可被超声波完全破坏，但对葡萄球菌、链球菌等效力较小。

（五）处理温度

温度对空化作用的影响具有两面性。一方面，液体的表面张力系数及黏滞系数随温度升高而下降，从而导致空化阈值下降，使空化更易于发生；另一方面，随着温度升高，蒸汽压增大，使空化强度减弱。因此，在超声杀菌过程中，应优化获得一个合适的温度值，使得空化效应最佳，从而使杀菌效率最大化。在较低的温度范围内，杀菌率随着温度升高而提高。采用超声处理32℃盐溶液中的大肠杆菌30min，其存活率为0.2%；而处理温度为17℃时，大肠杆菌的存活率提高了8%。

（六）pH

pH对超声处理杀菌率的影响尚不确定。当在牛乳中加入10%的橙汁使其pH变为2.6时，细菌存活率只有0.3%，pH 5.6时，存活率却为100%。但在有些情况下，pH对杀菌率影响不大。

（七）超声功率

超声功率较大（5kW以上）时，对悬浮液中的细菌有杀灭作用；而超声功率较小（0.2kW以下）时，只能起到分散的作用。但超声杀菌的效果并不与超声功率成正比。随着超声功率由小变大，杀菌效果逐渐上升，达到峰值后下降。

（八）介质黏滞系数

介质黏滞系数越高，杀菌效果越弱。要在液体中形成空穴，要求在声波膨胀相中产生的负压值足以克服液体内部引力（包括环境压力），因此黏滞性大的液体中空化较难发生，杀菌效果不好。

（九）其他

灭菌时，样品的温度也会影响灭菌效果，温度升高超声波对细菌的破坏作用加强。超声波在不同媒质中，作用于不同组分的食品其作用效果会有所不同。

三、超声波杀菌技术在食品中的应用

超声波杀菌适于果蔬汁饮料、酒类、牛乳、酱油等液体食品，很多研究结果显示，单独使用超声波杀灭食品中的微生物效果是有限的，但是与其他杀菌方法相结合则具有很大的潜力。

（一）单独使用超声波杀菌

牛乳极易腐败变质，挤出的生鲜牛乳稍有不慎就会失去食用价值。在牛乳保质中杀菌是必不可少的一步。将超声波应用于原料乳保鲜，研究结果表明，在60℃条件下，经50kHz，超声波处理原料乳60s，杀菌率达87%。对牛乳中的荧光假单胞菌及嗜热链球菌的失活用超声波法和传统的热杀菌进行比较发现，超声波法在温度低于1.7℃时，其空化效应的灭菌效率高;温度升高后,由于蒸汽压升高及表面张力的下降,其灭菌效率降低。

(二) 超声波与其他技术联合杀菌

超声波联合其他技术对李斯特单胞菌的杀菌作用发现,在室温时用超声波处理(20kHz 和 117μm 的振幅)李斯特单胞菌有一定的效果,其 D 值为 4.3min,通过和 200kPa 的压力联合处理,D 值降到了 1.5min,将压力进一步增加到 400kPa,D 值减少到 1.0min;温度在 50℃ 对其失活没有明显的影响,但温度超过 50℃,灭菌效果有很大提高,压力超声波和热处理的联合对李斯特单胞菌的灭菌效果明显增加。超声波处理牛乳使大肠杆菌数量减少 93%,然而,当牛乳经 800kHz 超声波处理 1min,紫外辐射(功率强度为 $8.4W/cm^2$)20s 大肠杆菌致死率增加到 99%,这可能是脂肪球被超声波破碎后使紫外线更易穿透,从而增加杀菌效果。

超声波与化学杀菌剂协同处理有良好的效果,超声波与过氧化氢结合可加强其杀菌作用,使其杀灭芽孢时间从 25min 缩短到 10～15min;超声波与氯水结合处理使新鲜水果蔬菜表面的细菌数量明显降低,空化作用也使得细菌对杀菌剂更为敏感;吐温-80 和超声波相结合清洗西芹后,鲜切西洋芹的除菌率可达 80%;70kHz 的超声波和抗生素(庆大霉素)联合处理 2h 可使大肠杆菌减少 97%;将红霉素添加到铜绿假单胞菌中后再 70kHz 处理可提高杀菌率,杀菌率比单独使用红霉素提高两个对数,提高杀菌率的主要原因是超声波使细胞外膜的脂多糖层不稳定,从而使抗生素的扩散增加。超声波协同臭氧处理对梨汁中菌落总数存活量的影响,结果发现:在超声波电功率为 800W,臭氧浓度 0.14mg/L,处理时间 210s 时杀菌效果最好,杀菌率在 97% 以上。

第六节 等离子体技术

一、等离子体杀菌基本原理

等离子体是由各种带电粒子(如电子、离子、中性粒子、活性自由基、射线)组成的电离气体,这些带电粒子拥有足够高的能量能够激发相应的化学反应。由于正电荷总数和负电荷总数在数值上相等,故称其为等离子体,是继"固相、液相、气相"以外的第四态物质。等离子体主要存在于自然界中,也可以通过人工方式获得。目前实验室主要用介质阻挡放电、滑动电弧放电、电晕放电、火花放电、辉光放电等发生装置产生等离子体。等离子体通常是气体在强电磁场或加热条件下电离产生,当温度达到几千摄氏度或更高时,带电粒子会发生加速运动,由于电子相对较轻,被加速的通常是电子,高能电子与重粒子(原子、分子、离子)相互间的激烈碰撞使气体分子发生电离,最终形成等离子体。

冷等离子体作为一种新型的非热杀菌技术,在食品杀菌方面的应用研究还处于起步阶段,关于其杀菌机制还不甚明了。一般认为冷等离子体起杀菌作用主要为超氧化物、羟基自由基、过氧化氢、一氧化氮和臭氧等活性物质和带电粒子,其作用位点为细胞膜和胞内遗传物质。活性氧和活性氮类化合物能够与细胞大分子物质如蛋白质、脂类、酶以及脱氧核糖核酸发生潜在的反应以改变生物膜的功能特性,扰乱细胞正常的生理功能从而导致细胞死亡。一些活性氧化物能够穿过细胞外膜进入细胞内,并且对 DNA 和蛋白质造成氧化损伤,间接杀死微生物从而达到杀菌效果。

二、影响等离子体杀菌效果的因素

冷等离子体的杀菌效果受到多种因素的影响，如冷等离子体设备的相关参数（冷等离子体产生设备的类型、激发电压、电离气体等）、微生物的固有特性（种类、生长环境）和食品的基本性质（食品成分、状态）。

（一）冷等离子体设备的相关参数

1. 气体组分

在食品工业中，为进一步延长新鲜农产品货架期，通常将低温等离子体技术与不同气体混合物（He、O_2、N_2、CO_2）进行联合使用，从而对新鲜农产品进行更彻底的杀菌处理。Laroussi 等对比了纯 He 和 He/O_2 混合气体的低温等离子体技术的杀菌效果，结果显示，He/O_2，混合气体的杀菌效果优于纯 He。Misra 等将草莓密封在含有不同 O_2、N_2、CO_2 组合的混合气体包装中，然后利用低温等离子体技术对草莓进行诱导，研究发现 5min 后草莓上的微生物从最初的 5lg CFU/g 减少到 3lg CFU/g。深入探究低温等离子体技术与多种混合气体进行联合使用时的杀菌机制，对提高低温等离子体技术在食品中的应用具有积极的意义。

2. 化学增强剂

化学增强剂是水和低温等离子体相互作用产生的，即低温等离子体活性水（plasma-activated water，PAW）。PAW 中富含活性氧（ROS）、活性氮（RNS）等活性成分，并具有低 pH、高氧化还原电位和高电导率等特殊理化性质，在有效杀灭微生物的基础上，对食品原有的营养品质不会造成显著影响。Xiang 等人用 PAW 清洗豆芽 30min，豆芽上的总好氧菌、霉菌和总酵母菌的数量分别降低了 2.84lg CFU/g 和 2.32lg CFU/g，豆芽的总酚和黄酮含量、抗氧化能力及感官特征等均未发生显著变化。Choi 等人的研究中也提出一种连续组合清洗泡菜的方法，包括 PAW、自来水和 60℃温和热处理（MH）。单用 PAW 清洗就可使泡菜中的好氧菌、乳酸菌、酵母菌和霉菌以及大肠菌群减少 2.0lg CFU/g、2.2lg CFU/g、1.8lg CFU/g、0.9lg CFU/g。

3. 电磁场

电磁场是提高低温等离子体产生活性物质的另一种方法。研究发现，电磁场协同低温等离子体使羟基自由基的产生增加了 1.5 倍，而且对大肠杆菌的杀菌效率提高了 2.4 倍。目前，该方法已被用于生物医学领域，为以后在食品领域中的应用奠定了基础。此外，研究认为单独的电场作用并不能很好地杀灭食品中的微生物，而电场协同低温等离子体技术激发产生更多的高能活性物质，可提高低温等离子体的杀菌效率。

（二）微生物的固有特性

微生物的种类、生长环境也是影响杀菌效果的重要因素。稳定期的细菌比对数期的细菌对杀菌处理更敏感。孢子状细菌比营养细胞更耐等离子体处理，浓度越高的细菌杀菌效果越弱，这主要是因为高浓度的细菌能够聚集更多细胞，降低了活性物质的穿透力，阻碍了活性物质与微生物的相互作用。细胞壁的厚度也是影响冷等离子体杀菌效果的一个重要因素，冷等离子体对革兰阴性的鼠伤寒沙门菌（*Salmonella typhimurium*）和革兰阳性的单核细胞增生李斯特菌（*Listeria monocytogenes*）的杀菌效果存在显著的差异，结果表明单核细胞增生李斯特菌的抗性较强，这是因为革兰阳性细菌细胞壁的厚度为 15～

18nm，而革兰阴性细菌的细胞壁厚度仅为2nm，细胞壁越厚，活性氧物质及带电粒子穿透或击破细胞壁所需要的时间就越长。通常使用混合气体激发冷等离子体比单一气体杀菌效果更好。

(三) 食品的基本性质

食品组成成分、pH、相对湿度等环境因素等都能够影响冷等离子体的杀菌效果。pH不同的食物对低温等离子体产生的活性物质的敏感性不同，杀菌效果也会有所差异。研究发现，蜡样芽孢杆菌在pH为5的食品中，菌落数减少4.7lg CFU/g，而在pH为7的食品中菌落数减少2.1lg CFU/g。此外，相对温度和相对湿度的提高会增加羟基自由基的形成，从而对低温等离子体的杀菌效果产生影响。利用低温等离子体技术对水果表面、奶酪切片以及琼脂培养基进行灭菌处理研究发现，由于微生物以一定速度从外部组织向内部组织迁移，琼脂培养基上的微生物数量减少最为明显。

三、等离子体杀菌技术在食品中的应用

新鲜果蔬、生鲜肉和海鲜等生鲜及热敏性食品采用的传统杀菌保鲜技术包括高温杀菌和冷冻保鲜等，这些处理通常存在杀菌不彻底、产生二次污染等问题，而且还会对最终产品的风味、质地和颜色等方面产生不利影响，缩短货架保鲜期的同时还会使食品的价值降低。目前，随着社会科学的快速发展，低温等离子体技术被广泛应用于材料加工、电子学、生物材料、聚合物加工和生物医疗器械等领域。低温等离子体技术应用在杀菌保鲜和农药降解等方面有诸多优点，能最大限度地保持食品原有的营养及感官特性，而且不会产生有毒有害的副产品，具有较高的经济效益，所以低温等离子体技术在食品领域也得到了极大的应用，成为杀菌保鲜和农药降解的新型技术。

(一) 低温等离子体杀菌技术在果蔬中的应用

新鲜果蔬是补充人体维生素、葡萄糖及能量的主要来源，但其质软且容易携带致病菌及化学农药，在流通和储藏过程中难以长时间贮藏。近年来，低温等离子体技术被广泛应用到延长果蔬的保存时间和保持其新鲜程度。低温等离子体技术运用在果蔬可分为杀菌保鲜及农药降解两种作用效果。低温等离子体技术作为一种冷杀菌技术，用于果蔬产品杀菌及降解农残时，克服了现有灭菌方法的一些不足之处，具有作用时间短、杀菌温度低以及在处理过程中对食品营养价值和感官性能破坏较小等许多独特优势。但该技术目前还处于实验室研究阶段，灭菌的工艺参数、食品种类和低温等离子体的激发装置等都会影响实验结果，给多数实验结果的比较、归纳和优化带来困难。因此，研发适用于生鲜及热敏性食品杀菌保鲜的低温等离子体发生装置和设备，探究最适宜的等离子体灭菌工艺参数，分析不同种类食品、不同环境和不同暴露条件等对食品保鲜效果的影响，对提高低温等离子体技术在食品工业中的应用具有重要的意义。

(二) 低温等离子体杀菌技术在肉及肉制品中的应用

肉及肉制品富含丰富的蛋白质，营养价值高，其组成较其他食品更接近人体需求，颇受人们喜爱。但肉及肉制品在屠宰、加工、储藏和运输等流通过程中致病菌可通过不同途径传播，易造成污染而导致其腐败变质，保质期缩短。研究证实，低温等离子体技术能够杀灭肉及肉制品在加工、储藏等流通过程中所附着对人体有害的微生物，保证食品的风味、营养及颜色等品质指标不发生显著变化，延长食品的货架期，达到食品长期储存和保

持食品品质的目的。利用该冷杀菌技术对肉及肉制品进行处理时，具有安全无污染、低耗能以及对灭菌环境温度要求低等优势，所以在肉及肉制品杀菌保鲜方面的作用较为显著，能够较好地对其进行杀菌保鲜，延长货架保鲜期，并且不改变其相应的性质，如味道、营养及颜色等品质指标。但目前该技术仍处于基础研究阶段，还存在着一些问题，如穿透能力不强，对食品表面的微生物能产生较大影响；而对于深入肉品组织内部的细菌，其灭菌效果还不够好。因此，可以将该技术与其他非热处理技术联合使用以提高其杀菌效果，进而更有效地提高肉及肉制品的安全性和货架期。

(三) 低温等离子体杀菌技术在海鲜及海鲜制品中的应用

海鲜及海鲜制品营养丰富且容易受到微生物的侵袭，即使在冷链运输或冷藏条件下，表面依然有嗜冷菌生长繁殖，从而导致其腐败变质。为了延缓海鲜及海鲜制品的腐败，延长保鲜时间，近年来低温等离子体技术在海鲜及海鲜制品领域的应用已有大量研究。目前，我国各大中型超市海鲜及海鲜制品仍以裸露或覆盖保鲜膜置于冷柜销售为主，容易使得致病菌通过不同途径传播，为保证海鲜及海鲜制品的新鲜度，保持其营养价值，抑制微生物的生长是海鲜及海鲜制品在销售及流通等过程中的首要任务。低温等离子体技术作为一种非热杀菌技术，对海鲜及海鲜制品进行杀菌处理前后温度无明显变化，较好地保持了海鲜及海鲜制品独特的生鲜风味以及有效避免其结构和质地发生变化，产生的活性物质能对其进行高效杀菌，显著提高生鲜海产品的食用安全性。但该技术也存在一定的局限性，如成本较高，经济效益不明显。此外，低温等离子体产生的高活性 ROS 会促进海鲜及海鲜制品中脂肪的氧化，从而对其风味产生不良影响，因此可采用添加天然抗氧化剂等方法延迟或抑制脂肪氧化以预防低温等离子体技术处理对海鲜及海鲜制品品质的影响。

作为食品领域的一种新型非热加工技术，低温等离子体技术凭借其安全、绿色、成本低、快速和方便等优势广泛应用于食品安全控制及食品加工等领域。在今后的研究过程中，应针对低温等离子体技术的工作原理、杀菌机制以及该技术对食品结构和品质指标的影响等方面进行研究，并对该技术所处理过的食品进行各项指标及安全性评价。此外，还应以风险评估作为基础，加强低温等离子体技术在食品加工过程中的技术规范、监管法规以及应用标准的制定工作，从而不断推动低温等离子体技术在食品工业中的应用。

【复习思考题】

1. 简述几种非热杀菌技术的杀菌基本原理。
2. 食品辐照保藏技术特点是什么？简述食品辐照保藏的基本原理。
3. 简述超高压杀菌技术在食品保藏和加工领域中的应用。
4. 简述低温等离子体技术在食品保藏和加工领域中的应用。

第五章

食品的干燥

第一节 食品的干燥保藏原理

一、食品干燥的推动力和阻力

当湿物料受热进行干燥时,开始时水分均匀分布于物料中,然后随着物料表面水分的汽化,逐渐形成从物料内部到表面的湿度梯度。物料内部的水分就以此湿度梯度作为推动力,逐渐向表面转移。同时,热空气将热量传递给物料表面,使物料内外存在温度梯度,这一温度梯度也可使物料内部的水分发生传递,称为湿热导,方向是从高温处向低温处进行。水分由物料内部扩散到表面后,便在表面汽化。

二、干燥特性曲线

干燥过程的各种特性可用干燥曲线、干燥速率曲线及食品温度曲线结合在一起来加以描述(图 5-1)。

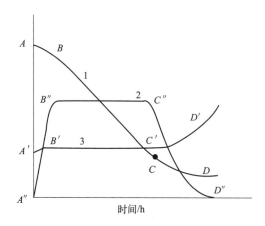

图 5-1 食品干燥过程的特性

1—干燥曲线;2—干燥速率曲线;3—食品温度曲线

干燥曲线是表示食品干燥过程中绝对水分($W_绝$)和干燥时间(t)之间关系的曲线。该曲线的形状取决于食品种类及干燥条件等因素。典型的干燥曲线如图 5-1 中曲线 1 所示。该曲线显示，在干燥开始后的很短时间内，食品的含水量几乎不变，这个阶段持续时间取决于食品的厚度，食品水分在短暂的平衡后，出现直线快速下降，当达到较低水分含量时（第一临界水分），干燥速度减慢，随后达到平衡水分，干燥过程即停止。

干燥速率曲线是表示干燥过程中某个时间的干燥速率 $\left(\dfrac{\mathrm{d}w_绝}{\mathrm{d}\tau}\right)$ 与该时间食品绝对水分（$W_绝$）的关系曲线。由于 $W_绝 = f(\tau)$，因此，为了便于比较和说明问题，以 $\left(\dfrac{\mathrm{d}w_绝}{\mathrm{d}\tau}\right)$ 对 τ 作图，得出图 5-1 中曲线 2 所示的变化。

从该曲线不难看出，随着热量的传递，干燥速率很快到达最高值，然后进入恒率干燥阶段，干燥速率稳定不变，此时水分从内部转移到表面的速率大于或等于水分从表面蒸发到空气的速率。当食品含水量降低到第一临界点时，干燥速度开始下降至干燥结束，这个阶段也称为降率干燥期。

食品温度曲线是表示干燥过程中食品温度和干燥时间的关系曲线。典型的食品温度曲线如图 5-1 中曲线 3 所示。

该曲线表明在干制开始后的很短时间内，食品表面温度迅速升高，并达到空气的湿球温度。在恒率干燥阶段内，由于加热介质传递给食品的热量全部消耗于水分的蒸发，因而食品不被加热，温度保持不变。在降率干燥阶段内，水分蒸发速率不断降低，使干燥介质传递给食品的热量超过水分蒸发所需热量，因此，食品温度将逐渐升高。当食品含水量达到平衡水分时，食品的温度也上升到与空气的干球温度相等。

不过，应该指出，上述干燥过程的特性曲线都是实验规律，因而不同的食品及不同的实验条件所得到的结果可能会有所不同。

三、影响干燥的因素

（一）物料的表面积

湿热传递的速率随湿物料的表面积增大而加快。这是因为湿物料表面积增大，使之与传热介质的接触面增大，同时也使水分蒸发逸出的面积增大，所以湿物料的传热和传质速率将同时加快。另外，如果单位容积的湿物料表面积增大，则意味着热量由表面传向内部的距离缩短，而水分由湿物料内部向外迁移和逃逸的距离也缩短，显然这将导致湿热传递速率的加快。

（二）干燥介质的温度

当湿物料的初温一定时，干燥介质温度越高，表明传热温差越大，湿物料与干燥介质之间的热交换越快。但是，如果换热介质是空气（通常如此），则温度所起的作用较为有限。这是因为水分是以水蒸气的形式从湿物料中逸出的，这些水蒸气需不断地从湿物料周围排出，否则就会在湿物料周围形成饱和状态，从而大大地降低水分从湿物料中逸出的速率。

当然，空气温度越高，它在达到饱和状态之前所能吸纳的水分也越多。因此，适当提高湿物料周围空气的温度有利于加快湿热传递过程。

（三）空气流速

以空气作为传热介质时，空气流速将成为影响湿热传递的首要因素。一方面，空气流速越快,对流传热系数越大;另一方面,空气流速越快,与湿物料接触的空气相对增加,因而能吸收更多的水分,防止在湿物料的表面形成饱和空气层。

(四)空气的相对湿度

空气的相对湿度越低,则湿物料表面与干燥空气之间的水蒸气压差越大,加之干燥空气能吸纳更多的水分,因而能加快湿热传递的速率。

第二节 干制对食品品质的影响

一、物理变化

食品干燥常出现的物理变化有干缩、干裂、表面硬化和多孔性形成等。

(一)干缩和干裂

食品在干燥时,因水分被除去而导致体积缩小,细胞组织的弹性部分或全部丧失的现象称作干缩。干缩分两类,即均匀干缩和非均匀干缩。弹性良好并呈饱满状态的新鲜食品物料全面均匀地失水时,物料将随着水分消失均衡地进行线性收缩,即物体大小(长度、面积和容积)均匀地按比例缩小,质量减少,就产生了均匀干缩,使产品保持较好的外观,否则就会发生非均匀干缩。干缩的程度与食品原料的种类、干燥方法及条件等因素有关。一般情况下,含水量多、组织脆嫩者干缩程度大,而含水量少、纤维质食品的干缩程度轻。与常规干制品相比,冷冻干燥制品几乎不发生干缩。在热风干燥时,缓慢干燥比快速干燥引起的干缩更严重;高温干燥比低温干燥所引起的干缩更严重。当用高温干燥或用热烫方法使细胞失去活力之后,细胞多少要失去一些弹性,干燥时会产生永久的变形,而且易出现干裂和破碎等现象。实际上被干燥物料不是完全具有弹性,干制时食品块、片内的水分也难以均匀地排出,故物料干燥时均匀干缩比较少见。

高温快速干燥食品块(片)表面层远在物料中心干燥前就已干硬。其后中心干燥和收缩时就会脱离干硬膜而出现内裂、孔隙和蜂窝状结构,此时,表面干硬膜并不会出现像凹面状态。快速干制的马铃薯丁有轻度内凹的干硬表面、为数较多的内裂纹和气孔,而缓慢干制的马铃薯丁则有深度内凹的表面层和较高的密度,两干制品重量虽然相同,但前者容重则为后者之半,上述两干制品各有其特点。密度低(即质地疏松)的干制品容易吸水,复原迅速,与物料原状相似,但它的包装材料和贮运费用较大,内部多孔易于氧化,导致贮期较短。高密度干制品复水缓慢,但包装材料和贮运费用较为节省。

(二)表面硬化

表面硬化实际上是食品物料表面收缩和封闭的一种特殊现象。如物料表面温度很高,物料就会因为内部水分未能及时转移至物料表面使表面迅速形成一层干燥薄膜或干硬膜。干硬膜的渗透性极低,以致将大部分残留水分阻隔在食品内,同时还使干燥速率急剧下降。在某些食品中,尤其是一些含有高浓度糖分和可溶性物质的食品中最易出现表面硬化。食品内部水分在干燥过程中有多种迁移方式:食品组织内有些水分常以分子扩散方式流经细胞膜或细胞壁。食品内水分也可以因受热汽化而以蒸汽分子向外扩散,并让溶质残留下来。块状、片状和浆质态食品内还常存在大小不一的气孔、裂缝和微孔,其孔径可细到和毛细管相同,食品内的水分也会经微孔、裂缝或毛细管上升,其中有不少能上升到物料表面蒸发掉,以致它所带的溶质(如糖、盐等)残留在表面。干制过程某些水果表面积有含糖的黏质渗出物,其原因就在于此。这些物质就会将干制时正在收缩的微孔和裂缝加以封闭。在微孔收缩和被溶质堵塞的双重作用下终于出现了表面硬化。此时若降低食品表面温度使物料缓慢干燥,或适当"回软",再干燥,通常能减少表面硬化的发生。

(三) 物料内多孔性的形成

物料表面硬化使物料外部不能收缩,内部失去水分干缩形成裂缝和孔;物料内部蒸汽压的迅速建立支持物料维持原有形状,当内部蒸汽释放后,物料已经干燥,形成孔隙。膨化马铃薯正是利用外逸的蒸汽促使它膨化的。添加稳定性能较好的发泡剂并经搅打发泡可形成稳定泡沫状的液体或浆质体,经干燥后也能成为多孔性制品。真空干燥过程提高真空度也会促使水分迅速蒸发并向外扩散,从而制成多孔性的制品。干燥前经预处理促使物料能形成多孔性结构,以有利于水分的传递,加速物料的干燥率。不论采用何种干燥技术,多孔性食品能迅速复水或溶解,提高其食用的方便性。但是,多孔性结构的形成促使氧化速度加快,不利于干制品的贮藏。

(四) 热塑性的出现

不少食品具有热塑性,即温度升高时会软化甚至有流动性,而冷却时变硬,具有玻璃体的性质。糖分及果肉成分高的果蔬汁就属于这类食品。例如橙汁或糖浆在平锅或输送带上干燥时,水分虽已全部蒸发掉,残留固体物质却仍像保持水分那样呈热塑性黏质状态,黏结在带上难以取下,而冷却时它会硬化成结晶体或无定形玻璃状而脆化,此时就便于取下。因此,大多数输送带式干燥设备内常设有冷却区。

二、化学变化

食品脱水干燥过程,除物理变化外,同时还会发生一系列化学变化,这些变化对干制品及其复水后的品质,如色泽、风味、质地、黏度、复水率、营养价值和贮藏期会产生影响。这种变化还因食品而异,不过其变化的程度却常随食品成分和干燥方法而有差别。

(一) 脱水干燥对食品营养成分的影响

脱水干燥后食品失去水分,故单位重量干制食品中营养成分的含量反而增加。若将复水干制品和新鲜食品相比较,则和其他食品保藏方法一样,它的品质总是不如新鲜食品。果蔬脱水干制时,糖分和维生素损失较多,矿物质和蛋白质较稳定。高温干燥引起蛋白质变性,使干制品复水性较差,颜色变深。脂肪在干燥过程发生的主要变化是氧化问题,含不饱和脂肪酸高的物料,干燥时间长,温度高时氧化变质严重。通过干燥前添加抗氧化剂可将氧化变质程度明显降低。

水果含有较丰富的糖类,而蛋白质和脂肪的含量却极少。果糖和葡萄糖在高温下易于分解,高温加热糖类含量较高的食品极易焦化;而缓慢晒干过程中初期的呼吸作用也会导致糖分分解。还原糖还会和氨基酸发生美拉德反应而产生褐变等问题。动物组织内糖类含量低,除乳蛋制品外,糖类的变化不至于成为干燥过程中的主要问题。高温脱水时脂肪氧化比低温时严重得多,若事先添加抗氧化剂就能有效地控制脂肪氧化。

干燥过程会造成部分水溶性维生素被氧化。维生素损耗程度取决于干制前物料预处理条件及选用的脱水干燥方法和条件。维生素 C 和胡萝卜素易因氧化而遭受损失,核黄素对光极其敏感,硫胺素对热敏感,故干燥处理时常会有所损耗。胡萝卜素在日晒加工时损耗极大，在喷雾干燥时则损耗极少。水果晒干时维生素C损失也很大，但升华干燥却能将维生素C和其他营养素大量地保存下来。加工时未经钝化酶的蔬菜中胡萝卜素损耗量可达80%，用最好的干燥方法它的损耗量可下降到5%。预煮处理时菜中硫胺素的损耗量达15%，而未经预处理其损耗量可达75%。

乳制品中维生素含量取决于原乳中的含量及其加工条件。滚筒或喷雾干燥有较好的维生素A保存量。虽然滚筒或喷雾干燥中会出现硫胺素损失，但若和一般果蔬干燥相比，它的损失量仍然比较低。核黄素的损失也是这样。牛乳干燥时维生素C也有损耗，若选用升华和真空干燥，干制品内维生素C保留量将和原乳大致相同。

通常干燥肉类中维生素含量略低于鲜肉。加工中硫胺素会有损失，高温干制时损失量就比较大。核黄素和烟酸的损失量则比较少。

（二）脱水干燥对食品色素的影响

新鲜食品的色泽一般都比较鲜艳。果蔬中含有的色素主要有叶绿素、类胡萝卜素、花青素等。叶绿素呈现绿色的能力和色素分子中的镁有关，湿热条件下叶绿素将失去镁原子而转化成脱镁叶绿素，呈橄榄色不再是绿色，微碱性条件能控制镁的转移，保持果蔬鲜绿色。干燥过程温度越高，处理时间越长，色素的变化量也就越大，类胡萝卜素、花青素也会因干燥处理有所破坏，硫处理会促使花青素褪色。

酶或非酶褐变反应是促使干燥品褐变的原因。植物组织受损伤后，组织内氧化酶活动能将多酚或其他如鞣质（单宁）、酪氨酸等一类物质氧化成有色色素。这种酶褐变会给干制品品质带来不良后果。因此，干燥前需进行钝化酶处理以防止变色。可用预煮等措施对果蔬进行热处理，用硫处理也能破坏酶的活性。钝化酶处理在干燥前进行，因为干燥过程物料的受热温度常不足以破坏酶的活性，而且热空气还具有加速褐变的作用。

糖分焦糖化和美拉德反应是脱水干制过程中常见的非酶褐变反应。前者反应中糖分首先分解成各种中间物，而后再聚合反应生成褐色聚合物。后者为氨基酸和还原糖的相互反应，常出现于水果脱水干制过程。脱水干制时高温和残余水分中的反应物质的浓度对美拉德反应有促进作用。水果硫熏处理不仅能抑制酶褐变，而且还能延缓美拉德反应。糖分中醛基和二氧化硫反应形成磺酸，能阻止褐色聚合物的形成。美拉德褐变反应在水分下降到20%～25%时最迅速，水分继续下降则它的反应速率逐渐减慢，当干制品水分低于1%时，褐变反应可减慢到其至长期贮存时也难以觉察的程度；水分在30%以上时褐变反应也随水分增加而减缓，低温贮藏也有利于减缓褐变反应速率。

脂质氧化产物与蛋白质反应引起的褐变也是非酶褐变的常见形式。它褐变主要包括以下步骤：一是脂质过氧化物的形成；二是过氧化物及其过氧化物的分解产物与蛋白质活性基团的相互作用产生无色或有轻微颜色的褐色色素前体；三是色素前体转化成褐色色素。

（三）脱水干燥对食品风味的变化

很多呈味物质的沸点都很低，干燥高温极易引起呈味物质的挥发。如果牛乳失去极微量的低级脂肪酸，特别是硫化甲基，虽然它的含量仅亿分之一，但其制品却已失去鲜乳风味。即使低温干燥也会发生化学变化，出现食品变味的问题。这种风味物质也存在乳粉中。通常加工牛乳时所用的温度即使不高，蛋白质仍然会分解并有挥发硫释放出。完全防止干燥过程风味物质损失是比较难的。解决的有效办法是在干燥过程，通过冷凝外逸的蒸汽（含有风味物质），再回加到干制食品中，尽可能保持制品的原有风味。此外，也可从其他来源取得香精或风味制剂再补充到干制品中；或干燥前在某些液态食品中添加树胶或其他包埋物质将风味物微胶囊化以防止或减少风味损失。薯片制作见视频5-1。

因此，食品脱水干燥设备的设计应当根据前述各种情况加以慎重考虑，尽一切努力在干制速率最高、食品品质损耗最小、干制成本最低的情况下找出最合理的脱水干燥工艺条件。

视频 5-1

第三节　食品的干燥方法及控制

一、对流干燥

空气对流干燥是最常见的食品干燥方法。这类干燥要在常压下进行，有间歇式（分批）和连续式。空气既是热源，也是湿气的载体，干燥空气有自然或强制对流循环，以不同方式与湿物料接触。湿物料可以是固体、膏状物料及液体。对流干燥热空气参数、温度、相对湿度和空气速率在干燥过程中随着时间的推移，或沿着干燥室的长度（高度）变化而改变，即干燥是在变化的环境条件下进行的。提高空气的温度会加速热的传递和提高干燥速率，但在降速阶段，空气温度直接影响到干燥品的品质。因此，要根据物料的导湿性和导湿温性来选择控制干燥温度。空气的量和速率会影响干燥速率。由于干燥的产品会变得很轻，可被空气带走，因此空气的静压力控制也很重要。

空气的加热可以用直接或间接加热法：直接加热空气靠空气直接与火焰或燃烧气体接触；间接加热靠空气与热表面接触，如将空气吹过蒸汽、加热油、火焰等加热管或电加热的管（或区间）。间接加热的优点是避免空气加热过程受污染，而直接加热易受燃料不完全燃烧带来的各种气体和微量煤烟的影响。由于水分是燃烧的产物之一，空气直接加热过程会使空气湿度增加，但直接加热空气比间接加热空气成本低。由于采用常压空气作为干燥介质，温度和湿度均比较容易控制，可以避免食品物料被高温破坏。但是，热空气既作为热量的载体又是水分的载体，热空气离开对流干燥器时，不仅带走了水分，而且带走了大部分的热量，所以，对流干燥器的热效率相对较低。

二、接触干燥

接触干燥又称为传导干燥。热能通过传热壁面以传导方式进入物料，使湿物料中的水分汽化。热源可以是水蒸气、热水、热空气等。在常压下操作时，物体与气体间虽然有热交换，但是气体主要起载湿体的作用。在真空条件下也可以进行。传导干燥和对流干燥常结合在一起使用。这种干燥的特点是干燥强度大，相应能量利用率较高。传导干燥的加热面常常不是水分的蒸发面，而且随着物料厚度及物料状态有不同的热物理特性。从温度分布来说，靠近接触面的料层有更高的温度，而物料的开放面温度最低，物料中的水分梯度主要取决于接触面和开放面的汽化作用，而汽化强度取决于加热面的温度和物料厚度。为了加速热的传递及湿气的迁移，传导干燥过程都尽量使物料处于运动（翻动）状态，因此有不同的干燥方式。

(一) 回转干燥

回转干燥又称转筒干燥,是由稍作倾斜而转动的长筒所构成的。由于回转干燥处理量大,运转的安全性高,多用于含水分比较少的颗粒状物料干燥。根据物料与热载体接触方式分为三种形式:间接加热式、直接加热式和复合加热式。间接加热式主要结构形式为采用蒸汽或直接烧烤转筒的办法把热量传给转筒壁或安置在转筒内的加热管壁面。壁面以传导的方式加热物料。直接加热就是将热介质直接通入转筒内,和物料对流换热。

加热介质可以是热气流与物料直接接触方式(类似对流干燥),也可以是由蒸汽等热源来加热圆筒壁。它适于黏附性低的粉粒状物料、小片物料等堆积密度较小的物料干燥。蒸发出的水分通常靠自然通风排出,风量小,热效率可达 80%~90%,设备内的载料量为容积的 10%~20%,由于回转干燥设备占地大,耗材多,投资也大,目前不少逐渐由沸腾床(流化床)等所取代。

(二) 滚筒干燥

滚筒干燥将物料在缓慢转动和不断加热(用蒸汽加热)的滚筒表面形成薄膜,滚筒转动(一周)过程便完成干燥过程,用刮刀把产品刮下,露出的滚筒表面再次与湿物料接触并形成薄膜继续进行干燥。滚筒干燥可用于液态、浆状或泥浆状食品物料(如脱脂乳、乳清、番茄汁、肉浆、马铃薯泥、婴儿食品、酵母等)的干燥。经过滚筒转动一周的干燥物料,其物质可从料液(质量分数)3%~30%增加到 90%~98%,干燥时间仅需 2s 到几分钟。

三、真空干燥

真空干燥是指在低气压条件下进行的干燥。真空干燥常在较低温度下进行,因此有利于减少热对热敏性成分的破坏和热物理化学反应的发生。真空干燥的目的主要有两方面,一是提高干燥速率,二是提高干制品品质。但真空干燥装置的操作费用较高,一般只适用于干燥高档的原料或水分要求降得非常低时易受损害的产品。根据真空干燥的连续性分为间歇式真空干燥和连续式真空干燥。

(一) 间歇式真空干燥

搁板式真空干燥器是最常用的间歇式真空干燥设备,也称为箱式真空干燥设备。它们间歇地操作并能维护高真空度干燥,适用于各种水果制品如液体、浆质体、粉末、散粒、方块、块片和楔形块的干燥,也用于麦乳精、豆乳精等产品的发泡干燥。搁板(也称夹板)在干燥过程既可支撑料盘,也是加热板(在麦乳精类食品干燥中还起冷却板作用),搁板的结构及搁板之间的距离要依干燥食品类型认真设计。经调配、乳化(脱气)的物料装盘,放入干燥器的搁板上,为防止物料粘盘难以脱落,烘盘的内壁常喷涂聚四氟乙烯处理。浓缩果汁一类液态食品在绝对压力为 5mmHg($0.665kN/m^2$)以上的真空中干燥时,果汁会沸腾和飞溅,若在绝对压力为 3mmHg($0.399kN/m^2$)以下的干燥室中干燥时,则会膨化成疏松体。干燥温度一般可在 37℃ 以下。因此,制品不仅能速溶,而且风味的变化和受热的损伤极小。

(二) 连续式真空干燥

实际上,连续式真空干燥是真空条件下的带式干燥。为了保证干燥室内的真空度,干燥室专门设计有密封性连续进出料装置。干燥室内不锈钢输送带由两只空心滚筒支撑着并按逆时针方向转动，位于右边的滚筒为加热滚筒，以蒸汽为热源，并以传导方式将接触滚轮的输送带加热。位于左边的滚筒为冷却滚筒，以水为冷却介质，将输送带及物料冷却。向左移动的上层输送带（外表面）和经回走的下层输送带（内表面）的上部均装有红外线热源，设备为卧式圆筒体，直径3.7m，长17m。

四、冷冻干燥

冷冻干燥又称升华干燥，是指干燥时物料的水分直接由冰晶体蒸发成水蒸气的干燥过程。

（一）冷冻干燥的特点

冷冻干燥是食品干燥方法中物料温度最低的干燥；在真空度较高的状态下，可避免物料中成分的热破坏和氧化作用，较高程度保留食品的色、香、味及热敏性成分；干燥过程对物料物理结构和分子结构破坏极小，能较好保持原有体积及形态；干燥后的物质疏松多孔，呈海绵状，加水后溶解迅速而完全，几乎立即恢复原来的性状；常温下能长久储存而不需添加任何防腐剂；真空下干燥氧气极少，使易氧化物质得到了保护；能除去物质中95%~99.5%的水分，制品的保存期长。但冷冻干燥的设备投资及操作费用较高，生产成本较高，为常规干燥方法的2~5倍。由于干燥制品的优良品质，冷冻干燥仍广泛应用于食品工业，如果蔬、蛋类、速溶咖啡和茶、低脂肉类及制品、香料及有生物活性的食品物料干燥。

（二）物料的冻结与干燥

干燥过程主要分三个阶段：预冻阶段、升华干燥阶段和解吸干燥阶段。物料的冻结有两种方法，即自冻法和预冻法。自冻法是利用物料表面水分蒸发时从它本身吸收汽化潜热，使物料温度下降，直至它达到冻结点时物料中水分自行冻结的方法。如将预煮过蔬菜放在真空干燥室内，迅速形成高真空状态，物料水分瞬间大量蒸发而迅速降温冻结。不过该法水分蒸发降温过程容易出现物料变形或发泡等现象，因此要合理控制室内真空度。对外观形态要求较高的食品物料，干燥会受到限制，一般适于如芋头、预煮碎肉、鸡蛋等物料的干燥。此法的优点是可以降低脱水干燥所需的总能耗。预冻法是干燥前常规的冻结方法，如高速冷空气循环法、低温盐水浸渍法、低温金属板接触法、液氮、液态二氧化碳等载冷剂喷淋或浸渍法将物料预先冻结，此法适于蔬菜类等物料冻结。

冷冻干燥中对冻结速率控制仍有不同的观点。冻结速率对干制品的多孔性有一定的影响。冻结速率愈快，物料内形成的冰晶体愈微小，其孔隙愈小，干燥速率愈慢。显然，冷冻速率会对干燥速率产生影响；冷冻速率还会影响物料的弹性和持水性。缓慢冻结时形成颗粒较大的冰晶体，会破坏干制品的质地并引起细胞膜和蛋白质变性。缓慢冻结对鱼肉冷冻干燥制品的品质影响更大，因为鲜鱼的蛋白质含水分高，冻结过程溶质（可溶性盐）"浓度效应"对蛋白质变性影响大。

升华干燥阶段称第一阶段干燥。将冻结后的产品置于密闭的真空容器中加热，其冰晶就会升华成水蒸气逸出而使产品干燥。干燥是从物料外表面开始逐步向内部推移的，冰晶升华后残留下的空隙便成为升华水蒸气的逸出通道。升华干燥阶段除去所有的冰晶体（物料中的游离水），约占物料总水分含量的90%，它是整个冻干过程的主体，这一过程应以冰晶不融化为前提条件。

解吸干燥阶段又称第二阶段干燥。在升华干燥结束后，在干燥物质的毛细管壁和极性基团上还吸附有一部分水分，这些水分是未被冻结的。当它们达到一定含量，就为微生物的生长繁殖和某些化学反应提供了条件。实验证明：即使是单分子层吸附下的低含水量，也可成为某些化合物的溶液，产生与水溶液相同的移动性和反应性。为了改善产品的贮存稳定性，延长其保存期需要除去这些水分，这便是解吸干燥阶段的主要任务。该阶段结束后，产品内残余水分的含量视产品种类和要求而定，一般在0.5%～4%之间。

延伸阅读6
食品的联合干燥技术

第四节　干燥食品的贮藏与运输

一、各类干燥食品贮藏的水分要求

干燥食品的耐藏性主要取决于干燥后的水分活度或水分含量，只有将食品物料水分降低到一定程度才能抑制微生物的生长发育、酶的活动、氧化和非酶褐变，保持其优良品质。各种食品的成分和性质不同，对干制程度的要求也不一样。例如花生油含水量（湿基）超过0.6%时就会变质，而淀粉的水分含量（湿基）在20%以下则不易变质。还有一些食品具有相同水分含量，但腐败变质的情况是明显不同的，如鲜肉与咸肉、鲜菜与咸菜水分含量相差不多，但保藏状况却不同。因此，按水分含量多少难以判断食品的保存性，只有测定A_w才是食品干藏的核心。

（一）粮谷类和豆类

植物种子在成熟过程虽然会减少水分含量，但采收时的水分活度仍较高，如带壳鲜花生（湿花生）的水分活度超过0.90，若不迅速将其降低到水分活度0.85以下，就易受到霉菌的侵害而引起变质。对于某些耐旱霉菌，还需降至水分活度0.70以下。主要的耐旱产毒霉菌为棕曲霉，其最低生长水分活度限值为0.76，产生青霉素和棕曲霉素的最低水分活度分别为0.80和0.85。黄曲霉在水分活度0.78以下不能生长。干燥品的水分活度控制极为重要。一般种子类水分活度在0.60～0.80范围内。

（二）鱼干、肉干类

仅依靠降低水分活度常难以达到鱼类、肉类干制品的长期常温保藏。干燥到较低水分含量的肉制品虽有较好的保藏性，但会带来食用品质（如硬度、风味）问题。因此这类制品的干制过程，常结合其他保藏工艺，如盐腌、烟熏、热处理、浸糖、降低pH、添加亚硝酸盐等，以达到一定保质期而又能保持其优良食用品质的目的。腌肉生产要防止A、B型肉毒芽孢杆菌的生长与产毒素，若仅靠食盐浓度抑制其生长及产毒素，则分别需有8%和10%盐浓度，此时水分活度分别为0.95和0.94，但这种盐浓度在感官上是难以接受的。罐藏腌肉的盐含量一般不会超过6%。因此，亚硝酸及其他添加剂成为这类制品生产上不可缺少的防腐剂。为了抑制嗜盐细菌的生长，水分活度需低于0.75，此时，盐溶液需达到饱和浓度。肉类尤其是鱼类腌制多采用干盐分层腌制方式，以降低肉中水分，增加盐分的渗入，然后再沥干干燥或烟熏，贮藏过程保持肉处于盐的饱和状态（如咸鱼）。但也有发现，即使水分活度降至0.75，在20℃贮藏2～3个月后仍有微生物腐败现象，而此时只要将贮藏温度降到10℃以下，则几年内都不会产生微生物腐败问题，但鱼体将变软，发生酸败，食用品质也下降，可见温度的影响也很重要。多数脱水肉制品的贮藏性，水分活度并不是唯一的控制因素，加工过程的卫生控制以及包装贮藏条件仍相当重要。

（三）脱水乳制品

干乳制品如全脂、脱脂乳粉，通常水分活度为0.2左右。贮藏过程发生的腐败变质主要是产品吸湿所致。我国国家标准要求全脂乳粉水分2.5%～2.75%，脱脂乳粉水分4.0%～4.5%，调制乳粉2.50%～3.0%，脱盐乳清粉（特级品）小于2.5%。由于乳粉容易吸湿，发生乳糖结晶而结块，故其最高水分不宜超过5%。另一种脱水乳制品，甜炼乳其糖含量（质量分数）可达到45.5%。这种水分活度范围仍不能完全抑制霉菌及某些耐渗酵母生长，因此甜炼乳生产过程的热处理及卫生条件将是决定制品贮藏期的重要因素。干酪的品种比较复杂，其水分活度一般在0.92～0.93，这种水分活度只在贮藏初期有一些抑制作用，其表面将会受到霉菌的袭击。因此这类制品需在加工过程进行涂蜡等包装控制。

（四）脱水蔬菜

脱水蔬菜，如洋葱、豌豆和青豆等，最终残留水分5%～10%，这种干制品在贮藏过程容易发生吸湿引起变质，采用合适包装才有较长的贮藏稳定性。蔬菜原料通常携带较多的微生物，尤其是芽孢细菌，因此脱水前的预处理（清洗、消毒或热烫漂）是保证制品微生物指标的重要环节，有效的预处理可杀灭99.9%的微生物。

（五）脱水水果

多数脱水干燥水果A_w在0.65～0.60。在不损害干制品品质的前提下，含水量愈少，保存性愈好。干果果肉较厚、韧，可溶性固形物含量多，干燥后含水量较干蔬菜高，通常为14%～24%。为了加强保藏性，要掌握好预处理条件。例如适当的碱液去皮或浸洗可减少水果表面微生物量。各种脱水干燥食品的最终水分要求，常由食品成分、加工工艺、贮藏条件等来决定。

（六）中湿食品

经过长期生产实践的经验证明，将食品水分降低到足以抑制微生物生长活动的程度就可有效地保藏食品，食品的干藏也是控制食品低水分活度（低水分含量）来达到目的的。有部分食品其水分含量达40%以上，却也能在常温下有较长的保藏期，这就是中湿食品。中湿食品（intermediate moisture food，IMF），也称半干半湿食品。中湿食品的水分比新鲜食品原料（果蔬肉类等）低，又比常规干燥产品水分高，按重量计一般为15%～50%。多数中湿食品水分活度在0.60～0.90。多数细菌在水分活度0.90以下不能生长繁殖，但霉菌在水分活度0.80以上仍能生长，个别霉菌、酵母菌要在水分活度低于0.65时才被抑制。可见中湿食品的水分活度仍难以达到常温保藏的目的。若将其脱水将水分活度降低到常规保藏要求，则会影响到制品的品质。"半干半湿"食品之所以有较好的保藏性，除了水分活度控制外，尚需结合其他抑制微生物生长的方法。中湿食品的生产方法有：用脱水干燥方式去除水分，提高可溶性固形物的浓度以束缚住残留水分，降低水分活度；靠热处理或化学作用抑制杀灭微生物及酶，如添加山梨酸钾（质量分数）0.06%～0.3%；添加可溶性固形物（多糖类、盐、多元醇等）以降低食品水分活度；添加抗氧化剂、螯合剂、乳化剂或稳定剂等添加剂增加制品的贮藏稳定性；强化某些营养物质以提高制品的营养功能。

中湿食品由于较多地保留食品中的营养成分（无需强力干燥），口感好，又能在常温下有较好的保藏性，包装简便，食用前无需复水，生产成本较低，成为颇有发展前途的产品，其生产技术也获得不断发展。

二、干燥食品贮藏的环境条件

从理论上讲，所包装的物料与环境之间有四种关系：①决定品质的物料特性取决于物料的原始条件以及能在所经历的时间内改变这些特性的反应，这些反应又取决于包装的内部环境；②产品品质能接受的最大变化可以通过消费者认可或与食品安全性标准有关的分析试验法来鉴定；③包装内的各种成分取决于物料性质、包装隔绝层的特性和外部环境；④包装隔绝层的特性与内外部环境有关。从上述四种关系可得贮藏时间的预测值，并对给定的贮藏条件提出所需的包装要求。

合理包装的干制品受环境因素的影响较小。但未经特殊包装或密封包装的干制品在不良环境条件下就容易发生变质现象。实际上，脱水干制食品每年有相当数量由于贮藏不善而吸潮，轻则丧失大部分营养成分和色素；重则发霉、腐烂和生虫。如何合理贮藏脱水果蔬是生产中一个值得重视的问题。

（一）温湿度变化

水分含量与水分活度曲线的温度特性表明，以同一水分含量作比较时，温度升高，则水分活度值增大；反之，温度下降，则水分活度值降低。就这一点而言，即使同一水分含量的干制品，贮藏温度高了，将有利于微生物的生长，不利于保藏。干制品的品质变化与温、湿度的关系密切。干制品的贮藏温度以 $0 \sim 2$℃ 为最好，一般不宜超过 10℃。高温会加速干制品的变质，据报道，贮藏温度高可加速脱水食品的褐变，温度每增加 10℃，干制品褐变速度可增加 $3 \sim 7$ 倍。贮藏环境中的相对湿度最好在 65% 以下，空气越干燥越好，最好都采用防湿包装。

（二）光线

光线会促使干制品变色并失去香味，还能造成维生素 C 的破坏。因此，干制品应避光包装和避光贮藏。

（三）空气

空气的存在也会导致干制品发生腐败，采用包装内附装除氧剂，可以得到较理想的贮藏效果。除氧剂的配方：氧化亚铁 3 份、氢氧化钙 0.6 份、7 个结晶水的亚硫酸钠 0.1 份、碳酸氢钠 0.2 份，以 5g 为一包。

三、干燥食品的储运要求

对于单独包装的干制品，只要包装材料、容器选择适当，包装工艺合理，贮运过程控制温度，避免高温高湿环境，防止包装破坏和机械损伤，其品质就可控制。许多食品物料，其干燥后采用的是大包装（非密封包装）或货仓式贮存，这类食品的贮运条件就显得更为重要。

干燥谷物与种子常常采用散装贮藏或用透气（半透气）包装，霉变与虫害是贮运过程主要变质因子。为防止霉菌生长，贮藏环境相对湿度需低于 65%。散装物料贮仓及大包装干食品，其物料的平衡水分将受外界温度变化而改变。当外界温度降低时，物料中间与贮仓壁形成温度差，将会在物料内产生水分向低温点迁移，造成在冷点位置空气湿度增加或有水蒸气冷凝，给霉菌及其他微生物生长繁殖创造条件。防止这种情况发生的办法有：

① 控制干制品贮藏前的水分活度低于 0.70 或控制装料仓内物料的水分残留量。

② 避免贮运过程有较大的温差，采用有效的保温隔温措施。

③ 控制贮藏中的温度与顶部相对湿度，尽量减少仓内外的温差。

【复习思考题】

1. 食品干燥的目的是什么？
2. 简述食品干燥特性曲线的含义。
3. 干燥对食品品质有哪些方面的影响？
4. 食品的干燥方法有哪些？

第六章

食品的微波处理

第一节 微波的性质与微波加热原理

一、微波的性质

微波与无线电波、红外线、可见光、紫外线、X射线一样，都是电磁波，不同之处在于它们的波长和频率不同，见表6-1。通常在波长10^{-6}m（可见光）以上的电磁波能级较低，属非电离电磁波。微波的频率（300MHz～00GHz），介于无线电频率（超短波）和远红外线频率（低频端）之间。由于其频率很高，在某些场合也叫超高频电磁波。微波的频率接近无线电波的频率，并重叠雷达波频率，会干扰通信。因此，国际上对工业、科学及医学（ISM）使用的微波频带范围都有严格要求。目前工业上只有915MHz（英国用896MHz）和2450MHz两个频率被广泛应用，而在较高几个频段，由于微波管的功率、效率、成本尚未能达到工业使用要求，故较少应用。

表6-1 电磁波类型和主要用途

电磁波类型	波长范围	主要用途
γ射线	<0.01nm	肿瘤治疗、杀菌消毒、食品辐照、科学研究（如核物理）
X射线	0.01～10nm	医疗成像（如骨折检测）、工业探伤、安检、科学研究（如纳米科学）
紫外线	10～400nm	杀菌消毒、荧光照明、黑光灯诱杀害虫、医疗（如维生素D合成）
可见光	400～700nm	照明、摄影、遥感技术、植物光合作用
红外线	700nm～1mm	热成像、夜视仪、遥控器、医疗诊断（如体温检测）
微波	1mm～1m	微波炉、雷达、卫星通信、5G网络、气象观测
无线电波	1m～100km	广播、电视、手机通信、WiFi、蓝牙、GPS、雷达、无线电广播

（一）微波的特点

微波具有电磁波的波动特性，如反射、透射、衍射、偏振，以及伴随电磁波的能量传输等波动特性，因此微波的产生、传输、放大、辐射等问题也不同于普通的无线电、交流电。微波在自由空间以光速传播。

微波像光一样直线传播，受金属反射，可通过空气及其他物质（如各种玻璃、纸和塑料），并可被不同食品成分（包括水）所吸收。当微波被物质反射，并不增加物质的热量；

物质吸收了微波的能量，则引起该位置变热。

微波能量具有空间分布性质，在微波能量传输方向上的空间某点，其电场能量的数值大小与该处空间的电场强度的二次方成正比，微波电磁场总能量为该点的电场能量与磁场能量叠加的总和。

微波能量的传输与一般高低频电磁波不同，它是一种超高频电磁波，电磁波以交变电场和磁场互相感应的形式传输。为了传输大容量功率及减少传输过程的功率损耗，微波常在一定尺寸的波导管（简称波导）内传输。常见的波导有中空的或内部填充介质的导电金属管，如脊形波导、圆形波导和矩形波导等（见图 6-1）。波导的尺寸大小及结构，要按传输电磁波性质及实际需要进行专门设计及制造。

(a) 脊形波导　　　(b) 圆形波导　　　(c) 矩形波导

图 6-1　典型波导的截面

（二）微波与介电物质

微波辐射是非电离性辐射。当微波在传输过程中遇到不同的材料时，会产生反射、吸收和穿透现象，这取决于材料本身的几个主要特性：介电常数、介质损耗、比热容、形状和含水量等。

在微波应用系统中，常用的材料可分为导体、绝缘体、介质等几类。大多数良导体，如铜、银、铝之类的金属，能够反射微波。因此在微波系统中，导体以一种特殊的形式用于传播以及反射微波能量。如微波装置中常用的波导管，微波加热装置的外壳，通常是由铝、黄铜等金属材料制成的。

绝缘体可部分反射或渗透微波，通常它吸收的微波能较少，大部分可透过微波，故食品微波处理过程用绝缘材料作为包装和反应器的材料，或作为家用微波炉烹调用的食品器具。常见的材料有玻璃、陶瓷、聚四氟乙烯、聚丙烯塑料等。

介质材料又称介电物质，它的性能介于导体和绝缘体之间。它具有吸收、穿透和反射微波的性能。在微波加热过程，被处理的介质材料以不同程度吸收微波能量，因此又称为有耗介质。特别是含水、盐和脂肪的食品以及其他物质（包括生物物质）都属于有耗介质，在微波场下都能不同程度地吸收微波能量并将其转变为热能。

二、微波加热的原理

食品微波处理主要是利用微波的热效应。食品中的水分、蛋白质、脂肪、糖类等都属于有耗介质。有耗介质吸收微波能使介质温度升高，这个过程称为介电加热。微波在介电材料产生热主要有两种机制：离子极化和偶极子转向。

溶液中的离子在电场作用下产生离子极化。离子带有电荷从电场获得动能，相互发生碰撞作用，可以将动能转化为热。溶液的浓度（或密度）愈高，离子碰撞的概率愈大，在微波高频率（如 2450MHz）下产生的交变电场会引起离子无数次的碰撞，产生更大的热，引起介质温度升高。存在毛细管中的液体也能发生这种离子极化，但与偶极子转向产生的热相比，离子极化的作用较小，其产生热量的多少主要取决于离子的迁移速率。

有些介电物质，分子的正负电荷中心不重合，即分子具有偶极矩，这种分子称为偶极分子（极性分子），由这些极性分子组成的介电物质称为极性介电物质。极性介电物质在无外电场作用时，其偶极距在各个方向的概率相等，因此宏观上，其偶极矩为零。当极性分子受外电场作用时，偶极分子就会产生转矩，从整体看，偶极矩不再为零，这种极化称为偶极子转向极化，见图6-2。

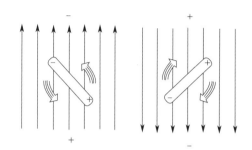

图6-2　交变电场引起偶极子转向

微波本身并不生热，它只是在被物体吸收后才会发热。众所周知，物质的基本化学组成是原子和分子，多数分子是电中性的，它们被电离后可带电极化。极化的分子（极化分子）形成正、负两极，在电场中会产生定向排列，如金属在磁铁上一样。我们知道，水分子是极性分子，即水分子中的正负电荷重心不重合。在通常情况下，由于分子热运动的结果，其分子排列是杂乱无章的，故整体不会成为极性状态。在微波外电场的作用下，极性分子将有序地排列。当外电场方向反复变动时，极性分子也相应随之反复转换，频繁地摆动，在摆动过程中，造成分子间类似摩擦作用而产生热。水是食品中最易被极化的分子，它很容易形成正负两极；其他电解质如食盐或细胞介质等，因带不同电荷的离子存在，也很容易形成离子化电导体。交流电场的方向因频率的不同而呈不同速度的改变，频率越高，则电场方向的交替变化速度越快，从而导致电场中的分子以不同的速度改变方向而产生摆振。微波是高频的电磁波，微波场中的极性分子处于高速摆振状态，如在2450MHz的微波下，食品中的水分子以每秒24.5亿次的速度随微波场的变化而来回运动，分子运动的结果造成分子间的碰撞和摩擦剧烈，从而产生大量的热量。

由于介质吸收微波能而发热，具有"热点"效应，而且会在加热介质中产生多个"热源"。因此，微波加热速率快，其加热效果是传导和对流方式加热达不到的。但是，微波电磁场的空间分布特点和加热速率过快，致使微波加热控制不当可能会出现局部过热现象。

三、微波加热的特点

微波不仅对含水物质能进行快速均匀的加热作用，而且对许多有机溶剂、无机盐类也呈现不同程度的微波热效应，微波加热的主要特点如下。

（一）加热效率高，节约能源

微波可直接使食品内部介质分子产生热效应。当微波被金属壳包围起来（金属反射微波）后，其能量可以被封闭，只作用于被加热体，不需要传热介质，甚至连容器或载体都因为选择微波穿透性材料而不被加热。因此微波的加热效率比其他加热方法要高，仅消耗部分能量在电源及产生微波的磁控管上。

(二) 加热速率快，易控制

微波不仅能在食品表面加热，而且能够穿透进入食品内部，并在内部某一体积迅速产生热量，使食品整体升温快。微波加热一般只需常规法 1/100～1/10 的时间就可完成整个加热过程。微波加热有自动平衡的性能，可避免加热过程出现表面硬化及不均匀现象；而且只要切断电源，马上可停止加热，控制容易。

(三) 利用食品成分对微波能的选择吸收性，用于不同微波干燥目的

如干制食品的最后干燥阶段，应用微波作为加热源最有效。用微波干燥谷物，由于谷物的主要成分淀粉、蛋白质等对微波的吸收比较小，谷物本身升温较慢。但谷物中的害虫及微生物一般含水分较多，介质损耗因子较大，易吸收微波能，可使其内部温度急升而被杀死。如果控制适当，既可达到灭虫、杀菌的效果，又可保持谷物原有性质。微波还可用于不同食品（干制品）的水分调平作用，保证产品质量一致。

(四) 有利于保证产品质量

微波加热所需的时间短，无外来污染物残留，因此能够保持加工物品的色、香、味等，营养成分破坏较少。对于外形复杂的物品，其加热均匀性也比其他加热方法好。

微波加热设备体积较小，占用厂房面积小。即使一次投资费用较高，但从长期生产考虑，却可节省劳动力，提高工效，改善工作环境及卫生条件。而且微波加热结合其他加工工艺（如真空干燥）还能获得更佳的效益。

食品材料对微波的选择吸收性，可有效地用于食品加工，但也会带来一些工艺控制的困难。影响食品材料介电特性的因素较多，即使相同的材料，在加热过程随着温度、水分含量的改变，其吸收特性也发生改变。因此，如缺乏控制，也易造成加热不均匀（尤其是大块食品材料的加热及冻结食品的解冻操作）。在应用微波能时，要根据食品的介电特性、微波穿透深度、使用频率及电场强度来决定加工食品的大小、厚度以及处理量和时间等，才能避免出现加热过度或不足或不均匀的缺陷。

另外，微波加热的均匀性与食品的形状密切相关。球形最利于微波聚集及加热。柱形材料在 20～35cm 直径区域范围内为最大受热中心区，在 45～50cm 直径时，只有表面发热。方形或有尖角的食品在角上的位置会产生"尖角效应"或"棱角效应"，导致过热。

微波加热作为一种加热手段，为了达到高效节能的目的，在工业应用中常结合其他的技术。如微波与热空气组合系统用于干燥速率缓慢的食品，不仅可降低成本，缩短干燥时间，还有利于控制食品中污染的生物；微波真空干燥，更有利于保证制品质量。

四、微波加热设备

(一) 微波能的产生

微波能通常由直流或 50Hz 交流电通过一特殊的器件来获得。可以产生微波能量的器件主要有两大类：电真空器件和半导体器件。

电真空器件是利用电子在真空中运动来完成能量变换的器件，也称为电子管。在电真空器件中能产生大功率微波能的有磁控管，多腔速调管，微波三、四极管，行波管及正交场器件等。微波三、四极管本身结构较复杂，使用时还要外加谐振腔，而且频率在

900MHz以上要获得千瓦级以上的功率比较困难,故它在微波加热上的应用受到限制。目前在微波加热应用较多的是磁控管及速调管。

磁控管的输出功率高、效率也高,频率稳定以及价格低廉,在工业应用较广泛。我国生产的可产生915MHz和2450MHz的微波磁控管(连续波磁控管)功率分别达到30kW和10kW以上,效率分别为80%和77%,寿命1000h以上。

在频率要求较高、功率较大的场合,用磁控管已经不能满足要求,这时常采用多腔速调管(多个谐振腔)。多腔速调管是一种放大器,而磁控管是一种振荡器。速调管虽然在效率方面比磁控管低(多腔速调管在2450MHz时效率可达60%左右),结构也复杂,但单管可获得较大的功率,工作寿命也比磁控管长。

半导体器件在获得微波大功率方面远不如电真空器件(至少差三个数量级),故少用于工业微波加热。如915MHz磁控管单管可获得30~60kW的功率,而半导体雪崩二极管只能得到数十瓦或近百瓦的功率;2450MHz磁控管可以获得5kW的功率,速调管可以得到30kW的功率输出,而半导体器件只能给出几瓦功率。

(二) 微波加热设备的类型

工业微波加热系统主要由高压电源、微波管(微波发生器)、连接波导、加热器及冷却系统和保障系统等几个部分组成,见图6-3。微波管由直流电源(交流电源变压整流)提供高电压并转换成微波能量。微波能量通过连接波导(圆波导或矩形波导)传输到加热器,对被加热物料进行加热。冷却系统用于对微波管的腔体及阴极部分进行冷却。冷却方式主要有风冷与水冷。保障系统用于设备的安全操作和防护。

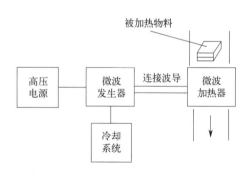

图6-3 微波加热系统示意图

微波加热器按被加热物和微波场的作用形式,可分为驻波场谐振腔加热器、行波场波导加热器、辐射型加热器和慢波型加热器等几大类。也可以根据其结构,分为箱式、隧道式、平板式、曲波导型和直波导型等几大类。其中箱式、波导型和隧道式常用。

1. 箱式微波加热器

箱式微波加热器是在微波加热应用中较为普及的一种加热器,属于驻波场谐振腔加热器。

家用微波炉就是一种典型的驻波场型微波加热器,它的结构由谐振腔、输入波导、反射波导板和搅拌器等构成,见图6-4。微波炉的谐振腔为矩形,其每边长度都大于0.5λ时(λ为微波波长,通常为12.2cm),从不同方向都有波的反射,物料在谐振腔内可从各方向接受微波作用,没被物料吸收的能量在箱壁被反射回去,再被物料吸收。微波炉内的转盘又有利于物料从各个方向吸收微波能,确保微波加热均匀。微波在箱壁上损失极小,未被物料吸收掉的能量在谐振腔内穿透介质到达壁后，由于反射而又重新回到介质中形成多次反复的加热过程，见图6-5。这样，微波就有可能全部用于物料的加热。由于谐振腔是密闭的，微波能量的泄漏很少，不会危及操作人员的安全。

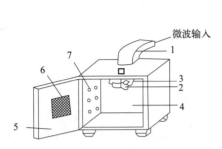 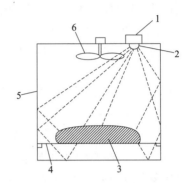

图6-4 谐振腔加热器结构示意图　　　　图6-5 谐振腔微波加热器工作原理图
1—波导；2—搅拌器；3—反射板；4—腔体；　　1—磁控管；2—微波辐射器；3—食品；
　　5—门；6—观察窗；7—排湿孔　　　　　　4—塑料制台面；5—腔体；6—电场搅拌器

2. 隧道式微波加热器

隧道式微波加热器也称连续式谐振腔加热器，将几个谐振腔加热器串联起来，在加长方向两端装上截止波导，形成一种连续型加热过程。

被加热的物料通过输送带连续输入，经微波加热后连续输出。由于腔体的两侧有入口和出口，将造成微波能的泄漏。因此，在输送带上安装了金属挡板（见图6-6）。也有在腔体两侧开口处的波导里安上了许多金属链条，形成局部短路，防止微波能的辐射。由于加热会有水分的蒸发，因此也安装了排湿装置。

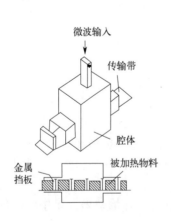 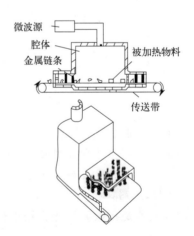

图6-6 谐振腔微波加热器工作原理图

为了加强连续化的加热操作，人们设计了如图6-7所示的多管并联的谐振腔式连续加热器。这种加热器的功率较大，在工业生产上的应用比较普遍。为了防止微波能的辐射，在炉体出口及入口处加上了吸收功率的水负载。

这类加热器可应用于木材干燥，奶糕和茶叶加工等方面。

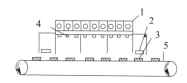

图 6-7　连续式多谐振腔加热器示意图

1—磁控管振荡源；2—吸收水负载；3—被加热物料；4—辐射器；5—传送带

3. 波导型微波加热器

波导型加热器即在波导的一端输入微波，在另一端有吸收剩余能量的水负载，这样使微波能在波导内无反射地传输，构成行波场，所以这类加热器又称为行波场波导加热器。这类加热器有以下几种形式。

(1) 开槽波导加热器（也称蛇形波导加热器和曲折波导加热器）　这种加热器是一种弯曲成蛇形的波导，在波导宽边中间沿传输方向开槽缝。由于槽缝处的场强最大，被加热物料从这里通过时吸收微波功率最多。一般在波导的槽缝中设置可穿过的输送带，将物料放在输送带上随带通过。输送带应采用低介质损耗的材料制成。图 6-8 是一种开槽波导加热器结构示意图。这种加热器适用于片状和颗粒状食品的干燥和加热。

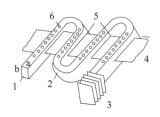

图 6-8　压缩曲折波导外形图

1—微波输入；2—弯曲波导；3—终端负载；4—传输带；5—宽壁中心无辐射缝；6—排湿孔

(2) V 形波导加热器　V 形波导加热器结构如图 6-9 所示。它由 V 形波导、过渡接头、弯波导和抑制器等组成。V 形波导为加热区，其截面见 B-B 视图，输送带及物料在里面通过时达到均匀的加热。V 形波导到矩形波导之间有过渡接头。抑制器的作用为防止能量的泄漏。

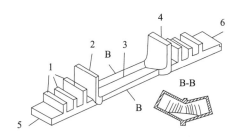

图 6-9　V 形波导加热器示意图

1—抑制器；2—微波输入；3—V 形波导；4—接水负载；5—物料入口；6—物料出口

V 形波导加热器是矩形波导加热器的一种变型。主要目的是改善电场分布，使物料加热均匀。

(3) 直波导加热器　直波导加热器结构如图 6-10 所示，它由激励器、抑制器、主波导及输送带组成。微波管在激励器内建立起高频电场，电磁波由激励器分两路向主波导传输，物料在主波导内得到加热。当用几只微波管同时输入功率时，激励器与激励器之间应相隔适当的距离，以减少各电子管间的相互影响。在波导的两端分别加上由两只 λ/4 的短路器和一只可调短路活塞组成的抑制器以控制功率的泄漏。输送带在主波导宽边底部穿过波导，其材料也应为低介质损耗材料。

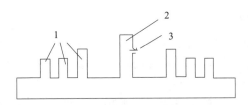

图 6-10　直波导加热器示意图
1—抑制器；2—激励器；3—微波输入

为了达到对各种不同物料的加工要求，可设计成各种型式的行波型微波加热器。常见的行波型加热器还有脊弓波导加热器等。

(4) 辐射型微波加热器　辐射型加热器是利用微波发生器产生的微波通过一定的转换装置，再经辐射器（又称照射器、天线）等向外辐射的一种加热器。图 6-11 所示为喇叭式辐射加热器。物料的加热和干燥直接采用喇叭式辐射加热器（又称喇叭天线）照射，微波能量便穿透到物料的内部。这种加热方法简单，容易实现连续加热，设计制造也比较方便。

(5) 慢波型微波加热器　该加热器也称表面波加热器，是一种微波沿着导体表面传输的加热器。由于它传送微波的速度比空间传送慢，因此称为慢波加热器。这种加热器的另一特点就是能量集中在电路里很狭窄的区域传送，电场相对集中，加热效率较高。下面介绍这类加热器中梯形加热器。

图 6-12 所示为单脊梯形加热器的示意图。在矩形波导管中设置一个脊，在脊正上面的波导壁上周期性地开了许多与波导管轴正交的槽。由于在梯形电路中微波功率集中在槽附近传播，所以在槽的位置可以获得很强的电场。因此当薄片状和线状物料通过槽附近时，容易获得高效率的加热。

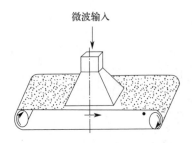 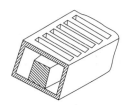

图 6-11　喇叭式辐射型加热器示意图　　　图 6-12　单脊梯形加热器

(6) 微波真空干燥箱　微波加热和真空干燥相结合的方法更能加快干燥速度，也是食品工业中常采用的干燥方法。微波真空干燥箱一般为圆筒形，这样箱壁能承受较大的压力而不变形。

第二节 微波技术的应用

微波用于食品加工始于 1946 年，但 1960 年以前，微波加热的应用只限于食品烹调和冻鱼解冻方面。20 世纪 60 年代起，人们开始将微波加热应用于食品加工业，60 年代后期，其应用领域进一步扩展到食品烹调、干燥、烘烤、解冻、杀菌、灭酶、膨化、提取等领域。

一、微波烹调

微波炉烹调食品具有方便、快速，维生素等营养成分损失少，鲜嫩多汁等优点。微波烹调食品主要有两种形式：一种是在家庭和食堂中自己配料烹调的食品，另一种就是公司制造的微波炉方便食品。后者消费者购买后，直接用微波炉加热后即可食用。

用微波炉可以蒸炖鱼肉，炒肉和蔬菜，蒸制米饭和面食等。采用微波炉完成这些操作，节约时间，而且食品更近原色，营养成分损失更少。

二、微波干燥

用微波加热达到干燥目的的方法应用最广泛，在工业上已成功用于木材、纸张、皮革、电影胶片、化工产品、药材、卷烟、制茶、粮食、果蔬及各种加工食品的干燥处理。微波干燥主要利用湿物料的快速体积加热而产生的附加显热，诱导湿气向表面扩散，有利于用较经济的常规技术来抽走和排出湿气。微波干燥最大的优点是在干燥后期降速干燥阶段可提高干燥速率，避免传统干燥方法干燥后期干燥速率低、干燥时间长的缺点。因此，为了提高微波能使用效率，降低成本，微波干燥常与传统热干燥技术配合使用。如微波-热空气干燥果蔬，微波-真空干燥果汁粉，后者生产成本比等效的冷冻或喷雾干燥低，生产效率得以提高，产品色泽、质构及复水性好。微波用于升华干燥也可将干燥时间大大缩短。

微波干燥另一应用是中等水分物料的最后干燥，每种湿料干燥速率曲线上都有一临界水分，当低于此水分值时，采用常规的干燥方法速率慢，效率低，而此时用微波加热的组合系统（即先用常规加热，再用微波加热），在运行费用和能量利用等方面被认为是最佳的加热方式。

目前应用比较多的微波干燥方法有微波真空干燥、微波冷冻干燥、微波真空冷冻干燥三种方式。

微波真空干燥已被成功地应用在固体颗粒果汁饮料的生产上，产品品质优于喷雾干燥、冷冻干燥，运转费也比它们低。法国一厂家曾利用一台 48kW、2450MHz 的微波真空干燥机，浓缩干燥柑橘汁，干燥速率 49kg/h，干燥时间为 40min，成本较单独采用真空干燥或冷冻干燥大为降低，而且维生素 C 保存率高。

微波冷冻干燥是指利用微波作用使物料水分在冻结状态下脱水。由于干燥过程是从食品表面开始的，随着干燥层的加厚，热由表面向里面传递的速率越来越慢，加之与冻结材料相比，干物质的热导率较小，导致传热更为困难。干燥的早期是速度较快的恒速过程，后期的干燥速率会急剧下降，使得传统的冻干过程表现出周期很长的严重缺陷，而对加工过程来说，时间越长意味着加工成本越高。利用微波穿透加热为冻结食品提供热能，不会出现制品内外温差大的负效应，内部冰层得以迅速升华。微波可以打破干燥层的传热壁垒。

在选择微波冷冻干燥条件时还要考虑避免电晕放电现象的发生，一般采用频率为2450MHz，它可能使冻结制品的表面熔融。此外，干燥室内的压强必须控制在8Pa以下。结构紧密的冻结制品如牛肉等，料层厚度控制在0.64~2.54cm范围；结构疏松的冻结制品如豌豆等，料层厚度控制在1.90~6.35cm范围时，物料的厚度对干燥所需的时间没有影响。微波冷冻干燥所需的时间是普通冻干过程的1/3~1/9，因此，综合加工成本要低得多。

微波真空冷冻干燥是集微波、真空、冷冻技术于一体的干燥技术，它是在真空冷冻干燥的基础上，应用微波能加热技术，缩短了干燥的时间，提高了产品质量。真空冷冻干燥技术目前在食品工业、生物、医药等方面应用较多，但微波真空冷冻技术的应用还仅仅处在起步阶段。

微波干燥方法与其他干燥方法相比具有以下一系列的优点。①干燥速度快、干燥时间短。由于微波能够深入物料内部，使被加热物本身成为发热体，而不是依靠物料本身的热传导进行加热，因此，只需一般方法1/10~1/100的时间就能完成整个加热和干燥过程。②产品质量高。由于加热时间短，可以保持食品的色、香、味，营养素的损失也较少。③反应灵敏，易控制。用常规加热法不论使用的是电、蒸汽还是热空气等，物料要达到一定的温度都需要预热一段时间，当机器发生故障或停止加热时，物料温度的下降又需要较长的时间。而利用微波加热，通过调整微波输出功率，物料的加热情况可以瞬间立即改变，从而便于实现自动化控制。④加热均匀。微波加热是在物料的各个部位同时进行，避免了传统方法由外向内形成温度梯度导致的物料表面硬化或不均匀现象。⑤加热过程具有自动平衡能力。当频率和电场强度一定时，物料在干燥过程中对微波功率的吸收主要取决于物料的介电损失。不同物质的介电损失不同，如水比干物质大，故吸收能量多，水分蒸发快。微波不会集中在已干的物质部分，就避免了物质的过热现象，具有自动平衡的能力，由此可以保证物质原有的特性。⑥热效率高，设备占地少。微波加热设备本身不耗热，对环境温度几乎没有影响。微波加热设备的体积比传统方法所用设备也小得多。

三、微波烘烤

由于微波加热的特殊性，单纯使用微波作为热源不利于焙烤制品表皮的形成和上色，它的好处是可以大大节省焙烤所需要的时间，缩短焙烤过程。若结合其他手段，如在微波焙烤后，用200~300℃的高温烤4~5min，即可以弥补表皮形成和褐变方面的不足。微波既可以与传统方法同时使用，也可以在传统方法之后使用。

发酵面制品采用微波焙烤加工时可以降低对焙烤用面粉的品质要求。用微波焙烤可以改善高淀粉酶含量（活力），低蛋白质含量的面粉是不合适的。如高淀粉酶含量会使淀粉高度降解而使面包的体积小、弹性差、面包屑干硬等。微波加工可使面团迅速升温，进而加快二氧化碳的产生和水汽的形成，从而能得到较高的体积比。此外，温度快速升高，减少了酶作用的时间，也避免了淀粉的过度降解。

用微波烤制全麦粉面包、黑麦面包和高蛋白含量面粉面包，可以在同样发酵时间的情况下减少焙烤时间。但微波焙烤没有焦糖化作用，也不能使制品产生芳香化合物以及褐变。

用微波作为焙烤手段时，面团的配方需做适当的调整，不能与传统的配方雷同。应用微波也可能开发出许多新的食品品种，如炸面团，原来的加工方法是用油炸，联合使用微波焙烤后只需先进行短时间的油炸使表面上色，然后再用微波烤熟，这样可使制品的油含量降低25%。很多研究显示，虽然微波焙烤制品对感官品质有一定的影响，但还是具有以下的优点：配方相同的情况下，微波焙烤制品比传统焙烤制品具有更高的营养价值；微波焙烤可以大大缩短加工时间，例如，加工1kg面包的总时间仅为7~8min；微波设备占地面积小得多。

微波还可以烧炙和油炸，主要用于家禽、肉馅饼、腊肉、面食、方便食品、再加热制品等。近年来，微波应用技术正被广泛应用于瓜子、花生、核桃、杏仁、板栗等干果类的焙烤，以及花生、板栗的脱皮。与传统制作方式相比，微波焙烤的干果香脆可口、颗粒膨化饱满、色泽自然、外形美观，而且具有杀虫杀菌作用。用微波处理加工坚果类时，除可以克服传统烘烤加热过度、坚果本身变脆的缺点外，还可以增加其香味，延长货架期，既改善了环境，又提高了制品的质量。

微波焙烤的特点：微波直接对物料介质进行加热，加热器箱体本身吸收能量，故能量得到充分利用，微波能转换效率一般在70%以上，比常规方法提高效率2~5倍。从能量转换效率上看，特别适合干燥率在20%以下的物料。而微波的穿透性又可使物料介质表面和内部同时被加热，这是常规方法无可比拟的独特优势，能确保产品质量。微波焙烤时，物料各部位通常都能均匀地渗透电磁波产生热量，不存在传导加热中较大的温差，可以大大改善焙烤的均匀性。微波的穿透性和迅速加热效果，使物料内部水分子迅速汽化，实现膨化效果。无壳瓜子可膨化一倍多，膨化率在98%以上，呈现为颗粒均匀饱满，质量好。低温杀菌，营养成分损失少。微波功率和传送带速度均可无级调节。微波功率可零至额定值平滑地连续调节，控制产品产量和品质，适应食品工艺规范的要求。微波能量不存在热惯性，可即开即停，易于控制。设备质量可靠，自动化程度高。微波设备无余热辐射，无粉尘和噪声污染，极大地改善了生产环境，易于实现食品卫生的生产要求。

四、微波解冻

传统的冻结食品解冻是在室温或加热室内（或热水）进行的。由于冻结食品比非冻结食品有较高的热导率，因此融化过程的传热是由表至里进行的。当解冻温度一定时，食品解冻外层导热比内层慢，解冻时间长，容易造成汁液流失，影响解冻食品的质量。利用微波在低温下的穿透力较强及冰的介电特性特点，工业上用微波进行冻肉的解冻和调温，可获得新鲜肉般的质量，利于更好地利用肉原料，也利于解冻后的进一步加工。另外，微波解冻还具有解冻时间短、表里解冻均匀、工作环境清洁并可连续化批量生产的优点。

冷冻食品的微波解冻工艺包括融化和调温。融化是将冻结食品进行微波快速解冻的过程，一般原料的解冻操作在输送带上完成。调温是根据解冻工艺要求将冻制品从冷冻条件下的某一温度升温到零下某一温度，以方便后加工处理（如冻结肉的切块）的过程。美国和日本使用915MHz微波（分批间歇式）解冻设备用于冻结肉的快速解冻，均获得比较理想的效果。解冻后食品的营养价值和含水率的变化较小，采用传输带式微波解冻装置，1h可解冻500kg（20kW）或1t（50kW）的鱼。

五、微波杀菌与灭酶

延伸阅读7
微波解冻技术的研究趋势

微波具有热效应和非热效应双重杀菌作用。微波热效应杀菌的机制：由水、蛋白质、核酸、糖类、脂肪和无机物等复杂化合物构成的生物细胞是一种凝聚态介质，该介质在强微波场的作用下，温度升高，其空间结构发生变化或破坏，蛋白质变性，影响其溶解度、黏度、膨胀性、稳定性，从而失去生物活性。

微波非热效应杀菌的机制：微波作用能改变生物性排列聚合状态及其运动规律，而且微波场感应的离子流，会影响细胞膜附近的电荷分布，导致膜的屏障作用受到损伤，影响Na-K泵的功能，产生膜功能障碍，从而干扰或破坏细胞的正常新陈代谢功能，导致细菌生长抑制、停止或死亡。另外细胞中的核糖核酸（RNA）和脱氧核糖核酸（DNA）在微波场力作用下可导致氢键的松弛、断裂或重组，诱发基因突变或染色体畸变，从而影响其生物活性的改变，延缓或中断细胞的稳定遗传和增殖。

简单地说，微波杀菌是微波热效应和非热效应共同作用的结果。微波的热效应主要起快速升温杀菌作用；而非热效应则使微生物体蛋白质和生理活性物质发生变异，从而丧失活力或死亡。因此，微波杀菌温度低于常规方法，一般情况下，常规方法杀菌温度要在100℃以上，时间要十几分钟至几十分钟，而微波杀菌温度仅70～90℃，时间为几分钟。

微波良好的杀菌效果已被人们所重视。由于微波对塑料和玻璃的透过性较强，微波对塑料及玻璃瓶密封包装后的食品进行杀菌可以避免二次污染。用5.2kW微波对口服液（10mL装）进行杀菌，处理量3万支，作用时间2.5～3min，温度70～80℃，产品室温放18个月仍符合国家卫生标准。而采用常规热杀菌需105℃杀菌30min，瓶子破损率5%～7%，而且易出现沉淀。用微波杀菌则没有出现这些问题。瓶装啤酒（4～5℃），在微波设备中杀菌4.5～6min，加热至65～70℃，保持2min，自然冷却，即可达到杀菌效果。常规巴氏杀菌（喷淋）需在65℃保温数十分钟，产品泡沫外观、持泡性、香气、滋味及色泽等感官指标检测表明，微波杀菌产品质量优于传统的杀菌产品。

微波杀菌时间短、速度快，常规热力杀菌是通过热传导、对流或辐射等方式将热量从食品表面传至内部，要达到杀菌温度，往往需要较长时间。微波杀菌是微波能与食品及其细菌等微生物直接相互作用，热效应与非热效应共同作用，达到快速升温杀菌的目的，处理时间大大缩短，各种物料的杀菌时间一般在3～5min。

微波杀菌作为一种低温杀菌方式，有利于保持食品的营养成分和传统风味。微波杀菌是通过特殊热和非热效应杀菌，与常规热力杀菌比较，能在比较低的温度和较短的时间获得所需的消毒杀菌效果。常规热力杀菌往往在环境及设备上存在热损失，而微波是直接对食品进行作用，因而没有额外的热能耗损。相比而言，一般可节电30%～50%。

常规热力杀菌是从物料表面开始，然后通过热传导传至内部，存在内外温差。为了保持食品风味，缩短处理时间，往往食品内部没有达到足够温度而影响杀菌效果。由于微波具有穿透作用，对食品进行整体处理时，表面和内部同时受到作用，所以消毒杀菌均匀、彻底。

微波食品杀菌处理，设备能即开即用，没有常规热力杀菌的热惯性，操作灵活方便，微波功率能从零到额定功率连续可调，传输速度从零开始连续调整，便于控制。与常规消毒杀菌相比，微波杀菌设备不需要锅炉、复杂的管道系统、煤场和运输车辆等，只要具备水、电基本条件即可。

应用微波能进行灭酶，常用于食品速冻或脱水干燥的前处理过程。常规热水烫漂，易造成营养成分损失等问题，采用热空气或蒸汽又会出现受热不均匀问题，而用微波则可解决物料外形复杂、料层中间的传热问题。如甜玉米棒冷冻贮藏前需抑制玉米及蕊中引起变味的酶，传统热处理工艺将会出现玉米粒过热问题，而采用热水结合微波（915MHz）工艺，先经热水处理 2～4min，再用微波处理 2min 可抑制玉米粒及蕊中过氧化酶活性。

微波灭酶在应用时要考虑到食品的性质。根据微波加热的特点，制品内部的温度稍高于表面。当制品内部温度达到酶失活温度时，表面温度尚不足以杀灭所有的酶。在蔬菜热烫时，为了克服热水烫漂造成的营养素损失的弊端，可将微波与蒸汽结合使用。用微波加热中心部位至酶失活温度，然后通入蒸汽进行制品表面灭酶，两者结合的结果使制品中的酶全部失活。蒸汽的冷凝水必须迅速排出，因为气态的水受微波作用几乎没有热效应，而液态水会因微波作用从而影响制品品质。

六、微波膨化

微波加热速度快，物料内部气体（空气）温度急剧上升，由于传质速率慢，受热气体处于高度受压状态而有膨胀的趋势，当达到一定压强时，物料就会发生膨化。

高水分含量的物料，水分在干燥初期大量蒸发，使制品表面温度下降，膨化效果不好。当水分低于 20% 时，物料的黏稠性增加，致使物料内部空隙中水分和空气较难泄出而处于高度积聚状态，从而能产生好的膨化效果。

影响物料膨化效果的因素很多，就物料本身而言，组织疏松、纤维含量高者不易膨化，而高蛋白、高淀粉、高胶原或高果胶的物料，由于加热后这些化学组分"熟化"，有较好的成膜性，可以包裹气体，产生发泡，干燥后将发泡的状态固定下来，可得到很好的膨化制品。以支链淀粉为主要原料，再辅以蛋白质和电解质如食盐的基础食品配方，可以达到理想的膨化效果。

微波加热过程再辅以降低体系压强的办法，可有效地加工膨化产品。例如，首先用通常的方法加热干燥使物料水分达到 15%～20%，然后再用微波加热，同时快速降低加热系统的压强，使物料内包裹的气体急速释放出来，由此而产生的制品体积较大。微波膨化可用于各类原料（淀粉质、蛋白质、肉品等）小吃食品的加工。

七、微波提取

N.Gedye 等人于 1986 年将微波技术应用于有机化合物提取，他们将样品放于普通家用微波炉中，通过功率、时间模式激发微波，几分钟就能提取得到传统加热需要几小时甚至十几小时才能得到的分析物。从此微波辐射技术应用研究激发了人们的兴趣，逐渐从消解应用发展到提取应用。20 世纪 90 年代初，由加拿大环境保护部和加拿大 CWT-TRAN 公司携手开发的微波提取系统，现已广泛应用于香料、调味品、天然色素、草药、化妆品和土壤分析等领域。微波提取效率高，纯度高，能耗小，产生废物少，操作费用少，符合环境保护要求。

微波提取的机制包括两方面：细胞破碎机制，微波加热导致细胞内的极性物质，尤其是水分子吸收微波能，产生热量使胞内温度迅速上升，液态水汽化产生的压力将细胞膜和细胞壁冲破，形成微小孔洞，以致出现裂纹。孔洞或裂纹的存在使胞外溶剂容易进入细胞内，溶解并释放出胞内物质。另外，微波所产生的电磁场加速被提取部分成分向提取溶剂界面扩散速率。用水作溶剂时，在微波场下水分高速转动成为激发态，这是一种高能量不稳定状态；或者水分子汽化，加强提取组分的驱动力，或者水分子本身释放能量回到基态，所释放的能量传递给其他物质分子，加速热运动，缩短提取组分的分子由物料内部扩散到提取溶剂界面的时间，从而使提取速率提高，同时还降低了提取温度要求，最大限度保证提取的质量。

微波提取技术与其他现有的提取技术相比有明显的优势。微波提取通过偶极子旋转和离子传导两种方式里外同时加热，较传统热提取（热传导）方法而言，具有以下优势：选择性好，微波提取过程中由于可以对提取物质中不同组分进行选择性的加热，因而能使目标物质直接从机体中分离；加热效率高，有利于提取热不稳定物质，可以避免长时间高温引起样品分解；提取结果不受物质水分含量影响，回收率高，试剂用量少，节能、污染小；仪器设备简单，操作容易。国内已有 1～100kW、容积 0.1～3m^3 的微波提取装置。

八、其他应用

家用微波炉已广泛用于家庭与餐馆（宾馆）中烹调等。用微波炉加热，烹调食品具有省时、节能、卫生、方便等优点，微波炉的普及对适合微波炉加热的预制调理食品、冷冻食品等方便性食品的发展有极大的促进作用。

采用微波陈化白酒在我国极受重视，微波对白酒的催陈作用，是微波能被酒吸收后产生的热效应和化学效应的共同结果。微波使白酒中各成分的分子处于激发状态，有利于各种氧化还原和酯化反应的进行。微波还可将酒精分子及水分子团切成单分子，再促进其重新缔合，加强醇化过程。微波在酒体中转换为热能，提高酒体温度，造成加速醇化的物理环境。经微波处理 1～2min 后的白酒可相当于自然醇化 3～6 个月的效果，不仅可改善酒质，还可提高生产效率。目前不仅有大功率（5kW），也有中等功率（800W）的老熟设备。这对酿酒行业来说，在节省存坛厂房或仓库面积和设备方面有着巨大的经济效益，而且还能减少存坛期的挥发损失。

利用微波可以使溶剂在低温下脱除，该技术常用于物质的分离提取（如高黏度壳聚糖、植物香油等）。微波还广泛应用于轻工、化工、药材、木材等产品的干燥，选择不同的频率还可用于医疗或生物育种诱变等目的。

利用微波原理设计的微波测量仪器，已广泛应用于工业。如手提式微波辐射危险计，可用于探测微波炉灶、工业加热设备、微波治癌机等设备的微波泄漏情况。如果这些设备有微波泄漏，只要超过 5mW/cm^2 的剂量，辐射危险计就会发出闪耀的红光报警。

第三节 微波应用中的安全问题

一、微波加热对食品品质的影响

(一) 微波加热对食品褐变的影响

利用微波加工时,由于受热物料的表面没有传统加热方式下很高的环境温度,制品表面温度较低,需在高温下发生的焦糖化和美拉德反应不能进行。微波焙烤制品色泽浅灰色,缺乏传统焙烤制品金黄色的特征颜色,对食品的感官接受性产生较大的影响。

食品感官指标中的色泽,对增加食欲有一定的作用,如水果和蔬菜等植物性食品具有鲜艳的色泽,另外一些食品如肉类、鱼类和面制品等用传统的加工方法,如焙烤等加工出来的食品表面呈现"焦黄"的色泽。在焙烤和烧烤中,食品表面的颜色属于反应色,是食物在高温下通过化学反应而产生的色素颜色,而这一类反应多为美拉德反应或焦糖化反应,高温是这类反应的一个条件。微波加热的速度快,加热制品表面温度相对较低,并且存在由表面至内部一定距离内的温度梯度,缺乏褐变反应需要的温度和时间,造成褐变反应不足,食物表面颜色较浅,微波加热在一定程度上影响褐变反应的发生。

人们为了解决微波加工中食品色泽问题,采取了人为着色、微波敏片、微波食品褐变剂等方法。

人为着色:将需要加工后出现一定"色泽"的食物原料在进行微波加工之前先用酱色涂布,在加工后食品的表面就会"着色"。但采用这种"着色",食品的颜色不是通过微波加热产生的,感官上不太自然,人们心理上难以接受。

微波敏片:它是一种比食品更易吸收微波能的材料,敏片先吸收能量迅速升温到150℃以上,然后通过热量传递使食品表面达到高温状态,促使一些高温化学反应顺利进行。但这种方法会使食品表面产生褐斑,因为很难保证食品表面的任何一个部位都能完全与微波敏片相接触。此外,这种方法的成本相对较高;温度很高的微波敏片也不安全,容易烫伤手等。

微波食品褐变剂:这种褐变剂一般利用了美拉德反应原理,使食品在微波加热条件下就能产生理想的褐变效果,美拉德反应是这类褐变剂的基础。

(二) 微波加热对维生素的影响

与其他加热方法相比,微波加热的速度快、时间短,并保持了食品中大量的水分,所以在加工过程中维生素的损失较小。

在焙烤制品中引起维生素大量损失的原因是煎炸和烧烤时,制品的表面温度很高,加热时间长。如用微波焙烤,加热速度快、时间短,制品中的维生素能得到很好的保留。如果经微波长时间的焙烤,也会引起维生素的大量损失。

用微波能对不同的蔬菜进行热烫处理,所需的时间远远少于沸水或蒸汽热烫所需的时间。微波处理蔬菜时,维生素C的含量几乎不受影响。对蔬菜进行沸水热烫、蒸汽热烫和微波热烫实验表明,随着热烫液体的不断流出,蔬菜中大量的维生素C、维生素B_1和维生素B_2沥出并进入热烫液中。无水微波处理比加水微波处理或传统蒸煮方法能保留更多的水溶性维生素。此外,用微波处理,蔬菜的风味较新鲜。在用微波处理蔬菜时,75%

的情况是水溶性维生素的保留率均高于其他传统的烫煮方法。

微波加工不像传统的加工方法那样在肉制品中心温度达到要求时，其制品外表就会加热过度。用微波炉与普通烤炉焙烤肉制品，微波加工使肉品中的维生素保存更多一些。不同加热方法对烤牛肉和烤猪肉中维生素 B_1 和维生素 B_2 的影响相差不大。

预制食品通常是指食品原料用一定方法烹调后，以小包装的形式包装并立即快速冷冻，然后冷冻至-25℃，在-18℃下冷藏的制品。预制食品主要有肉制品和蔬菜。预制食品由冷冻状态到食用状态需要再加热、解冻、升温。保存食品中营养素的最好方法是短时间的加热或即煮即食，不宜将食品长时间处于高温条件下。与传统加热方式相比，微波再加热对营养素的破坏要少得多。

(三) 微波加热对油脂的影响

油脂的分子结构是极性的脂肪酸分子，能吸收微波能。在微波辐射下可被加热到210℃以上（常压）。油脂微波加热与传统方式加热相比，加热前5min，微波加热油脂温度上升的速度高于传统方式，5min后，传统加热方式的加热速度高于微波加热速度。微波作用对油脂酸价的影响，在开始加热阶段，用传统方法加热的油脂，其酸价升高较微波加热快，在4~5min之后，用微波加热的油脂的酸价升高超过传统加热。

(四) 微波加热对糖类的影响

干燥的淀粉很少吸收微波能。一般情况下，淀粉都含有水分，所以微波对其有一定作用。糖类中的低聚糖能吸收微波能，如蔗糖、葡萄糖可以吸收微波能而融化，以致脱水焦糖化。

(五) 微波加热对水分的影响

微波加热速度快，在加热过程中，环境温度较低，因而从制品内部至表面形成了水蒸气分压从高到低的急剧降落，导致水分向制品周围的剧烈扩散和流失。微波加热与其他方法相比，水分的损失明显要高得多。

(六) 微波加热对食品风味的影响

由于微波加热的特殊性（加热速度快，时间短），微波食品加工存在上色不足和风味弱化的问题，微波加热对食品的风味有重要影响。

食品中的风味化合物有些是天然的，即在动、植物生长过程中合成的；有些是通过酶作用或酶反应产物的间接作用将前体物质转化为风味化合物；有些是通过高温化学反应如美拉德反应，生成一系列挥发性较大的有机物所产生的；还有的是通过食品加工过程中，人为地添加香精、香料和各种抽提物等所产生的。食品中的风味化合物是一系列低沸点的醇、醛、酸、酯和芳香族杂环化合物，它们种类很多，但一般含量甚微，它们共同作用使食物表现出特征风味。

在微波加热过程中，各种风味化合物的不均衡性挥发是导致食品风味变异的主要原因。此外，各种风味化合物的极性和介质的介电常数对食品风味变异也有很大影响。在微波加热条件下，各种风味物质的挥发快慢和"蒸发"比例受到各种因素的影响，使食品的特征风味出现变化。

微波加热条件下高温化学反应不充分以及蒸发损失过快、过高就会引起食品风味弱化。在面包、蛋糕、咖啡和茶的焙烤以及肉类的烧烤中，发生高温化学反应如还原糖和氨基酸之间的美拉德反应，赋予制品特有的风味。而微波加热时间短、表面温度低，因此食品表皮往往没有脆性，缺乏金黄色特征，香味也不充分。此外，微波加热是由里向外同时加热，水分等物质在食品内部的迁移以及由表皮向环境蒸发的速度非常快，损失大，这样，某些风味化合物的挥发损失量也非常大，造成微波加工食品的风味弱化。

二、微波对人体的影响

微波是一种高频的电磁波，其量子能级处于 $4\times10^{-4}\sim1.2\times10^{-6}$ eV。这种辐射的量子能量不足以对物体形成电离，因此它不属于电离辐射范围。用适当能量的微波照射一定的时间，可以治疗某些疾病，如使组织血流量加速、血管扩张、代谢过程加强、局部营养改善，从而促进机体组织修复及再生。但是，在高能量及长时间的照射下，微波又会给人体健康带来不利的因素。高强度微波的辐射，对人体器官造成的主要危害：中枢神经系统出现神经衰弱综合征和器质性损伤；人体组织极易吸收微波能，引起局部温度升高。不同频率微波对人体各部位的影响是不同的，见表6-2。功率密度是微波对人体伤害的关键指标，人体一般暴露于 100mW/cm^2 以上功率密度时，才产生明显的不可逆病理变化。此外，微波的伤害作用与许多因素有关。一般来说，环境温度较低的情况下，微波的伤害作用比在高温、高湿度环境中要轻得多；人体受辐射时间愈长，作用愈显著；脉冲微波在同样的平均功率下的伤害作用比连续微波大；在同样面积局部照射下，照射头部可以造成全身性生理反应，比照射其他部位影响大，人体表面伤害最敏感的部位是眼睛和睾丸。

表6-2 微波对生物体的主要效应

频率/MHz	波长/cm	受影响的主要组织	主要的生物效应
<150	>200	—	透过人体，影响不大
150～1000	200～30	体内器官	由于体内组织过热,引起各器官损伤
1000～3000	30～10	晶状体,睾丸	组织的加热显著,特别是晶状体
3000～10000	10～3	晶状体,表面皮肤	有皮肤加热的感觉
>10000	<3	皮肤	表皮反射,部分吸收微波而发热

动物实验已证明，微波对眼睛及睾丸的影响较明显。高强度的微波照射眼部可引起眼白内障。主要原因是晶状体没有脂肪层覆盖，缺乏血管散热，致使吸收微波能产生的热量不能迅速地传走和耗散在身体其他部分，而致使晶体蛋白质凝固及引起其他生理反应。许多研究指出，只要微波的功率密度小于 10mW/cm^2，正常人体暴露在这种功率密度下，会引起体温缓慢升高，但可通过人体自身的调节系统进行调整，因此认为长期承受这种剂量对人体没有任何有害的影响。但是，为了保证从事微波加工工作人员的身体健康，微波应用中必须合理选择微波频率及控制泄漏的微波功率密度（泄漏标准）。

三、微波辐射的安全标准

世界各国对于微波辐射安全剂量进行了长期的研究，各国也规定了不同的标准，见表6-3。从总的趋势看，目前是向着更严格的极限方向逐渐降低上限。然而由于高频和微波设备都用于连续生产线上，并带有供产品进出的端口，当推荐的标准更严格时，就会增加微波应用设计的压力，即要求进出口具有足够的衰减以便使泄漏能降低到新极限以下。这也意味着衰减沟道更长，设备更贵。因为即使在数十千瓦的中等功率水平要使泄漏低于 1mW/cm^2 都是十分困难的，除非采用完善的精制的抗流系统。

表 6-3 各国微波辐射的安全标准

国家	频率/MHz	工作条件	允许最大照射平均功率密度/(mW/cm²)
美国(1971年)	100～10000	一天 8h 以内	10
		一天 8h 间断照射,每小时内不超过 10min	10～25
		不容许受到照射	>25
苏联(1958年)	300～300000	每天 15～20min(戴防护眼镜)	1.0
		每天 2～3h	0.1
		整天工作	0.01
波兰(1971年)	300～300000	每天 8h	0.1
		整天工作	0.01
法国(1965年)	300～300000	1h 以上(军用标准)	10
		1h 以下	10～100
英国(1965年)	30～300000	整天连续照射	10

目前各国仍执行着不同的安全标准,多数西方国家认为采用微波频率高于 1000MHz 时,10mW/cm² 的功率密度不会有什么热伤害,但在较低频率(频率<433.9MHz)时,在所规定的功率密度下长达数小时的暴露可能在局部组织出现过热现象。根据研究提供的数据,在频率较低时,全身连续暴露所容许的功率密度要降到 1mW/cm² 才合适。在某些国家,对功率源微波炉等微波设备的制造者,通过强制法规使其产品的辐射泄漏应低于所建立的辐射标准。

美国 FDA 对家用(小功率)微波炉的泄漏标准规定,在卖给顾客之前功率密度不得超过 1mW/cm²,此后也不得超过 5mW/cm²。试验时一律在炉内放入一个标准的 275cm³ 的水负载,然后在炉外任一点(距离 5cm)上测量漏能。对工业用微波加工生产线,泄漏的功率密度最大值是 10mW/cm²。日本对家用微波炉泄漏标准则规定炉门开闭 10 万次试验后,其泄漏微波功率密度低于 5mW/cm²。

我国对微波辐射暂行卫生标准规定,微波设备出厂前,在设备外壳 5cm 处漏能值不得超过 1mW/cm²(915MHz)和 5mW/cm²(2450MHz);工作人员一日 8h 连续辐射时,辐射强度不应超过 50μW/cm²,日最大允许量为 400μW/(h·cm²)。考虑微波的生物效应,对脉冲波日最大允许量为 250μW/(h·cm²)。某些工种,仅是肢体受到微波辐射的与全身受到辐射的情况相比,其日最大允许量可比全身受辐射剂量大 10 倍。与固定方向微波辐射相比,非固定方向微波辐射在同等条件下,其允许强度可比固定情况大一倍。特殊情况,需在大于 1mW/cm² 环境工作时,必须使用个人防护用品,但日剂量不得超过 400μW/(h·cm²)。一般不允许在超过 5mW/cm² 的辐射环境下工作。

四、微波应用中的安全技术措施

工业上应用微波技术,除了泄漏安全标准限制外,为了避免干扰无线电通信,还需对使用频率进行限制。各国对工业、科学和医学(ISM)使用的微波频率都有各自的限制频带。减少微波辐射的泄漏源,不仅可减少对人们健康的伤害,还可减少功率浪费,从而提高微波的总利用率。依据工业使用设备的特点,应采用不同的安全措施。

(一)批量系统(间接式装置)的安全措施

电炉式加热器及其磁控管微波源组成的批量系统(如家用微波炉)的唯一泄漏点是门

封。采用1/4波长的抗流系统可以很好地把泄漏降低到可接受的极限。此外，在炉门设计上采用可靠的互锁装置，当炉门没有完全关闭、夹紧或锁住时，电源就断开。在观察窗上装有冲孔金属板，防止微波从窗口泄漏；以及多层的密封垫，防止从门四周泄漏。

(二) 连续生产系统的安全措施

连续操作的高频系统比批量系统的泄漏要大得多，这是因为在线系统必须在设计中引入一个物料进出口，这些进出口必须适当地抗流以及吸收从加热室中辐射出来的剩余能量。通常进出口应尽量小至刚好让处理物料通过。在必要的场合，可采取对微波设备进行封闭性屏蔽的方法来避免微波辐射的伤害，也可采用遥控等方法减少对操作人员的危害。

工业微波设备从开口端泄漏的能量可用下述技术中单项或多项加以控制，通常称之为抗流系统的装置。限制端口的尺寸小于工作频率时截止波导的尺寸。限制端口为矩形，其中一个方向上的尺寸应小于半波长，以便将泄漏控制在一个极化的平面。对于宽边、低高度的端口，设计炉灶时使内壁电流极化垂直于端口方面上的电流分量为零，像在蛇纹形加热器中一样。加入一个1/4波长槽缝的无功抗流系统或在通道端口使能量传播呈现开路的结构。提供一电阻性吸收系统（也称吸收屏蔽）以衰减漏能并维持剩余泄漏在上述限制之内。

电阻性抗流是限制大孔泄漏的唯一有效方法，可采用两种形式中之一或其组合形式。一种是采用高介质损耗的工作负载通过一内部间隙很小的密闭波导段（分散在波导管四周），因为负载对能量的吸收可获得高的衰减值；另一种是在抗流器中装有一个或多个内含吸收材料（吸收屏蔽材料）或水负载系统的箱体，从导管中泄漏出来的能量扩散进入这些箱体中，可使进入下一段导管的功率密度降低。常用的国产吸收材料依不同频率可选用软（硬）泡沫、胶片、塑料板、玻璃钢、涂层、纸质、橡胶质圆锥等吸收材料。但是，使用电阻性抗流装置的严重缺点是没有负载时就完全失效。因此，必须有其他手段（如需一附加自动保护系统）防止这种潜在危险产生。另一个缺点是要浪费部分功率在吸收器中。

此外，在特殊环境要求中，还可采用附加屏蔽，如单层的或双层的夹有吸收材料的法拉第罩子；经常检查各种安全自动装置的可靠性；在最危险的地方设置标牌，警告人们当系统工作时不要把手或物体伸进端口，或在微波设备区的周围设置警戒线，以防止其他非操作人员接近危险区；操作人员进入超过有害剂量的微波范围内，戴防护眼镜、穿防护工作服等都是防止微波辐射的有效措施。

为了正确有效应用微波能，减少不必要的伤害，微波系统的设计及使用都需按严格的规定程序及标准进行。

【复习思考题】

1. 简述微波加热原理及其特点。
2. 为什么说微波加热具有选择性？如何克服由于微波穿透特性引起的加热不均匀现象？
3. 微波在食品工业中的主要应用有哪些方面？应该控制哪些条件才能获得最佳效果？
4. 微波设备有哪些？
5. 微波加热对食品的影响有哪些？
6. 微波应用的安全措施有哪些？

第七章 食品的腌制、烟熏与发酵保藏

第一节 食品腌制的基本原理

将食盐、酱或酱油、食糖或有机酸渗入或注射入食品组织内，脱去部分水分或降低水分活度，造成渗透压较高的环境，有选择地控制微生物繁殖，进行食品保藏或改善食品风味称为腌制或腌制保藏，包括盐制、酱渍、糖制、酸渍和糟制。食品腌制的目的大致有四个方面：增加风味、稳定颜色、改善结构、有利保存。食物腌制历史见视频7-1。

一、腌制的基本原理

（一）溶液及溶解度

溶液是由溶质和溶剂组成的。盐或糖溶入水后就成为溶液，盐或糖为溶质，水为溶剂。盐水溶液的浓度通常用密度计来测定。过去用波美密度计浸入溶液中所测得的度数来表示溶液浓度，用°Bé(Baumé的缩写) 作符号。溶液的波美度与相对密度间常有一定的关系，测得波美度后就可查得相应的相对密度。也可用下式进行换算（对比水重的液体）：

视频 7-1

$$d(20℃/20℃) = \frac{144.15}{144.3°Bé} \tag{7-1}$$

糖水浓度可用量糖计测定，在欧洲也使用波林糖度计。白利（Brix）糖度计也可用于糖溶液浓度的测定。溶解度是在一定温度和压力下，物质在一定量溶剂中溶解的最大量。固体或液体溶质的溶解度常用100g溶剂中所溶解的溶质质量（g）表示。物质的溶解度除与溶剂的性质有关外，还与温度、压力等条件有关。各温度下食盐的溶解度见表7-1。蔗糖在水中的溶解度见表7-2所示。

表7-1 各温度下食盐（NaCl）的溶解度

温度/℃	盐液浓度/%	每100g水中NaCl溶解量/g	温度/℃	盐液浓度/%	每100g水中NaCl溶解量/g
0	26.31	35.7	60	27.12	37.3
10	26.36	35.8	70	27.43	37.8
20	26.47	36.0	80	27.75	38.4
30	26.63	36.3	90	28.06	39.0
40	26.79	36.6	100	28.47	39.8
50	27.01	37.0			

表 7-2 蔗糖在水中的溶解度

温度/℃	糖液浓度/%	100g 水中蔗糖溶解量/g	温度/℃	糖液浓度/%	100g 水中蔗糖溶解量/g
0	64.18	179.2	55	73.20	273.1
5	64.87	184.7	60	74.18	287.3
10	65.58	190.5	65	75.88	315.0
15	66.33	197.0	70	76.22	320.4
20	67.09	203.9	75	77.27	339.9
25	67.89	211.4	80	78.36	362.1
30	68.80	219.5	85	79.46	386.9
35	69.55	228.4	90	80.61	415.7
40	70.42	238.1	95	81.77	448.5
45	71.32	248.7	100	82.97	487.2
50	72.25	260.4			

为了达到腌制效果，鱼肉在腌制时一般使用饱和盐溶液。但随着温度的升高（或降低），大多数固体和液体的溶解度增大（或减小）。因此，在高温时处于饱和状态的溶液冷却后就会有多余的溶质从溶液中结晶析出来，应引起注意。

溶解热是指 1mol 物质溶解于大量溶剂中发生的热量变化（热效应），可以是正值（放热）也可以是负值（吸热），与温度、压力以及溶剂的种类和用量都有关系。表 7-3 是腌制液中常用的一些盐的溶解热。

表 7-3 食盐及其所含各种盐类的溶解热

食盐	溶解热/(kJ/mol)	食盐	溶解热/(kJ/mol)
NaCl	−21.00	$MgCl_2$	+150.29
KCl	−14.18	$CaCl_2$	+72.84
K_2SO_4	−26.69		

注："−"号表示吸热，"+"号表示放热。

（二）扩散

由于微粒（分子、原子）的热运动而产生的物质迁移现象叫扩散，可由一种或多种物质在气、液或固相的同一相内或不同相间进行。主要由于浓度差，也可由于温度差和湍流运动等产生扩散现象。微粒从浓度较大的区域向较小的区域迁移，直到一相内各部分的浓度达到一致或两相间的浓度达到平衡为止。

物质在扩散时，通过单位面积的扩散量和浓度的梯度（即单位距离浓度的变化 dc/dx）成正比。因此，扩散方程式如下：

$$dQ = -DA\frac{dc}{dx}dt \tag{7-2}$$

式中，Q 为物质扩散量；$\frac{dc}{dx}$ 为浓度梯度（c 为浓度，x 为距离）；A 为面积；t 为扩散时间；D 为扩散系数。

负号表示距离 x 增加时，浓度 c 减少。扩散系数是表示物质扩散能力的物理量，可以理解为沿扩散方向，在单位时间内物质的浓度降低 1 单位时，通过单位面积的传递量。扩散系数的确实数值应该用实验方法求得，一般讲，其与温度关系较大，而与压强和浓度的关系较小。扩散系数在缺少试验数据的情况下，可按下列关系式推算：

$$D = \frac{RT}{6N_A \pi r \eta} \tag{7-3}$$

式中，D 为扩散系数，m^2/s；R 为气体常数，8.314J/(K·mol)；N_A 为阿伏加德罗常数，$6.02 \times 10^{23} mol^{-1}$；$T$ 为热力学温度，K；η 为介质黏度，Pa·s；r 为溶质微粒（球形）直径（应比溶剂分子大，并且只适用于球形分子），m。

从上式看出，扩散系数随温度升高而增大。温度升高，分子运动加速，介质黏度则减小，以致溶质分子易在溶剂分子间通过，扩散速度也就增加，扩散系数与溶质的分子大小有关。溶质分子大，扩散系数小。例如，不同糖类在糖液中的扩散速度比较如下：葡萄糖＞蔗糖＞饴糖中的糊精（5.21：3.80：1.00）。从该式还可知，介质黏度的增加会降低扩散系数，也就会降低物质的扩散量。

(三) 渗透和渗透压

渗透是指当溶液与纯溶剂（或两种浓度不同的溶液）在半透膜隔开的情况下，溶剂（或较稀溶液中的溶剂）通过半透膜向溶液（或较浓溶液）中扩散的现象。半透膜是只允许溶剂或一些物质通过，而不允许另一些物质通过的膜，细胞膜就是一种半透膜。从热力学观点来看，渗透现象与生物的成长过程和生命活动有着密切的关系。例如，土壤中的水分带着溶解的盐类进入植物的枝根，食物中的营养物质从血液中输入动物的细胞组织中等，都要通过渗透来进行，这些现象在死亡细胞内也可以进行。活细胞明显的特征是具有较高的电阻，因而离子进出细胞不那么容易，而在死亡的细胞中电解质比较容易进入，而且随着细胞死亡程度的进展，细胞膜的渗透性也会增加。将动、植物细胞浸入含盐或糖的溶液中，细胞内蛋白质不会外渗，因为半透膜不允许分子很大的物质外渗。透析就是运用这个原理来纯化蛋白质和酶的。

渗透压是引起溶液发生渗透的压强，在数值上等于在原溶液液面上施加恰好能阻止溶剂进入溶液的机械压强，也就是等于渗透作用停止时半透膜两边溶液（或一侧为溶剂）的压力差。溶液愈浓，溶液的渗透压愈大。Van't Hoff 认为理想气体的性质和溶液的渗透压相似。

$$PV = nRT = \frac{m}{M_r}RT \tag{7-4}$$

式中，P 为渗透压，Pa；V 为溶液的容积，m^3；T 为绝对温度，K；M_r 为溶质的分子量；m 为溶质质量，g；R 为气体常数，J/(K·mol)。

该式对高浓度糖溶液不适用，这和理想气体方程式不适用于高压（1.01325×10^5Pa 压力以上）、低温（0℃以下）下气体状态一样，此时难以得出正确的结果。

为便于计算渗透压，上式可以变换为：

$$P = \frac{m}{M_r} \cdot \frac{1}{V} \cdot R \cdot T = c_m \cdot R \cdot T \cdot 1000 \tag{7-5}$$

式中，P 为渗透压，Pa；c_m 为溶质浓度，mol/L；T 为热力学温度，K；R 为气体常数，8.314J/(K·mol)。

此式对理解食品盐制、糖制以及烟熏等的原理及工艺极为重要。

由于食糖的分子量要比食盐的分子量大，所以，要达到相同的渗透压，糖制时需要的溶液浓度就要比盐制时高得多。不同的糖或不同的盐所产生的渗透压也不相同，因此，如果溶液浓度相同而所用的糖或盐不同,则产生的渗透压也各不相同。

在动植物食品原料腌制过程中,各种溶质所组成的溶液与细胞内部原有溶液之间,通过渗透和扩散达到溶液均匀化,从而改变食品的结构和贮存性。当然,在讨论食品腌制对保藏的作用时,就不得不研究腌制以及腌制液对微生物生存的影响。

二、腌制对微生物的影响

(一) 渗透压对微生物的影响

微生物细胞的细胞质膜紧贴在细胞壁上,是具有选择性的半渗透性膜,营养物质的吸收与废物的排出都靠此膜来完成。微生物在吸收和利用营养物质的过程中,没有特殊的吸收营养构造,通常是靠菌体表面的扩散、渗透、吸附等作用来完成。这种半渗透性膜不但能吸收营养物质,而且还能调节细胞内外渗透压的平衡。微生物细胞膜的渗透性与微生物的种类、菌龄、内容物、温度、pH、表面张力等因素有关。微生物在不同渗透压的溶液中可以发生不同的现象。

等渗透压(即溶液中的渗透压与微生物细胞内的渗透压相等)的溶液,对微生物来讲是最适宜的环境(渗透压),即溶液中所含营养物质的浓度最合适。各种微生物都有一个最适宜的渗透压,$0.85\%\sim0.9\%$ NaCl溶液一般对非海洋、非盐湖的微生物细胞来说是等渗的,其渗透压与微生物细胞内的渗透压是一致的。这时,微生物的代谢活动保持正常,细胞也保持原形,不发生变化。

如果将微生物置于低渗透压(即微生物细胞内的渗透压高于细胞外的渗透压)的溶液中,水分就从低浓度溶液向高浓度溶液转移,使细胞质吸水,起先出现细胞质紧贴在细胞壁上呈膨胀状态的现象,如果继续吸水造成内压过大,就可导致细胞破裂、细胞死亡。虽然这种现象在食品保藏中并未得到应用,但在其他技术领域已利用它进行物质提取和加工。

将微生物置于高渗透压(即溶液中的渗透压大于微生物细胞内的渗透压)的溶液中,外界的水分不再往细胞内渗透,而细胞内的水分渗透到细胞外,这时微生物细胞会发生质壁分离,即细胞质收缩、容积减少而与细胞壁分离。细胞壁不与细胞质同时收缩的原因是由于细胞壁较坚硬、不易收缩,或是细胞壁能使溶质透过的缘故。应当注意的是,许多革兰阴性菌容易发生质壁分离现象,而革兰阳性菌就难于发生。质壁分离的结果是,微生物停止生长活动,甚至死亡。这种渗透压溶液简称为高渗溶液。此外,在高渗透压下微生物的稳定性还取决于它们的种类、细胞质中的成分、细胞质膜的通透性。如果溶质极易通过细胞质膜,细胞内外的渗透压就会很快平衡,就不会发生质壁分离现象,微生物可以照样生长。腌制以及发酵就是利用这种原理进行保藏和加工食品的。如用盐、糖和香辛料腌制,在浓度达到高渗时(如在肉、鱼、黄瓜、卷心菜、干酪中加盐)就可以抑制住微生物的生长活动,并赋予食品独特的风味和结构。

(二) 腌制与微生物的耐受性

各种微生物均具有耐受不同盐浓度的能力。一般来说,盐液浓度在0.9%左右时,微生物的生长活动不会受到影响。当浓度为$1\%\sim3\%$时,大多数微生物的生长就会受到暂时性抑制。不过有些微生物能在2%左右甚至以上的盐浓度中生长,这一类的微生物称为耐盐微生物。多数杆菌在超过10%的盐浓度时即不能生长,而有些耐盐性差的,在低于

10%盐浓度时即已停止生长。例如，大肠杆菌、沙门杆菌、肉毒杆菌等在6%～8%的盐浓度时生长已处于抑制状态。球菌抑制生长的盐浓度在15%，霉菌在20%～25%。当盐液的浓度达到20%～25%时，差不多所有微生物都停止生长，因而一般认为这样的浓度基本上已能达到阻止微生物生长的目的。由食盐等产生的高渗透压可以解释腌制防腐原理。此外，不同浓度的含盐溶液所对应的水分活度对微生物的抑制作用也可以从另一个角度解释腌制防腐的原理。需要注意的是，虽然在一定高盐浓度下多数微生物生长受到抑制，但并不见得死亡，或多或少可以生存一段时间，而且，如再次遇到适宜环境有些仍能恢复生长。

在腌制食品所用的食盐中，有时有嗜盐菌存在。有些耐盐菌不论在高浓度或低浓度盐液中都能生长。细菌中的耐盐菌有：小球菌、海洋细菌、假单胞菌、黄杆菌和八联球菌。球菌的抗盐性一般较杆菌强，非病原菌抗盐性通常比病原菌强。各种微生物对不同浓度的糖溶液有不同的耐受性。

食糖对微生物的作用主要是可以降低介质的水分活度，减少微生物生长、繁殖所能利用的水分，并借渗透压导致细胞质壁分离，抑制微生物的生长活动。糖溶液的浓度对微生物生长有不同的影响。1%～10%浓度的糖液会促进某些菌类的生长，50%浓度的糖液会阻止大多数酵母菌的生长。通常糖液浓度要达到65%～85%时，才能抑制细菌和霉菌的生长。

相同浓度的糖溶液和盐溶液，由于所产生的渗透压不同，因此对微生物的作用也不同。例如，蔗糖大约需比食盐浓度大六倍，才能达到与食盐相同的抑制微生物的效果。

由于糖的种类不同，它们对微生物的作用也不一样。例如，35%～40%葡萄糖或50%～60%蔗糖可抑制能引起食物中毒的金黄色葡萄球菌的生长，这种细菌在40%～50%葡萄糖溶液或在60%～70%的蔗糖溶液中就会死亡。同浓度下，葡萄糖和果糖对微生物的抑制作用比蔗糖和乳糖大，显然，分子量愈小的糖液，含有分子数愈多，渗透压也就愈大，因此对微生物的作用也愈大。

在高浓度的糖液中，霉菌和酵母菌的生存能力较细菌强。蜂蜜常因有耐糖酵母菌存在而变质。因此用糖制方法保藏加工的食品，主要应防止霉菌和酵母菌的影响。当然，在高浓度糖液中也会有一些解糖细菌存在。

第二节　食品盐制

一、食品的盐制方法

食品盐制是以食盐（NaCl）为主，根据不同食品种类添加其他盐类，如亚硝酸钠、硝酸钾、多聚磷酸盐等，对食品进行的处理。通常食品盐制也称为盐渍。

许多食品在加工过程中会进行盐制，如肉、鱼、奶酪、黄油、蛋类、黄瓜、洋白菜等。盐制一方面可以抑制微生物的生长，另一方面可以使制品具有独特的风味、色泽和结构，这往往与食品发酵联系在一起，在一定的腌制条件下，有害的微生物被抑制，而有利的微生物在生长。

常见的盐制方法主要有干腌法、湿腌法、动脉注射和肌内注射法等。干腌和湿腌是基本的盐制方法。对于肉类腌制，现在采用比较多的是肌内注射法。也有用动脉注射法的，但仅适用于生产带骨火腿类产品。

（一）干腌法

该法是将食盐或其他腌制剂干擦在食品原料表面，然后层层堆叠在容器内，先由食盐的吸水在制品表面形成极高渗透压的溶液，使得制品中的游离水分和部分组织成分外渗，在加压或不加压的条件下在容器内逐步形成腌制液，称为卤水。反过来，卤水中的腌制剂又进一步向食品组织内扩展和渗透，最终较均匀地分布于食品内。虽然干腌的腌制过程缓慢，但腌制剂与食品中的成分以及各成分之间有充分的时间结合和反应，因而，干腌产品一般风味浓烈、颜色美观、结构紧密、贮藏期长。我国许多传统名特优类腌制品均由此法制作。这类产品往往有固定的消费群体。

干腌时食盐用量差别很大，一般依产品特点、要求和腌制温度而异。在腌肉时，通常要加入硝酸盐或亚硝酸盐以供发色。

因食盐溶解吸收热量，因此可降低制品的温度。表7-4是干腌法腌制小鳗鱼时鱼体温度随腌制时间而逐渐下降的情况。干腌法对于脂肪含量高的培根等制品效果良好。

表7-4 小鳗鱼干腌时温度变化

测温时间/min	鱼体温度/℃	测温时间/min	鱼体温度/℃
0	24	180	21
15	24	240	20.5
60	22	300	20.5

注：空气温度30℃，食盐温度26℃。

（二）湿腌法

湿腌法即用盐水对食品进行腌制的方法。盐溶液配制时一般是将腌制剂预先溶解，必要时煮沸杀菌，冷却后使用，然后将食品浸没在腌制液中，通过扩散和渗透作用，使食品组织内的盐浓度与腌制液浓度相同。此法主要用于腌制肉类、鱼类、蔬菜和蛋类，有时也用于腌制水果。此外，为了增加干酪的风味和抑制腐败微生物的生长，也将已成型压榨后的干酪浸泡在一定浓度的盐水中。

腌肉用的盐液内除了食盐外，还有亚硝酸盐或硝酸盐，有时也加糖和抗坏血酸，主要起调节风味和助发色作用。根据不同产品选择不同浓度和成分的腌制液，腌鱼时常用饱和盐溶液。

肉类湿腌时，食盐等腌制剂可向肉组织内扩散，肉中一些可溶性物质也会向腌制液里迁移。盐往肉里扩散，使得盐溶性的肌原纤维蛋白溶解吸水膨胀，但是这种膨胀会受到完整的肌纤维膜的限制。在进行肉的腌制时，肌浆中的低分子量成分促进亚硝酸盐与肌红蛋白反应产生一氧化氮肌红蛋白，它是一种能使肉具有特殊的腌肉颜色的色素。还原态的谷胱甘肽也具有这方面的作用，ATP和核糖有助于这个过程。腌肉所用的盐中含有的其他金属元素可能会促进脂类物质的氧化，金属螯合剂如聚磷酸盐、抗坏血酸能有效地阻止这个反应。

传统的肉制品在湿腌时，随着盐往肉中扩散，腌制液中盐等成分的浓度会逐渐下降，同时也会有水分、营养物质及风味物质转移到腌制液中，从而改变了腌制液的浓度及成分比例。因此，对于重复利用的腌制液（老卤水）通常需要定期补充盐分或其他成分，以保持传统产品特有的质量和稳定性。随着卤水愈来愈陈，特殊微生物可能会生长。成长的微生物种类和数量取决于许多因素，进而产生新的动态平衡。因此，成功的传统肉制品的湿腌要求因微生物而带来的一系列重要变化保持基本平衡态。应当说，要达到这一要求是比较困难的，因为这不仅要有十分熟练的操作技巧，而且还要满足现代社会对传统食品的新要求，如低氯化钠含量、延长在常温下的保存期及食用安全性等，这是许多大众喜闻乐见的传统中式肉制品工业化、现代化生产困难的一个主要原因。

蔬菜的腌制在我国也有悠久的历史，比如涪陵榨菜、扬州酱菜、南充冬菜等。蔬菜腌制时盐液浓度一般为5%～15%。湿腌时装在容器内的蔬菜总是用加压法压紧，因此，为了保证盐水能均匀地渗透，有时进行翻缸。缺氧是生产乳酸发酵型腌制菜的必要条件。常见的乳酸菌一般能忍受10%～18%的盐液浓度，而蔬菜腌制中出现的许多腐败菌通常不能在2.5%以上的盐溶液中生存。有时，蔬菜在高浓度盐液中腌制后，由于味道过咸，盐胚还需脱盐处理再进行后一步的加工。

与肉类腌制类似，其他制品进行湿腌时，食品中的水分也会向外渗出，从而使得腌制液的浓度下降。因此，对于需要较长时间腌制的产品，一般要添加腌制剂，主要是食盐，以保持一定的盐溶液浓度。

腌制的时间和温度依具体产品和原料特性而异。为了加速腌制的扩散过程，在肉制品加工中发展了动脉注射和肌内注射法。

(三) 动脉注射法

此法是将腌制液经动脉血管运送到肉中去的腌制方法。实际上腌制液是通过动脉和静脉向肉中各处分布，因此，此法的确切名称应为脉管注射。但是，一般屠宰及分割肉加工时并不考虑原来脉管系统的分布，故此法只能用于腌制完整的前、后腿肉。

将单针头注射器的针头插入前、后腿的股动脉的切口内，然后将腌制液用注射泵压入肉中，使其增重，一般在10%左右。在肉多的部位可再补注射几针。有时还将已注射的肉再浸入腌制液中腌制，以缩短腌制时间，并尽可能地使腌制均匀。

由于磷酸盐能提高肉的持水性，因此，肉类注射腌制法经常使用食品级的多聚磷酸盐。

(四) 肌内注射腌制法

肌内注射法可用于各种肉块制品的腌制，无论是带骨的还是不带骨的，自然形状的还是分割下的肉块。此法使用针头注射，有单针的，也有多针的。针头上除有针眼外，在侧面有多个孔，以便腌制液向四周注射（见图7-1）。

由于注射的盐液一般会过多地聚集在注射部位周围，通常需要较长时间向四周扩散。因此，通常采用机械的方法加速腌制液快速均匀地向四周扩散到肉块的每一部分，常用的设备主要是滚揉机和按摩机。

单针头注射器一般为手工操作，适合于实验室或小批量生产和特殊产品使用，如可用它生产传统的完整形状带骨的火腿。

多针头注射机呈长方体形，有几十个甚至几百个针头同时注射，注射密度大，便于腌制液极快地分布，并由传送装置送料和出料，操作十分便利，现为国内外厂家普遍采用。

除上述几种外，还有其他一些腌制方法。如高温腌制法是将腌制液加热至50℃左右进行腌制的方法，此法腌制速度快，缺点是一旦管理不善会造成制品的腐败变质。

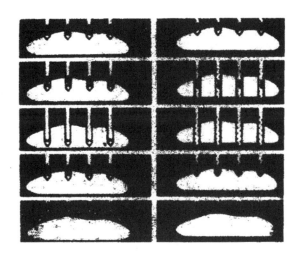

图 7-1 腌制液渗透过程示意图

在食品腌制加工中也经常使用混合腌制法。有时是干腌与湿腌相结合,有时是肌内注射与干腌或湿腌相结合。混合腌制可以避免单一方法的缺点,达到既快又好的腌制效果。受注射腌制法的启发,在实际生产中,有时由于原料大小、形状的限制,或不具备相应的注射设备,往往会对原料如肉块、鱼块甚至果蔬原料先用钉板或专用的扎孔设备扎孔,再进行腌制,以增大腌制液的接触面积,提高扩散速率。

二、腌制过程中的变化

所谓腌制品的成熟是指制品在腌制过程中所发生的一系列的化学、物理及生物化学的变化过程。只有经过成熟的制品才具有独特的风味和营养价值。

(一) 腌肉制品的发色

如前所述,食品腌制的目的之一是稳定颜色,对肉制品腌制来讲,也叫发色。肉的颜色主要是由肌红蛋白或血红蛋白及其衍生物产生的。肌红蛋白或血红蛋白在动物体内发挥着类似的作用。血红蛋白存在于血液内,起着向组织传递氧气的作用;而肌红蛋白存在于肌肉组织内,为贮存氧气的物质,因此它的亲氧力比血红蛋白强。动物被屠宰放血后,体内的大部分血红蛋白被放出,但由于血管中特别是毛细血管中残留的血液,使得肉的颜色并非完全由肌红蛋白决定。在放血完全的肌肉组织中,肌红蛋白量占到呈红色素物质的90%以上。肌肉中肌红蛋白的含量依畜种类、年龄、性别和活动量而有很大的不同。肉中还含有其他一些色素,如细胞色素酶、黄素(flavin)和维生素 B_{12}。

肌红蛋白是由一条多肽链组成的球蛋白,分子量为 16000~17000。现已查明,这条多肽链由 153 个氨基酸组成。肌红蛋白属于结合蛋白质,蛋白质部分叫珠蛋白,含有铁的非蛋白质部分称为血红素。血红素则由铁原子和卟啉组成。在卟啉环内,四个吡咯中的氮将一个铁原子键合在中间。从分子结构看,血红素卟啉环存在于珠蛋白的一个疏水空间内,并与一个组氨酸残基结合在一起。血红素中央的铁原子拥有六个配位位置,其中四个被卟啉环中的氮原子占据,第五个被珠蛋白上的组氨酸键合,第六个位置可与其他配位体提供的电负性原子结合(图 7-2)。

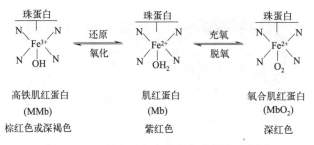

图 7-2 肌红蛋白及衍生物的化学结构示意图

肉的颜色由肌红蛋白或血红蛋白的化学性质、其氧化状态、与血红素结合的配位体类型和珠蛋白的状态决定。血红素中的铁有两种形式：还原态亚铁（+2）或氧化态（正）铁（+3）。血红素中铁原子的氧化状态可与肌红蛋白的氧合区别开来。当分子氧键合到肌红蛋白上时，产生氧合肌红蛋白。当肌红蛋白氧化时，铁原子转变为正铁（+3）态，就产生了高铁肌红蛋白（MMb）。当血红素中的铁是+2价并在第六个位置上无配位体时，就是肌红蛋白（Mb，也称脱氧肌红蛋白）。由于肉中含有肌红蛋白，所以呈现紫红色。当氧占据第六个位置时，就产生了氧合肌红蛋白，其颜色就是人们常见的深红色。无论是紫红色的肌红蛋白还是深红色的氧合肌红蛋白都能氧化，使铁原子由亚铁变成正铁。如果这个变化是由自动氧化造成的，那么，就形成了令人不愉快的棕红色或深褐色的高铁肌红蛋白，此时的高铁肌红蛋白不能与氧结合。鲜肉中颜色的变化由各种条件，如氧气、光线和 Mb、MMb、MbO_2 的比例决定。在这几种形式之间相互转换是可能的。

肉所处环境中氧气分压与每种血红素色素之间存在一定的关系。氧分压高有利于氧合反应，形成深红色的氧合肌红蛋白；反之，低氧分压则有利于形成肌红蛋白和高铁肌红蛋白。为了促进氧合肌红蛋白的形成，应使肉的包装环境处于高氧分压状态。

动物被屠宰后，有氧呼吸作用停止，但无氧发酵仍能进行，呼吸酶仍能活动，以使肌肉组织保持还原状态。肉中的血红素色素为紫红色的肌红蛋白，高铁肌红蛋白的形成是血红素氧化的结果（$Fe^{2+} \rightarrow Fe^{3+}$）。如果将包装袋中的氧全部抽走，那么，高铁肌红蛋白的生成就会大大减少。肌肉的表面以及肉中氧的分压处于不断变化之中，也就有不同色素形成比率的变化，因此，暴露在空气中的鲜肉表面因有氧合肌红蛋白存在而呈深红色。在肉的深处，肌红蛋白处于还原状态，显现紫红色。只要肉内有还原物质存在，肌红蛋白就可以一直处于还原状态。如果还原物质完全消失，则呈棕褐色的高铁肌红蛋白出现。若有硫化氢（H_2S）存在，则会产生绿色的硫肌红蛋白。

如前所述，氧合肌红蛋白是肌红蛋白和氧构成的亚铁血红素色素，它在波长 535～545nm 和 575～585nm 处的吸收光谱呈现两个吸收高峰，呈深红色。如果没有能构成共价键的强力电子对提供者存在，那么，在溶液中肌红蛋白将和水构成离子键。555nm 绿色光谱称为它吸收的漫散光带，呈紫红色。高铁肌红蛋白在光谱中吸收高峰在 505nm，并在 627nm 处出现小高峰，呈棕褐色。图 7-3 所示是肌红蛋白、氧合肌红蛋白和高铁肌红蛋白的吸收光谱，横坐标为波长，纵坐标是吸光系数。虽然这三种形式的肌红蛋白可以相互转换，但由高铁肌红蛋白转变成其他两种形式的肌红蛋白需要更多的条件。

(二) 腌制肉色素的形成及变化

亚硝酸盐或硝酸盐是肉类腌制常用的添加剂。在腌制过程中，硝酸盐可被还原成亚硝

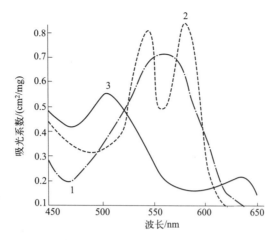

图 7-3 肌红蛋白、氧合肌红蛋白和高铁肌红蛋白的吸收光谱
1—肌红蛋白；2—氧合肌红蛋白；3—高铁肌红蛋白

酸盐，因此，实际起作用的是亚硝酸盐。

在腌制肉的环境中存在着许多可以还原硝酸盐的微生物，这些微生物主要来自土壤与水。亚硝酸盐在一定条件下可以进一步还原成一氧化氮（NO），一氧化氮可以与肌红蛋白反应产生一氧化氮肌红蛋白。一氧化氮肌红蛋白在受热力作用后可生成稳定的粉红色素——亚硝基血色原。

肉的发色过程可以用下面一系列的式子表示：

$$硝酸盐 \xrightarrow{硝酸盐还原菌} 亚硝酸盐 \quad (1)$$

$$亚硝酸盐 \xrightarrow{适宜条件} NO(一氧化氮) + H_2O \quad (2)$$

$$NO + Mb \xrightarrow{适宜条件} NOMMb(一氧化氮高铁肌红蛋白) \quad (3)$$

$$NOMMb \xrightarrow{适宜条件} NOMb(一氧化氮肌红蛋白) \quad (4)$$

$$NOMb + 热 + 烟熏 \longrightarrow NO\text{-}血色原(一氧化氮血色原,稳定的粉红色) \quad (5)$$

虽然该反应的第三步尚未有确实的证据，但是有迹象表明，最初一氧化氮是与氧化的色素即高铁肌红蛋白和高铁血红蛋白反应，这可以从实际的香肠加工中得到证实。在加入腌制剂后，肉的颜色变为褐色，而加热后，又呈现粉红色。在这种情况下，肌红蛋白先被氧化成高铁肌红蛋白，但在形成一氧化氮肌红蛋白之前，又先还原成肌红蛋白。不管反应途径如何，最终还是生成了粉红色的腌肉色素。在加工过程中，还可能存在其他的产生粉红色色素的途径，其中可能不产生一氧化氮高铁肌红蛋白。肉中残留的血红蛋白也会以同样的反应途径生成稳定的粉红色。用一氧化氮和血红蛋白反应，合成一氧化氮血红蛋白色素，反应的时间为 4min 左右。用 β-环糊精等包埋后，经扫描电镜（SEM）观察，效果很好，色素粉粒径平均为 $10.07\mu m$。

在肉的腌制及加工中，肌红蛋白或血红蛋白产生腌肉色素的各种反应过程是复杂的，所产生的颜色有些是理想的，有些并不理想。

许多因素会影响到肉中色素的稳定性，这些因素之间的相互反应及其性质又会给这些问题的解决带来困难。光线、温度、相对湿度、pH、特殊的微生物以及肉本身的成分都会影响到肉的颜色及其稳定。

在缺氧条件下，肌红蛋白的一氧化氮化合物比较稳定。然而，在有氧情况下，这些色素对光敏感。有些反应可导致肌红蛋白变绿。过氧化氢不论是与二价铁还是三价铁形式的血红素反应，都会生成胆珠蛋白（绿色色素）。硫化氢和氧能产生硫肌红蛋白，也是绿色的。肉中过氧化氢和硫化氢的产生是细菌生长的结果，是肉腐败的象征。

一氧化氮（NO）与肌红蛋白反应产生亚硝基肌红蛋白，只有热加工后才比较稳定。色素被加热后珠蛋白变性，但仍旧呈粉红色。一般来讲，高铁肌红蛋白被还原为肌红蛋白后才能与一氧化氮反应。不过，亚硝酸盐能直接与高铁肌红蛋白作用，在过量亚硝酸盐存在下会形成亚硝基肌红蛋白（nitrimyoglobin，NMb），在还原条件下加热，NMb可转变成亚硝酰高铁血红素，这是绿色色素。这一系列的反应被称为"亚硝酸盐烧"。这个现象在腌制品如发酵香肠和腌制猪蹄中经常发现，即出现绿变。烟熏肋肉中也可发现此现象。

某些化学反应如脂类氧化会增加色素氧化的速度。添加某些可以抑制脂肪氧化的物质，如抗坏血酸、维生素E、BHA或PG能提高肉中色素的稳定性。已有报道，鲜肉色泽与宰前氧供应量和高铁肌红蛋白还原酶的活性有关。

硝酸盐和亚硝酸盐对腌肉制品的风味有很大影响，它们的还原性导致了肉中会发生一系列相应的变化，并防止或延缓了肉中脂肪的氧化。在含有牛肉浸出物、Fe^{2+}以Fe^{2+}-EDTA添加的亚硝酸盐模拟系统中，氧化的速度明显降低，添加50mg/kg以上亚硝酸盐的猪肉在贮藏时，其陈腐味的形成有显著降低，亚硝酸钠能抑制肉毒梭状芽孢杆菌的生长和毒素产生，研究发现，在添加200mg/kg的亚硝酸钠和pH 6.0的条件下，可以抑制无色杆菌、产气杆菌、埃希氏杆菌、黄杆菌、小球菌和极毛杆菌等的生长。

在腌制过程中，蛋白质的变化是明显的，并产生氨基酸、胺和其他成分。在腌制时，肌肉组织中的一部分可溶性物质溶解到盐水中，如肌球蛋白、肌动球蛋白等。这些营养物质成为微生物生长的物质基础，同时，也是成熟腌制品风味的来源。有人曾利用一种芳香细菌的生长活动促使咸鱼获得一般条件下难以形成的香味和滋味，这也表明微生物的生长活动在腌制品成熟过程中的重要作用。因此，为了保证产生腌制品的独特风味，就要控制盐液成分和所处环境，以保证特殊的适宜的微生物的生长。

脂肪含量对成熟腌制品的风味有影响，多脂鱼腌制后的风味胜过少脂鱼。有人认为脂肪在弱碱性条件下将分解成甘油和脂肪酸，而后者将与因硝酸盐或亚硝酸盐还原生成的碱类化合物化合和皂化，其结果将减少肉制品的油腻感。少量甘油还可使腌制品润泽、略带甜味。腌制咸猪腿肉面上的脂肪增加了腌肉特有的风味。

第三节　食品糖制

一、食品糖制方法

食品糖制通常是配制出糖溶液对食品原料进行处理，也称为糖渍。糖制是为了保藏、增加风味和增加新的食品品种。与食品盐制一样，糖制食品耐藏的原理也是利用渗透压的增加和水分活度的降低，从而抑制微生物的繁殖。人们在日常生活中常见的果酱、果脯、蜜饯、凉果、甜炼乳、粟米羹等诸多食品有良好的贮藏性，原因在于其中含有大量的糖，所以它们也叫作"糖制食品"。

为了便于糖渍和造型，通常要将原料进行整型、去皮（一般为碱液热烫去皮，见表7-5）、去核、划纹等。碱液热烫去皮后通常需要进行酸液中和，以防止碱性环境对褐变的促进作用。

表 7-5　几种果品和蔬菜的碱液热烫去皮条件

种类	氢氧化钠溶液浓度/%	液温/℃	碱液热烫时间/s	种类	氢氧化钠溶液浓度/%	液温/℃	碱液热烫时间/s
桃	2.0～6.0	90以上	30～60	杏	2.0～6.0	90以上	30～60
李	2.0～6.0	90以上	60～120	胡萝卜	4.0	90以上	65～120
橘囊	0.8	60～75	15～30	马铃薯	10～11	90以上	120左右

用于糖制的原料还要经过漂洗、热烫与硬化处理。糖渍的方法有两种，一种是像腌菜一样，在容器中，一层糖一层原料，这有利于加工原料的保存，以便分期分批进行加工；另一种是将原料浸在配好的糖液中进行糖渍。有时，为了加快糖渍过程，也采用糖煮方式。为了避免高温对原料的破坏以及加速渗糖过程，可采用真空渗糖工艺。真空渗糖工艺除果脯、蜜饯采用外，在酱腌菜加工中亦有类似应用。果蔬在抽真空液中处于负压状态，组织中的空气为了维持气相平衡而外逸，恢复常压后，糖液借助外部的大气压力很快进入原料内原先被空气占据的空间，并通过细胞膜进入细胞内，从而完成糖渍过程；同时，由于原料中的空气被糖液所替代，产品不但呈透明光泽，而且氧化和褐变的程度也减轻。糖渍后制品经干燥处理即为成品。

二、糖制与食品保藏

在糖制时，由于高渗透压下的质壁分离作用，微生物生长受到抑制甚至死亡。糖的种类和浓度决定了其所抑制的微生物的种类和数量。糖液浓度1%～10%一般不会对微生物起抑制作用，50%糖液浓度会阻止大多数酵母菌的生长，65%的糖液一般可抑制细菌，而80%的糖液才可抑制霉菌。虽然蔗糖液为60%时可抑制许多腐败微生物的生长，然而，自然界却存在许多耐糖的微生物。蜂蜜的腐败往往是耐糖酵母菌所为。

不同糖类抑菌所需要的浓度不一样，例如，抑制食品中葡萄球菌所需要的葡萄糖浓度为40%～50%，而蔗糖为60%～70%。相同质量分数的糖，其抑菌效果也不一样。葡萄糖和果糖比蔗糖或乳糖有效。糖类之所以具有抑菌作用，是由于其对微生物细胞的质壁分离作用，而质壁分离的效果又取决于溶液中粒子的数量。葡萄糖和果糖的分子量为180，而蔗糖和乳糖为342，那么，单位质量下，前者比后者的分子数量就多。一般来讲，糖的抑菌能力随分子量增加而降低。40%葡萄糖溶液要比40%蔗糖溶液抑制苹果、葡萄柚等水果中酵母菌的作用强。相同浓度下的葡萄糖溶液要比蔗糖溶液抑制啤酒酵母和黑曲霉的作用强。葡萄糖溶液在100℃下加热15min，冷却后使用，其抑制酵母菌的能力比未加热的糖溶液强。尽管糖在食品加工、营养和防腐方面有重要作用，但其本身也含有一些微生物，处理不当会对食品质量产生不利影响。

在高浓度糖液中有时存在解糖菌，它对糖的耐受性极强，许多霉菌和一些酵母菌的耐糖能力比细菌还要强。甜菜、甘蔗和槭树汁是制糖的主要原料。槭树汁价值高，通常不用于生产普通食糖。原糖中往往含有多种微生物。精制的直接食用的糖虽然除去了一些微生物，但还存在耐糖菌。

某些食品的腐败正是由存在于糖中的残留细菌造成的，当糖液浓度为20%～30%时尤为如此。在高浓度含糖食品中，明串球菌属更易生长。砂糖中的微生物含量低，每克只有几百个微生物，但由于加工糖的方式决定了这些菌基本上都是芽孢。常污染的微生物有嗜热芽孢菌和细菌，如肠膜状明串球菌、戊糖明串球菌和蕈状芽孢杆菌。常见霉菌有曲霉、芽枝霉、青霉菌和念珠霉。糖中常见的酵母菌有裂殖酵母、接合酵母和无孢子酵母。在糖浆的腐败菌中常见的有酪酸梭状芽孢杆菌和无孢子酵母。

第四节 食品的烟熏

烟熏主要用于鱼类、肉制品的加工中。肉的烟熏和腌制一样有着悠久的历史。烟熏在生产中往往是伴随着腌制进行的，即一般先腌制，然后再进行烟熏。烟熏和加热一般都同时进行，也可分开进行。

烟熏像腌制一样也具有防止肉类腐败变质的作用，这个作用除了酚类等熏烟成分的防腐作用外，更大程度上取决于烟熏加工过程伴随进行的腌制、加热和脱水干燥产生的抑菌作用。但是，由于冷藏技术的发展，烟熏防腐已降为次要的位置。现在烟熏技术已成为生产具有特殊风味制品的加工方法，消费者亦乐意接受烟熏味轻的肉制品。

一、烟熏的目的

烟熏的目的主要有：①赋予制品特殊的烟熏风味，增加香味；②使制品外观产生特有的烟熏色，促进发色作用；③脱水干燥，杀菌消毒，防止腐败变质，使肉制品耐贮藏；④熏烟成分渗入制品内部防止脂肪氧化。

（一）赋予制品独特的烟熏风味

在烟熏过程中，熏烟中的许多有机化合物附着在制品上，赋予制品特有的烟熏香味。其中愈创木酚和4-甲基愈创木酚是最重要的风味物质。烟熏制品的熏香味是多种化合物综合形成的，这些物质不仅自身显示出烟熏味，还能与肉的成分反应生成新的呈味物质，综合构成肉的烟熏风味。熏味首先表现在制品的表面，随后渗入制品的内部，从而改善产品风味，使口感更佳。

（二）发色作用

熏烟成分中的羰基化合物，可以和肉中的蛋白质或其他含氮物中的游离氨基发生美拉德反应，使其外表形成独特的金黄色或棕色，熏制过程中的加热能促进硝酸盐还原菌增殖及蛋白质的热变性，游离出半胱氨酸，因而促进形成色泽稳定的一氧化氮血色原，另外，还会因受热使脂肪外渗起到润色作用，从而提高制品的外观美感。

（三）杀菌防腐作用

熏烟中的有机酸、醛和酚类杀菌作用较强。有机酸与肉中的氨、胺等碱性物质中和，由于其本身的酸性而使肉酸性增强，从而抑制腐败菌的生长繁殖。醛类一般具有防腐性，特别是甲醛，不仅具有防腐性，而且还与蛋白质或氨基酸的游离氨基结合，使碱性减弱，酸性增强，进而增加防腐作用。酚类物质具有很强的防腐作用。

熏烟的杀菌作用主要是在表层，经熏制后表面的微生物可减少 1/10。大肠杆菌、变形杆菌、葡萄状球菌对熏烟最敏感，3h 即死亡，霉菌及细菌的芽孢对熏烟的作用较稳定。由于熏烟中相关抑菌成分含量并不高，因此由烟熏本身产生的杀菌防腐作用是很有限的，而通过烟熏前的腌制和烟熏过程中的加热和脱水干燥则赋予烟熏制品良好的贮藏性能。

（四）抗氧化作用

熏烟中许多成分具有抗氧化作用，通过烟熏与未经烟熏的产品在夏季高温下放置 12d 测定它们的过氧化值，结果经烟熏的为 2.5mg/kg，而未经烟熏的为 5mg/kg，由此证明熏烟具有抗氧化能力。熏烟中抗氧化作用最强的是酚类及其衍生物，其中以邻苯二酚和邻苯三酚及其衍生物作用尤为显著。熏烟的抗氧化作用可以较好地保护脂溶性维生素不被破坏。

二、熏烟的主要成分及其作用

熏烟是由气体、液体和固体微粒组成的混合物，现在已在木材熏烟中分离出 200 种以上不同的化合物，但这并不意味着熏烟中存在着所有的这些化合物。熏烟的成分常因燃烧温度、燃烧室的条件、形成化合物的氧化变化以及其他许多因素的变化而有差异。而且熏烟中有一些成分对制品风味及防腐作用来说无关紧要。熏烟中最常见的化合物为酚类、羰基化合物、有机酸类、醇类、烃类以及其他气体物质。

（一）酚类

从木材熏烟中分离出来并经鉴定的酚类达 20 多种，其中有愈创木酚（邻甲氧基苯酚）、4-甲基愈创木酚、4-乙基愈创木酚、邻位甲酚、间位甲酚、对位甲酚、4-丙基愈创木酚、香兰素（烯丙基愈创木酚）、2,5-二甲氧基-4-甲基酚、2,5-二甲氧基-4-乙基酚、2,5-二甲氧基-4-丙基酚。

在肉制品烟熏中，酚类的主要作用有：①抗氧化作用；②对产品的呈色和呈味作用；③抑菌防腐作用。其中酚类的抗氧化作用对烟熏肉制品最为重要。熏烟中抗氧化作用较强的主要是沸点较高的酚类，特别是 2,5-二甲氧基-4-甲基酚、2,5-二甲氧基 4-乙基酚，而低沸点的酚类其抗氧化作用较弱。熏制品特有的风味主要与存在于气相的酚类有关。如 4-甲基愈创木酚、愈创木酚、2,5-二甲氧基酚等。

酚类具有较强的抑菌能力。由于熏烟成分渗入制品深度有限，因而主要是对制品表面的细菌有抑制作用。大部分熏烟都集中在烟熏肉的表层，因而不同浓度的总酚浓度常用于估测熏烟的渗透深度和浓度。由于各种酚所呈现的色泽和风味并不相同，同时总酚量并不能反映各种酚的组成成分，因而用总酚量衡量的烟熏制品风味并不总能同感官评价的结果相一致。

（二）醇类

木材熏烟中醇的种类繁多，其中最常见的是甲醇，由于甲醇是木材分解蒸馏中的主要产物之一，故又称其为木醇。熏烟中还含有伯醇、仲醇和叔醇等，但是它们很容易被氧化成相应的酸类。醇类对色、香、味几乎不起作用，仅成为挥发性物质的载体，它的杀菌能力也较弱，因此，醇类可以说是熏烟中最不重要的成分。

(三) 有机酸类

熏烟中的有机酸主要是含 1~10 个碳原子的简单有机酸。存在于熏烟气相内的为 1~4 个碳原子的酸，常见的有蚁酸、乙酸、丙酸、丁酸和异丁酸，而 5~10 个碳的长链有机酸主要附着在熏烟的固体微粒上，有戊酸、异戊酸、己酸、庚酸、辛酸、壬酸和癸酸。

有机酸对熏烟制品的风味影响很小，但可聚积在制品表面，而具有微弱的杀菌防腐作用。酸有促进烟熏制品表面蛋白质凝固的作用，在生产去肠衣的肠制品时，有助于肠衣剥除。

(四) 羰基化合物

熏烟中存在大量羰基化合物，现已确定的有 20 种以上。同有机酸一样，它们既存在于蒸气蒸馏组分内，也存在于熏烟内的固体颗粒上。虽然绝大部分羰基化合物为非蒸气蒸馏性的，但蒸气蒸馏组分内有着非常典型的烟熏风味，而且影响色泽的成分也主要存在于蒸气蒸馏组分内。因此，对熏烟色泽、风味来说，简单短链化合物最为重要。熏烟的风味和芳香味可能来自某些羰基化合物，而且更有可能来自熏烟中浓度特别高的羰基化合物，这些成分使烟熏食品具有特有风味。

(五) 烃类

从熏烟食品中能分离出许多多环烃类，其中有苯并[a]蒽、二苯并[a,h]蒽、苯并[a]芘以及 4-甲基芘。在这些化合物中至少苯并[a]芘和二苯并蒽两种化合物已证实是致癌物质。多环烃对烟熏制品来说无重要的防腐作用，也不能产生特有的风味。它们主要附在熏烟内的颗粒上，采用过滤的方法可以将其除去。在液体烟熏液中烃类物质的含量大大减少。

(六) 气体物质

熏烟中的气体物质有 CO、O_2、N_2、NO 等，其作用还不甚明了，大多数对熏制无关紧要。CO 和 CO_2 可被吸收到鲜肉的表面，产生一氧化碳肌红蛋白，而使产品产生亮红色；氧也可与肌红蛋白形成氧合肌红蛋白或高铁肌红蛋白，但还没有证据证明熏制过程会发生这些反应。

气体成分中的 NO，它可在熏制时形成亚硝胺或亚硝酸，碱性条件则有利于亚硝胺的形成。

三、熏烟的产生

用于熏制食品的熏烟，主要是用硬木不完全燃烧得到的。熏烟是由空气和没有完全燃烧的产物——气体、液体、固体颗粒所形成的气溶胶系统。熏烟中包括固体颗粒、小液滴和气相，颗粒大小一般在 50~800μm，气相成分大约占总体的 10%。熏烟中的许多有效成分都是水溶性的，这对生产液体烟熏制剂具有重要的意义。用水处理熏烟可使水溶性的成分溶于其中，而不溶性物质包括固体颗粒、多环烃和焦油等，可通过降低温度和静电处理来除去。在熏烟进入烟熏室之前通过降低温度，可将高沸点成分，如焦油、多环烃等减少；将熏烟通过静电处理，可以分离出熏烟中的固体颗粒。

熏烟成分受很多因素影响，而且熏烟中的许多成分与烟熏的香气和防腐作用无关。熏烟的成分和供氧量、燃烧温度等因素有关，与木材种类也有很大的关系。一般来说，硬木、竹类风味较佳，而软木、松叶类因树脂含量多，燃烧时产生大量黑烟，使肉制品表面发黑，并含有多萜烯类的不良气味。

熏制食品采用的木材含有50%左右的纤维素、25%左右半纤维素和25%左右的木质素。软木和硬木的主要区别在于木质素结构的不同。软木中木质素中甲氧基的含量比硬木少。

木材在高温燃烧时产生烟的过程大致可分为两步：第一步是木材的高温分解；第二步是高温分解产物发生聚合反应、缩合反应以及形成产物的进一步热分解，形成环状或多环状化合物。在缺氧条件下木材半纤维素热分解温度为200~260℃；纤维素为260~310℃；木质素为310~500℃。缺氧条件下的热分解作用会产生不同的气相物质、液相物质和一些煤灰。其中约有35%木炭、12%~17%对熏烟有用的水溶性化合物，另外还产生10%的焦油多环烃及其他有害物质。

木材和木屑热分解时表面和中心存在着温度梯度，外表面正在氧化时内部却正在进行氧化前的脱水，在脱水过程中外表面温度稍高于100℃，脱水或蒸馏过程中外逸的化合物有CO、CO_2以及乙酸等挥发性短链有机酸。当木屑中心水分接近零时，温度就迅速上升到300~400℃，此时就会发生热分解并出现熏烟。实际上，大多数木材在200~260℃温度范围内已有熏烟发生，温度达到260~310℃则产生焦木液和一些焦油，温度再上升到310℃以上时则木质素裂解产生酚及其衍生物。

熏烟的成分和质量与燃烧的条件有关。正常熏烟情况下木屑燃烧的温度在100~400℃，此时燃烧和氧化同时进行。产生熏烟需要有适量的氧气，供氧量增加时，酸和酚的量增加。供氧量超过完全氧化时需氧的8倍左右，形成量就达到了最高值，如温度较低，酸的形成量就较大，如燃烧温度增加到400℃以上，酸和酚的比值就下降。因此，以400℃为界限，高于或低于它时所产生熏烟成分就有显著的区别。

燃烧温度在340~400℃以及氧化温度在200~250℃间所产生的熏烟质量最高。在实际操作条件下很难将燃烧过程和氧化过程完全分开，但是设计一种能良好控制熏烟发生的烟熏设备却是可能的。欧洲已使用了木屑流化床，它能较好地控制燃烧温度和速率。

虽然400℃燃烧温度适宜形成最大量的酚，但同时也有利于苯并芘及其他烃的形成。实际燃烧温度以控制在343℃左右为宜。

四、熏烟在制品上的沉积

在烟熏过程中，熏烟在与制品接触时，有些成分会沉积在制品的表面。熏烟在制品上的沉积量及沉积速度与很多因素有关，如食品表面的含水量、熏烟的浓度、烟熏室内的空气流速和相对湿度等。一般来说，食品表面越干燥，沉积的量就越少（用酚的量表示）；熏烟的浓度越大，熏烟的沉积量也越大；烟熏室内适当的空气流速有利于熏烟的沉积，空气流速越大，熏烟和食品表面接触的机会就越多，但如果气流速度太大，则难以形成高浓度的熏烟，反而不利于熏烟的沉积。因此，实际操作中要求既能保证熏烟和食品的接触，又不致使浓度明显下降，通常采用7.5~15m/min的空气流速。相对湿度高有利于加速熏烟的沉积，但不利于色泽的形成。在实际生产过程中，为了保证产品的质量，必须考虑熏烟的沉积与色泽间的平衡，通过改进烟熏工艺来满足不同产品的要求。

烟熏过程中，熏烟成分首先在制品的表面沉积，随后各种熏烟成分向制品的内部渗透，使制品呈现特有的色香味。影响熏烟渗透的因素有很多，如熏烟的成分、浓度、湿度，产品的组织结构，脂肪和肌肉的比例，水分含量，熏制的方法和时间等。

五、烟熏材料的选择及处理

烟熏食品可采用各种燃料如玉米穗轴、软质和硬质木材等。各种燃料成分的差别甚大，因而烟熏成分的变化也很大。熏烟发生过程中的各种反应主要取决于燃料种类和它们的成分。

木材含有纤维素、半纤维素和木质素。加热时纤维素裂解形成1,6-无水葡萄糖，再分解成乙酸、酚、水和丙酮等一类产物。半纤维素含有戊聚糖，热裂解时形成呋喃、糠醛和酸。戊聚糖产酸量比纤维素和木质素大得多，而且戊聚糖在木材中为热稳定性最差的成分，会首先裂解。酚类化合物为木质素热裂解的主要产物。木质素热裂解时产生甲醇、丙酮、许多简单有机酸、许多酚类化合物，以及一些非蒸气挥发性的成分。还有一些迹象表明木质素和纤维素在极高的温度条件下，特别是缺氧时就会产生多环烃。

以前通常使用干木柴作为烟熏的燃料，后来发现使用新鲜的或半干木柴时能更好地控制温度和熏烟浓度。目前，工业生产大多数使用木屑，因它使用方便并能产生大量熏烟。现在已有使用木屑和强制通风以加强熏烟形成的特种熏烟发生器，木屑经过洒水回潮既可利用湿气控制燃烧的温度，又有利于提高熏烟浓度。熏烟浓度可用40W电灯来测定，若离7m时可见灯光则说明熏烟不浓，如果离60cm见不到灯光则说明熏烟浓度很大。

一般来说，硬木为熏烟最适宜的燃料，而软质木或针叶树如松木则应避免使用。液态熏烟制剂可使用硬木和软质木制备。胡桃木为优质烟熏用的标准燃料。但要获得纯质的胡桃木木屑几乎不可能，因此，一般所用的木屑都为混合木屑。

六、食品的烟熏方法

为了提高烟熏制品的质量，减少有害物质在制品上的沉积，提高烟熏的效率，长期以来，人们一直在对烟熏的方法进行研究和改进。烟熏方法分为常规法和特殊法两大类，常规法亦称标准法，即用烟气熏制；特殊法又称速熏法，即为非烟的液熏和电熏。液熏法又可分为直接和间接烟熏法。下面主要介绍直接烟熏法。

（一）直接烟熏法

直接烟熏法是在烟熏室内利用火燃烧木材直接发生烟熏，根据我国国家标准《熏烧焙烤盐焗肉制品加工技术规范》，按照烟熏温度的不同可以分为以下几种方法。

1. 冷熏法

冷熏法是原料先经过较长时间的腌制，然后在低温（15～30℃）下进行较长时间（4～7d）熏制的方法。烟熏过程中产品完成了干燥和成熟，使产品的风味增强，而且熏后产品的水分含量约为40%，故贮藏性较好。此法适宜在冬季进行，若在夏季或温暖地区，由于气温高，温度很难控制，特别当发烟很少的情况下，容易发生酸败现象。冷熏法主要用于干制的香肠，如色拉米香肠、风干香肠等，也可用于带骨火腿及培根的熏制。

2. 温熏法

温熏法是原料经过适当的腌制（有时还可以加调味料）后在30～50℃的温度范围内进行烟熏的方法。该方法采用的烟熏温度大于脂肪的熔点，所以脂肪很容易流失，而且部分蛋白质受热凝固，因此温熏过的制品质地会稍硬。此法通常采用橡木、樱木和锯末熏制，熏制时应控制温度缓慢上升。此法的特点是重量损失少，产品风味好，但耐贮藏性差。由于熏制温度有利于微生物的生长，因此烟熏的时间不能太长，一般控制在 5~6h，最长不能超过 2~3d。该法常用于熏制脱骨火腿、通脊火腿及培根等。

3. 热熏法

热熏法采用的温度为 50~80℃，实际操作中常控制在 60℃ 左右，熏制时间 4~6h，是应用较广泛的一种方法。因为熏制的温度较高，制品在短时间内就能形成较好的熏烟色泽，但熏制的温度必须缓慢上升，不能升温过急，否则易产生发色不均匀现象。在此烟熏温度条件下，蛋白质几乎全部凝固，经过烟熏的制品表面硬度较高，而内部含有较多的水分，产品富有弹性。一般灌肠产品的烟熏采用这种方法。

4. 焙熏法

焙熏法又称熏烤法，采用的温度为 90~120℃，熏制的时间较短，是一种特殊的熏烤方法。由于熏制温度较高，熏制过程同时达到熟制的目的，制品不需要进行热加工即可食用。因此，该法不能用于火腿、培根等的熏制，而且应用这种方法烟熏的肉缺乏储藏性，应迅速食用。

（二）间接烟熏法

间接烟熏法是一种利用单独的烟雾发生器，将燃烧好的具有一定温度和湿度的熏烟送至烟熏室，对制品进行熏制的烟熏方法。此法可以克服直接法烟气密度和温度不均的现象，而且可以控制发烟燃烧温度低于 400℃，减少有害物质的生成。按烟的发生方法和烟熏室内的温度条件，间接烟熏法还可细分成不同的方法类型。

（三）烟熏保藏新技术

烟熏的常规方法尤其是直接烟熏法存在烟熏时间长，产品品质不均一，生产卫生状况差，不易连续化操作，以及产品含有多环芳烃等有害物质等问题，极大地限制和影响了烟熏产品行业的发展。随着人们对食品安全的日益重视，液熏法作为一种新兴的烟熏技术，开始逐渐替代传统烟熏方法。

液熏法又称无烟熏法，是将木材和木屑等干馏、冷凝，再去除焦油、灰分及多环芳烃等杂质或有害成分，保留酚类、有机酸、羰基化合物等有效熏烟成分并进行浓缩，制成水溶性的液体，作为熏制剂进行熏制。该法目前已在国内外被广泛使用。

相比较传统的烟熏法，液熏法具有以下优点：①不需要使用熏烟发生器，大大减少了厂房、设备等投资费用，促进烟熏食品工业的机械化和连续化生产；②工艺简单、操作方便，而且生产所需周期短，劳动强度低，无环境污染，具有较高的社会和经济效益；③烟熏液的成分比较稳定，液熏过程中产品的重复性良好，产品的质量比较均匀一致；④液态烟熏剂中的焦油小液滴和多环芳烃已被除去，烟熏制品的安全性大大提高。采用液熏法可使烟熏兔肉中 3,4-苯并芘的残留量从 2.9μg/kg 降至 0.3μg/kg。当然，液熏法也存在些不足，如色泽不佳，而且会残留甲醛。根据处理对象的不同，液熏主要有以下 6 种使用方法。

延伸阅读 8 液体烟熏液

（1）注入法 将定量的烟熏香料液注入罐内，通过封口、杀菌等工艺使烟熏香料在罐内自行散发均匀，对罐内固形物的色泽、质地等要求仍需按原工艺予以保证。此法适用于烟熏鸡肉、兔肉及鱼类等罐头类食品。

(2) 直接添加法　将定量比例的烟熏液作为食品添加剂通过注射、揉搓、斩拌、搅拌等工艺添加到产品内部。此法适用于质地硬且体积大的肉块，如各种火腿、熏肉、腊肉等肉制品，而且该法利于烟熏风味的形成，但不利于烟熏色泽的形成。

(3) 喷雾法　将定量的烟熏香料置于喷雾器中，通过动力系统将烟熏剂喷布于食品表面，进行循环使烟熏液牢固结合在食品表面。此法适用于小块类食品，如熏豆、熏丝、熏豆块等。

(4) 涂抹法　将烟熏液通过刷子定量涂抹到食品表面，多适用于烤鸡、鸭、鹅等。

(5) 浸渍法　利用烟熏液将食品浸渍，可以促进食品表面色泽的形成和风味的渗透，该法多用于灌肠等的液熏处理。

(6) 混合法　将定量的香味料注入液体食品中，稍加搅动即可，此法适用于液体、流体食品，如调味品、汤料等。

用液熏法生产的肉制品仍然需要蒸煮加热，同时烟熏溶液喷洒处理后立即蒸煮，还能形成良好的烟熏色泽，因此烟熏制剂处理宜在即将开始蒸煮前进行。

除了液熏法外，还有电熏法，是应用静电进行烟熏的一种方法。在烟熏室内配有电线，电线上吊挂原料后给电线通 $1\times10^4 \sim 2\times10^4 \mathrm{V}$ 高压直流电或交流电，进行电晕放电，熏烟由于放电而带电荷，可以进入制品的深层，以提高风味，延长贮藏期。电熏法除使制品贮藏期延长，不易生霉外，还能缩短烟熏的时间，使用电熏法的时间只需温熏法的 $1/2$，而且制品内部的甲醛含量较高，使用直流电时烟更容易渗透。但用电熏法时在熏制品的尖端部分沉积较多，造成烟熏不均匀，再加上成本较高，目前电熏法应用还不是很普及。

第五节　食品的发酵保藏

微生物广泛存在于自然界中，与人类的生活和生产紧密相关。尽管某些微生物在适宜条件下会导致食品腐败或引发动植物和人类的疾病，然而，人们也发现了一些微生物对人类有益。例如，水果或果汁在长时间存放后会产生酒香，牛乳储存一段时间后会变酸。通过对这些现象的反复观察，人们逐渐认识到，含酒精的果汁和酸乳不仅风味独特，还能延长食品的储存时间。因此，人们开始学会在受控条件下利用自然发酵，改善食品的风味并延长其保质期，从而形成了一种新型的食品保存方法——发酵保藏。早在四千年前，人类便掌握了酿酒、制作豆豉、甜酱、豆瓣酱、酸乳、腌酸菜，面包发酵和制作干酪等技术。这表明，并非所有微生物都是有害的，有些微生物还能用于食品的保藏。发酵保藏的特点在于，利用有利因素促进特定有益微生物的生长，从而抑制有害微生物的繁殖，预防食品腐败变质。同时，这种方法还能保持或改善食品的营养成分和风味。

相较于罐藏、干藏、冻藏等其他食品保存方法，发酵是一种相对较弱的保藏方式。通常需要结合其他技术（例如冷藏、巴氏消毒等），才能有效延长发酵产品的货架期。

一、发酵的概念

通常认为，发酵是糖类在缺氧条件下的分解。然而，从食品工业的角度来看，为了扩大其应用范围,发酵可以进一步理解为糖类或类似糖类物质在有氧或缺氧条件下的分解。例如,乳酸链球菌在缺氧环境中将乳糖转化为乳酸,以及纹膜醋酸杆菌在有氧条件下将酒精转化为乙酸的过程,均被视为发酵。不过,这两者实际上存在差异:前者属于真正的发酵,而后者严格来说应归为氧化反应。发酵食品的定义则更加广泛,包括微生物和酶对蛋白质、糖类、脂肪等营养物质的作用。

随着科学技术的发展,发酵的定义不断被拓展和丰富。如今,任何利用微生物在有氧或无氧条件下的生命活动,来生产微生物菌体、直接代谢产物或次级代谢产物的过程,均被称为发酵。发酵不仅发展为一门独立的工程学科和工业领域,涵盖了食品发酵(如酸乳、干酪、面包、酱腌菜、豆豉、腐乳、发酵鱼肉等)、酿造(如啤酒、白酒、黄酒、葡萄酒等饮料酒及酱油、酱、醋等调味品)、现代发酵工业(如酒精、乳酸、丙酮、丁醇等),以及新兴领域如抗生素、有机酸、氨基酸、维生素、酶制剂、核苷酸、生理活性物质和单细胞蛋白的发酵生产等。

二、食品发酵的基本理论

(一)食品中微生物作用的类型

食品中微生物种类繁多,但根据微生物作用对象的不同,大致上可以分为蛋白质分解、脂肪分解和糖类分解三种类型。少数微生物在其各种酶的相互协作下可同时进行蛋白质、脂肪和糖类的分解活动。

一般来说,蛋白质分解菌主要是通过分泌出蛋白酶来作用于食品中的蛋白质等含氮物质,代谢产物主要有蛋白胨、多肽、氨基酸、胺类、硫化氢、甲烷、氢气等,它们在食品中的小分子代谢产物含量如果超过一定限度,会产生腐臭味。这类微生物常见的包括细菌中的黄色杆菌属、变形杆菌属、芽孢杆菌属、梭状芽孢杆菌属、假单胞菌属和霉菌中的毛霉等。

脂肪分解菌通过分泌出的脂肪酶把脂肪、脂肪酸、磷脂、固醇等物质降解成脂肪酸、甘油、醛、酮类化合物、CO_2和水等,使油脂酸败,产生油脂酸败味和鱼腥味等异味。这类微生物主要有细菌中的假单胞菌属、无色杆菌属、芽孢杆菌属和一些霉菌。

糖类分解菌通过分泌各类酶如淀粉酶、纤维素酶、半纤维素酶等将糖类及其衍生物降解成各类糊精、低聚糖、二糖、单糖、酒精、酸和二氧化碳等。很多时候这类菌作用于食品的结果并不会造成食品变质,反而通过形成酒精和酸等能阻碍腐败菌和致病菌生长代谢的物质而延长了食品的保藏时间,并形成了一些风味物质引起人们对这些食品的嗜好,增加了人们对该食品的兴趣。这类微生物包括大部分的乳酸菌类、棒状杆菌、气杆菌、部分酵母菌,以及霉菌中的根霉和毛霉等。

(二)微生物的发酵作用

糖的部分氧化是最常见的发酵过程。根据微生物对糖类发酵产生的产物可以将糖发酵进一步分成酒精发酵、乳酸发酵、醋酸发酵和丁酸发酵等一些比较常见和重要的发酵类型。

1. 酒精发酵

酒精发酵是在无氧条件下,微生物(如酵母菌)分解葡萄糖等有机物,产生酒精、二氧化碳等不完全氧化产物,同时释放少量能量的过程。具体而言,酒精发酵是酵母菌在厌氧环境下，通过糖酵解途径将葡萄糖降解为丙酮酸，然后在丙酮酸脱羧酶的作用下，丙酮酸脱羧生成乙醛，再通过乙醇脱氢酶将乙醛还原为乙醇。与此同时，还伴随着甘油、乙酸等副产物的生成。酒精发酵广泛应用于酒精工业、酿酒工业（如葡萄酒、果酒、啤酒等）和食品工业。在蔬菜腌制过程中也存在酒精发酵，但酒精产量较低，一般为0.5%~0.7%。除了酒精外，发酵还会产生少量异丁醇、戊醇、甘油等物质。蔬菜在发酵初期通过无氧呼吸以及某些异型乳酸发酵过程也会产生少量酒精。在发酵后期的保藏过程中，酸与醇发生酯化反应，生成酯类物质，赋予产品特有的芳香和风味。

2. 乳酸发酵

乳酸发酵是乳酸菌利用糖类等物质代谢为以乳酸为主要产物的生化过程，可以分为同型和异型两种发酵类型，其中同型发酵以乳酸为主要的代谢产物（80%以上）。例如乳杆菌属、片球菌属和链球菌属中的一部分属于同型发酵，反应式如下：

$$C_6H_{12}O_6 + 2(ADP+Pi) \longrightarrow 2CH_3CHOHCOOH + 2ATP$$

异型乳酸发酵机理较复杂，其产物也较复杂，除了产生乳酸（约50%）外，同时还有二氧化碳、乙醇、乙酸和葡聚糖等产生，一般发酵早期发生，随着乳酸的积累而受到抑制。食盐量达10%浓度以上也能抑制异型乳酸发酵发生。异型发酵的微生物可生长温度为15~45℃。例如短乳杆菌、肠膜明串珠菌和发酵乳杆菌等属于异型乳酸发酵，反应式如下：

$$C_6H_{12}O_6 + ADP + Pi \longrightarrow CH_3CHOHCOOH + CH_3CH_2OH + CO_2 + ATP$$

异型乳酸发酵中有一种与其它乳酸菌的异型发酵途径不一样，称为双歧途径。双歧杆菌对糖的代谢属于此类途径，反应式如下：

$$2C_6H_{12}O_6 \longrightarrow 2CH_3CHOHCOOH + 3CH_3CHOO$$

在发酵过程中，因为多种微生物的存在，所以发酵产物也多种多样，但以乳酸为主。在发酵的初期，各种有害、有益的微生物均有活动。各种有害微物活动和异型乳酸发酵的进行，使发酵产品产气、制品组织变软，影响质量甚至会腐败。由于发酵制品中的大部分有害微生物为不耐酸的，过酸的环境就会抑制其生长繁殖，而乳酸菌有较强耐酸性，在pH 5以下都可以很好地繁殖，而且对发酵品风味的形成有重要意义。

发酵过程主要是由各种乳酸菌共同作用完成的。第一阶段是繁殖快但不耐酸的产气球菌类，肠膜明串珠菌或类链球乳酸菌占优势，它们不能完全分解糖类但可生成乳酸、乙酸、乙醇和二氧化碳等，当溶液的含酸量达到0.7%~1.0%时它们就死亡；第二阶段是非产气乳杆菌，如植物乳杆菌或耐酸的片球乳酸菌发酵，生成大量乳酸，但因为这些菌不耐酸，当产酸量达1.3%左右时就会受到抑制；第三阶段（后熟阶段）由产气杆菌如戊糖醋酸乳杆菌、短乳杆菌继续发酵，它能耐高达2.4%的酸度，能将残糖转化成乳酸、乙醇、甘露醇和二氧化碳等。例如蔬菜腌制过程中，乳酸发酵是蔬菜腌制的主要变化过程，乳酸发酵进行得好坏与其品质有极密切的关系，生产过程中不同时期有不同乳酸菌在作用，每一阶段都有主导的乳酸菌。由于前期原材料带入的微生物种类较多，空气含量高，异型乳酸发酵为主。肠膜明串珠菌作为一种起始发酵菌，虽然产酸量不高且耐酸性较差，但能增进腌制品风味，其生长产生的酸和CO_2等降低溶液pH值并形成厌氧环境，阻止有害微生物生长繁殖，形成的条件更适于乳酸菌的生长繁殖，利于发酵过程的进行。发酵后期则以同型乳酸发酵为主，大量产生乳酸。乳酸菌的繁殖速度及每种乳酸菌的繁殖时间与多种因素有关。影响乳酸菌活动的主要因素是食盐浓度，确定食盐浓度是蔬菜腌制中的一个重要问题。食盐浓度不仅决定它的防腐能力，而且明显地影响乳酸菌的生产繁殖，从而影响产品的风味和品质。

乳酸发酵在食品工业中占有极其重要的地位，常被作为保藏食品的重要措施。乳酸发酵生成的乳酸不仅能降低产品的pH，有利于食品的保藏，而且对酱油、酱腌菜、酸菜和泡菜风味的形成也起到一定的作用。

3. 醋酸发酵

醋酸菌为好氧菌，必须供给充足的 O_2，才能正常生长繁殖。生长繁殖的适宜温度为 $28\sim 33℃$，最适pH为 $3.5\sim 6.5$，醋酸菌最适宜的碳源是葡萄糖、果糖等六碳糖，其次是蔗糖和麦芽糖等。醋酸发酵是依靠醋酸菌氧化酶的作用，将酒精氧化生成醋酸，总反应式为：

$$C_2H_5OH + O_2 \longrightarrow CH_3COOH + H_2O + 485.6kJ$$

乙醇脱氢酶催化： $C_2H_5OH \longrightarrow CH_3CHO$

乙醛脱氢酶催化： $CH_3CHO \longrightarrow CH_3COOH$

整个反应放热485.6kJ，发酵时不需供热。理论上1份酒精能生成1.304份醋酸，实际生产中由于醋酸的挥发、氧化分解、酯类的形成、醋酸被醋酸菌作为碳源消耗等，一般1kg酒精只能生成1kg醋酸，也就是1L酒精可以生成20L醋酸含量为5%的食醋，即仅得理论值的85%左右。

调味品中食醋的生产就是利用的醋酸发酵，醋酸发酵是决定香醋产量、质量的关键工序。但如果在酒类生产及果蔬罐头制品中出现醋酸发酵，则说明有变质现象产生。蔬菜腌制时也会产生醋酸，例如酸菜在发酵过程中，乙醇能够被好气性的醋酸菌氧化生成醋酸，其他一些细菌如肠膜明串珠菌、大肠杆菌等在代谢过程中也会产生少量醋酸。微量的醋酸可以改善酸菜风味，含量太高则会影响产品品质，如榨菜制品醋酸含量在0.2%~0.4%之间则为正常，超过0.5%则表示榨菜酸败，因此蔬菜腌制要求及时装坛、严密封口保证无氧条件，避免有氧气存在时醋酸菌活动而产生过量醋酸，影响产品品质。

4. 丁酸发酵

丁酸发酵是利用梭菌属、丁酸弧菌属、真杆菌属等细菌，以糖与乳酸为起始原料（反应物）生产丁酸的生产过程。梭菌发酵产酸的底物有戊糖和己糖（比如木糖和葡萄糖），丁酸发酵时总是偶联乙酸的生成，代谢产生的终产物包括丁酸、乙酸、二氧化碳、氢气和乳酸等。葡萄糖代谢是通过EMP途径（embden-meyerhof-parnas pathway）即糖酵解途径产生丙酮酸，而木糖是通过HMP途径（hexose monophophate pathway）即戊糖磷酸途径产生丙酮酸，丙酮酸经丙酮酸脱氢酶催化生成乙酰辅酶A，同时伴随氢气的产生。代谢葡萄糖发酵生产的总反应可以参照以下公式：

$$C_6H_{12}O_6 \longrightarrow 0.8C_3H_7COOH + 0.4CH_3COOH + 2CO_2 + H_2$$

丁酸梭菌具有培养条件简单、丁酸产量和得率相对较高、代谢途径比较清晰、发酵稳定性较好等优点，被认为是最具商业化开发潜力的丁酸发酵菌株。

丁酸发酵是食品保藏过程中一种不受欢迎的发酵类型。丁酸不仅不具备防腐效果，还会产生不良风味，严重影响腌制食品的品质。丁酸菌在缺氧和低酸度的条件下生长繁殖，通常在食品腌制初期和高温环境下易发生丁酸发酵。因此，温度控制是抑制丁酸发酵的重要手段。例如在丁酸发酵过程中，生成的丁酸、二氧化碳和氧气不仅使发酵产品如腌制蔬菜产生异味，还不利于产品的长期保藏。由于丁酸具有强烈的异味，同时消耗发酵过程中重要的糖和乳酸，其发酵过程对食品保质无益，反而对蔬菜腌制产生负面影响，属于一种有害的发酵形式。

三、现代高新技术在发酵产品中的应用

（一）生物技术

制曲和发酵工程是发酵调味品生产的核心技术。传统上，国内多采用单一菌种进行制曲和发酵。然而，随着生物技术的进步，研究者开始尝试通过使用混合菌种提升发酵产品的风味和品质。采用米曲霉与酱油曲霉的混合菌种进行制曲，相较于单一菌种，酱油中的氨基氮和谷氨酸含量显著提升，增强了酱油的风味和质量。通过向食醋发酵体系中添加乳杆菌 C7 和解淀粉芽孢杆菌 C16，发现混合菌种体系发酵的食醋中醇类和醛类物质的含量显著增加，改善了食醋的风味和营养价值。

此外，从发酵调味品中分离出新的菌种也成为提升产品品质的研究重点。从豆酱中筛选出一株可显著抑制枯草芽孢杆菌的乳酸片球菌，将其应用于豆酱发酵体系后，氨基酸态氮含量增加，枯草芽孢杆菌的数量显著减少，提升了豆酱的风味和品质。同样，从云南牟定腐乳中分离出一种适用于低盐腐乳发酵的总状毛霉，低盐环境下提高了蛋白质的水解程度和氨基酸含量，改善了腐乳的品质与风味。

（二）数字化和智能化技术

数字化和智能化技术在发酵产品中的应用极大地提高了生产效率和质量控制水平。通过传感器和物联网技术，实时监控发酵过程中的温度、湿度、pH 等关键参数，确保发酵条件的稳定性。此外，基于大数据分析和人工智能的优化算法可以自动调节发酵过程，预测发酵结果，从而缩短生产周期，减少人工干预，提升产品一致性。这些技术的融合不仅提升了发酵产品的产量，还推动了个性化定制产品的发展，满足了消费者多样化的需求。这些技术不仅减少了人为误差，还推动了发酵产业向高效、自动化方向发展，实现了从传统生产到智能制造的转型。

数字化和智能化监控的应用使大曲自动化生产线成为可能。近年来，大曲的自动化生产逐步实现。例如，引入智能制曲系统用于浓香型白酒大曲的生产，实现了原料自动进料、破碎、称重、混合、水量调节、快速检测水分、大曲成型及微生物培养的智能化管理。智能制曲的微生物多样性和优势菌群与传统人工制曲一致。研究表明，机械制曲与人工制曲的细菌、霉菌、酵母菌数量相似或略高于传统制曲，而且理化性质指标优于人工制曲。在生产车间，控制系统基于大数据智能调整温湿度，显著提高了大曲质量和生产效率。例如，人工制曲重量的标准差为 0.430，而智能制曲为 0.115，而且每小时生产 800～1000 块大曲，大量降低了人工成本。无线传输模块用于发酵车间温度的无线测量，为优化发酵工艺提供了数据支持。自动填料设备提升了蒸馏过程的效率和稳定性，确保了蒸汽在发酵中的均匀分布，减少了通道效应，提高了白酒的提取率和出酒率，同时减少了酒损失。基于气相色谱技术的自动提酒设备被广泛应用于白酒生产中。气相色谱仪能够实时分析蒸汽中的香味物质含量，并根据设定的标准自动切割酒头、酒心和酒尾。这一技术

极大地提高了白酒的质量一致性，同时降低了对工人经验的依赖。为了提升蒸馏过程的智能化，研究人员开发了基于大数据和人工智能的智能控制系统。该系统通过实时监测蒸馏数据，自动调整蒸汽流量、蒸馏时间和温度，优化白酒的香味提取。这不仅提高了出酒率，还减少了酒精浪费，具有广泛应用前景。在储存方面，自动控制设备已用于调节储存车间的温湿度，确保白酒在最佳条件下储存。基于大数据的储存管理系统也在应用中，它通过分析基酒的储存时间和风味变化，预测最佳储存期并自动生成储存计划，从而提升效率并降低成本。为了提高勾调的效率和稳定性，自动化和智能化的勾调设备逐渐推广。例如，基于色谱分析和气味感知的设备可自动检测香味成分并按标准调配基酒，减少对人工的依赖。此外，智能勾调系统利用大数据分析生成最佳勾调方案，并实时调整配比。这种自动化和智能化的勾调设备和系统不仅提高了勾调的效率，还提高了白酒的质量一致性，能够更好地满足市场对高品质白酒的需求。此外，该系统还能够根据市场需求快速调整勾调方案，增强了企业的市场竞争力。该系统能够实时监测发酵、蒸馏和储存过程中的各项参数，并根据大数据分析结果自动调整生产工艺，从而实现了白酒生产的精细化管理。此外，还应用了智能仓储系统，能够根据市场需求自动调度基酒的储存和调配，显著提高了仓储和物流效率。

基于水溶性共轭聚合物的传感器及其智能测控系统，将其应用于食品微生物发酵和酿造，与传统测控方法进行对比。通过实验室实验、数据分析和实际应用验证，结果表明该方法不仅具有显著的系统优势，还大幅提高了葡萄酒的产量。基于水溶性共轭聚合物的测控方法有效可行，具备在食品工厂中大规模应用的潜力，能够惠及更多人群。

自主设计的智能发酵设备，模拟传统"翻晒露"工艺进行后发酵，并通过单因素试验优化发酵工艺参数。基于氨基酸态氮、可溶性氮、总酸、还原糖等理化指标和特征风味物质的分析，确定了最优发酵条件为：每日搅拌1次，每次1分钟，28℃恒温、无光照、室内自然湿度。在此条件下进行智能发酵，并与自然发酵样品对比，结果显示智能发酵样品含盐量较低，含水量、色值、总酸含量较高，而且还原糖消耗和氨基酸态氮、可溶性氮的生成速率较快，缩短了发酵周期。对比有机酸、游离氨基酸和挥发性风味物质后发现，智能发酵促进了郫县豆瓣中有机酸和含氮化合物的累积，增加了游离氨基酸的含量，促进了大部分特征香气物质的形成（除醛类外）。

基于进化生物学和生化反应动力学等先进技术，围绕核心微生物代谢进化挖掘，微生物代谢互作关系解析，微生物群落热力学和动力学模型构建，最终形成具备自适应、自稳定和功能明确可变等特征的未来发酵食品生产系统，并在大曲、黄酒和辣椒酱等酿造体系进行了应用。智能微生物组发酵关键技术研究能进一步促进深入解析酿造核心关键机制，为探索更安全、高效、智能、绿色的酿造新技术提供新思路，还能极大推动发酵食品的学科发展和产业的技术进步。

【复习思考题】

1. 试述盐制和糖制的原理。
2. 举例说出常见的食品腌制剂以及作用。
3. 烟熏的目的和作用是什么？
4. 乳酸发酵与酒精发酵在食品保藏中的作用分别是什么？它们的代谢产物如何影响

食品的风味和保存效果？

5. 在食品发酵过程中，影响乳酸菌繁殖的主要因素有哪些？如何通过控制这些因素来优化发酵过程？

6. 随着生物技术和数字化技术的发展，现代食品发酵在生产效率和质量控制方面有了哪些提升？举例说明如何通过传感器、大数据和人工智能来优化发酵过程。

7. 丁酸发酵为什么被视为一种不受欢迎的发酵类型？如何在食品发酵过程中避免丁酸发酵的发生？

第八章

食品化学保藏

食品化学保藏有着悠久的历史。从广义上说，上一章所述的盐制、糖制、酸渍和烟熏都属于化学保藏方法，因为它们实际上就是利用盐、糖、酸及熏烟等化学物质来保藏食品的。随着化学工业和食品科学的发展，天然提取的和化学合成的食品保藏剂逐渐增多，食品化学保藏技术也获得了新的进展，成为食品保藏不可少的技术。

第一节 食品化学保藏的定义和要求

一、食品化学保藏及其特点

食品化学保藏就是在食品生产和贮运过程中使用化学保藏剂来提高食品耐藏性的方法。可以添加到食品中的化学保藏剂都要按照食品添加剂进行管理，并要符合《食品安全国家标准 食品添加剂使用标准》（GB 2760）的要求，以保证消费者的身体健康。

化学保藏的特点在于往食品中添加少量的化学制品（食品添加剂），如防腐剂、生物代谢产物及抗氧化剂等物质，能有效地延缓食品的腐败变质和达到某种加工目的。与其他食品保藏方法，如罐藏、冷（冻）保藏、干藏等相比，化学保藏具有简便而又经济的特点。

化学保藏的方法并不是全能的，它只能在一定的范围和时期内减缓或防止食品变质，这主要是由于添加到食品中的化学制品的量通常仅仅起到延缓微生物生长或食品内部化学变化的作用。而且，化学保藏的方法需要掌握好保藏剂添加的时机，控制不当就起不到预期的作用。

二、食品添加剂的定义

《食品安全国家标准 食品添加剂使用标准》（GB 2760—2024）将食品添加剂定义为："为改善食品品质和色、香、味，以及为防腐、保鲜和加工工艺的需要而加入食品中的人工合成或者天然物质。食品用香料、胶基糖果中基础剂物质、食品工业用加工助剂、营养强化剂也包括在内。"

联合国粮农组织（FAO）和世界卫生组织（WHO）联合组成的食品法典委员会（CAC）颁布的《食品添加剂通用法典》规定："食品添加剂指其本身通常不作为食品消费，也不用作食品中常见的配料物质，无论其是否具有营养价值。在食品中添加该物质的原因是出于生产、加工、制备、处理、包装、装箱、运输或贮藏等食品的工艺需求（包括感官），或者期望它或其副产品（直接或间接地）成为食品的一个成分，或影响食品的特性，不包括污染物，或为了保持或提高营养质量而添加的物质"。这里的污染物指"凡非故意加入食品中，而是在生产、制造、处理、加工、充填、包装、运输和贮存等过程中带入食品中的任何物质"。

日本《食品卫生法》（2005 修订版）规定"生产食品的过程中，或者为生产或保存食品，用添加、混合、浸润/渗透等方法在食品里或食品外使用的物质称为食品添加剂。"

美国食品和药品管理法规第 201 款规定：食品添加剂是指在食品生产、制造、包装、加工、制备、处理、装箱、运输或贮藏过程中使用的，直接或间接地变成食品的一种成分或影响食品性状的任何一种物质，也包括为达到上述目的，在生产、制造、包装、加工、制备、处理、装箱、运输或贮藏过程中所使用的辐照源。在其应用条件下，该物质经科学程序评估安全，但未经过"公认安全"评估。食品添加剂不包括：①农药残留；②农药；③着色剂；④根据 21U.S.C 451、34 Stat.1260、21 U.S.C.71 及增补法案使用的物质；⑤新兽药；⑥维生素、矿物质、中草药、氨基酸等膳食补充剂。美国将食品添加剂粗分为直接食品添加剂和间接食品添加剂两大类：直接食品添加剂指直接加入食品中的物质，间接食品添加剂指包装材料或其他与食品接触的物质，在合理的预期下转移到食品中的物质。根据这个定义，食品配料也是食品添加剂的一部分，这是美国与大多数国家对食品添加剂定义的不同之处。

欧盟食品添加剂法规（No 1333/2008）中将食品添加剂定义为：不作为食品消费的任何物质及不作为食品特征组分的物质，无论其是否具有营养价值。添加食品添加剂于食品中是为了达到生产、加工、制备、处理、包装、运输、贮藏等技术要求的结果，食品添加剂（或其副产物）在可以预期的结果中直接或间接地成为食品的一种组分。但食品添加剂不包括下列物质：①因甜味特性而被消费的单糖、双糖、低聚糖及含有这些物质的食品；②因香气、滋味、营养特性及着色作用而添加的含香精的食品；③应用于包装材料的物质，因其并不能成为食品的组分，而且不与食品一起被消费；④含有果胶的产品及干苹果渣、柑橘属水果皮或番木瓜/榅桲皮及其混合物通过稀酸水解，再用钠盐或钾盐进行部分中和得到的湿果胶产品；⑤胶基糖果中基础剂物质；⑥白糊精或黄糊精、预糊化淀粉、酸或碱处理淀粉、漂白淀粉、物理改性淀粉和酶改性淀粉；⑦氯化铵；⑧血浆、可食用胶、蛋白水解物及其盐、牛乳蛋白及谷蛋白；⑨没有加工功能的氨基酸及其盐，但不包括谷氨酸、甘氨酸、半胱氨酸、脱氨酸及其盐；⑩酪蛋白及其盐；⑪菊粉。

三、食品添加剂的作用

食品添加剂对食品工业发展和人民生活水平提高的影响面之广、力度之深主要源于食品添加剂有以下作用。

（一）防止食品腐败变质，延长食品保存期，提高食品安全性

根据统计数据，以我国水果损失为例，每年平均损失达 3000 万吨，占总产量的 20%，按 1.0 元/kg 计算，直接的经济损失高达 300 亿元人民币，蔬菜的采后损失也十分惊人，若再考虑因果蔬风味、质量等造成的损失，其损失超过千亿！大部分加工食品营养丰富，微生物极易生长繁殖，自然状态下食品会很快变质而失去食用价值，有些微生物在

生长繁殖过程中还会产生有毒有害的代谢产物而引发食物中毒。选择合适的食品添加剂，如保鲜剂、抗氧化剂等，可以有效延长果蔬食品的保存期，同时通过抑制微生物的生长繁殖和有害物质的产生可防止食物中毒，提高食品的安全性。此外，延长食品保存期能够方便远距离运输，调节市场供应。

（二）改善食品的感官性状，使食品更易于被消费者接受

食品的感官性状包括色、香、味、形态和质地等，是衡量食品质量的重要指标，感官性状在很大程度上影响着人们对食品的喜好程度和消费欲望。但是，很多天然产品的色泽、口感和质地因生产季节、产地、年份的不同而存在差异，并且在加工和贮藏过程中发生明显变化，使用色素、香料以及乳化剂、增稠剂等，可以保持食品感官品质的一致性，保持食品原有外观，掩盖不良风味，提高食品的感官质量。

（三）有利于食品加工操作，适应生产的机械化和连续化

如在制糖工业中添加乳化剂可缩短糖膏煮炼时间，消除泡沫，使晶粒分散均匀，提高过饱和溶液的稳定性，降低糖膏黏度，提高热交换系数，稳定糖膏质量；使用葡萄糖酸-δ-内酯作为豆腐的凝固剂，有利于豆腐的机械化、连续化生产；果蔬汁生产过程中添加酶制剂，可以提高出汁率，加速澄清过程，有利于过滤。

（四）保持食品的营养价值

营养丰富的食品在加工过程中不可避免地存在营养损失。选择合适的食品添加剂可以减少营养损失，保持其营养价值。如在肉制品加工过程中添加磷酸盐，在提高原料肉保水性的同时避免了水溶性营养物质的流失。

（五）满足不同人群的饮食需要

不同人群由于年龄、职业、身体状况等因素的差异，对食品、营养的需求各不相同，食品添加剂的使用可以满足不同人群的饮食需求。例如，含低热量甜味剂的食品可满足肥胖人群和糖尿病患者的需要，添加膳食纤维的食品有益于改善消费者肠道功能，而富含DHA（二十二碳六烯酸）的食品则非常适合儿童脑发育的需求。

（六）丰富食品种类，提高食品的方便性

食品添加剂的使用极大地促进了方便食品、快餐食品和半成品的发展，使人们在快节奏的生活中仍可以享用各种美食。

（七）提高原料利用率，节约能源

很多食品添加剂可以使原来被认为只能丢弃的物质重新得到利用。如在果汁生产过程产生的果渣可以通过使用某些添加剂成为果酱原料，还可以从中提取色素等物质再利用；橙皮渣中加入果胶酶、纤维素酶，通过现代化工艺方法可以生产饮料混浊剂；生产豆腐的副产品豆渣通过加入合适的添加剂可以制成可口的膨化食品。

（八）降低食品的成本

尽管没有研究表明使用食品添加剂可以降低食品的成本，但许多加工食品如果完全不用添加剂而想获得同样品质就会使成本增加。例如，在人造黄油制造过程中必须使用添加剂，否则人们只能选择价格高的天然黄油。另外，如果不使用添加剂，就可能需要增加新的加工工序，或者改进包装，这势必会增加成本。

综上所述，食品添加剂具有诸多功能，已经成为食品工业不可或缺的一部分。毋庸置疑，食品添加剂使人类的生活变得更加丰富多彩。

四、食品添加剂及其使用原则

我国《食品安全法》规定，食品生产、经营者应当依照食品安全标准关于食品添加剂的品种、使用范围、用量的规定使用食品添加剂；不得在食品生产中使用食品添加剂以外的化学物质和其他可能危害人体健康的物质。《食品安全国家标准 食品添加剂使用标准》见视频 8-1。

视频 8-1

（一）使用前提

食品生产加工过程中，使用食品添加剂可达到以下目的：①保持或提高食品本身的营养价值；②作为某些特殊膳食用食品的必需配料或成分；③提高食品的质量和稳定性，改进其感官特性；④便于食品的生产、加工、包装、运输或者贮藏。

（二）使用基本要求

食品添加剂的使用应符合如下基本要求：

① 不应对人体产生任何健康危害；

② 不得掩盖食品腐败变质；

③ 不应掩盖食品本身或加工过程中的质量缺陷或以掺杂、掺假、伪造为目的而使用食品添加剂；

④ 不应降低食品本身的营养价值；

⑤ 在达到预期效果的前提下尽可能降低在食品中的使用量。

（三）带入原则

按照 GB 2760 使用的食品添加剂应当符合相应的质量标准（增补公告目录）。在下列情况下，食品添加剂可以通过食品配料（含食品添加剂）带入食品中：①根据 GB 2760，食品配料中允许使用该食品添加剂；②食品配料中该添加剂的用量不应超过允许的最大使用量；③应在正常生产工艺条件下使用这些配料，并且食品中该添加剂的含量不应超过由配料带入的水平；④由配料带入食品中的该添加剂的含量应明显低于直接将其添加到该食品中通常所需要的水平。

延伸阅读 9
食品添加剂
与现代食品工业

第二节 食品的防腐

一、食品防腐剂的概述

食品中所含碳水化合物、蛋白质等营养物质比例相对平衡，有利于微生物的生长繁殖，从而造成食品腐败。为了防止或避免食品腐败，人们常用干燥、盐渍、糖渍、加热、发酵和冷冻处理等方法保存食品。随着食品工业的发展，真空、罐装、气调等多种包装方法，高温、高压、辐照等新型杀菌技术应用于食品保藏，极大地改善了食品的保存效果，但上述杀菌新技术在控制微生物的同时，对食品的色、香、味会产生影响，限制了这些新技术的推广应用，而使用防腐剂保存食品可克服这些缺点。

防腐剂是指能防止由微生物所引起的食品腐败变质、延长食品保存期的食品添加剂。它兼有防止微生物繁殖而引起食物中毒的作用，故又称抗微生物剂。

二、食品防腐剂的分类

(一) 按照作用分类

按照防腐剂抗微生物的主要作用性质,可将其大致分为:具有杀菌能力的杀菌剂和仅具有抑菌作用的抑菌剂两类。杀菌或抑菌,并没有绝对界限,常常因浓度高低、作用时间长短和微生物种类等不同而难以区分。同一种物质,浓度高时可杀菌,而浓度低时则只能抑菌;作用时间长可杀菌,作用时间短则只能抑菌。另外,由于各种微生物性质的不同,同一物质对一种微生物具有杀菌作用,而对另外一种微生物可能仅具有抑菌作用,所以多数情况下通称为防腐剂。

(二) 按照来源和性质分类

食品防腐剂按照来源和性质可分为:有机防腐剂、无机防腐剂、生物防腐剂等。有机防腐剂主要包括:苯甲酸及其盐类、山梨酸及其盐类、对羟基苯甲酸酯类、丙酸盐类等。无机防腐剂主要包括:二氧化硫、亚硫酸及其盐类、硝酸盐类、各种来源的二氧化碳等。生物防腐剂主要是指由微生物产生的具有防腐作用的物质,如乳酸链球菌素和纳他霉素;还包括来自其他生物的甲壳素、鱼精蛋白等。

三、食品防腐剂作用机制

一般认为,食品防腐剂对微生物的抑制作用主要是通过影响细胞亚结构而实现,这些亚结构包括细胞壁、细胞膜、与代谢有关的酶、蛋白质合成系统及遗传物质。由于每个亚结构对菌体而言都是必需的,因此,食品防腐剂只要作用于其中的一个亚结构便能达到杀菌或抑菌的目的。食品防腐剂的作用机制可以概括为以下 4 个方面:

① 对微生物细胞壁和细胞膜产生一定的效应,如乳酸链球菌素,当孢子发芽膨胀时,乳酸链球菌素作为阳离子表面活性剂影响细菌细胞膜和抑制革兰阳性细菌的胞壁质合成。对营养细胞的作用点是细胞膜,它可以使细胞质膜中巯基失活,使最重要的细胞内物质,如三磷酸腺苷渗出,更严重时可导致细胞溶解。

② 干扰细胞中酶的活力,如亚硫酸盐可以通过三种不同的途径对酶的活性进行抑制:第一,蛋白质中含有大量的羰基、巯基等反应基团,亚硫酸盐对二硫键的断裂与酶抑制作用之间有直接的联系,尤其是对那些极少含有二硫键的细胞间酶;第二,亚硫酸盐可以和含有敏感基团的反应底物或反应产物作用,从而影响酶的活性;第三,许多酶都有与之相连的辅酶,这些辅酶与酶的催化作用密切相关。亚硫酸盐可以抑制磷酸吡哆醛、焦磷酸硫胺素等物质中的辅酶,它们失活将会导致那些敏感的微组织中间代谢机制丧失活性。

③ 使细胞中的蛋白质变性,如亚硫酸盐能使蛋白质中的二硫键断裂,从而导致细胞蛋白质产生变性。

④ 对细胞原生质部分的遗传机制产生效应。如带正电荷的壳聚糖与带负电荷的 DNA 相互作用,影响 RNA 的转录及蛋白质的合成。

四、食品防腐剂的作用与特点

从广义上讲,凡是能抑制微生物的生长活动,延缓食品腐败变质或生物代谢的物质都可称为防腐剂。狭义的防腐剂仅指可直接加入食品中的山梨酸(盐)、苯甲酸(盐)等化学物质，即常称为食品防腐剂。广义的防腐剂除包括狭义的防腐剂物质外，还包括通常认为是食品配料而且有防腐作用的食盐、醋、蔗糖、二氧化碳等，以及通常不能直接加入食品中的，只在食品贮运过程中应用的防腐剂和用于食品容器、管道及生产环境的杀菌剂。有些国家将防腐剂、防霉剂、杀菌剂等统称为抗菌剂。

五、食品防腐剂的合理使用

食品种类繁多，有害微生物也千差万别，因而仅几种防腐剂远不能满足食品工业发展的需要。防腐剂的使用，在食品工业的发展中起到巨大的作用。因此，我们必须正确地使用已有的食品防腐剂，积极开发新的防腐剂及防腐技术。

选择食品防腐剂，必须考虑如下几个方面：

① 了解防腐剂的应用范围，在食品防腐保鲜中主要抑制或杀灭的微生物包括细菌、真菌，不同食品需要抑制的对象不同，如水果以真菌为主，肉类以细菌为主。因此要针对不同食品选择合适的防腐剂。

② 了解防腐剂和食品各自的理化性质，例如，防腐剂的pKa（酸解离常数）、溶解性和食品的pH等。

③ 了解食品的贮藏条件和工艺间的相互作用，以保证防腐剂充分发挥作用。

④ 为了能够保证食品的保质期，必须严格控制食品的初始菌群数。

⑤ 必须了解所选食品防腐剂的安全性，选择法规和标准允许使用的防腐剂，严格按照标准规定的使用范围和使用量进行应用。

⑥ 针对目标食品可能存在的微生物，考虑使用复配防腐剂。食品防腐剂的复配使用可以扩大使用范围。有时一种食品中所含微生物不是一种防腐剂能抑制的。因此，防腐剂的复配能达到较好的效果且能降低防腐剂的使用浓度。例如，山梨酸和苯甲酸复配比单独使用的抑菌谱更广。但在实际工作中必须慎用，不能乱用。若使用不当，不但造成药剂浪费，而且会促进微生物产生抗药性。

⑦ 为了解决微生物的抗药性问题，除了不断开发新型防腐剂外，还需对现有防腐剂合理使用。一种防腐剂长期使用可能造成微生物的抗药性。因此，选择不同防腐剂交替使用。

六、常用的化学（合成）防腐剂

化学（合成）的食品防腐剂种类较多，包括无机类的和有机类的防腐剂，其中主要有苯甲酸钠、山梨酸钾、对羟基苯甲酸酯、丙酸盐及脱氢乙酸和脱氢乙酸钠等。我国《食品安全国家标准　食品添加剂使用标准》（GB 2760）中规定了各种食品防腐剂的使用范围以及最大使用量或残留量。

（一）有机防腐剂

1. 苯甲酸及其盐、酯

苯甲酸和苯甲酸盐又称为安息香酸和安息香酸盐。苯甲酸分子式为$C_7H_6O_2$，为白色鳞片状或针状晶体，无臭或略带安息香味，性质稳定，但有吸湿性。苯甲酸溶于乙醚和乙醇，难溶于水，17.5℃时在水溶液中的溶解度仅达0.21%。苯甲酸钠则溶于水，20℃时在水中的溶解度为61%；100℃时则为100%。由于苯甲酸难溶于水，食品防腐时一般都使用苯甲酸钠，但实际上它的防腐作用仍来自苯甲酸本身，为此，保藏食品的酸度极为重要。一般在低 pH 范围内苯甲酸钠抑菌效果显著，而当 pH 高于 5.4 则失去对大多数霉菌和酵母菌的抑制作用。

苯甲酸及其钠盐作为广谱抑菌剂，相对较安全，摄入体内后经肝脏作用，大部分在 9~15h 内与甘氨酸反应生成马尿酸（$C_6H_5CONHCH_2COOH$）排出体外，剩余的部分可与葡萄糖酸反应从而被解毒。实验证明在体内无积累，但对肝功能衰弱者不太适宜。

苯甲酸类防腐剂是以其未解离的分子发生作用。未解离的苯甲酸在酸性溶液中的防腐效果是中性溶液的 100 倍。由于溶解在细胞膜脂蛋白中的苯甲酸仍以未解离酸的形式存在，所以细胞仅吸收未解离的酸。当细胞承受的温度超过 60℃时，其对酸的吸收速度有所下降，这与酶钝化相类似，是不可逆的加热钝化过程。未解离的苯甲酸亲油性强，易通过细胞膜进入细胞内，干扰霉菌和细菌等微生物细胞膜的通透性，阻碍细胞膜对氨基酸的吸收；进入细胞内的苯甲酸分子可酸化细胞内的贮存碱，抑制微生物细胞内呼吸酶系的活性，阻止乙酰辅酶 A 缩合反应，从而起到防腐作用，其中以苯甲酸钠的防腐效果最好。在酸性条件下对多种微生物如酵母菌、霉菌、细菌有明显抑菌作用，但对产酸菌作用较弱。

苯甲酸类防腐剂在应用过程中一般与其他防腐剂或抗氧化剂复配使用。苯甲酸钠对香蕉泥的防腐增效作用表明：添加柠檬酸、EDTA、抗坏血酸对苯甲酸钠的防腐效果均有微弱增效作用，只有当苯甲酸钠浓度达到 0.06% 以上，抗坏血酸的浓度达 0.04%~0.06% 时，才稍明显；以 0.06%~0.08% 的苯甲酸钠作防腐剂时，添加 0.06% 抗坏血酸，防腐增效作用显著。

动物实验表明，苯甲酸钠无致畸、致癌、致突变作用。已有的人体皮下注射和口服苯甲酸钠记录显示，苯甲酸钠对健康无不良影响。苯甲酸 ADI 值为 0~5mg/kg 体重，LD 为 2.7~4.44g/kg 体重（大鼠，经口）。人类和动物体内具有有效的苯甲酸盐解毒机制，因此苯甲酸钠对动物和人的毒性较低。

《食品安全国家标准 食品添加剂使用标准》（GB 2760—2024）规定：苯甲酸及其钠盐可在风味冰、冰棍类、果酱（罐头除外）、蜜饯、腌渍的蔬菜、糖果、调味糖浆、食醋、酱油、酿造酱、复合调味料、半固体复合调味料、液体复合调味料、浓缩果蔬（浆）汁（仅限食品工业用）、果蔬汁（浆）类饮料、蛋白饮料、碳酸饮料、茶、咖啡、植物（类）饮料、特殊用途饮料、风味饮料、配料酒、果酒等食品中应用。

使用该类抑菌剂时需要注意下列事项：

① 苯甲酸加热到 100℃时开始升华，在酸性环境中易随水蒸气一起蒸发，因此操作人员需要有防护措施，如戴口罩、手套等；

② 苯甲酸及其钠盐在酸性条件下防腐效果良好，但对产酸菌的抑制作用却较弱，所以该类防腐剂最好在食品 pH 为 2.5~4.0 时使用，以便充分发挥防腐剂的作用。

2. 山梨酸及其盐

山梨酸及其盐又称为花楸酸和花楸酸盐，常用的是山梨酸钾，分子式分别为：山梨酸 $C_6H_8O_2$，山梨酸钾 $C_6H_7O_2K$。

该种防腐剂为无色针状结晶或白色粉末，无臭或略带刺激性气味，对光、热稳定，但久置空气中易氧化变色。山梨酸难溶于水，微溶于乙醇。溶解度分别为：100mL 水，

20℃时为0.16g；100mL无水乙醇，常温时为1.29g。山梨酸在加热至60℃时升华，228℃时分解。山梨酸钾易溶于水，并溶于乙醇，100mL水中的溶解度，20℃时为67.8g。山梨酸钾加热至270℃时分解。

山梨酸及其钾盐和钙盐对污染食品的霉菌、酵母菌和好气性微生物有明显抑制作用，但对于能形成芽孢的厌气性微生物和嗜酸乳杆菌的抑制作用甚微。山梨酸及其钾盐和钙盐的防腐效果同样也与食品的pH有关，pH升高，抑菌效果降低。通常，山梨酸及其钾盐和钙盐的抗菌力在pH低于5时最佳。

从化学结构上看，山梨酸属于不饱和六碳酸（2,4-己二烯酸），摄入人体后能在正常的代谢过程中被氧化成水和二氧化碳，一般属于无毒害的防腐剂。

山梨酸盐能够抑制香肠中梭状芽孢杆菌、沙门菌和金黄色葡萄球菌的生长；培根中金黄色葡萄球菌的生长；胰酶解酪蛋白大豆培养基（TSB）中腐败假单胞菌和荧光假单胞菌的生长；禽肉中金黄色葡萄球菌和大肠杆菌的生长；猪肉中耶尔森菌的生长。0.075%的山梨酸盐对鼠伤寒沙门菌和大肠杆菌有抑制作用。山梨酸盐对培养基、牛乳和干酪中的鼠伤寒沙门菌也有抑制作用。在添加了组氨酸的胰酶解酪蛋白大豆培养基（TSB）中，5g/L山梨酸钾可以抑制奇异变形杆菌和肺炎克雷伯菌的生长和组氨的产生，在10℃和32℃下其有效抑制作用可分别持续215h和120h。在琼脂-肉汤培养基中，山梨酸钾对金黄色葡萄球菌的抑制作用，在厌氧条件比有氧条件更有效，并且添加乳酸后抑制效果更佳。pH 6.3时，山梨酸钾（3g/L）或山梨酸盐与食盐混合物对MF-31金黄色葡萄球菌没有抑制作用。

山梨酸抑制微生物的生长作用部分源于它对酶的作用，可抑制与脂肪酸氧化有关的脱氢酶活性。另外，山梨酸导致α-不饱和脂肪酸的富集，而α-不饱和脂肪酸是真菌脂肪酸氧化的中间产物，从而阻碍了脱氢酶的功能，抑制真菌的新陈代谢和生长。山梨酸也显现出对巯基酶的抑制作用，这些酶在微生物中很重要，包括富马酸酶、天冬氨酸酶、琥珀酸脱氢酶和乙醇脱氢酶。山梨酸盐可通过与半胱氨酸巯基的加成反应作用于巯基酶。半胱氨酸能增强山梨酸对黑曲霉活性的抑制作用。山梨酸盐活性取决于其与巯基酶的反应，通过生成含硫己烯酸中间产物而形成稳定化学物，因而，山梨酸盐对酶的抑制是通过巯基中的硫原子或酶螯合锌产生的氢氧化锌与山梨酸根离子中的碳原子形成共价键。

山梨酸用于化妆品和药品，可能会刺激皮肤黏膜，并使敏感性高的个体皮肤发炎。《食品安全国家标准　食品添加剂使用标准》（GB 2760—2024）规定山梨酸及其钾盐可应用于干酪、氢化植物油、人造黄油（人造奶油）及其类似制品、风味冰、冰棍类、经表面处理的鲜水果、果酱（罐头除外）、蜜饯、经表面处理的新鲜蔬菜、腌渍的蔬菜、加工食用菌和藻类、豆干再制品、新型豆制品（大豆蛋白及其膨化食品、大豆素肉等）、糖果、其他杂粮制品（仅限杂粮灌肠制品）、方便米面制品（仅限米面灌肠制品）、面包、糕点、焙烤食品馅料及表面用挂浆、熟肉制品、肉灌肠类、风干（烘干、压干等）水产品、预制水产品（半成品）、熟制水产品（可直接食用）、其他水产品及其制品、蛋制品（改变其物理性状）、调味糖浆、食醋、酱油、酿造酱、复合调味料、饮料类、浓缩果蔬汁（浆）（仅限食品工业用）、乳酸菌饮料、配制酒、果酒、葡萄酒、果冻、胶原蛋白肠衣等食品中。

根据山梨酸及其钾盐和钙盐的理化性质，在食品中使用时应注意下列事项：

① 山梨酸容易被加热时产生的水蒸气带出，所以在使用时应该将食品加热冷却后再

按规定用量添加山梨酸类抑菌剂,以减少损失;

② 山梨酸及其钾盐和钙盐对人体皮肤和黏膜有刺激性,要求操作人员佩戴防护眼镜;

③ 山梨酸对微生物污染严重的食品防腐效果不明显,因为微生物也可以利用山梨酸作为碳源。在微生物严重污染的食品中添加山梨酸不会起到防腐作用,只会加速微生物的生长繁殖。

3. 对羟基苯甲酸酯类

对羟基苯甲酸酯又称对羟基安息香酸酯或尼泊金酯,是国际上允许使用的一类食品抑菌剂。通常在食品中使用的有对羟基苯甲酸甲酯、对羟基苯甲酸乙酯、对羟基苯甲酸丙酯和对羟基苯甲酸异丙酯、对羟基苯甲酸丁酯、对羟基苯甲酸异丁酯、对羟基苯甲酸庚酯等,我国目前仅允许使用对羟基苯甲酸甲酯钠、对羟基苯甲酸乙酯及其钠盐。

对羟基苯甲酸酯多呈无色或白色细小结晶或结晶状粉末,稍有涩味,几乎无臭,吸湿性小,对光和热稳定,微溶或难溶于水,可溶于乙醇、乙醚、丙二醇、冰乙酸等有机溶剂以及花生油。其抑菌机制与苯甲酸类似,主要使微生物细胞呼吸系统酶和电子传递酶系的活性受抑制,并能破坏微生物细胞膜的结构,从而起到防腐作用。

对羟基苯甲酸酯类对霉菌、酵母菌有较强的抗菌作用,本身具有毒性较低、无刺激性、不受酸碱影响、化学性质相当稳定等特点,已广泛应用于食品、化妆品、日用化工品、饲料和药物等行业中。目前我国使用的化学防腐剂仍以苯甲酸钠为主,对羟基苯甲酸酯的毒性比苯甲酸钠小,而且用量也比苯甲酸钠少,已经成为我国重点发展的防腐剂之一。近年来,许多国家允许将对羟基苯甲酸甲酯、对羟基苯甲酸乙酯、对羟基苯甲酸丙酯、对羟基苯甲酸丁酯作为食品防腐剂。

对羟基苯甲酸酯低毒,在人体中可以快速被水解、共轭化,并且随尿液排出。对羟基苯甲酸酯的抑菌作用受 pH 影响较小,适用的 pH 范围为 4～8。该防腐剂属于广谱抑菌剂,对霉菌和酵母菌作用较强,对细菌中的革兰阴性杆菌及乳酸菌作用较弱。其结构式中 R 的碳链越长则抑菌效果越强,但溶解度下降。实验证明,在 pH 5.5 时对羟基苯甲酸丁酯完全抑制微生物的浓度最低,抗菌能力较强(对羟基苯甲酸丁酯防腐常用于化妆品防腐)。另外动物毒理试验的结果表明对羟基苯甲酸酯的毒性低于苯甲酸,但高于山梨酸,是较为安全的抑菌剂。可用于果酱、食醋、酱油、酿造酱等食品的防腐。

4. 丙酸及其盐

丙酸,分子式 CH_3CH_2COOH,分子量 74.08。熔点 $-20.8℃$,沸点 $141℃$。具有类似乙酸刺激性酸味的液体,可溶于水、乙醇、乙醚和氯仿中,其化学性质与乙酸相似,可生成盐、酯、酰卤、酰胺和酸酐。丙酸盐属于脂肪酸盐类抑菌剂,常用的有丙酸钙和丙酸钠。

丙酸主要对真菌和一部分细菌有抑制效果。80～120g/L 的丙酸溶液可防止真菌在干酪和黄油表面生长。50g/L 丙酸钙溶液用乳酸调至 pH 5.5 和 100g/L 未酸化的溶液对抑制黄油表面的真菌效果相当。抑制酵母菌和真菌的效果在 pH 4.0～5.0 范围内随着 pH 降低而逐渐加强。

丙酸盐作为一种霉菌抑制剂,必须在酸性环境中才能产生作用,它实际上是通过丙酸分子来起到抑菌作用的,其最小抑菌浓度在 pH 5.0 时为 0.01%,pH 6.5 时为 0.5%。

丙酸盐呈微酸性,对各类霉菌、需氧芽孢杆菌或革兰阴性杆菌有较强的抑制作用,对能引起食品发黏的菌类如枯草杆菌的抑菌效果很好，能有效防止黄曲霉毒素的产生，但对酵母菌几乎不起作用。向食品中加入 1～50g/L 的丙酸钠时对金黄色葡萄球菌、八叠球菌、变形杆菌、乳杆菌、圆酵母和卵形酵母的生长繁殖起到阻碍作用。沙门菌属的起始生长在 pH 5.5 时就能够被丙酸抑制，而其他有机酸抑制其生长的 pH 分别为 5.4（乙酸）、5.1（己二酸）、4.6（琥珀酸）、4.4（乳酸）、4.3（富马酸和苹果酸）、4.1（酒石酸）、4.05（柠檬酸），由此可以看出这类微生物对丙酸具有特殊的敏感性。

一般认为丙酸的抑菌机制包括两方面：丙酸在细胞中富集并抑制酶的新陈代谢；通过与丙氨酸或其他微生物生长的必需氨基酸竞争，抑制微生物的生长。

从食品包装材料中释放出的丙酸、丙酸钠和丙酸钙被称为抗真菌剂。丙酸钠和丙酸衍生物还可作为风味增强剂。丙酸衍生物也是树脂和聚合涂料的重要成分，乙酸丙酸纤维是一种黏合剂。含硫丙酸衍生物是一种与食品相关的抗氧化剂，它从食品包装材料中释放量不能超过 0.005%。含硫丙酸和二月桂基丙酸按生产需要应用于食品中一般公认安全，但食品中总的抗氧化剂用量不得超过脂肪或油脂含量的 0.02%。

丙酸及其衍生物在焙烤食品、干酪、糖果、冷冻食品、凝胶食品、布丁、果酱、胶质体、软饮料、肉制品和蜜饯等食品中都有应用。丙酸钙在面包中广泛用作真菌和菌丝的抑制剂。真菌孢子一般情况下在焙烤的过程中都被杀死，但是它能引起焙烤后污染问题，合适的温度、湿度环境能使真菌在包装纸下生长繁殖。因此，加入丙酸钙除作为营养物质外，还可以起到抑制真菌生长的作用。如果出现钙盐干扰制作面包食品发酵过程中的化学反应的情况，可以用丙酸钠代替，能起到相同的抑制效果。

丙酸的毒性相当低，丙酸作为一种正常的食品组分，也是人体和反刍动物体内代谢的一种中间产物，故基本无毒，因此其 ADI 值没有限制。据 FAO/WHO 专门委员会的报告，丙酸很容易被哺乳动物消化吸收，其代谢与乙酸等普通脂肪酸相同。《食品安全国家标准　食品添加剂使用标准》（GB 2760—2024）规定：丙酸及其钠盐、钙盐可作为防腐剂用于豆类制品、生湿面制品、面包、糕点、酱油、食醋及液体复合调味料等加工中。

5. 醇类

醇类包括乙醇、乙二醇、丙二醇等。其中乙醇较为常用。乙醇分子式为 C_2H_5OH，有酒的气味和刺激的辛辣滋味。乙醇可由乙烯直接或间接水合制成，也可用糖质原料（如糖蜜、亚硫酸废液等）和淀粉原料（如玉米、高粱、甘薯等）发酵法制造。纯的乙醇不是消毒剂，只有稀释到一定浓度后的乙醇溶液才有杀菌作用。乙醇的杀菌作用以 50%～75% 为最强。50% 以下浓度的乙醇，其杀菌效力很快减低，但尚有一定的抑菌作用。乙醇的杀菌和抑菌作用主要是由于它具有脱水能力，能使菌体蛋白质脱水而变性。如果使用纯的或高浓度的乙醇，则易使菌体表面凝固形成保护膜，使乙醇不易进入细胞里去，导致杀菌效能极小或者全无。

应当注意的是，乙醇的杀菌作用对细菌的繁殖体比较敏感，而对细菌芽孢作用弱。乙醇对霉菌、大肠杆菌等的抑菌作用较强，对酵母菌则很弱。乙醇和其他物质如柠檬酸、甘氨酸、蔗糖脂肪酸酯等复配使用，可降低乙醇浓度，抑菌效果也更好。乙醇的杀菌作用多用于食品操作人员的手及与食品接触器具表面的消毒。

虽然啤酒、黄酒、葡萄酒等饮料酒中的乙醇含量不足以阻止微生物引起的腐败，但它却能抑制微生物的生长。一般来讲，白酒、白兰地等蒸馏酒中的乙醇含量足以防止微生物的繁殖。用酒保藏食品是我国常见的食品保存方法。

(二) 无机防腐剂

1. 氧化型防腐剂

氧化型防腐剂包括过氧化物和氯制剂两类。在食品加工与保藏中常用的有过氧化氢、二氧化氯、过氧乙酸、臭氧、氯、漂白粉、漂白精等。该类防腐剂的氧化能力较强，反应迅速，直接添加到食品会影响食品的品质，目前绝大多数仅作为杀菌剂或消毒剂使用，应用于生产环境、设备、管道或水的消毒或杀菌。

(1) 过氧化氢　过氧化氢又称为双氧水，分子式为 H_2O_2。过氧化氢是一种活泼的氧化剂，易分解成水和新生态氧。新生态氧具有杀菌作用。3%浓度的过氧化氢只需几分钟就能杀死一般细菌；0.1%浓度在 60min 内可以杀死大肠杆菌、伤寒杆菌和金黄色葡萄球菌；1%浓度需数小时能杀死细菌芽孢。有机物存在时会降低其杀菌效果。过氧化氢是低毒的杀菌消毒剂，适用于器皿和某些果蔬的表面消毒，也常用于无菌包装过程对包装材料的灭菌。

(2) 过氧乙酸　过氧乙酸是强氧化剂，其分子式为 $C_2H_4O_3$，结构式为 CH_3COOOH。过氧乙酸性状为无色液体，有强烈刺鼻气味，易溶于水，性质极不稳定，尤其是低浓度溶液更易分解释放出氧，但在 2~6℃ 的低温条件下分解速率减慢。

过氧乙酸是一种广谱、高效、速效的强力杀菌剂，对细菌及其芽孢、真菌和病毒均有较强的杀灭效果，特别是在低温下仍能灭菌，这对保护食品的营养成分有极为重要的意义。一般使用浓度 0.2% 的过氧乙酸便能杀灭霉菌、酵母菌及细菌，用浓度为 0.3% 的过氧乙酸溶液可以在 3min 内杀死蜡状芽孢杆菌。过氧乙酸几乎无毒性，它的分解产物是乙酸、过氧化氢和氧，使用后即使不去除，也无残毒遗留。

过氧乙酸多作为杀菌消毒剂，用于食品加工车间、工具及容器的消毒。喷雾消毒车间时使用的是浓度为 $0.2g/m^3$ 的水溶液；浸泡消毒工具和容器时常用浓度为 0.2%~0.5% 溶液；水果、蔬菜用 0.2% 溶液浸泡（抑制霉菌）；鲜蛋用 0.1% 溶液浸泡；饮用水用 0.5% 溶液消毒 20s。

(3) 臭氧　臭氧常温下为不稳定的无色气体，有刺激腥味，具强氧化性。对细菌、霉菌、病毒均有强杀灭能力，能使水中微生物有机质进行分解。臭氧可用于瓶装饮用水、自来水等的杀菌。臭氧在水中的半衰期 pH 7.6 时为 41min，pH 10.4 时为 0.5min。在常温下能自行分解为氧气。臭氧气体难溶于水，40℃ 的溶解度为 494mL/L。水温越低，溶解度越大。含臭氧的水一般浓度控制在 5mg/kg 以下。

(4) 稳定态二氧化氯　别名过氧化氯、二氧化氯，化学式：ClO_2。

二氧化氯是红黄绿色气体，有不愉快臭气，对光较不稳定，可受日光分解，微溶于水。冷却压缩后成红色液体，沸点 11℃，熔点 -59℃，含游离氯 25% 以上。二氧化氯可以用于果蔬保鲜的表面处理和鱼类加工等。

(5) 氯　氯有较强的杀菌作用，饮料生产用水、食品加工设备清洗用水，以及其他加工过程中的用具清洗用水都可用加氯的方式进行消毒。氯的杀菌作用主要是利用氯在水中生成次氯酸。次氯酸具有强烈的氧化性，是一种有效的杀菌剂。当水中余氯含量保持在 0.2~0.5mg/L 时，就可以把肠道病原菌全部杀死。使用氯消毒时，需注意的是由于病毒对氯的抵抗力较细菌大，要杀死病毒就需增加水中加氯量。食品工厂一般清洁用水的余氯量控制在 25mg/L 以上。有机物的存在会影响氯的杀菌效果。此外降低水的 pH 可提高杀菌效果。

2. 还原型防腐剂

还原型防腐剂主要是亚硫酸及其盐类，这类添加剂除了具有一定的防腐作用作为食品防腐剂使用外，也作为漂白剂、抗氧化剂使用。国内外食品贮藏中常用的有二氧化硫、亚硫酸钠、亚硫酸氢钠、低亚硫酸钠和焦亚硫酸钠、焦亚硫酸钾等。

（1）二氧化硫（SO_2）　二氧化硫又称亚硫酸酐，在常温下是一种无色而具有强烈刺激性臭味的气体，对人体有害。二氧化硫易溶于水和乙醇，在水中形成亚硫酸，其溶解度 0℃时为 22.8%。当空气中二氧化硫含量超过 $20mg/m^3$ 时，对眼睛和呼吸道黏膜有强烈刺激，如果含量过高则能使人窒息死亡。

二氧化硫常用于植物性食品保藏。二氧化硫是强还原剂，可以减少植物组织中氧的含量，抑制氧化酶和微生物的活动，从而阻止食品的腐败变质、变色和维生素 C 的损耗。在实际生产中采用的二氧化硫处理法有：气熏法、浸渍法和直接加入法三种。气熏法即在密闭室内用燃烧硫黄，或将压缩贮藏钢瓶中的二氧化硫导入室内进行气熏，又称为"熏硫"。采用硫黄燃烧法熏硫时，硫黄的用量及浓度因食品种类而异，一般熏硫室中二氧化硫浓度保持在 1%~2%，每吨切分果品干制熏硫时需硫黄 3~4kg，熏硫时间 30~60min。直接加入法就是将预定量配制好的亚硫酸或亚硫酸盐直接加入酿酒用的果汁或其他加工品内的方法。由于二氧化硫的漂白作用，它还常用于食品的护色。二氧化硫用于葡萄酒和果酒时，GB 2760 规定其最大使用量（以二氧化硫残留量计）为 0.25g/L。

（2）亚硫酸钠　亚硫酸钠又称结晶亚硫酸钠，分子式为 $Na_2SO_3 \cdot 7H_2O$，为无色至白色结晶，易溶于水，微溶于乙醇。在水中的溶解度 0℃时为 32.8%，遇空气中氧则慢慢氧化成硫酸盐，丧失杀菌作用。亚硫酸钠在酸性条件下使用，产生二氧化硫。

（3）焦亚硫酸钠　焦亚硫酸钠又称为偏重亚硫酸钠，分子式为 $Na_2S_2O_5$，为白色结晶或粉末，有二氧化硫浓臭，易溶于水与甘油，微溶于乙醇，常温条件下水中溶解度为30%。焦亚硫酸钠在空气中吸湿后能缓慢放出二氧化硫，具有强烈的杀菌作用，可以在新鲜葡萄、脱水马铃薯、黄花菜和果脯、蜜饯等的防霉、保鲜中应用，效果良好。

还原型防腐剂使用时应注意以下事项：

① 亚硫酸及其盐类的水溶液在放置过程中容易分解逸散二氧化硫而失效，所以应现用现配。

② 在实际应用中，需根据不同食品的杀菌要求和各亚硫酸杀菌剂的有效二氧化硫含量（表 8-1）确定杀菌剂用量及溶液浓度，并严格控制食品中的二氧化硫残留量标准，以保证食品的卫生安全性。

表 8-1　亚硫酸及其盐类的有效二氧化硫的含量

名称	分子式	有效二氧化硫/%
液态二氧化硫	SO_2	100
亚硫酸（6%溶液）	H_2SO_3	6.0
亚硫酸钠	$Na_2SO_3 \cdot 7H_2O$	25.42
无水亚硫酸钠	Na_2SO_3	50.84
亚硫酸氢钠	$NaHSO_3$	61.59
焦亚硫酸钠	$Na_2S_2O_5$	57.65

③ 亚硫酸分解或硫黄燃烧产生的二氧化硫是一种对人体有害的气体，具有强烈的刺激性和对金属设备的腐蚀作用，所以在使用时应做好操作人员和库房金属设备的防护管理工作，以确保人身和设备的安全。

④ 由于使用亚硫酸盐后残存的二氧化硫能引起严重的过敏反应，尤其是对哮喘患者，故 FDA 于 1986 年禁止在新鲜果蔬中作为防腐剂使用。

3. 二氧化碳

二氧化碳是一种能影响生物生长的气体之一。高浓度的二氧化碳能阻止微生物的生长，因而能保藏食品。高压下二氧化碳的溶解度比常压下大。软饮料的生产离不开二氧化碳，运用二氧化碳保存食品是一种对环境友好的方法，具有较大的发展前途。对于肉类、鱼类产品采用气调保鲜处理，高浓度的二氧化碳可以明显抑制腐败微生物的生长，而且抑菌效果随二氧化碳浓度升高而增强。一般来讲，如要求二氧化碳在气调保鲜中发挥抑菌作用，浓度应在 20% 以上。贮存烟熏肋肉，二氧化碳的浓度为 100% 时也可行。至于用二氧化碳贮存鸡蛋，一般认为 2.5% 的浓度为宜。

用二氧化碳贮藏果蔬可以降低导致成熟的合成反应；抑制酶的活动；减少挥发性物质的产生；干扰有机酸的代谢；减弱果胶物质的分解；抑制叶绿素的合成和果实的脱绿；改变各种糖的比例。二氧化碳也常和冷藏结合，同时用于果蔬保藏。通常用于水果气调的二氧化碳含量控制在 2%～3%，蔬菜控制在 2.5%～5.5%。过高的二氧化碳含量，会对果实产生其他不利的影响。因此，不断调整气体含量是长期气调保鲜果蔬的关键。

食品生产中使用的二氧化碳来源，可以从酒精发酵产生，也可以从石灰窑烧制石灰时产生，还可以从化肥生产过程中的合成氨尾气中分离或从甲醇裂解得到。

七、生物防腐剂

(一) 微生物代谢产物

微生物在生长时能产生一些影响其他微生物生长的物质——抗生素。目前我国食品防腐剂标准只允许乳酸链球菌素、纳他霉素等用于食品的防腐。

1. 乳酸链球菌素

乳酸链球菌素又名乳链菌素、尼生素、乳酸菌素，是某些乳酸链球菌产生的一种多肽物质，由 34 个氨基酸组成，氨基末端为异亮氨酸，羧基末端为赖氨酸。活性分子常为二聚体、四聚体等，分子量 3348。

商品乳酸链球菌素为白色粉末，略带咸味，含有活度不低于 900IU/mg 的乳酸链球菌素和不低于 50% NaCl 的乳酸链球菌素的溶解度随着 pH 值升高而下降。pH 为 2.5 时的溶解度为 12%，pH 为 5.0 时则下降为 4%，在中性和碱性条件下，几乎不溶解。在 pH 小于 2 时可经 115.6℃ 杀菌而不失活。当 pH 超过 4 时，特别是在加热条件下，它在水溶液中分解加速。乳酸链球菌素抗菌效果的最佳 pH 是 6.5～6.8，然而在这个范围内，经过灭菌后丧失 90% 活力。由于受到牛乳、肉汤等中的大分子保护，其稳定性可大大提高。

乳酸链球菌素能有效抑制革兰阳性菌，如对肉毒杆菌、金黄色葡萄球菌、溶血链球菌及李斯特菌的生长繁殖，尤其对产生孢子的革兰阳性菌和枯草芽孢杆菌及嗜热脂肪芽孢杆菌等有很强的抑制作用。但乳酸链球菌素对革兰阴性菌、霉菌和酵母菌的影响则很弱。

我国 GB 2760 规定，乳酸链球菌素可用于乳及乳制品、腌渍的蔬菜、加工食用菌和藻类、卤制豆干、面包、糕点、预制肉制品、熟肉制品、食醋、酱油、酿造酱、复合调味料等。由于乳酸链球菌素水溶性差，使用时应先用 0.02mol/L 的盐酸溶液溶解，然后再加入食品中。乳酸链球菌素为肽类物质，应注意蛋白酶对它的分解作用。乳酸链球菌素和山梨酸等配合使用，则可扩大抗菌谱。

2. 纳他霉素

纳他霉素呈白色或奶油黄色结晶性粉末。几乎无臭无味。熔点 280℃（分解），几乎不溶于水、高级醇、醚、酯，微溶于甲醇，溶于冰乙酸和二甲基亚砜。分子量 665.75。

纳他霉素可用于防霉。喷淋在霉菌容易增殖、暴露于空气中的食品表面时，有良好的抗霉效果。用于发酵干酪可选择性地抑制霉菌的繁殖而让细菌得到正常的生长和代谢。

所有对多烯烃大环内酯类抗生素敏感的微生物都含有固醇，而耐多烯烃大环内酯类抗生素的微生物不含有固醇。大环内酯类抗生素发挥作用的方式是其与麦角固醇和真菌细胞膜上的其他固醇官能团结合，麦角固醇是天然存在的固醇，在酵母菌中的含量达到5％（干重）。通常，纳他霉素与固醇结合可抑制麦角固醇的生物合成及破坏细胞膜，最终导致细胞裂解。

作为一种安全、高效的新型生物防腐剂，纳他霉素的优越性在于：抑制真菌毒素的产生、pH 适用范围广、用量低、效率高、抗菌作用时间长、使用方便、对食品的发酵和熟化等工艺没有影响、不改变食品风味等。目前，纳他霉素已在乳制品、肉制品、西式火腿、蛋黄酱、糕点等食品工业中得到广泛应用。在酸乳中添加纳他霉素可高效低成本地抑制酸乳中霉菌和酵母菌的生长，而对乳酸菌、双歧杆菌等益生菌无不良影响，其他防腐剂无此优点。

我国 GB 2760 规定：干酪、肉制品、西式火腿、糕点、发酵酒，可用混悬液喷雾或浸泡，最大使用量 0.3g/kg，残留量应小于 10mg/kg。

3. ε-聚赖氨酸和 ε-聚赖氨酸盐酸盐

ε-聚赖氨酸是由微生物发酵生成的一种由赖氨酸单体通过酰胺键形成的多肽。典型 ε-聚赖氨酸的经验分子式 $(C_6H_{12}N_2O_2)_n$，其中 n 表示赖氨酸单体的聚合度。

聚赖氨酸对革兰氏性菌、革兰氏性菌、酵母菌和一些病毒均有抑制作用，而且水溶性好、热稳定性高。ε-聚赖氨酸的研究在国外特别在日本已比较成熟，日本已批准 ε-聚赖氨酸作为防腐剂添加于食品中，目前广泛用于方便米饭、湿熟面条、熟菜、海产品、酱类、鱼片和饼干的保鲜防腐中。在美国，ε-聚赖氨酸可以作为防腐剂用于食品中。ε-聚赖氨酸可与食品中的蛋白质或酸性多糖发生相互作用，有研究表明，ε-聚赖氨酸-葡聚糖共价物能够显著提高 ε-聚赖氨酸的乳化能力；ε-聚赖氨酸葡聚糖共价物的抑菌能力与 ε-聚赖氨酸相比，仅有些许损失，随着美拉德反应时间的延长，ε-聚赖氨酸葡聚糖共价物的最小抑菌浓度并没有显著变化。因此，ε-聚赖氨酸葡聚糖共价物不仅可以作为防腐剂应用于食品中，还可以作为乳化剂用于食品加工。另外，ε-聚赖氨酸与甘氨酸对牛乳保鲜具有协同效应，当采用 420mg/L 的 ε-聚赖氨酸和 2％甘氨酸复配时，保鲜效果最佳，牛乳保存 11d 仍有较高的可接受性；ε-聚赖氨酸和其他天然抑菌剂配合使用，也有明显的协同增效作用。总之，由于 ε-聚赖氨酸是一种天然的生物代谢产品，它具有很好的抑（杀）菌能力，良好的热稳定性。因此，其商业开发潜力巨大。

ε-聚赖氨酸盐酸盐从淀粉酶产色链霉菌受控发酵培养液经离子交换树脂吸附、解吸、提纯而来，可作为防腐剂用于水果、蔬菜、豆类、食用菌、大米及其制品、小麦粉及其制品、杂粮制品、肉及肉制品、调味品、饮料类。

(二) 酶类

溶菌酶又称细胞壁质酶或 N-乙酰胞壁质糖水解酶（N-acetylmuramideglycano-hydrlase），是一种能水解致病菌中黏多糖的碱性酶。主要通过破坏细胞壁中的 N-乙酰胞壁酸和 N-乙酰葡糖胺之间的 $β$-1,4-糖苷键，使细胞壁不溶性黏多糖分解成可溶性糖肽，导致细胞壁破裂，内容物逸出而使细菌溶解。溶菌酶还可与带负电荷的病毒蛋白直接结合，与 DNA、RNA、脱辅基蛋白形成复盐，使病毒失活。因此，该酶具有抗菌、消炎、抗病毒等作用。溶菌酶是无毒性的蛋白质，可用于食品的防腐。

溶菌酶是一种化学性质非常稳定的蛋白质，pH 在 1.2～11.3 的范围内剧烈变化时，其结构几乎不变。酸性条件下，溶菌酶遇热较稳定，pH 4～7，100℃处理 1min，仍保持原酶活性；但是在碱性条件下，溶菌酶对热稳定性差，用高温处理时酶活会降低，不过溶菌酶的热变性是可逆的。

溶菌酶是一种无毒蛋白，可作为天然防腐剂广泛应用于酒、香肠、奶油、糕点、干酪等食品中。现代研究发现，溶菌酶还有防止肠炎和变态反应的作用，所以在乳粉中添加溶菌酶有利于婴儿肠道菌群正常化。

(三) 蛋白质类

这类抑菌蛋白质属碱性蛋白质，主要包括精蛋白和组蛋白。精蛋白能溶于水和氨水，和强酸反应生成稳定的盐。精蛋白是高度碱性的蛋白质，分子中碱性氨基酸的比例可达氨基酸总量的 70%～80%。精蛋白加热不凝结，分子量小于组蛋白，属动物性蛋白质。例如存在于鱼精、鱼卵和胸腺等组织中的精蛋白。

组蛋白能溶于水、稀酸和稀碱，不溶于稀的氨水，分子中含有大量的碱性氨基酸。组蛋白也是动物性蛋白质。例如从小牛胸腺和胰腺中可分离得到组蛋白。该类蛋白质产品呈白色至淡黄色粉末，有特殊味道；耐热，在 210℃下 90min 仍具有抑菌作用；适宜配合热处理，达到延长食品保藏期的作用。在碱性条件下，最小抑菌浓度为 70～400mg/L。在中性和碱性条件下，对耐热芽孢菌、乳酸菌、金黄色葡萄球菌和革兰阴性菌均有抑制作用，pH7～9 时最强，并且对热稳定（120℃，30min）。与甘氨酸、乙酸、盐、酿造醋等合用，再配合碱性盐类，可使抑菌作用增强。对鱼糜类制品有增强弹性的效果，如与调味料合用，有增鲜作用。能与某些蛋白质和盐、酸性多糖等相结合而呈不溶性，抑菌效率下降。精蛋白和组蛋白目前还未列入我国食品添加剂标准中。

(四) 植物提取物

植物中具有抗菌活性的物质可以分为四类：植物抗毒素类、酚类、有机酸类和精油类。植物抗毒素是寄主合成的、低分子量的广谱抗菌化合物。这些化合物由植物受到微生物侵袭诱导产生的远前体合成或植物被天然的或人造化合物诱导出的远前体合成。现在已经采用植物细胞培养技术来生产某些植物抗毒素。从 20 多种不同科的植物中已鉴定出了 200 多种植物抗毒素。这些植物抗毒素一般对植物致病真菌有作用；也有作用于细菌的报道，其中革兰阳性菌要比革兰阴性菌敏感。

异黄酮类化合物是重要的植物抗毒素中的一种。其他主要的植物抗毒素还有壳质酶等。植物抗毒素是为了防御微生物的侵入和危害而产生的，因此，植物抗毒素的杀菌作用多具有高度专一性。植物抗毒素除了在食品保藏方面有些应用研究外，更多是在医药方面的研究和应用。从刚被破碎和磨碎的植物中取得的植物抗毒素具有最强的杀菌作用。

植物中的酚类化合物分为三类：简单酚类和酚酸类，羟基肉桂酸衍生物类和类黄酮类。对橄榄、茶叶和咖啡中的酚化合物的研究要比其他植物多。从香辛料中提取出来的一些酚类化合物，如辣椒素，已证明可以抑制细菌芽孢的萌发。桂皮提取物，主要成分为桂醛和丁香酚，也具有抗菌性。天然植物中的酚类化合物多数具有广谱抗菌能力。

在水果和蔬菜中普遍存在柠檬酸、琥珀酸、苹果酸和酒石酸等有机酸。这些有机酸除了作为酸味剂、抗氧化增效剂外，还具有抗菌能力。它们对细胞壁、细胞膜、代谢酶、蛋白质合成系统以及遗传因子起作用。

此外，还可从香辛料、草药或是水果、蔬菜中分离出精油。其成分现已知道的有香辛料中的羟基化合物和萜类，葱、蒜、韭菜中的含硫化合物，姜中的姜醇和姜酮等。精油对细菌的作用已有许多报道，有些是很有意义的。比如，从鼠尾草、迷迭香、枯茗（即孜然）、藏茴香、丁香、普通麝香草、无花果叶和芥菜籽提取出的精油，对大肠杆菌、荧光极毛杆菌或黏质赛氏杆菌具有敏感性。

目前天然植物中存在的抗菌物质并不能大规模商业化使用，主要原因是杀菌的有效性和大剂量使用时的特殊气味的矛盾，即其应用必须做到在有效杀菌的前提下，产生的气味最小。

八、新型天然防腐剂

尽管化学防腐剂具有比较强的杀菌能力，但是由于化学防腐剂具有不同程度的安全问题，在消费者越来越追求天然无毒的食品趋势下，从各种动植物中寻找、提取安全无毒的天然防腐剂，已成为当前食品添加剂研究的热点。随着生物技术的不断发展，利用植物、动物或微生物的代谢产物等作为原料，经提取、酶法转化或者发酵等技术生产的天然生物型食品防腐剂逐渐受到人们的重视，同时也是今后我国食品防腐剂开发的主要方向。下面是几种具有发展前景的天然防腐剂。

（一）苯乳酸

苯乳酸（phenylactic acid，PLA）又称 β-苯乳酸或 3-苯基乳酸，即 2-羟基-3-苯基丙酸，是一种小分子抑菌物质，存在于天然蜂蜜中。一般常见生物防腐剂如乳酸链球菌素等亲水性较差，不易扩散，而苯乳酸的亲水性较强，能够在各种食品体系中均匀分散。苯乳酸对热和酸的稳定性也较好，熔点 121～125℃，并于 121℃ 条件下可保持 20min 不被破坏，可在广泛的 pH 范围内保持稳定。

苯乳酸具有较广的抑菌谱，能抑制食源性致病菌、腐败菌，特别是能抑制真菌的污染。与乳酸链球菌素等细菌素有显著不同。大部分细菌素只对与产生菌分类学上相近的细菌有作用，如乳酸链球菌素抑制除乳酸菌以外的革兰阳性菌，但对绝大部分革兰阴性菌和酵母菌、霉菌没有作用，而苯乳酸既具有抗革兰阳性菌的作用，又具有抗革兰阴性菌和真菌等多种功能。

(二) 曲酸

曲酸（鞠酸），化学名称为 5-羟基-2-羟甲基-4-吡喃酮，环状化合物，有与葡萄糖相似的结构，由葡萄糖未经碳骨架破坏直接氧化脱水而形成。曲酸为弱酸性有机物，一般由多种霉菌（米曲霉、黄曲霉、白色曲霉等）在生长过程中经糖代谢产生，一般为白色针状晶体或粉末，熔点 152～156℃，易溶于水、丙酮、醇类，微溶于乙醚、乙酸乙酯、氯仿和吡啶，不溶于苯，不易挥发。曲酸的酚羟基结构可以被还原，而且显示酸性，可与多种金属离子（Fe、Cu、Mn 等）发生螯合。由于分子中含有双键且形成共轭体系，故在紫外区有较强吸收峰。

目前关于曲酸防腐抑菌机制的研究报道较少且欠深入，远滞后于其应用方面的研究。曲酸具有清除自由基、增强细胞活力、食品保鲜护色等作用，被广泛地应用于医药和食品领域。作为食品添加剂，可起到保鲜、防腐、抗氧化作用。实验证明曲酸的抗氧化性可对食品起到护色作用，曲酸本身与肌红蛋白中的铁有敏感的血红色反应，可部分取代亚硝酸钠的发色作用。有研究表明，将曲酸添加于肉类熏制之前，可以抑制亚硝酸盐转化为亚硝胺。曲酸能与木材中的馏出物选择性结合而抑制致癌物的生成。曲酸与目前常用的食品防腐剂相比，安全性高，易溶于水，不为细菌所利用，有更强更广泛的抗菌功能，热稳定性好，可与食品共同加热灭菌，不易挥发，pH 稳定性好，对抗菌影响力小，对人体无刺激性，并可抑制亚硝酸盐生成致癌物等。其可用于对果蔬的保鲜、对发色食品的增色及护色、降低亚硝酸盐及其他有害发色剂的使用量，并且在抑制食品的酶促褐变方面有着极大的应用前景。

此外，该产品安全无毒，是理想的多酚氧化酶抑制剂。对水果、蔬菜及鱼虾等甲壳类产品有着显著的护色效果。与抗坏血酸、烟酰胺、柠檬酸等可以复配使用，具有更好的抗菌抗致癌物作用。更为重要的是，曲酸不会影响食品的口味、香味及质感，并对人体无刺激性。但曲酸对光、热和金属离子不稳定，使用时要控制好体系的温度和铁等金属离子的含量。

第三节 食品的抗氧化

氧化是导致食品变质的重要因素之一，而油脂、脂溶性维生素、磷脂和胡萝卜素等是食品中常见的、容易被氧化变质的物质。防止油脂及富含脂类食品的氧化酸败，以及因氧化导致的褪色、褐变、维生素破坏等是食品工业研究的重要课题。食品抗氧化剂是一类能防止或延缓油脂或食品成分氧化分解、变质，提高食品稳定性的食品添加剂。在食品加工和贮存过程中添加适量的抗氧化剂可有效防止食品的氧化变质。

一、食品抗氧化剂的作用机制

食品抗氧化剂是为了防止或延缓食品氧化变质的一类物质。如前所述，油脂或含油脂的食品在贮藏、运输过程中由于氧化发生酸败或"油烧"现象，不仅降低食品营养，使风味和颜色劣变，而且产生有害物质危及人体健康。为了防止食品氧化变质，除了可对食品原料、加工和贮运环节采取低温、避光、真空、隔氧或充氮包装等措施以外，添加适量的抗氧化剂能有效地改善食品贮藏效果。我国《食品安全国家标准　食品添加剂使用标准》

(GB 2760)中规定了各种食品抗氧化剂的使用范围和最大使用量。

食品抗氧化剂的种类繁多，抗氧化的作用机制也不尽相同。虽然如此，它们的抗氧化作用却都是以其还原性为理论依据的。例如，有的抗氧化剂被氧化，消耗食品内部和环境中的氧而保护食品品质；有的抗氧化剂则是通过抑制氧化酶的活性而防止食品氧化变质等，所有这些抗氧化作用都与抗氧化剂的还原性密切相关，参见表8-2。

表8-2 食品抗氧化剂的作用机制

抗氧化剂	抗氧化类别	抗氧化作用机制
酚类化合物	自由基吸收剂	使自由基灭活
酚类化合物	氢过氧化物稳定剂	防止氢过氧化物降解转变成自由基
柠檬酸、维生素C	增效剂	增强自由基吸收剂的活性
胡萝卜素	单线态氧猝灭剂	将单线态氧转变成三线态氧
磷酸盐、美拉德反应产物、柠檬酸	金属离子螯合剂	将金属离子螯合转变成不活泼物质
蛋白质、氨基酸	还原氢过氧化物	将氢过氧化物还原成不活泼状态

二、食品抗氧化剂的种类和特性

食品抗氧化剂按其来源可分为合成的和天然的两类，按照溶解特性又可分为脂溶性抗氧化剂和水溶性抗氧化剂两类。

(一) 脂溶性抗氧化剂

脂溶性抗氧化剂易溶于油脂，主要用于防止食品油脂的氧化酸败及油烧现象，常用的种类有丁基羟基茴香醚、二丁基羟基甲苯、特丁基对苯二酚、没食子酸酯类及生育酚混合浓缩物等。此外，在研究和使用的脂溶性抗氧化剂还有愈疮树脂、正二氢愈疮酸、2,4,5-三羟基苯丁酮、乙氧基喹啉、3,5-二叔丁基-4-羟基茴香醚。天然脂溶性抗氧化剂如芝麻酚、米糠素、栎精、棉花素、芸香苷、胚芽油及红辣椒中的抗氧化物质等也受到广泛关注。

1. 丁基羟基茴香醚

丁基羟基茴香醚又称为特丁基-4-羟基茴香醚，简称BHA，由3-BHA和2-BHA两种异构体混合组成，分子式为$C_{11}H_{16}O_2$。

BHA为白色或黄色蜡状粉末晶体，有酚类的刺激性臭味。不溶于水，而溶于油脂及丙二醇、丙酮、乙醇等溶剂。热稳定性强，可用于焙烤食品的抗氧化剂。BHA吸湿性微弱，并具较强的杀菌作用。异构体中3-BHA比2-BHA抗氧化效果强1.5~2倍，两者合用以及与其他抗氧化剂并用可以增强抗氧化效果。

2. 二丁基羟基甲苯

二丁基羟基甲苯又称为2,6-二叔丁基对羟基甲苯，或简称BHT，分子式为$C_{15}H_{24}O$。

BHT为白色结晶，无臭，无味，溶于乙醇、豆油、棉籽油、猪油，不溶于水和甘油，热稳定性强，对长期贮藏的食品和油脂有良好的抗氧化效果，基本无毒性。

3. 没食子酸酯类

没食子酸酯类抗氧化剂包括没食子酸丙酯（propyl gallate，PG）、辛酯、异戊酯和十二酯，其中普遍使用的是丙酯，没食子酸丙酯分子式为$C_{10}H_{12}O_5$。

PG为白色至淡黄褐色结晶性粉末或乳白色针状结晶，无臭，略带苦味，易溶于乙醇、丙酮，而在脂肪和水中较难溶解。PG 熔点 146～150℃，易与铁、铜离子作用生成紫色或暗紫色化合物。PG 有一定的吸湿性，遇光则能分解。PG 与其他抗氧化剂并用可增强效果。PG 不耐高温，不宜用于焙烤食品。PG 摄入人体可随尿排出，比较安全。

4. 特丁基对苯二酚

特丁基对苯二酚又称为特丁基氢醌，简称 TBHQ。分子式为 $C_{10}H_{14}O_2$。

TBHQ 为白色至淡灰色结晶或结晶性粉末。有极轻微的特殊气味。溶于乙醇、乙酸、乙酯、异丙醇及植物油、猪油等，几乎不溶于水。

TBHQ 是一种酚类抗氧化剂。在许多情况下，对大多数油脂，尤其是对植物油具有较其他抗氧化剂更为有效的抗氧稳定性。此外，它不会因遇到铜、铁之类而发生颜色和风味方面的变化，只有在有碱存在时才会转变成粉红色。对炸煮食品具有良好的、持久的抗氧化能力，因此，适用于土豆片之类的生产，但它在焙烤食品中的持久力不强，除非与 BHA 合用。

5. 生育酚混合浓缩物

生育酚又称为维生素 E，广泛分布于动植物体内，已知的同分异构体有 8 种，其中主要有 4 种即 α-生育酚、β-生育酚、γ-生育酚、δ-生育酚，经人工提取后，浓缩即成为生育酚混合浓缩物。

该抗氧化剂为黄色至褐色无臭透明黏稠液，相对密度为 0.932～0.955，溶于乙醇，不溶于水，能与油脂完全混溶，热稳定性强，耐光、耐紫外线和耐辐射性也较强。因此除用于一般的油脂食品外，还是透明包装食品的理想抗氧化剂，也是目前国际上应用广泛的天然抗氧化剂。

6. 硫代二丙酸二月桂酯

硫代二丙酸二月桂酯（dilauryl thiodipropionate，CNS 号：04.012，INS 号：389），由硫代二丙酸与月桂醇酯化而得，为白色结晶片状或粉末，硫代二丙酸二月桂酯有特殊甜香、类酯气味，分子量 514.86。

硫代二丙酸二月桂酯的密度（固体，25℃）为 $0.975g/cm^3$，熔点 40℃，皂化价 205～215，不溶于水，溶于多数有机溶剂。

7. 抗坏血酸棕榈酸酯

抗坏血酸棕榈酸酯（ascorbyl palmitate，CNS 号：04.011，INS 号：304）为白色或黄白色粉末，略有柑橘气味，分子量 414.54。易溶于植物油和乙醇，熔点 107～117℃。其由棕榈酸与 L-抗坏血酸酯化而得。棕榈酸和抗坏血酸均为天然成分，酯化形成抗坏血酸棕榈酸酯后，不仅使抗坏血酸稳定性增强，而且保留了其生物活性。抗坏血酸棕榈酸酯耐高温，保护油炸食品和油炸用油的抗氧化能力强，是唯一许可用于婴幼儿食品中的抗氧化剂。

8. 4-己基间苯二酚

4-己基间苯二酚（4-hexylresorcinol，CNS 号：04.013，INS 号：586）为白色粉末，分子式 $C_{12}H_{18}O_2$，分子量 194.27。

易溶于乙醚和丙酮，难溶于水。4-己基间苯二酚对口腔黏膜、呼吸道和皮肤有刺激作用。

9. 磷脂

磷脂（phospholipid，CNS 号：04.010，INS 号：322）为淡黄色至棕色，透明或不透明的黏稠液体，或浅棕色粉末或颗粒，无臭或略带坚果气味。不溶于水，在水中膨润呈胶体溶液状态，溶于乙醚及石油醚，难溶于乙醇和丙酮，在空气中或光照下迅速褐变。磷脂是一种混合物，主要包括磷脂酰胆碱（卵磷脂）、磷脂酰乙醇胺（脑磷脂）及磷脂酰肌醇。在大豆磷脂中这三种磷脂占组成的 90% 以上，其中卵磷脂的含量超过 20%。

磷脂广泛分布于生物界，是生物膜的构成成分。磷脂作为一种天然的乳化剂及其在动植物中的广泛分布决定了它在食品、医药、化工以及化妆品等领域具有重要用途。磷脂能改善动脉壁的结构，还能修复线粒体；磷脂中的卵磷脂是神经信息的传递物。磷脂在一定程度上可促进油脂的消化吸收，同时可补充一定量的胆碱。

（二）水溶性抗氧化剂

水溶性抗氧化剂主要用于防止食品氧化变色，常用的种类是抗坏血酸类抗氧化剂。此外，还有许多种，如异抗坏血酸及其钠盐、植酸、茶多酚及氨基酸类、肽类、香辛料和糖苷、糖醇类抗氧化剂等。

1. 抗坏血酸类

抗坏血酸类抗氧化剂包括：D-抗坏血酸（异抗坏血酸）及其钠盐、抗坏血酸钙、抗坏血酸（维生素 C）及其钠盐。

抗坏血酸（维生素 C）及其钠盐为白色或微黄色结晶，细粒、粉末，无臭，抗坏血酸带酸味，其钠盐有咸味，干燥品性质稳定，但热稳定性差，抗坏血酸在空气中氧化变黄色。易溶于水和乙醇，可作为啤酒、无酒精饮料、果汁的抗氧化剂，能防止褐变及品质风味劣变现象。此外，还可作为 α-生育酚的增效剂，防止动物油脂的氧化酸败。在肉制品中起助色剂作用，并能阻止亚硝胺的生成，是一种防癌物质，其添加量约为 0.5%。

2. 植酸及植酸钠

植酸又名肌醇六磷酸，分子式为 $C_6H_{18}O_{24}P_6$。植酸为淡黄色或淡褐色的黏稠液体，无臭，有强酸味，易溶于水，对热比较稳定。植酸有较强的金属螯合作用，因此具有抗氧化增效能力。植酸对油脂有明显的降低过氧化值作用（如花生油加 0.01%，在 100℃ 下加热 8h，过氧化值为 6.6，而对照为 270）。植酸及其钠盐可用于对虾保鲜（残留量：20mg/kg），以及食用油脂、果蔬制品、果蔬汁饮料及肉制品的抗氧化，还可用于清洗果蔬原材料表面农药残留，具有防止罐头，特别是水产罐头产生鸟粪石与变黑等作用。

3. 茶多酚

茶叶中一般含有 20%~30% 的多酚类化合物，共 30 余种，包括儿茶素类、黄酮及其衍生物类、茶青素类、酚酸和缩酚酸类，其中儿茶素类约占总量的 80%，其抽提混合物称为茶多酚，主要包括各种形式的儿茶素。

视频 8-2

茶多酚为淡黄至茶褐色略带茶香的水溶液或灰白色粉状固体或结晶，具涩味。易溶于水、乙醇、乙酸乙酯，微溶于油脂。对热、酸较稳定，160℃ 油脂中 30min 降解 20%。pH 2~8 内稳定，pH 大于 8 和光照下易氧化聚合。遇铁变绿黑色络合物。略有吸潮性。水溶液 pH 3~4，在碱性条件下易氧化褐变。茶多酚可作为抗氧化剂用于油脂、糕点、香肠等中，同时还具有一定的防腐作用。天然抗氧化剂茶多酚见视频 8-2。

4. 氨基酸

一般认为氨基酸既可以作为抗氧化剂，也可以作为抗氧化剂的增效剂使用，如蛋氨酸、色氨酸、苯丙氨酸、丙氨酸等，均为良好的抗氧化增效剂，主要是由于它们能螯合促进氧化作用的微量金属。色氨酸、半胱氨酸、酪氨酸等有π电子的氨基酸，对食品的抗氧化效果较好。如鲜乳、全脂乳粉中，加入上述的氨基酸时，有显著的抗氧化效果。

(三) 其他抗氧化物质

除了上述抗氧化剂外，还原糖、甘草抗氧化物、迷迭香提取物、竹叶抗氧化物、柚皮苷、大豆抗氧化肽、植物黄酮及异黄酮类物质、单糖氨基酸复合物（美拉德反应产物）、二氢杨梅素、一些植物提取物等都具有抗氧化作用，不少已经列入食品抗氧化剂。

1. 甘草抗氧化物

甘草抗氧化物呈黄褐色至红褐色粉末状。有甘草特有气味。耐光、耐氧、耐热。与维生素 E、维生素 C 合用有相乘效果。能防止胡萝卜素类的褪色，以及防止酪氨酸和多酚类的氧化，有一定的抗菌效果。不溶于水和甘油，溶于乙醇、丙酮、氯仿。偏碱时稳定性下降。

甘草抗氧化物，主要成分是甘草黄酮、甘草异黄酮、甘草黄酮醇等。GB 2760 中规定：基本不含水的脂肪和油、油炸面制品、腌制水产品、肉制品、饼干、方便米面制品与膨化食品的最大使用量（以甘草酸计）为 0.2g/kg。

2. 迷迭香提取物

迷迭香提取物呈黄褐色粉末状或褐色膏状、液体。不溶于水，溶于乙醇和油脂，有特殊香气。耐热性、耐紫外线性良好，能有效防止油脂的氧化。比 BHA 有更好的抗氧化能力。一般与维生素 E 等配成制剂出售，有相乘效用。

迷迭香提取物由迷迭香的花和叶用二氧化碳或乙醇或热的含水乙醇提取而得；或用温热甲醇、含水甲醇提取后除去溶剂而得。主要成分是迷迭香酚和异迷迭香酚等。GB 2760 中规定：动物油脂、肉类食品和油炸食品的最大使用量为 0.3g/kg；植物油脂中最大使用量为 0.7g/kg。

三、食品抗氧化剂使用要点

(一) 食品抗氧化剂的使用时机要恰当

食品中添加抗氧化剂需要特别注意时机，一般应在食品保持新鲜状态和未发生氧化变质之前使用，否则，在食品已经发生氧化变质现象后再使用抗氧化剂效果显著下降，甚至完全无效。这一点对防止油脂及含油食品的氧化酸败尤为重要。根据油脂自动氧化酸败的连锁反应，抗氧化剂应在氧化酸败的诱发期之前添加才能充分发挥抗氧化剂的作用。

(二) 食品抗氧化剂使用目的

食品在贮藏、运输过程中除受微生物作用而发生腐败变质外，还与空气中的氧发生化学作用，引起食品特别是油脂或含油脂食品氧化酸败。这不仅降低食品营养，使风味和色泽劣变，而且产生有害物质，危及人体健康。为延长食品保质期，除采用冷藏等保鲜技术外，最为经济有效的方法是使用抗氧化剂。采用抗氧化剂延缓食品氧化是贮存食品的有效手段。

　　脂溶性抗氧化剂适宜油脂物质含量较多的食品，以避免其中的油脂物质及营养成分在加工和贮藏过程中被氧化而酸败，使食品变味变质；水溶性抗氧化剂多用于果蔬的加工贮藏，用来消除或减缓因氧化而造成的褐变现象。有些抗氧化剂除抑制油脂氧化外还被用作食品调味剂或着色剂等，这种抗氧化剂不仅具有抗氧化的作用，而且具有食品品质改良的作用。

(三) 食品抗氧化剂使用原则

　　食品中的油脂发生氧化反应，首先必须有氧存在，其次必须有能量激发才能启动。使用抗氧化剂应遵循以下原则：

　　① 减少外源性氧化促进剂进入食品，应冷藏保存，避免不必要的光照，尤其是紫外线辐射。

　　② 去除食品中内源性氧化促进剂，避免或减少与铜、铁、植物色素（叶绿素、血红素）或过氧化物接触。一般抗氧化剂应尽量避免与碱金属接触，如 BHA 与钾离子或钠离子相遇后，出现粉红色。

　　③ 使用合适的容器或包装材料，在加工与贮藏过程中减少氧的介入，包装内尽可能地除掉氧，或采用真空/充氮包装。

　　④ 使用抗氧化剂时必须添加增效剂，以螯合金属离子，抑制其活性。抗氧化剂一般为白色，但某些抗氧化剂，如 BHA、BHT 及 PG 等遇重金属离子，特别在高温下，容易变成很深的颜色，需要加入增效剂防止变色。

第四节　食品的脱氧

　　脱氧剂又称为游离氧吸收剂（FOA）或游离氧驱除剂（FOS），是一类能够吸除氧的物质。当脱氧剂随食品密封在同一包装容器中时，脱氧剂能通过化学反应吸除容器内的游离氧及溶存于食品的氧，并生成稳定的化合物，从而防止食品氧化变质，同时利用所形成的缺氧条件也能有效地防止食品的霉变和虫害。

　　脱氧剂不同于作为食品添加剂的抗氧化剂，它不直接加入食品中，而是在密封包装中与外界呈隔离状态，吸除包装内的氧和防止食品氧化变质，因而是一种对食品无直接污染、简便易行、效果显著的保藏辅助措施。

一、食品脱氧剂的种类

　　脱氧剂种类繁多，基本可以分为有机和无机两大类。每一大类中又包括多种类型的脱氧剂，目前在食品贮藏中广泛应用的有三类：特制铁粉、连二亚硫酸钠和碱性糖制剂。

二、常用的食品脱氧剂及其特性

(一) 特制铁粉

　　在一般条件下，1g 铁完全被氧化需要 300mL（体积）或者 0.43g 的氧。因此，1g 铁大约可处理 1500mL 空气中的氧。这是十分有效而经济的脱氧剂。在使用时对其反应中产生的氢应该注意。可在铁粉的配制当中增添抑制氢的物质，或者将已产生的氢加以处理。

特制铁粉与使用环境的湿度有关，如果用于含水分高的食品则脱氧效果发挥得快；反之，在干燥食品中则脱氧缓慢。这种脱氧剂由于原料来源充足，成本较低，使用效果良好，在生产实际中得到广泛应用。

（二）连二亚硫酸钠

通常以连二亚硫酸钠为主剂与氢氧化钙和植物性活性炭为辅料配合而成。连二亚硫酸钠遇水后并不会迅速反应，如果以活性炭作为催化剂则可加速其脱氧化学反应，并产生热量和二氧化硫，而形成的二氧化硫再与氢氧化钙反应生成较为稳定的化合物。在水和活性炭与脱氧剂并存的条件下，脱氧速率快，一般在 1～2h 内可以除去密封容器中 80%～90% 的氧，经过 3h 几乎达到无氧状态。1g 连二亚硫酸钠能和 0.184g 氧发生反应，即相当于正常状态下能和 130mL 的氧，650mL 的空气中的氧发生反应。

第五节　食品保鲜剂

食品保鲜剂是指为了增加或延长生鲜食品的保质期或品质而在其表面进行喷涂、喷淋、浸泡或涂膜的化学物。食品保鲜剂的作用机制和防腐剂有所不同。它除了针对微生物的作用外，还针对食品本身的变化，如鲜活食品的呼吸作用、酶促反应等。对生鲜食品进行表面保鲜处理，在我国开始于 12 世纪，当时是用蜂蜡涂在柑橘表面以防止水分损失。16 世纪英国就出现了用涂脂来防止食品干燥的方法。20 世纪 30 年代美国、英国、澳大利亚就开始用天然的或者合成的蜡或树脂处理新鲜水果和蔬菜。在 50 年代以后有关用可食性保鲜剂处理肉制品、糖果食品的报道已不鲜见。近年来用可食性膜进行食品保鲜也进展迅速。

一、保鲜剂的作用

一般而言，在食品上使用保鲜剂有如下目的：
① 减少食品的水分散失；
② 防止食品氧化；
③ 防止食品变色，提高食品外观可接受性；
④ 抑制生鲜食品表面微生物的生长；
⑤ 保持食品的风味；
⑥ 保持和增加食品的质感，如水果的硬度和脆度；
⑦ 维持食品的商品价值。

表面处理过的果蔬，不但可以形成保护膜起到阻隔的作用，还可以减少擦伤，并且可以减少有害病菌的入侵。涂蜡柑橘要比不涂蜡柑橘保藏期长。用蜡包裹奶酪可防止其在成熟过程中长霉。另外，保鲜材料如树脂、蛋白质和蜡等可以使产品带有光泽，提高其商品价值。

二、保鲜剂种类及其性质

（一）蛋白质

植物来源的蛋白质包括：玉米醇溶蛋白、小麦谷蛋白、大豆蛋白、花生蛋白和棉籽蛋白等。动物来源的蛋白有角蛋白、胶原蛋白、明胶、酪蛋白和乳清蛋白等。它们可分别或复合制成可食性膜用于食品保鲜。如乳蛋白中的酪蛋白和玉米醇溶蛋白即可用于共挤肉制品、坚果和糖果上的保鲜。由于大多数蛋白质膜是亲水的，因此对水的阻隔性差。干燥的蛋白质膜，如玉米醇溶蛋白、小麦谷蛋白和大豆蛋白对氧有阻隔作用。

（二）脂类化合物

脂类化合物包括石蜡油、蜂蜡、矿物油、蓖麻油、菜籽油、花生油、乙酰单甘酯及其乳胶体等，它们可以单独或与其他成分混合在一起用于食品涂膜保鲜。当然，这些物质的使用必须符合相关的食品安全法规。一般来说这类物质亲水性差，因此常与多糖类物质混合使用。

（三）多糖

由多糖形成的亲水性膜，有不同的黏性与结合性能，对气体的阻隔性好，但隔水能力差。纤维素中的衍生物，如羧甲基纤维素（CMC）可作为成膜材料。淀粉类（直链淀粉、支链淀粉以及它们的衍生物）可用于制造可食性涂膜。有报道称这些膜对 CO_2 有一定的阻隔作用。糊精是淀粉的部分水解产物也可以用作成膜剂、微胶囊等。果胶制成的薄膜由于其亲水性，故水蒸气渗透性高。此外，阿拉伯树胶、海藻中的角叉菜胶、褐藻酸盐、琼脂和海藻酸钠等都是良好的成膜或凝胶材料。

（四）甲壳质类

甲壳质类属于多糖中的一类，由于其较为特殊，近年来尤为引人注目。甲壳素（chitin），也称几丁质，化学名称为(1,4)-2-乙酰氨基-2-脱氧-β-D-葡萄糖，分子式为 $(C_8H_{13}NO_5)_n$。将甲壳素分子中 C2 上的乙酰基脱除后可制成脱乙酰甲壳质，称为壳聚糖。壳聚糖具有成膜性，人体可吸收，有抗辐射和抑菌防霉作用。

壳聚糖有一定的杀菌能力，可用于食品、果蔬的保鲜。通常使用浓度为 $0.5\% \sim 2\%$ 的溶液，喷在果蔬表面形成一层薄膜而达到保鲜效果。日本将壳聚糖与乳酸钙或乙酸钙制成一种水溶性的保鲜剂，具有高杀菌性、安全无毒的特性。将该保鲜剂与大米混合蒸熟后，在 28℃ 条件下可存放 18d。我国学者用羧甲基壳聚糖制成肉食防腐剂，用量为万分之三，可使肉制品常温下保存 8d 而不发生变质。

（五）树脂

天然树脂来源于树或灌木的细胞中。合成的树脂一般是石油产物。

紫胶由紫胶桐酸和紫胶酸组成，与蜡共生，可赋予涂膜食品以明亮的光泽。紫胶在果蔬和糖果中应用广泛。紫胶和其他树脂对气体的阻隔性较好，对水蒸气一般。松脂可用于柑橘类水果的涂膜保鲜。苯并呋喃树脂也可用于柑橘类水果的保鲜处理。

此外，在保鲜剂中常常要加入一些其他成分或采取其他一些措施，以增加保鲜剂的功能。如常用丙三醇、山梨糖醇作为增塑剂；用苯甲酸盐、山梨酸盐、仲丁胺、苯并咪唑类（包括苯菌灵、特克多、多菌灵、托布津、甲基托布津等）作为防腐剂；用单甘酯、蔗糖脂作为乳化剂；用 BHA、BHT、PG 作为抗氧化剂以及浸渍无机盐溶液如 $CaCl_2$ 溶液等。

【复习思考题】

1. 名词解析：防腐剂、抗氧化剂、脱氧剂、保鲜剂。

2. 食品防腐剂的种类及作用特点有哪些?
3. 试述食品抗氧化剂和脱氧剂的作用特点。
4. 试解释化学保藏及其特点。
5. 食品添加剂的作用有哪些? 使用时有哪些原则?
6. 试述食品防腐剂的作用机制。
7. 简述食品抗氧化剂使用原则以及注意事项。

第九章 食品新产品研发

第一节 新产品概述

一、新产品概念及其分类

（一）新产品的概念

对新产品的定义可以从企业、市场和技术三个角度进行。对企业而言，第一次生产销售的产品都叫新产品；对市场来讲则不然，只有第一次出现的产品才叫新产品；从技术方面看，在产品的原理、结构、功能和形式上发生了改变的产品叫新产品。市场营销意义上的新产品包括了前面三者的成分，但更注重消费者的感受与认同，它是从产品整体性概念的角度来定义的。它包括：在生产销售方面，只要产品整体性概念中任何一部分的创新、改进，如在功能和或形态上发生改变，与原来的产品产生差异，甚至只是产品从原有市场进入新的市场，都可视为新产品；在消费者方面，能进入市场给消费者带来某种新的感受、提供新的利益或新的效用，而被消费者认可的、相对新的或绝对新的产品，都叫新产品。

综合上述新产品的特征，新产品就是指采用新技术原理、新的设计、新的构思、新的材料而研制、生产的全新产品，或在功能、结构、材质、工艺等某一方面比原有产品有明显改进，从而显著提高了产品性能或扩大了使用功能，技术含量达到先进水平，经连续生产性能稳定可靠，有经济效益的产品。它既包括政府有关部门认定并在有效期内的新产品，也包括企业自行研制开发，未经政府有关部门认定，从投产之日起一年之内的新产品。它往往伴随着科技突破而出现，可以用来反映科技产出及对经济增长的直接贡献。

（二）新产品的分类

新产品从不同角度或按照不同的标准有多种分类方法。常见的分类方法有以下几种。

1. 从市场角度和技术角度分类

从市场角度和技术角度，可将新产品分为市场型和技术型新产品两类。

（1）市场型新产品　是指产品实体的主体和本质没有什么变化，只改变了色泽、形状、设计装潢等的产品，不需要使用新的技术。其中也包括因营销手段和要求的变化而引起消费者"新"的感觉的流行产品。如某种白酒的包装瓶由圆形改为方形或其他异形，它们刚出现也被认为是市场型新产品。

（2）技术型新产品　是指由于科学技术的进步和工程技术的突破而产生的新产品。不论是功能还是质量，它与原有的类似功能的产品相比都有了较大的变化。加入了功能性成分而不断丰富其营养成分的葡萄酒等都属于技术型新产品。

2. 按新产品新颖程度分类

按新产品新颖程度，可分为全新产品、换代新产品、改进新产品、仿制新产品、形成系列新产品、降低成本新产品和新牌子产品等。

（1）全新产品　指采用新原理、新材料及新技术制造出来的前所未有的产品。全新产品是应用科学技术新成果的产物，它往往代表科学技术发展史上的一个新突破。它的出现，从研制到大批量生产，往往需要耗费大量的人力、物力和财力，这不是一般企业所能胜任的。因此它是企业在竞争中取胜的有力武器。

例如，冻干蔬菜、微胶囊化香精、人参超微粉、超高压泡菜、常温保鲜的新鲜米线、保质期较长的蛋黄派类蛋糕等的问世就属于全新产品。它占新产品的比例为10%左右。

（2）换代新产品　指在原有产品的基础上采用新材料、新工艺制造出的适应新用途、满足新需求的产品。它的开发难度较全新产品小，是企业进行新产品开发的重要形式。

如应用降酸新技术生产的葡萄酒、采用魔芋生产的豆腐等，都是换代型新产品。

（3）改进新产品　指在材料、构造、性能和包装等某一个方面或几个方面，对市场上现有产品进行改进，以提高质量或实现多样化，满足不同消费者需求的产品。它的开发难度不大，也是企业产品发展经常采用的形式。

如异形瓶包装的葡萄酒、荞麦面的水饺、面条等产品。改进和换代型新产品占新产品的26%左右。

（4）仿制新产品　指对市场上已有的新产品在局部进行改进和创新，但保持基本原理和结构不变而仿制出来的产品。落后国家对先进国家已经投入市场的产品的仿制，有利于填补国家生产空白，提高企业的技术水平。

如我国借鉴国外的速冻调理食品生产的速冻培根菜卷、速冻春卷等。在生产仿制新产品时，一定要注意知识产权的保护问题。这占新产品的20%左右。

（5）形成系列新产品　是指在原有的产品大类中开发出新的品种、花色、规格等，从而与企业原有产品形成系列，扩大产品的目标市场。

如工厂化生产的糖葫芦，开发出夹馅糖葫芦、加外包装的糖葫芦，还有不用山楂而用大枣、海棠等制成的糖葫芦，不用竹签串起来的糖葫芦等。该类型新产品占新产品的26%左右。

（6）降低成本新产品　是以较低的成本提供同样性能的新产品，主要是指企业利用新科技，改进生产工艺或提高生产效率，削减原产品的成本，但保持原有功能不变的新产品。

如罐头为玻璃罐和马口铁易拉罐包装，但是采用复合塑料薄膜生产的软罐头则降低了生产成本而性能变化不大。这种新产品的比重为11%左右。

（7）新牌子产品　即重新定位型新产品，指在对老产品实体微调的基础上改换产品的品牌和包装进入新的市场，带给消费者新的消费利益，使消费者得到新的满足的产品。一般多是主品牌的副品牌，是主产品的补充。这类新产品占全部新产品的7%左右。

3. 按新产品的区域特征分类

按新产品的区域特征分类可分为国际新产品、国内新产品、地区新产品和企业新产品。

（1）国际新产品 指在世界范围内首次生产和销售的产品。如玉米面水饺，采用了新技术使玉米面的筋性增加而发明。

（2）国内新产品 指在国外已经不是新产品，但在国内还是第一次生产和销售的产品。它一般为引进国外先进技术，填补国内空白的产品。如西式奶酪的生产、沙拉酱的生产等。

（3）地区新产品和企业新产品 指国内已有，但本地区或本企业第一次生产和销售的产品。它是企业经常采用的一种产品发展形式。

除上述常见分类外，也有的按产品技术开发方式将新产品分为独立研制的新产品、联合开发的新产品和引进的新产品；按先进程度将新产品分为创新型新产品、消化吸收型新产品和改进型新产品；按产品用途归属将新产品分为生产资料类的新产品和消费资料类的新产品等。

二、新产品开发、创新的原则和方式

(一) 新产品开发的原则

1. 目标市场清晰

产品的定位要清晰，很多厂家都希望自己的产品可以卖给市场所有的消费者，这是个很美好的愿望，但是往往很难实现。即使是百事可乐这样的品牌，它的定位也只是有一定消费能力的年轻人。

2. 市场容量足够大

目标市场的容量要能给这个产品3～5年的发展空间。比如，有些无糖食品的目标市场定位在患有糖尿病的特定人群，在产品开发与推广上投入了大量的费用，但是由于目标人群量的限制，最终销量不大。这类产品一般作为补充型产品来运作，如果作为重点产品操作，最终失败的可能性较大。

3. 产品生命周期较长

每个产品都有其特定的生命周期，从产品的市场进入期到衰退期，长者上百年如可口可乐、传统饼干等，短则一年半载如蛋黄饼、儿童用的异形瓶装水等。影响产品生命周期的因素有很多，所以要考虑行业的生命周期，某个品类的生命周期，产品的质量，产品的推广手段、竞争状态、可替代性等。

4. 盈利空间较大

产品上市之初的定价一定要留下较大的利润空间，为以后保证渠道的利润、产品的促销、应对对手的竞争、延长产品的生命周期等留下足够的可操作空间。例如真空包装的即食山野菜，其价格比普通袋装酱菜高一倍，随着其他厂家产品的上市该产品降价应对，稳定占领了市场。最忌讳新品上市就以低价打市场，希望以此扩大市场占有率，从而达到控制市场的目的，但最终的结局往往是产品进入无利润区而退出市场。

5. 具有差异性

分析与竞争品牌是否存在差异性，差异性可以是产品功能的差异、价格的差异、渠道的差异、定位的差异等，只有产品存在差异性，才有可能具有一定的竞争优势。速冻水饺是传统食品产业化，市场前景较好，某厂生产山野菜馅的速冻水饺就与市场上已有的产品产生了差异，所以销售较快。

6. 能够构建壁垒

产品是否能通过申请专利或者其他有效的方式构建相关品类进入壁垒，这种壁垒可以是技术壁垒、资金壁垒、成本壁垒、包装或产品形式的专利壁垒等等，构建壁垒有助于拥有足够长的盈利期。

7. 品牌关联度

推出的新品一定要与品牌的核心价值有紧密的关联度，否则也将导致失败。

(二) 产品创新的原则

新产品开发离不开创新，对一个企业而言，没有创新的产品就没有发展，没有发展就意味着无法生存。产品创新要有专门的研发部门，要培养起一批本土化的专业技术人员，还要做到以下几点。

1. 主流性

食品的产品创新，应该走主流化道路，只有把握主流消费的趋势，才能取得产品创新的成功。从中国饮料产业发展过程的回顾中可以看出，现有饮料市场强势品牌几乎都是伴随着某一主流趋势的兴起而成长的。

改革开放之初，饮料的基本功能是"解渴"；第二波是 20 世纪 90 年代的瓶装饮用水浪潮，一度成了中国 90 年代中后期的主流饮料。随着生活水平提高出现的对生活品质的要求则催生出了与西方咖啡齐名的真正的民族饮料——茶饮料。到了新世纪初，果汁饮料以"维生素"和"美容"的面目出现，大量以营养为诉求的产品出现并获得消费者青睐。

2. 适度性

产品创新要适度，即"适度领先，超前半步"的原则。创新过度，消费者是难以接受的。

3. 差异性

产品创新的直接目的就是创造产品的差异性，增强企业产品的差异化优势，加大产品在细分市场的领导力。突破新市场的方法有两种。第一，进入一个没有对手的领域，创造新品种；第二，在产品卖点上做严格的差异化。

4. 时代性

对于企业个体而言，产品创新不是时刻存在的，它是以时代机遇为基础。好的产品创新并不能一定保证产品获得成功，它必须与时代大环境相适应。相对于时代环境而言，产品创新如果出现得太晚，那就可能已经过时或者被人领先；反之，如果出现得太早，就可能会使消费者无法理解难以接受。

(三) 产品创新方法

原则是成功的前提，而方法则是成功的保证。产品创新是一项理性的创造，那么，它一定有客观规律可循。我们一般将产品创新分为四大类，即产品技术创新、产品功能创新、产品外观创新以及产品价值创新。

1. 产品技术创新

在技术创新产生具有更节能、操作更加便利、成本更低等特性的产品时，我们就认为这种技术创新产生了完全创新型的产品，而完全创新型产品是引领消费新潮流、颠覆市场旧格局、获取市场新利润（及暴利）的最佳方式。

历史上每一次技术上的更新就会为企业带来新的发展机会,甚至产生行业竞争格局的变化。例如,新式软月饼取代老式白糖硬月饼,自热方便米饭取代传统盒饭,夹心糖葫芦取代传统无馅糖葫芦,保鲜蛋黄派蛋糕取代老式蛋糕等。

技术创新对于企业来说是高投入、高效益、高风险的行为,成则昌,败则亡。因此,企业一定要根据行业的发展情况与自身的实力来进行技术发展战略的决策,切记不能盲目追求技术上的创新。

2. 产品功能创新

相对于完全的技术创新来说,在原有技术基础上进行局部革新可能是更多企业的现实选择,不仅容易实现,而且风险比较小。在原有产品形态基础上进行,消费者需求不变,不需进行市场教育,不仅节省费用,而且失败的风险较低。一般分为增加使用的方便性、增加使用的功能性和增加使用的稳定性三种。如果这些增加的产品特性能增加消费者对产品的喜好,或者付出额外代价,就是成功的创新。

3. 产品外观创新

一个好的产品不仅要追求好的品质、完善的功能,更要追求具有美感的外观。毕竟,对一件产品而言,人们对它的第一印象来源于它的外观。除了产品软件方面的创新外,产品外观的变化也能够使企业的产品线更加丰富,满足消费者选择的多样性需求,特别是在食品行业,产品成功与否,外观设计占了很大的比重。对于外观上的创新来说,主要有以下几个方面:外观颜色、外观材质、外观形状、包装形象提升等。

4. 产品价值创新

这是产品创新中最容易赢得市场的创新方式,它是针对消费者和细分市场进行的最直接的改变,能迅速获得消费者的认同感,并占领市场,在较短的时间内实现飞速发展,成为细分市场的领先产品。

某乳品企业乳酸菌系列的升级换代产品,在产品上添加复合益生菌,由果味升级为添加浓缩果汁,并添加维生素E、维生素D和乳酸钙等营养成分,这种在日益同质化的灭菌型酸酸乳市场,从普通乳酸菌向发酵型乳酸菌产品的产品价值创新,极大地创造出了差异化的卖点。

虽然产品创新是一种理性创造,但事实上没有严格的标准来检验,因此,很多时候产品创新只能是"听天由命",等待市场检验,自然不可避免地出现创新失败。每个企业的具体情况不一样,但是产品创新的思路和方法是不会变的,在大的原则指导下,运用合适的创新手段,结合企业实际而推出的创新型产品,从诞生之日起就具备了先天优势,如果市场运作得当,前景将非常光明。

(四)新产品的开发方式

新产品的开发方式包括独立研制开发、技术引进、研制与技术引进相结合、协作研究、合同式新产品开发和购买专利等。

1. 独立研制开发

其指企业依靠自己的科研力量开发新产品。它包括三种具体的形式:

① 从基础理论研究开始,经过应用研究和开发研究,最终开发出新产品。一般是技术力量和资金雄厚的企业采用这种方式。

② 利用已有的基础理论,进行应用研究和开发研究,开发出新产品。

③ 利用现有的基础理论和应用理论的成果进行开发研究，开发出新产品。

2. 技术引进

企业通过购买别人的先进技术和研究成果，开发自己的新产品，既可以从国外引进技术，也可以从国内其他地区引进技术。这种方式不仅能节约研制费用，避免研制风险，而且还节约了研制的时间，保证了新产品在技术上的先进性。因此，这种方式被许多开发力量不强的企业所采用，但难以在市场上形成绝对的优势，也难以拥有较高的市场占有率。

3. 研制与技术引进相结合

企业在开发新产品时既利用自己的科研力量研制又引进先进的技术，并通过对引进技术的消化吸收与企业的技术相结合，创造出本企业的新产品。这种方式使研制促进引进技术的消化吸收，使引进技术为研制提供条件，从而可以加快新产品的开发。

4. 协作研究

其指企业与企业、企业与科研单位，企业与高等院校之间协作开发新产品。这种方式有利于充分利用社会的科研力量，发挥各方面的长处，有利于把科技成果迅速转化为生产力。

5. 合同式新产品开发

企业雇用社会上的独立研究的人员或新产品开发机构，为企业开发新产品。

6. 购买专利

企业通过向有关研究部门、开发企业或社会上其他机构购买某种新产品的专利权来开发新产品。这种方式可以大大节约新产品开发的时间。

三、新产品开发的文化塑造

食品文化体现在食品开发的各个环节，主要环节有产品的商标、品牌命名、产品的包装设计、产品的营销广告语等。而商标品牌的命名则是企业文化最基本的体现，是进行包装设计和广告设计的基础。

在现代市场活动中，人们生活水平不断提高，消费者已不再满足于对食品本身的消费，开始追求"感性的生活"，其消费实践往往意味着一种文化选择，折射出其对高层次精神追求的需要。他们购买符合自己文化需要的风格化、感性化商品，在物质需求满足的同时，更要享受精神与情感上的愉悦与满足，从而获得某种身份的确证与认同。因此，食品品牌要打破现有市场的品牌壁垒，必须有针对性地传递文化，努力发掘企业内外的一切文化资源，将丰富的文化意蕴贯注于食品品牌创意之中，提高品牌的文化内涵和文化附加值。即把单纯的商品信息变成品牌文化信息，以对人的理解和尊重以及对人精神需求的迎合和满足为核心，在人文文化的特定语义中寻找和倡导一种品牌观念、品牌情感，表现品牌生活形态下的丰富体验，以文化的独特魅力产生巨大的品牌增值效应，打动消费者。食品新产品品牌文化塑造主要从以下几方面考虑。

① 可以将环保、生态、营养、安全、健康、运动、活力、方便、时尚等具有现代感的流行文化作为创意基点。

② 食品品牌不仅要表现时尚，更要关注消费者新的精神品质、思想观念、社会时尚、生活主张与方式趣味的变化，积极地引领前沿文化，塑造独特的品牌个性。

③ 以特定区域的习俗、人物、历史、建筑、服饰等人文景观为背景，表现地区文化

的差异美，不断强化消费者对品牌的认同度和忠诚度。

④ 品牌文化创意时可具体从"家文化""福文化""礼文化""和文化""名文化""财富文化""爱心文化""健康文化""情义文化"等方面进行诉求，创造产品的附加值。

广告与中国人的民族情感有机地结合在一起，能深刻体现传统文化的丰富内涵，激发消费者的购买欲，有着极强的情感感召力。

延伸阅读10
中华饮食文化与
"文创"食品开发

第二节　食品新产品开发过程

一、新产品开发过程

产品开发的目的既是满足社会需要也是为了满足企业盈利，而开发新产品是一项十分复杂而风险又很大的工作。为了降低新产品的开发成本，取得良好的经济效益，必须按照科学的程序来进行新产品开发。

开发新产品的程序因企业的性质、产品的复杂程度、技术要求，以及企业研究与开发能力的差别而有所不同。因此必须采取科学的态度和方法，在充分调查基础上，为产品开发设计必要的程序，并对产品开发进行有效的管理。一般产品开发大致经过如下阶段：

一般将开发过程分成几个步骤，其基本过程如下：

1. 新产品构思

新产品构思，是指新产品的设想或新产品的创意。企业要开发新产品，就必须重视寻找创造性的构思。从市场营销的观念出发，消费者需求是新产品构思的起点，企业应当有计划、有目的地通过对消费者的调查分析来了解消费者的基本要求。对竞争企业的密切注意，有利于新产品构思。对竞争企业产品的详细分析，也能帮助企业改进自己的产品。

2. 构思筛选

将前一阶段收集的大量构思进行评估，研究其可行性，尽可能地发现和放弃错误的或不切实际的构思，以较早避免资金的浪费。一般分两步对构思进行筛选。第一步是初步筛选，首先根据企业目标和资源条件评价市场机会的大小，从而淘汰那些市场机会小或企业无力实现的构思；第二步是仔细筛选，即对剩下的构思利用加权平均评分等方法进行评价，筛选后得到企业所能接受的产品构思。

3. 新产品概念的形成

产品概念是指企业从消费者角度对产品构思所做的详尽描述。企业必须根据消费者对产品的要求，将形成的产品构思开发成产品概念。通常，一种产品构思可以转化为许多种产品概念。新产品开发人员需要逐一研究这些新产品概念，进行选择、改良，对每一个产品概念，都需要进行市场定位，分析它可能与现有的哪些产品产生竞争，以便从中挑选出最好的产品概念。

4. 商业分析

商业分析实际上在新产品开发过程中要多次进行。商业分析实质上是确认新产品的商业价值。当新产品概念已经形成，产品定位工作也已完成，新产品开发部门所掌握的材料进一步完善、具体，在此基础上，新产品开发部门应对新产品的销货量进行测算。此外，还需估算成本值，确定预期的损益平衡点、投资报酬以及未来的营销成本等。

5. 新产品设计与试制

新产品构思经过一系列可行性论证后，就可以把产品概念交给企业的研发部门进行研制，开发成实际的产品实体。实体样品的生产必须经过设计、试验、再设计、再试验的反复过程，定型的产品样品还需经过功能测试和消费者测试，了解新产品的性能、消费者的接受程度等。最后，决定新产品的品牌、包装、营销方案。

6. 试销

新产品开发出来后，一般要选择一定的目标市场进行试销。注意收集产品本身、消费者及中间商的有关信息，如新产品的目标市场情况、营销方案的合理性、产品设计、包装方面的缺陷、新产品销售趋势等，以便于了解消费者对新产品的反应态度，并进一步估计市场，有针对性地改进产品，调整市场营销组合，并及早判断新产品的成效，使企业避免遭受更大的损失。

7. 商业化

如果新产品的试销成功，企业就可以将新产品大批量投产，推向市场。通过试销，最高管理层已掌握了足够的信息，产品也已进一步完善。这是新产品开发的最后一个阶段。如在这一阶段，新产品遭到失败，不仅前六个阶段的努力付诸东流，而且使企业蒙受重大损失。因此，普及、推广新产品开发程序知识是极其必要的。

二、食品新产品开发的创意来源

(一) 来自企业内部的创意

1. 来自企业职工的创意

企业职工最了解产品的基本性能，也最容易发现产品的不足之处，他们的改进建议往往是企业新产品构思的有效来源。

构思产品的创意，不仅仅是企业内部担任开发产品责任人的事情，也必须是整个企业全体员工的责任。发挥"全员皆兵"作用的关键，就在于如何调动企业职工创意的积极性和创意的持久性。让他们带着问题意识去操作、生产、发掘问题，并提出解决问题的方法。

（1）确立整个企业的提案制度　　所谓企业提案制度，简单地说就是组织和发动职工，对企业的经营管理、技术改造、产品开发等各方面提出合理化建议。企业设立有关的提案收集机构和提案评审机构，以借助企业内部力量进行开发创意，激励士气。

（2）保持提案创意的积极性和持久性　　要获得职工提案的积极性、持久性，必须做到如下三点：及时表明是否采用提案的内容；根据提案的质量、件数、采用与否、采用效果大小、潜在可行性，给予物质精神上的表彰和奖励；对企业职工进行提案培训、组织和开展竞赛运动。

2. 来自营销人员的产品创意

企业应充分运用营销人员的信息灵通性和身心感知性，让营销人员不仅推销产品，而且反馈市场信息，提出产品开发的创意。让营销人员带着问题意识，带着创意提案的压力去销售、去倾听、去发掘。在这方面最成功的是日本的"营销卡制度"。

营销卡制度的实质就是以责任定额制激发营销人员的脑力去寻找和开发题目。营销卡制度从两方面着手：规定营销卡（MC）是营销部门所有人员应做的提案；制定责任配额制度。营销卡加重了营销人员的压力，但也迫使营销人员改变过去守株待兔的方式，而以积极的态度，事先了解需求，提炼成开发项目，估算出市场规模，推动新技术应用、新产品开发，并在其后充满热情推销自己发掘的新产品并认真倾听顾客的反映，同时还可紧密营销部门和开发部门的关系。

营销卡具体形式有多种，其内容不一。在此仅提供一则范例（表9-1）。

表9-1　食品营销卡

营销卡 （食品新产品题目的提案）	（食品新产品题目的提案）
	原提案号码：
提案者：　部　　科　　姓名：	提案日期　　年　　月　　日
1. 企求何种食品(产品名称、开发的目的等)	
2. 其概要如何？ (1)关于原料　　　　　　　(2)关于口味 (3)关于感官　　　　　　　(4)关于价格	图样绘制栏
3. 新颖度或竞争性如何？ (1)其他公司有无此类产品？（如有，列出该公司名称） (2)竞争状况： ①认为本公司最抢先。 ②其他公司虽已推出,但认为能够参与。 ③竞争虽激烈,但认为应该参与。	
4. 有关需要预估： (1)全国需要(每个月的金额或分量) (2)特别针对的行业(生产原料) (3)预测的需要阶层(消费对象)	

续表

5. 在 3 年左右可期待成长多少？
(1)推测成长率 5%、10%、15%、20%，或更高 %
(2)其根据是
6. 提案所在营业部门的销售预估：
(1)准顾客与公司名称
(2)希望开始销售的时间： 年 月
(3)预定销售金额： 每月：

3. 来自开发部门的创意

企业的新产品开发部门是企业产品开发的专门机构。他们既肩负着提出产品企划创意的任务，又肩负着将来自企业内外部的产品创意进行具体实施。因此要求这些机构的人员应具备专业又广博的知识，而且要求他们不仅具有理论知识，还要具备很强的动手能力。如食品工业的研发部门便聚集了食品工艺、食品机械、食品包装、食品化学、食品检验、食品营养、食品营销、市场学、食品管理学等许多学科领域的专业人员。此外，食品企业科技人员的研究成果往往也是新产品构思的一项重要来源。

(二) 来自企业外部的创意

1. 来自专家、智囊、专业组织的创意

专家、智囊、专业组织都是某一食品行业的行家里手，对本行业甚至其他行业都有精深的研究和预见。他们不仅能把理论和实践结合起来，而且能把过去、现在、未来结合起来。他们不仅熟知本行业的国家政策，而且也熟知本行业的技术、产品，甚至和其他同行业公司或不同行业公司、组织有广泛联系。现在差不多各行业都有专业学会或协会，如食品科技学会、食品营养学会、饮料及酿酒协会、企业家协会等，它们是本行业专家人员的信息交流集中地，甚至是有关政策的发源地。企业食品新产品的鉴定、评级都要请这些专家、专业组织。

2. 来自中间商、零售商的创意

一个企业要扩大产品销路，单靠自己不行，必须建立起广泛而稳定的销售渠道、销售网络，而这些渠道与网络中最主要的就是代理商、批发商、零售商。中间商、零售商介于生产者与消费者之间，又熟悉两方面的情况，直接与顾客打交道，最了解顾客的需求。他们对产品的功能、性能、结构，特别是外观、包装、品牌，都有较深的了解，又事关他们自己的切身利益，所以会提出中肯的意见。如某酱菜生产企业根据零售商提出的建议开发出了甜辣型风味的即食酱菜。

3. 来自产品试用者、消费者的创意

生产产品是为了满足消费者的需求，产品开发本身就是为消费者使用的，了解消费者对现有产品的意见和建议，掌握消费者对新产品有何期望，便于产生构思的灵感。消费者的创意是广泛无边的，生产者所设计的最终效果还要看消费者的使用情况而最终鉴定。因此顾客的需求是新产品构思的重要来源。

4. 来自其他行业、企业、其他国家、地区的创意

"他山之石，可以攻玉"，企业可以根据其他行业企业产品发展状况与趋势、技术运用状况而提出创意，也可以根据其他国家和地区的政治、军事动态、生活及风俗习惯、科技发展、产品开发趋势而提出创意。

可作为新产品构思来源的其他渠道还比较多，如大学、科研单位、专利机构、市场研究公司、广告公司、咨询公司、新闻媒体等。

值得一提的是竞争对手，分析竞争对手的产品特点，可以知道哪些方面是成功的，哪些方面是不成功的，从而对其进行改进。如某厂生产的四种水果又加钙的果汁饮料就是来源于竞争对手的三种果汁又加钙的产品创意。

(三) 来自产品本身的创意

挖掘创意来源的本身就是为了产品开发，那么再从产品本身寻求创意的来源，会收到意想不到的效果。

1. 来自产品功能、质量、性能的创意

为了寻求创造产品功能、性能、质量的点子，可以设立专项创意提案，收集企业内外有关方面的创意构思，并加以分类、整理。这样可使提案针对性强，提案的质量也有所提高，便于问题的解决，也便于专项内容的技术突破、功能开发和质量提高。

如通过广泛建议获得了彩色豆腐的创意，最终研制出菠菜豆腐、胡萝卜豆腐、红辣椒豆腐等彩色豆腐。还有在干豆腐中加入蔬菜、在干豆腐上印上产品的品牌商标图案或生产厂家的名称等，得到与众不同的豆腐产品。

2. 来自产品结构、造型、包装、品牌的创意

企业也可以设立有关结构、包装、款式、特性方面的专项提案，收集这些方面的创意与提案，同时企业最好能有针对性地提出这些方面存在的问题，便于这方面内容的创意开发。不过这种产品形态方面的创意，最好更多地征集企业外部人士的意见，因为所谓"当局者迷，旁观者清"，每个企业都会认为自己开发的款式、包装、造型最优秀最流行，而在这些产品流通、使用过程中，中间商、零售商、消费者最清楚它们的不足之处和应该改进的地方。

3. 来自产品服务的创意

服务现在越来越成为企业竞争的制高点，那么到底顾客需要哪些方面的服务，企业能为消费者提供哪些服务，这些需要根据产品本身的特点和顾客的需求，以及借鉴其他行业、企业提供的服务来寻求创意。开发生产产品本身的目的就是服务，服务于消费者的欲望与需要，而消费者购买产品如不会或不能正确使用，那么就得不到其使用价值。

4. 来自新技术、新材料的创意

科技发展日新月异，新材料、新工艺不断增多，那么如何把这些新技术、新材料、新工艺运用到本企业的产品开发上，这更是产品开发创意的关键。成功地运用会使产品取得突破性进展，甚至开辟出新行业、新领域。例如利用冻干技术生产的"速溶土豆泥"使土豆泥产品走进千家万户。

三、食品新产品市场调查方法

(一) 市场调查的主要内容

1. 经营环境调查

(1) 政策、法律环境调查 调查本公司所经营的业务、开展的服务项目有关政策法律信息，了解国家是鼓励还是限制，有什么管理措施和手段。对于食品来讲主要是保健食品生产中所用原料是否为药食两用资源的政策信息，食品中合成或天然食品添加剂的使用标准，对服务行业消费高档白酒征收个人消费税、提高白酒行业税收等政策信息。

（2）行业环境调查　调查公司所经营的业务、开展的服务项目所属行业的发展状况、发展趋势、行业规则及行业管理措施。如可参照酿酒工业协会、饮料工业协会等的有关规定开发新的饮料酒类产品。

（3）宏观经济状况调查　宏观经济状况是否景气，直接影响老百姓的购买力。因此，了解客观经济形势、掌握经济状况信息是经营环境调查的一项重要内容。如国家对酿酒行业提出的"四个转变"使果酒行业复苏，国家设立"黄金周"提倡旅游可促进旅游休闲食品的开发等。

（4）人口状况和社会时尚的变化调查　食品是销售给特定人群的，应对目标人群所在地区的人口及其组成、风尚及其流行、目标人群的人口量、当地的社会时尚变化、目标人群的时尚特点等进行调查。如某改良的传统食品"饸饹"条（读音 hé le，也叫河漏），上市前对所在地目标人群人口及消费量进行了调查，以此确定产量和销售场所。

2. 市场需求调查

通过市场调查，对产品进行市场定位。比如公司要生产袋装酸菜产品，居民对这种产品的了解有多少？需求量有多大？能接受什么样的价格？有无其他公司提供相同的产品服务？市场占有率是多少？市场需求调查的另一重要内容是市场需求趋势调查。如上例公司应了解市场对袋装酸菜产品的长期需求态势，了解该产品是逐渐被人们认同和接受，需求前景广阔，还是逐渐被人们淘汰，需求萎缩。同时还要了解袋装酸菜生产在技术方面是否有保证，在经营两方面的发展趋势如何等。

3. 顾客情况调查

这些顾客可能是公司原有的客户，也可能是潜在的顾客。顾客情况调查包括两个方面的内容：一是顾客需求调查。例如购买原味"烤馒头片"的顾客大部分是什么人，他们希望从中得到哪方面的满足和需求？二是顾客的分类调查。重点了解顾客的数量、特点及分布，明确公司的目标顾客，目标顾客的大致年龄范围、性别、消费特点等，对烤馒头片产品的需求程度，购买动机、购买心理。

4. 竞争对手调查

"知己知彼，方能百战不殆"，了解竞争对手的情况，包括竞争对手的数量与规模，分布与构成，竞争对手所生产产品的优缺点及营销策略，才能有的放矢地采取一些竞争策略，使公司产品做到"人无我有，人有我优，人优我特"。

5. 市场销售策略调查

重点调查了解本公司所产食品及待开发新产品在市场上的销售渠道、销售环节，最短进货距离和最小批发环节，广告宣传方式和重点，价格策略；有哪些促销手段，有奖销售还是折扣销售；销售方式有哪些，批发还是零售，代销还是专卖还是特许经营等，这些经营策略有哪些缺点和不足。

（二）常见的市场调查方法

1. 按调查范围不同分类

市场调查可分为：市场普查、抽样调查和典型调查三种。市场普查，即对市场进行一次性全面调查，这种调查量大、面广、费用高、周期长、难度大，但调查结果全面、真实、可靠。

抽样调查，据此推断整个总体的状况。比如公司生产经销一种小学生食品，可选择一两个学校的一两个班级小学生进行调查，从而推断小学生群体对该种食品的市场需求情况。

典型调查，即从调查对象的总体中挑选一些典型个体进行调查分析，据此推算出总体的一般情况。如对竞争对手的调查，可以从众多的竞争对手中选出一两个典型代表，深入研究了解，剖析它的内在运行机制和经营管理优越点、价格水平和经营方式，而不必对所有的竞争对手都进行调查。

2. 按调查方式不同分类

市场调查可分为：访问法、观察法、实验法和试销或试营法。

（1）访问法　即事先拟定某新型饮料的调查项目，通过面谈、信访、电话等方式向被调查者提出询问，以获取所需要的调查资料。这种调查简单易行，有时也不见得很正规，在与人聊天闲谈时，就可以把你的调查内容穿插进去，在不知不觉中进行着市场调查。

目前，网络调查也是一种很有效的访问调查方法，是指利用国际互联网作为技术载体和交换平台进行调查的一种方法。网上调查的业务流程：项目设计→问卷上网→问卷检查→数据处理、分析→调查报告。

（2）观察法　即调查人员亲临顾客购物现场，如商店或饭店、冷饮食品摊点，直接观察和记录顾客的类别、购买动机和特点、消费方式和习惯、商家的价格与服务水平、经营策略和手段等，这样取得的一手资料更真实可靠。要注意的是你的调查行为不要被经营者发现。

（3）实验法　是指市场调研者有目的、有意识地改变一个或几个影响因素，来观察市场现象在这些因素影响下的变动情况，以认识市场现象的本质特征和发展规律。如开展一些小规模的包装实验、价格实验、广告实验、新产品销售实验等，可分为实验室实验和现场实验。

例如，某食品厂为了提高糖果的销售量，认为应改变原有的陈旧包装，并为此设计了新的包装图案。为了检验新包装的效果，以决定是否在未来推广新包装，厂家取 A、B、C、D、E 五种糖果作为实验对象，对这五种糖果在改变包装的前一个月和后一个月的销售量进行了检测，得到的实验结果见表 9-2。

表 9-2　单一实验组前后对比表

糖果品种	实验前售量 Y_0/kg	实验后销量 Y_n/kg	实验结果 Y_n-Y_0/kg
A	300	340	40
B	280	300	20
C	380	410	30
D	440	490	50
E	340	380	40
合计	1740	1920	180

结果证明，改变包装比不改变包装销售量大，说明顾客不仅注意糖果的质量，也对其包装有所要求。因此断定，改变糖果包装以促进其销售量增加的研究假设是合理的，厂家可以推广新包装。但应注意，市场现象可能受许多因素的影响，销售的增加量，不一定只是改变包装引起的。

（4）试销或试营法　即对不确定的业务，可以通过试营业或产品试销，来了解顾客的反映和市场需求情况。

（三）市场调查的程序

1. 拟定调查计划

（1）调查目的　说明"为什么要进行这项调查""想要知道什么""知道以后怎么办"等问题。

（2）调查项目　如调查某牛乳类产品的原料来源、产品体积、包装样式、产品口味、价格特点、季节性要求、重复购买频率、产品品牌商标记忆度、产品竞争情况等。

（3）调查方法　如抽样还是典型？访问还是观察？

（4）经费估计　根据调查人员、时间、所需用品、交通等估算出费用。

（5）调查日程安排　按调查阶段、任务和具体日期，确定出详细的调查日程。要考虑到被调查者的时间状况、社会公共假日等情况。

2. 确定调查样本

（1）样本数的确定　根据调查内容的要求、调查项目在样本间差异的大小、企业可投入调查的人力财力情况等因素来确定调查样本数。

（2）选定抽样方法　主要是随机抽样，具体方法有：单纯随机抽样法、系统抽样法、分层随机抽样法、分群随机抽样法。非随机抽样有便利抽样法、判断抽样法、配额抽样法。

（3）抽样　首先以地区为单位进行分群抽样，确定调查样本所在区域。然后，在所确定区域内按一定标准进行分层或排序，运用分层抽样或等距抽样的方法，在各层中（或等距抽样的第一段中）进行单纯随机抽样，以确定调查样本。

3. 收集市场资料

市场资料分为现有资料和原始资料两种。现有资料又称为第二手资料，是经过他人收集、记录和整理所积累起来的各种数据和文字资料。原始资料又称为第一手资料，是调查人员通过实地调查所取得的资料。

（四）调查问卷设计

问卷调查是市场调查访问法中经常采用的方式之一，原意是指一种为了统计或调查用的问题表格。从现在所使用的意义来讲，是指按照一定理论假设设计出来的，由一系列变量、指标所组成的一种收集资料的工具。它通过精心设计的一系列问题来征求被调查者的答案，并从中筛选出想了解的问题及答案。

问卷具有结构性强的特点，即问卷上的大多数问题都是按某些标准规定了选择答案的项目，被访者只能在这些固定的答案项目中选择作答。与这特点相伴随，问卷还具有规范化和标准化等特点。

问卷中的问题设计、提问方式、问卷形式以及遣词造句等，都直接关系到能否达到市场调查的目标。

1. 问卷设计步骤

① 确定主题是确定调查的目的、对象、时间、方式（面谈、电话、信函）等。

② 设计问卷。首先将调查目标分解成问题，也就是要设计出全部问题。当对方回答完，就能得到你想了解的全部答案；其次是要技巧性地排列上述问题；最后是尽量使提出的问题具有趣味性。

③ 试验阶段。问卷设计出来以后，为了使问卷所列项目更贴合调查目标，而且能被调查者接受，还要将试卷进行小范围的检验，就是选择一个拟调查的对象试答问卷，看看

所设计的问卷是否好回答，用户是否愿意答，回答所需要的时间是否适宜等。最后还要分析一下问卷的项目是否易于整理、分类和统计。

④ 修改问卷，制表打印。

2. 问卷的设计技术

(1) 问题的类型和筛选

① 从回答问题的基本方式分为限定回答式问题和非限定回答式问题。所谓限定回答式问题，就是对同一个问题给出几种固定的供被访者选择回答的项目。所谓非限定式问题，就是给出一个问题让被访者自由回答。当某个问题可以用一些具体指标衡量时，宜采用限定回答式，例如文化程度、性别、家庭模式等，都属于这种情况；当对某个问题还不甚清楚，也没有具体衡量指标时，宜采用非限定回答式。

② 从问题功能的角度划分，可分为接触性问题、功能心理问题、过滤性问题、控制性问题等。

a. 接触性问题，即问卷中最先提出的问题，这种问题要求回答十分简单，而且能引起被访者回答问题的兴趣。例如，调查对象的职业、年龄、性别等。

b. 功能心理问题，也叫调节性问题，指那些能消除被访者紧张心理状态的问题。例如，在问过被访者的经济收入后，接着问他是否爱好音乐等。

c. 过滤性问题，用来放在某一问题之前，测定和划分被访者是否属于回答某一问题的对象。比如，您喝牛奶吗？是或否，若喝，每天喝多少？如果没有这种过滤性问题，而径直问某人是否喝牛奶，则可能得到信口开河的答案。

d. 控制性问题，也叫验证性问题，指用来检验被访者的回答是否真实准确。例如，在问卷的一个地方可以问："您每月大概喝多少牛奶？"而在另一个地方则可以问："您每个月喝牛奶的实际开支是多少？"通过这两个答案的对比可以检验回答的真实性和准确性。

③ 按问题的性质划分，分为事实问题、行为问题和态度问题。事实问题询问的是客观存在的情况，即动态的资料，这类问题一般是询问被调查对象的基本情况。如年龄、性别、学历、职业、婚姻状况、经济收入等。行为问题是询问人们干过什么或正在干什么的问题；行为问题询问的是学习方式、工作方式、交友方式等动态性的资料。例如："您每天喝葡萄酒吗？"态度问题是反映人们主观意见包括态度、想法、观念等的问题。例如，对增加烟酒消费税的态度，对猪肉及其制品物价上涨的态度等。

④ 问题的筛选：问题本身的必要性；问题细分的必要性；被调查者是否了解所询问信息；被调查者是否愿提供所询问信息。

⑤ 问题设计的原则：被调查者易理解；被调查者愿回答；问题应有明确的界限；问题不能暗含假设。

(2) 答案的设计

① 开放式（自由填答式）答案。

② 封闭式答案包括是非两分型（如，吃过某食品吗？是、否）；单选型 （您的职业：工人、农民、职员、工程师）和态度量表。

在问卷设计中注意以下几个问题：首先，注意写好卷首的说明。其次，注意选择问题的类型及顺序。问卷中可以采用二项选择、多项选择等封闭式问题；也可以采用自由回答的开放式问题，根据调查内容进行选用。通常将趣味性强的简单问题放在前面，核心问题放在中间,涉及个人资料的敏感性问题放在后面。再次,注意问题的语言及问卷长短。最后,注意问卷的规范性。

3. 食品问卷实例

(1) 葡萄酒消费习惯调查问卷

① 你每月在葡萄酒上的开销是:

30元以内　30~100元　100~200元　200~300元　300元以上

② 你经常在哪里喝葡萄酒?

在家　在餐厅　在酒吧

③ 你多久会打开一瓶葡萄酒?

每天　每周几次　每周一次　一个月一次　一两个月一次

④ 跟自己并不熟悉的朋友吃饭,对你而言最安全的选择是:

白葡萄酒　红葡萄酒　法国波尔多左岸风格的Cabernet Sauvignon　澳大利亚的Shiraz　起泡酒　意大利的Moscato d'ASTI　法国的香槟　甜酒　其他

⑤ 总的来说,你更喜欢:

白葡萄酒　红葡萄酒　起泡酒　雪利酒或者波特酒

⑥ 通常跟你分享一瓶葡萄酒的人会是:

自己　同学　朋友　家人　生意伙伴

⑦ 你通常从哪里购买葡萄酒?

葡萄酒专卖店　超市　经销商　国外　餐厅

⑧ 影响你对从未喝过的一瓶葡萄酒选择的会是:

酒标的设计　从杂志或网上看到的酒评家的评分　侍酒师的建议　酒庄网站上信息　朋友的建议　其他

⑨ 在你购买葡萄酒的时候,你会考虑哪些因素?

价格　品种　产区　酒庄　饮用场合　要搭配的菜肴

⑩ 以你的经验来看,深入了解葡萄酒的捷径是:

定期参加品酒会　浏览网上葡萄酒论坛　看葡萄酒书籍　浏览葡萄酒专业网站　组织一个自己的品酒俱乐部　经常喝

⑪ 你认为评价一款葡萄酒的好坏,最重要的因素是哪个?

颜色　香气　口感　回味其他

⑫ 在下列新世界葡萄酒产区中你认为性价比最高的是:

新西兰　智利　美国　阿根廷　南非　中国

⑬ 请列举你认为拥有最佳葡萄酒酒单的餐厅:

⑭ 请列举你认为最好的购酒去处:

(2) 荔枝罐头消费情况调查问卷

① 您的性别:

男　女

② 您的年龄:

15岁以下　16~25岁　26~35岁　36~45岁　45岁以上

③ 您有没有吃过水果罐头?

有　　没有

提示：如果您选择没有，请转第 11 题

④ 过去六个月您吃过几个水果罐头？

3 个以下　　　4～6 个　　　　7～9 个　　　　10 个以上

⑤ 您最喜欢吃哪一种水果罐头？

荔枝　　菠萝　　龙眼　　雪梨　　桃子　　山楂　　其他

⑥ 什么情况下您会想到买水果罐头？

自己喜欢吃　送人　产品在促销　新鲜水果购买不到或价格过高　旅游时　其他

⑦ 您选择水果罐头时考虑的因素是什么？

水果的口感　营养价值　个人爱好　包装品牌　便利　其他

⑧ 您认为一瓶水果罐头重量多少比较合适？　　［最多选择 3 项］

300g　　500g　　700g　　900g

⑨ 您认为一瓶 500g 水果罐头定价多少最合适？

5.0～7.0 元　　7.1～9.0 元　　9.1～11.0 元　　11.0 元以上

⑩ 购买水果罐头时，罐头的品牌在您选择中所起的作用：

不太留意　　会考虑　　很重要

⑪ 您一般从哪些途径了解水果罐头？［多选题］

促销活动　　广告宣传　　网站　　亲戚　　朋友　　其他

⑫ 您吃水果罐头时最主要的顾虑是：

担心产品是否新鲜　担心水果罐头产品质量问题　担心产品是否卫生　担心水果罐头里是否有防腐剂

⑬ 您认为现有的水果罐头有哪些不足之处？［可多选］

包装太单一　　质量差　　开盖难　　不新鲜　　价格高　　其他

第三节　食品新产品设计研发过程

一、人体工程学与食品新产品开发

（一）人体工程学的概念

人体工程学是 20 世纪 40 年代后期发展起来的一门新兴边缘学科。它是综合运用生理学、心理学、物理学和其他学科及方法的一门学科。内容包括人体测量、人的生理功能、人的心理活动、人与机器协同工作的关系、机器故障和人操作失误的关系、人机系统遵守物理学原理等方面。

（二）人体工程学在食品新产品开发中的应用

人体工程学与食品产品设计有着密切的关系，食品产品需人食用、受人操作加工，因此食品新产品设计就必须考虑人体工程原理。一是在产品设计时，必须考虑人的生理因素和心理因素；二是设计产品时，要使人食用方法简便、省力又不易出差错；三是要使人的食用方法安全。

果冻产品由于其本身具有较大的黏弹性，少儿食用易引起吞咽堵住气管而造成窒息死亡，我国已经发生多起此类事故，其原因是果冻的体积尤其是直径过小被幼儿直接吸食所致。为了从源头杜绝儿童因吸食小果冻被噎，导致死亡事件的发生，果冻类食品新的国家标准规定：杯形凝胶果冻的直径尺寸必须大于等于 3.5cm；长杯形凝胶果冻和条形凝胶果冻的长度不能小于 6cm。这样幼儿无法将整个果冻吞下而防止了此类事件的发生。

此外，饮料的包装瓶过于粗大，无法用手把握；饮料的瓶口大于人的口型，直接饮用时易造成饮料外溢；罐头产品的瓶盖过大，用手无法把握和拧开；复合薄膜袋包装的边缘没有锯齿形切口无法撕开或正常用力无法撕开；果肉饮料黏度过大无法直接饮用等，这些都是产品不符合人体工程学原理的表现。

(三) 人体工程学与食品产品设计的主要关系

1. 人体测量与食品包装设计和食品结构设计

人体测量项目主要包括：人的身高、体重、体积，以及人体各个部分的长度、重量、体积等。食品包装设计则包括：包装形状设计，如饮料的瓶形、果冻的杯形、瓶盖的外形、塑料袋的边形等。包装材料设计，如塑料、玻璃、马口铁等。食品的结构设计则包括水果罐头的果块大小、果肉饮料的黏度、果冻的形状等。这些食品包装与结构设计都必须考虑到人体测量的内容。

2. 人类视觉、听觉、反应感觉与食品包装和食品结构的设计

食品包装和食品结构的设计应体现鲜艳、明快、外形适度、美观的心理感觉；干脆面、碳酸饮料、需要脆度的酱菜等还要求食用时有声音上的享受感觉；面包、蛋糕、龙须酥等要给人松软的反应感觉。

3. 人体系统设计与食品产品的要素设计

在食品生产中，人和食品形成不可分割的整体，在食品的食用过程中，人和食品也形成了一个不可分割的整体，这个整体叫人与食品系统。现代人与食品系统包含人的要素、食品要素、食用方法要素三个部分。人体系统设计包括：总体系统设计、工序设计、包装选型、食用方法系统设计等。

二、食品产品的标准制订

食品是相对比较特殊的一种商品，直接影响人们的身体健康，食品安全历来是人们特别关注的社会焦点之一。食品质量的高低或者说食品质量是否合格，取决于食品是否符合其所执行的标准，因而食品标准的质量水平对食品质量的好坏起到决定性的作用。

我国现行食品质量标准分为：国家标准、行业标准、地方标准和企业标准。每级产品标准对产品的质量、规格和检验方法都分别有明确规定。

(一) 国家标准

国家标准是全国食品工业共同遵守的统一标准，由国务院标准化行政主管部门制定，其代号为"GB"头，分别为"国标"二字汉语拼音的第一个字母，包括强制性国家标准和推荐性国家标准。如《花生油》(GB/T 1534—2017)、《大米》(GB/T 1354—2018) 是大米的国家标准。对于有些食品，尤其是出口产品，国家还鼓励积极采用国际标准。国家推荐标准代号为"GB/T"头，如《冻虾滑》(GB/T 44980—2024)。

(二) 行业标准

行业标准是针对没有国家标准而又需要在全国某个食品行业范围内统一的技术要求而

制定的。食品的行业标准一般是由国务院有关行政主管部门编制计划、组织草拟,并由国家标准化管理委员会批准、编号、发布。在公布国家标准之后,该项行业标准即行废止。行业标准基本都是推荐标准。如《中国好粮油 挂面》(LS/T 3304—2017)。

(三) 地方标准

地方标准是指对没有国家标准和行业标准而又需要在省、自治区、直辖市范围内统一的食品工业产品的安全、卫生要求而制定的。地方标准由省、自治区、直辖市标准化行政主管部门制定,并报国务院标准化行政主管部门和国务院有关行政主管部门备案。在公布国家标准或者行业标准之后,该项地方标准即行废止。

(四) 企业标准

企业标准是食品工业企业生产的食品没有国家标准和行业标准时所制定的,作为组织生产的依据。企业的产品标准须报当地政府标准化行政主管部门和有关行政主管部门备案。已有国家标准或行业标准的,国家鼓励企业制定严于或高于国家标准或行业标准的企业标准,在企业内部使用。企业标准代号为"Q",即"企"字汉字拼音的第一个字母。

三、食品研发选题设计

选题在一定程度上决定着产品开发的成败。题目选得好,可以起到事半功倍的作用。有人认为,完成了选题,就等于完成了研发工作的一半。特别是对于初涉研发工作的青年人来说,掌握产品研发选题的方法是非常必要的。

(一) 选题步骤

产品研发方向确定之后,要查找与所确定的研究方向有关的文献资料,经过加工筛选,寻找出在这些研究中还有哪些空白点和遗留问题有待解决。然后进行论证看其是否符合企业产品开发的基本方向,对创造性和可行性等进行论证,以确保选题的正确性。

(二) 选题技巧

1. 替换研发要素的方法

在研究及开发实践中,有意识地替换原产品中的某一要素,就有可能找出具有理论意义和应用价值的新问题,这种选题方法称研究要素替换法,又称旧题发挥法。

例如,某企业生产蓝莓饮料系列产品,"蓝莓""饮料"等都是研究要素。只要替换其中一个或几个要素,都可能产生一个新的研发题目。

① 替换要素"蓝莓",则产生新题目:小米饮料研发;红小豆饮料研发、绿豆饮料研发等。

② 替换要素"饮料",则产生新题目:蓝莓酒研发;蓝莓醋研发;蓝莓奶研发等。

2. 从不同学科方向的交叉处选题

从不同学科方向的交叉处选题,应敢于突破传统科学观念和思维方式的束缚,充分运用综合思维、发散思维、横向移植等多种创新思维方法,去激发灵感。例如,菠萝啤酒的开发,就需要将饮料生产中的水处理,经调色、调香、调味、增泡、碳酸化等技术,和啤酒生产中的糖化、发酵、罐装等技术相结合。又如,与啤酒生产技术和保健食品生产技术结合,可生产出芦荟保健啤酒等新产品。

3. 用知识移植的方法选题

他山之石,可以攻玉。所谓移植,是指把一个已知对象中的概念、原理、方法、内容或部件等运用或迁移到另一个待研究的对象中去,从而使得研究对象产生新的突破。

例如，把化工等学科中的纳米技术、微胶囊、超临界流体萃取、膜过滤技术、超微粉碎应用于食品加工中，就构成了食品高新技术的主要内容。

其中的纳米技术可以赋予食品许多特殊的性能，与宏观状态下食品性质与功能相比，可提高某些成分吸收率，减少生物活性和风味的丧失，并可以将食品输送到特定部位，提供给人类有效、准确、适宜的营养。通过微乳液将蜂胶制成纳米超微粉食品，其理化性质和作用发生惊人的变化。纳米化蜂胶可以促进蜂胶在水中的溶解性，增强其抗菌活性，而且口感好，可大大提高蜂胶的保健功效。

4. 从生产实践中遇到的机遇或问题中选题

日常科研工作中务必注意观察以往没有观察到的现象，发现以往没有发现的问题，外观现象的差异往往是事物内部矛盾的表现。及时抓住这些偶然出现的现象和问题，经过不断细心分析比较，就可能产生重要的原始意念。有了原始意念，就有可能提出科学问题，进而发展成为科研选题。

如通过钢印压在纸上形成的字迹，想到在干豆腐上印字或者图案，研究开发印有生产企业名称或品牌图案的干豆腐。

5. 从已有产品延伸中选题

延伸性选题是根据已完成课题的范围和层次，从其广度和深度等方面再次挖掘产生新课题，开发出更有价值的新产品。

例如，某厂生产沙棘酒，沙棘籽则没有利用，于是在饮料产品上延伸，设想提取沙棘籽油，并将其添加于沙棘酒中，研究开发具有保健功能的沙棘酒。

（三）选题原则

1. 科学性原则

研发课题必须符合已为人们所认识到的科学理论和全面技术事实。科学性原则是衡量科研工作的首要标准。可以说科学性原则是科研选题和设计的生命。

若将酸性食品的巴氏杀菌方法（低于100℃）移植到中性食品中，这个选题就违背了科学性原则，肯定会因孢子的繁殖而导致食品败坏。常温保存的中性食品，为了杀死细菌孢子，需要120℃以上的高温杀菌。科研实践证明，违背科学性原则的科研选题是不可能成功的。

2. 实用性原则

研发选题要从社会发展、人民生活和科学技术等的需要出发，在食品的科研中，选择能改善食品的营养功能、感官功能、保健功能、方便功能的题目，选择易于产生经济效益和社会效益的题目。

例如用菠菜、胡萝卜、红薯等开发饮料，因原料价廉易得，感官功能差，这些饮料对人们的吸引力很低，很难产生经济效益，缺乏实用性原则。又如近年来出现的多种方便食品，则迎合了人们快节奏的生活方式，深受人们欢迎，具有较高的实用价值。

3. 创新性原则

创新性是科研的灵魂。选题应该是前人尚未涉及或已经涉及但尚未完全解决的问题，通过研究，得到前人没有提供过或在别人基础上有所发展的成果。

例如，市场上有了小麦的方便面，那么玉米方便面即属于内容新颖。市场上有八宝粥，那么用玉米、黑米、红小豆等为原料生产麦片状的即冲型八宝粥就是角度创新产品。采用喷雾干燥法生产胡萝卜粉对于气流式超微粉碎法来说就是方法创新。

4. 可行性原则

可行性原则是指研究者从自己所具有的主客观条件出发，全面考虑是否可能取得预期的成果，去恰当地选择研究题目。可行性主要包括三个方面的条件：

（1）客观条件　是指研究所需要的资料、设备、经费、时间、技术、人力等，缺乏任何一个条件都有可能影响课题的完成。食品纳米技术的研究，需要电子显微镜等检测设备，如果本单位无该设备，或经费不足以支持外协检测，尽管该项目很有意义，也不能选择此类研究题目。

（2）主观条件　即指研究人员本身所具有的知识、能力、经验、专长的基础，所掌握的有关该课题的材料等。研究者要具备所选课题的相关知识，具备邻近学科的相关知识，了解前人对该课题的研究成果。

（3）时机　这是指在选择科研课题时，要注意考虑当前本领域的重点、难点和热点，整体发展趋势和方向。方便面、火腿肠的开发成功，就是把握了好的时机。它出现在人们生活水平提高的年代，符合了人们对生活方便性的要求，所以出现了很好的市场需求。这些食品若在20世纪70年代开发，那时人们尚未解决温饱问题，方便面、火腿肠不会有发展的可能。

四、食品新产品配方设计

凡食品，均由色泽、香气、口味、形态、营养、安全等诸因素所组成，组成食品的主要原料、辅料等在食品中的最终含量或相对含量称为食品的配方。配方设计包括了以下几方面内容。

（一）主体指标设计

它包括主体风味指标设计和主体状态指标设计。

风味指标即食品的酸甜咸等指标，如大多数饮料、水果罐头等要求酸甜适口或微甜适口，干型果酒类要求微酸爽口，面包蛋糕等要求微甜或甜味，肉罐头、香肠类熟食制品、酱菜等要求咸味适度，酸辣白菜要酸辣适中、辣酱要辣味和咸味协调等。这些都是产品的主体风味，不能偏离了人们的饮食习惯。

状态指标即食品的组织状态，如澄清型饮料应该澄清透明；浑浊型饮料应该均匀一致不分层；白酒应该是无色透明；面包、蛋糕应该是柔软疏松的；果冻应该具有一定的弹性等。这些状态指标也要符合人们的心理习惯。

（二）主要配方成分设计

配方成分包括主体配方成分、辅助配方成分和特殊配方成分。

1. 主体配方成分

主要是主体风味指标的成分，如甜味、酸味、咸味、辣味等。这些风味成分多数都是人为加入食品中赋予产品风味的。

2. 辅助配方成分

主要是有关食品的色、香、味的成分，这些成分有的是食品中本身具有的，无须添加，有的是发生损失而补加，有的是这些风味淡薄需要人为加入的。这些成分大都是我们常说的食品添加剂，即色素、香精、味精等。当然味道的调配也包括主体成分指标的风味补充，例如补加甜味剂、酸味剂等，以降低生产成本。

3. 特殊配方成分

主要指品质改良所需的成分，食品保藏所需要的成分，功能食品的功能性成分，特殊人群食品所需要的特殊强化成分等。

如三聚磷酸钠盐系列作为品质改良剂可以使碳酸饮料的泡沫丰富持久；碳酸氢钠作为发泡剂可使发酵面制品松软可口；增稠稳定剂可使浑浊饮料口感稠厚、使冰淇淋状态稳定等。苯甲酸钠和山梨酸钾等可以增加食品的保藏性。具有铁强化功能的食品要有铁成分的填充。婴儿配方乳粉尽可能模仿母乳的构成，调整蛋白质的构成及其他营养素含量，增加婴儿需要的牛磺酸和肉碱等。

4. 配方的表示

配方一般以各配料成分在最终食品总重量中的百分比来表示，如饮料类、酒类等液体状态的产品，因为这些产品可以最后进行定容。但是也有一些产品配方是以各配料成分占食品主要原料总重量的百分比，如香肠、酱牛肉、面包、蛋糕、芝麻糊等，因为产品不能定容，一般以辅料占主料的百分比来表示了。

若用实际重量来表示食品的配方，则必须有制造食品的总量，即此配方是多少食品所需。如"每1000千克饮料用""配制1000千克饮料需"等。汤料产品的配方则应表明可冲饮的汤的量，固体饮料也要标明冲饮的倍数。

(三) 配方实验

这是配方设计的关键，即通过实验来确定配方的成分。一般中小型食品企业多是由聘请的食品加工技术人员来完成，大型企业可以由研发部来组织技术部门来完成。常用实验方法如下。

1. 单因素试验方法

例如，茶饮料加工中茶叶提取选择浸提时间分别为5min、10min、15min、20min、25min，浸提温度分别为60℃、70℃、80℃、90℃、100℃，茶叶与水的比例分别设定为1:250、1:200、1:150、1:100、1:50，经过对不同组合实验得到的茶汁进行感官评价来确定茶叶浸提的最适浸提温度、最适浸提时间和最佳料水比。

2. 正交试验方法

例如，沙棘果汁饮料加工中，以原汁含量、糖度、酸度、蜂蜜加量作为四个试验因素，其中原汁含量设8%、12%、16%三个水平，糖含量设10%、12%、14%三个水平，酸含量设0.28%、0.31%、0.34%三个水平，蜂蜜添加量设1%、2%、3%三个水平。采用$L_9(3^4)$正交试验设计，以所获得的饮料的感官评分作为评价标准，来确定最佳饮料配方。

五、食品工艺研发设计

食品工艺的设计使食品具有较好的保藏性，各类食品的保藏性要求不同，其工艺也不同，采用的保鲜包装方法也不同。做好食品新产品开发中的工艺设计首先要了解食品的保藏原理，这样才能在其理论指导下开发出新型的食品。

(一) 食品败坏的原因

① 微生物的生长和繁殖，主要是细菌、霉菌、酵母菌引起的败坏。

② 食品自身存在的酶及营养成分的变化，由酶或非酶物质引起的各种氧化、还原、分解、合成等化学变化。

③ 不适当的贮存温度，过冷或过热，光、空气、机械压力、时间、水分含量等引起的食品质量变异。

④ 虫、寄生虫和老鼠的侵袭。

上述因素主要为微生物的因素、化学的因素、物理的因素三类。

(二) 食品的保藏原理与方法

1. 促生原理

又称生机原理，即保持被保藏食品的生命过程，利用生活着的动物的天然免疫性和植物的抗病性来对抗微生物活动的方法。

这是一种维持食品最低生命活动的保藏方法，例如水果、蔬菜类原料的贮藏。

2. 假死原理

又称回生原理，即利用某些物理化学因素抑制所保藏的鲜食品的生命过程及其危害者微生物的活动，使产品得到保藏的措施。假死原理保存的食品，一旦抑制条件失去，微生物将重新开始活动而危害食品。具体包括以下几方面。

（1）冷冻回生　即将食品中的水分冷冻，微生物不能获得水分而不能活动，酶的作用也被抑制，产品得到保藏。速冻食品是根据这一原理发明的。

（2）渗透回生　即采用高浓度的糖或盐使食品的渗透压提高，食品中的微生物因为发生反渗透而失去自身的水分被抑制，产品得到保藏。如盐制的咸菜、糖制的果脯等利用的就是渗透回生原理，散装产品就可以放置较长时间。

（3）干燥回生　即将食品中的水分排出，微生物不能利用，其活动受到抑制而无法危害食品。如我们晒制的萝卜干、土豆干、豆角干等应用了这一原理，产品可以在常温下放置较长的时间。

3. 有效假死原理

又称不完整生机原理、发酵原理，即用有益微生物代谢获得的产物来抑制食品中有害微生物的方法，所以也是运用发酵原理进行食品保藏的一种方法。

如酸乳是利用乳酸菌生长中产生的乳酸来抑制其他有害菌的生长。酸泡菜也是利用乳酸菌发酵产生的乳酸赋予产品酸味并抑制其他微生物的制品。各种发酵酒是利用酵母菌代谢产生的酒精来抑制有害微生物制得的各种酒类。正常情况下常温下该类食品可保藏6～12个月。

应用防腐剂保藏食品的方法，也是利用化学防腐剂杀死或防止食品中微生物的生长和繁殖，使食品得到保藏。但是化学防腐剂对人体有伤害，化学防腐剂不能单独用来保藏食品，只能和各种原理组合在一起起辅助作用，而且应严格按照国家食品添加剂使用标准来使用，不能超标。

4. 制生原理

又称无生机原理，也叫无菌原理，它是通过热处理、微波、辐射、过滤等工艺处理食品，使食品中的腐败菌数量减少或消灭到使食品长期保存所允许的最低限度，即停止保藏食品中的任何生命活动，保证食品安全性的方法。

采用这一原理的是罐藏食品，就是我们常说的罐头，包括硬罐头和软罐头。将食品经排气、密封、杀菌保存在不受外界微生物污染的容器中，一般可达到长期保存（1~3年）的目的。例如，水果罐头、蔬菜罐头、肉罐头、鱼罐头、罐装果汁、袋装榨菜等。

六、食品标签设计要求

广大消费者关注食品质量，可从食品标签上找到食品质量有关的详细信息。食品的标识标志必须符合强制性的国家标准《食品安全国家标准　预包装食品标签通则》（GB 7718）的要求，应当在食品包装标签上清晰标注食品名称、执行标准、配料表、净含量和规格、生产日期和保质期、生产者和经销商的名称、地址和联系方式等相关内容。除了这些，部分种类食品还应标注其主要特征指标，例如，饮料的原果汁含量及含糖量、酱油的氨基酸态氮含量、豆奶的蛋白质含量等。

除单一原料的食品外，其他食品应标有配料或配料表，配料应按其数量大小从多到少依次排列，复合配料已有国家标准的，而且加入量低于食品总量的25%时，不必将复合配料中的原始配料列出，但其中的食品添加剂必须列出，并使用标准规定名称。

产品的净重是指每一单位包装内所含食品的总重量，一般用"g"表示。这里要注意的是有些产品的标注重量与生活中我们常说的重量是不同的，如我们平时去饭店买水饺时说的1kg水饺，是指1kg面粉包出的水饺，若我们将水饺开发为速冻水饺，每袋1kg，是指袋内水饺的总重量是1kg，包含了面粉、馅料以及和面加入的水。同理，还有饭店里的100g面条、100g馒头等都不是实际产品的重量，都是所用面粉的重量，做出的面条、馒头的实际重量都要比这个数值大，因为实际重量是含有和面加入的水分的。

还有商品的条形码，是指由一组规则排列的条、空及其对应字符组成的标识，用以表示一定商品信息的符号。条形码供人们直接识读或通过键盘向计算机输入数据，进行结算使用。条形码除了用于结账，还能实现产品的源头追溯。

所有的食品都要有营养标签。就是以营养表格的形式将本产品每100g或每单位包装所含的营养素列出，如能量、碳水化合物、蛋白质、脂肪、维生素C、铁、钙、锌等矿物质，此营养标签供消费者购买时参考。表9-3是某品牌黑加仑果汁饮料的营养标签。

表 9-3　黑加仑果汁饮料的营养标签（100g）

项目	含量	项目	含量
碳水化合物	14g	维生素C	78mg
蛋白质	0g	钙	65mg
脂肪	0g	花色苷	42mg

第四节　食品货架期及其预测技术

一、食品货架期概念及影响因素

(一) 食品货架期概念

人们希望所购得的食品在购买后直至消费前这段时间内能维持较高的质量，要求食品能安全食用，而且食品的感官特性基本不变，因而产生了食品货架期的概念。

货架期又称保质期、有效期等，是指当食品被贮藏在推荐的条件下，能够保持安全；确保理想的感官、理化和微生物特性；保留标签声明的任何营养值的一段时间。

保质期：同义词为最佳食用期，指在标签上规定的条件下，保持食品质量（品质）的期限。在此期限，食品完全适于销售，并符合标签上或产品标准中所规定的质量（品质）；超过此期限，在一定时间内，食品仍然是可以食用的。保质期，是指产品在正常条件下的质量保证期限。产品的保质期由生产者提供，标注在限时使用的产品上。在国外有的标注的是最终使用日期，我国标注的是生产日期和保质期。在保质期内，企业对该产品质量符合有关标准或明示担保的质量条件负责，销售者可以放心销售这些产品，消费者可以安全使用。

（二）食品货架期的影响因素

食品在贮存过程中所发生的质量变化极其复杂，主要有以下几种：

① 食品成分发生化学变化或不同成分之间发生化学反应引起质量变化。
② 食品中酶促反应引起质量变化。
③ 鲜活食品因呼吸作用引起多种变化。
④ 微生物在食品中活动引起多种变化。
⑤ 食品中水分因蒸发、吸附、解吸、转移、凝结等引起质量变化。
⑥ 因食品相变化而引起质量变化。

发生上述各种变化，不仅会引起食品色、香、味、形、质的变化，还会导致食品营养价值和卫生质量的变化，从而影响食品货架期。这些变化归纳为以下几类。

1. 微生物的影响

在食品贮藏过程中，微生物的生长主要依赖于以下因素：食品贮藏的初始阶段微生物的原始数目；食品的物化性质，例如水分活度（A_w）、pH；食品所处的外在环境，如温度、湿度；食品加工过程中使用的处理方法等。

2. 物理作用的影响

在对食品品质产生影响的物理作用中，水分迁移是比较大的影响因素。由于水分的丢失，可以很容易观察到由它引起的变化，例如，干面包片、饼干等脆性食品会因外界环境的水分迁移而失去它们的脆性。沙拉食品同样可以由于水分从蔬菜到拌料的迁移作用而发生品质改变。冷冻食品贮藏中发生的干耗也是由于在冻结食品时，因食品中水分从表面蒸发，而造成的食品质量劣变。在包装食品中，渗透变化可以随着时间的延长而导致外界气体和水分渗入包装材料内，从而改变包装内部的气体的成分和相对湿度，引起食品的化学变化和微生物变化。另外，包装材料的化学物质也可迁移到食品表面，而引起食品的污染。以上情况都会对食品的货架期产生严重的不良影响，缩短食品的保质期。

3. 化学作用的影响

食品品质会随着食品内部化学反应的加剧而发生变化，食品中脂肪的变化就是一个典型的例子。脂肪在贮藏过程中会发生一些机制非常复杂的反应。例如，水解、脂肪酸的氧化、聚合等变化，其反应生成的低级醛、酮类物质会使食品发生变色、酸败、发黏等现象，致使滋味和气味恶化。

众多的影响因素可被分成内在因素和外在因素。内在因素有水分活度、pH 和总酸度、酸的类型、氧化还原电势、有效含氧量、菌落总数、在食品配方中使用防腐剂等；外在因素有在贮藏和分配过程中的相对湿度、温度、微生物控制、在加工过程中的时间-温度曲线关系、包装过程中的气体成分、消费者的处理操作和热处理的顺序等。

在影响食品货架期的诸多因素中，温度是最重要的影响因素之一。它影响食品中发生的化学变化和酶催化的生物化学变化，包括鲜活食品的呼吸作用（例如未加控制的低温引起果蔬的"冷害")和后熟作用、肌肉的僵直和解僵过程、微生物的生长繁殖、食品中水分变化及其他物理变化。简而言之，温度影响着食品在贮存过程中的质量变化，从而影响食品货架期。

二、食品货架期预测的基本数学模型

在食品行业，货架期是十分重要的质量指标。一方面，食品生产企业为了提高市场竞争力、增加效益，会大力开发新产品，利用新工艺、新配方或者是新的包装等来延长食品的货架期；另一方面，随着消费者对食品质量要求的不断提高，在原来必须满足安全的基础上，还提出了食品在货架期内应保留营养价值、感官变化最小等新的要求。因此，对食品货架期的研究，包括食品在货架期内的品质变化、如何延长食品货架期和快速预测食品货架期的方法等都成为近年来的研究热点。

建立食品货架期的数学模型需要考虑食品降解的机制、环境因素及包装（包装材料机械特性、质量传递特性及密封性等）的影响等，这些因素的多种组合使建模过程十分复杂。因此，现有的大多数模型均是针对某些食品或某几类食品有效。描述特定食品劣变机制的模型只需要进行合理的修正，即可用于预测类似食品的贮藏稳定性。

（一）食品质量变化的数学模型

食品质量劣变的数学模型是预测食品货架期的基础。对于食品品质在加工贮存过程中的变化，有许多学者进行了研究。Saguy 和 Karel 曾指出对食品品质劣变降解的分析研究应包括动力学数学模型，此模型包括质量与能量平衡方程、热力学方程、传递方程、物性数据及一些系数。此模型是一组非线性的、耦合的偏微分方程组，其分析解或是不存在，或是非常复杂。他们提出动力学研究可用过程速率来表示，并将其简化为与环境因素及组分因素相关，从而简化该方程组。这样，描述食品体系质量劣变的一般化方程为：

$$R_Q = -\frac{dQ}{dt} = f(c_i, E_j) \tag{9-1}$$

式中，Q 为某种质量指标（参数）；t 为时间；c_i 为组分因素（$i=1,\cdots,m$）；E_j 为环境因素（$j=1,\cdots,n$）。

在此，c_i 为组分因素，如反应物浓度、无机催化物、酶、反应抑制剂、pH、水分活度，以及微生物量等；E_j 代表环境因素，如温度、相对湿度、总压力及不同气体分压，以及光照等。为便于分析，先暂不考虑或忽略环境因素，假定各环境因素均保持不变，仅用组分因素来表达，则得：

$$-\frac{dQ}{dt} = kc_1^{n_1} c_2^{n_2} \cdots c_i^{n_i} \quad (i=1,\cdots,m) \tag{9-2}$$

式中，k 为反应速率常数。

环境因素为定值时，k 为常数。c_i 为 i 组分的浓度，$n_1, n_2, \cdots, n_i$ 是指数，表示反应级数，如 $n_1=1$ 表示反应对 c_1 而言是一级反应。总的反应级数 n 是各指数的和，即 $n=\sum n_i$。在食品质量变化中，往往有几种反应同时进行，但一种反应是主要的，其余的是次要的。这时可舍去次要反应而集中于一个主要反应的简化处理：

$$-\frac{dQ}{dt} = kc^n \tag{9-3}$$

式中，c 为反应物浓度，如食品中营养成分的浓度；k 为反应速率常数；n 为反应级数。

反应级数是根据实验结果确定的常数，通常为正整数，如 0、1、2…，但也有分数，如 1/2、3/2…，甚至负数。反应级数与其对应的动力学方程及半衰期见表 9-4。

表 9-4　质量损失速率方程及半衰期

反应级数	动力学方程微分式	动力学方程积分式	半衰期
0	$-\dfrac{dQ}{dt}=k$	$c=c_0-kt$	$\dfrac{c_0}{2k}$
1	$-\dfrac{dQ}{dt}=kc$	$\ln c=\ln c_0-kt$	$\dfrac{\ln 2}{k}$
2	$-\dfrac{dQ}{dt}=kc^2$	$\dfrac{1}{c}=\dfrac{1}{c_0}+kt$	$\dfrac{1}{kc_0}$
$n(n\neq 1)$	$-\dfrac{dQ}{dt}=kc^m$	$c^{1-n}=c_0^{1-n}+(n-1)kt$	$\dfrac{(2^{n-1}-1)c_0^{1-n}}{k(n-1)}$

注：表中动力学方程积分式是指 k 与 t 无关的情况。

对零级反应，反应速率与浓度无关，将反应物浓度 c 对时间 t 作图是一条直线，其斜率即为 k。典型的零级反应包括非酶褐变及许多冷冻食品的质量损失。

对一级反应，反应速率与浓度的一次方成正比，将浓度 c 对时间 t 作图是一条曲线，而 $\ln c$ 对 t 标绘则为直线，直线的斜率即为 k。典型的一级反应包括维生素的损失、微生物生长/死亡以及氧化褪色反应等。

对 n 级反应（$n\neq 1$），将 c_{n-1} 对 t 作图是一条直线，直线的斜率即为 k。

必须指出，所谓的一级反应和零级反应并不是真正意义上的单分子反应和"零分子反应"，它们实际上有相对复杂的机制，而只是在总反应上表观地呈现出一级和零级。如零级反应只表明反应物浓度 c 作为时间 t 的函数标绘成直线时相关性系数很高，存在统计意义上的关系。

反应级数的确定是十分重要的，它反映了浓度如何影响反应速率，从而通过调整浓度来控制反应速率，而且有助探讨反应的机制，了解反应的真实过程。确定反应级数的方法有如下几种：微分法、半衰期法、积分法（作图试差法、积分方程式试差法）。

有时用作图法确定反应级数比较困难，只有当浓度的变化量大于 50% 时，零级与一级反应之间才有足够的差别，此时才方便使用作图法确定反应级数。当浓度的损失低于 20% 时，用零级和一级来标绘数据几乎没有区别或区别很小，换言之，此时零级反应和一级反应都可以用于预测食品的货架期。

（二）温度效应方程

到目前为止，食品质量变化动力学模型是在环境因素保持不变，仅考虑食品组分因素的情况下建立的。实际上，食品在贮存过程中，环境因素是十分重要的影响因子，很多环境因素很难保持为恒定的常数，它们显著影响反应速率，从而影响食品的货架期。环境因素变化时，式中的反应速率常数 k 不再是定值，它是 E_j 的函数，即 $k=f(E_j)$。

1. 温度对食品质量变化速度的影响

常使用 Q_{10} 和阿伦尼乌斯（Arrhemus）方程来表示温度与反应速率之间的关系。

（1）范特荷夫（Van't Hoff）定律　反应温度每升高 10℃，化学反应的速率增加 2～4 倍。在生物和食品科学中，范特荷夫定律常用 Q_{10} 表示，并称为温度系数。

$$Q_{10} = \frac{\nu_{T+10}}{\nu_T} \tag{9-4}$$

式中，ν_{T+10}、ν_T 分别表示反应在 $T+10$ 与 T 温度时的反应速率。

由于温度对反应物的浓度和反应级数没有影响，仅影响反应的速率常数，故式(9-4)又可写为：

$$Q_{10} = \frac{k_{T+10}}{k_T} \tag{9-5}$$

式中，k_{T+10}、k_T 分别表示反应在 $T+10$ 与 T 温度时的反应速率常数。

食品在贮存过程中所发生的化学变化，其 Q_{10} 的数值一般在 2～4 之间，有些生化反应 Q_{10} 则大得多，如蛋白质的热变性 Q_{10} 可达 600 左右。

如果温度变化范围不是很大，Q_{10} 可看成常数。$T+10n$ 与 T 温度时的反应速率常数之比为：

$$Q_{10}^n = \frac{k_{T+10n}}{k_T} \tag{9-6}$$

上式可用来估计食品在不同温度下贮存所发生化学变化程度上的差异和贮存期的长短。

例如，富含脂肪的食品常因脂肪氧化酸败而变质，其贮存期取决于脂肪的氧化速度。设在实验温度范围内，脂肪氧化的 Q_{10} 为定值，若高温试验（T_1）贮存期为 t_1，则在室温（T_2）中的贮存期 t_2 可用下式作粗略估算：

$$t_2 = t_1 Q_{10}^{\frac{T_2 - T_1}{10}} \tag{9-7}$$

（2）阿伦尼乌斯（Arrhenius）方程　k 与温度有关，T 增大，一般 k 也增大。阿伦尼乌斯总结出反应速率对温度的依赖关系——阿伦尼乌斯方程，其指数形式为：

$$k = k_0 e^{-\frac{E_a}{RT}} \tag{9-8}$$

式中，k 为反应速率常数；k_0 为指数因子（频率因子）；E_a 为活化能，J/mol；T 为热力学温度，K；R 为理想气体常数，8.3144J/(mol·K)。

阿伦尼乌斯方程是反映化学反应速率常数随温度变化关系的经验公式，应用十分广泛。其中，k_0 和 E_a 都是与反应系统物质本性有关的经验常数。可见 k 与 T 的关系不是线性的。

将上式两边同时取对数，得到：

$$\ln k = \ln k_0 - \frac{E_a}{RT} \tag{9-9}$$

由上式可见，$\ln k$ 与 $1/T$ 呈线性关系，直线的斜率为 $-E_a/R$，截距为 $\ln k_0$。

由 Arrhenius 方程可定义活化能 E_a，其表达式为：

$$\frac{d\ln k}{dT} = \frac{E_a}{RT^2} \tag{9-10}$$

则：

$$E_a = RT^2 \frac{d\ln k}{dT} \tag{9-11}$$

活化能 E_a 与水分活度、固形物含量、pH 及其他因素相关。当反应机制随温度改变时，活化能也随之改变。文献报道维生素 B_1 的 E_a 为 83.86～123.00kJ/mol，其他维生素的活化能为 125.52kJ/mol 左右。表 9-5 为大多数食品中劣变反应的活化能。

表 9-5 食品中劣变反应的活化能

反应类型	酶	水解	脂肪氧化	颜色和质地改变	非酶褐变	蛋白质变性
活化能 E_a/(kJ/mol)	10～30	15	10～15	10～30	25～50	80～120

Labuza 和 Rlboh 列举了产生非线性阿伦尼乌斯曲线的可能原因，包括物理状态的变化（如相变化）、水分活度或水分的变化、温度对关键反应的影响、pH 随温度的变化、由于温度升高导致氧气溶解量减少（减缓氧化反应）、反应物在两相间的分配、冷却时反应物的浓缩，故在使用阿伦尼乌斯方程时要考虑这些因素。

由温度对反应速率常数的影响可知，降低温度可显著降低反应的速度，而食品在贮存过程中的质量逐渐下降，与食品的营养成分及风味物质发生一系列化学变化密切相关。因此，降低贮存食品的环境温度，就可显著降低食品中的化学反应速率，从而延长食品货架期。即使是罐头食品，虽然它在生产过程中经过高温杀菌不仅达到商业杀菌要求，而且破坏了酶的活性，在一般情况下，不会因为微生物的活动和酶促反应引起不良的变化，但是它在贮存过程中还会发生化学变化而引起质量改变，如脂肪的酸败、罐内壁腐蚀等，这些变化与环境温度密切相关。

阿伦尼乌斯方程不仅能说明温度对反应速率的影响，而且能表明温度、活化能两者与反应速率的关系，经推导可得：

$$\ln Q_{10} = \frac{E_a}{R} \cdot \frac{10}{T-(T+10)} \tag{9-12}$$

以 $R=8.3144J/(mol·K)$ 代入上式，并将自然对数转变为常用对数，可得：

$$\lg Q_{10} = \frac{2.77E_a}{T-(T+10)} \tag{9-13}$$

上式表明，在一定温度下，活化能 E_a 越大，Q_{10} 就越大；并且，在不同的温度范围内，活化能不同，Q_{10} 就不相同，见表 9-6。

表 9-6 Q_{10} 与反应的活化能 E_a 和温度的关系

活化能 E_a/(kJ/mol)	温度系数 Q_{10}			典型反应
	4℃	21℃	35℃	
50	2.13	1.96	1.85	酶促反应、水解反应营养素损失、脂肪氧化非酶促褐变
100	4.54	3.84	3.41	
150	9.66	7.52	6.30	

2. 温度对食品酶活性的影响

酶是生物体内的一种特殊蛋白质，具有高度的催化活性。绝大多数食品都来源于生物，尤其是生鲜食品含有多种酶类，导致许多反应在食品中能够发生，有些酶促反应会使食品劣变。

就一般情况而言，当温度低于 30℃ 时，酶催化的反应和一般化学反应一样，随着温度升高而加速。当温度达到或超过 80℃ 时，几乎所有的酶都失去活性。由酶催化的生化反应最适宜的温度是 30～40℃，食品贮藏的温度一般都是低于这个温度范围。因此，食品在贮藏过程中酶促反应随着温度的升高而加速，其温度系数 Q_{10} 一般在 2～3 之间。

如肉类的成熟过程是由于体内酶的作用，蛋白质和三磷酸腺苷分解，使肉提高持水性并产生肉的气味和滋味,这一变化与温度的关系十分密切。当温度为 2~3℃时,完成牛肉的成熟需要 12~13d;12℃时,需要 5d;18℃时,需要 2d。

3. 温度对果蔬采收后呼吸的影响

水果和蔬菜采收后的呼吸,一方面有利于其抗病能力的提高;另一方面,则消耗了其本身的营养物质。前者有利于提高果蔬的耐贮性,后者则不利于果蔬的贮存。

呼吸的实质是有机物在呼吸酶系的作用下发生的生物氧化过程。在一定的温度范围内,随着温度的升高,酶的活性增加,反应的速度加快,果蔬的呼吸就加速。温度每升高 10℃,呼吸强度要增大到原来的 2~4 倍,它们之间的关系也用温度系数 Q_{10} 表示。表 9-7 为几种蔬菜在不同温度区间的 Q_{10} 值。

表 9-7 几种蔬菜在不同温度区间的 Q_{10} 值

温度/℃	Q_{10}					
	菜豆	菠菜	黄瓜	豌豆	胡萝卜	马铃薯
0.5~10.0	5.1	3.2	4.2	3.9	3.3	2.1
10~24	2.5	2.6	1.9	2.0	1.9	2.2

在温度较低的区间里,温度系数 Q_{10} 较大的原因可由式(9-13)得到解释。因 $\lg Q_{10}$ 与 $T\cdot(T+10)$ 成反比,在活化能相同的情况下,温度低时 Q_{10} 就比较大。

在实践中,确定果蔬的贮藏温度时,既要注意到能维持果蔬正常的呼吸,以利于其抗病性的提高,又要尽量降低其呼吸强度,减少其体内营养物质的消耗,延长其贮藏期。

应该注意的是,果蔬是有生命的,而且由于种类、品种、原产地和栽培条件等因素不同,各有自己最适合的贮藏温度。温度高了会加速呼吸,温度过低则会造成冻害或冷害,因此果蔬贮藏必须在不干扰其正常新陈代谢的前提下,尽可能选择较低的温度。

4. 温度对微生物生长繁殖的影响

微生物的生命活动是在酶催化下各种物质代谢的结果,而酶的活性受温度的影响,因此微生物要进行正常的代谢必须有最适宜的温度,体内的各种生化反应才能协调进行。由于不同的酶催化不同的生化反应,其活化能(E_a)不同,温度系数 Q_{10} 也不相同。因此,环境温度下降,不同生化反应按照各自的温度系数减慢,由于减慢的速度不同,破坏了各生化反应原有的协调性和一致性,导致了微生物生理活动失调,温度下降的幅度越大,失调就越严重,从而破坏了微生物的新陈代谢,使其生长繁殖受到抑制。

综上所述,在贮藏过程中,降低环境温度就能减慢在食品中可能发生的化学反应和酶促反应的速度,并且能够抑制微生物的生长繁殖,有效地保持食品的食用品质,因此低温贮藏技术在食品流通领域中得到广泛的应用。低温只能抑制微生物和酶的活性,杀灭微生物则必须利用高温。微生物的原生质和酶都是蛋白质组成的,在高温下,蛋白质的变性作用具有很大的温度系数,在等电点时 Q_{10} 可达 600 左右。乳粉工艺及罐头工艺中的热杀菌就是利用了这一原理。

(三)食品货架期的预测模型

温度是引起食品质量损失的最主要的环境因素。由下式可知,指数因子或频率因子(k_0)与温度无关,结合食品质量变化式(9-13),可得:

$$-\frac{dQ}{dt} = [k_0 e^{-\frac{E_a}{RT}}]C^n \tag{9-14}$$

准确地预测食品的货架期需要精确估计方程式中的参数。二步线性最小二乘法是传统方法也是应用最广泛的方法。第一步是在每个温度下，回归估算质量损失速率方程中反应速率常数 k 和初始浓度 c_0，由 c_0 的估算偏差可以侧面说明模型的准确度。第二步是将由第一步得到的不同温度下的反应速率常数 k，通过 $\ln k$ 对 $1/T$ 进行回归（线性拟合），得到一条斜率为 $-E_a/R$、常数项为 $\ln k_0$ 的直线，即得到了反应速率与温度的关系。速率常数对绝对温度的倒数作图（采用半对数坐标）通常称为阿伦尼乌斯图。

收集食品在不同贮藏温度下品质变化数据，采用不同模型回归分析数据，确定模型的可适用性，并在此基础上开发能够表明具有相同质量的等值图，建立等值图与温度和贮藏时间的关系，从而预测食品货架期。

三、食品货架期的加速试验

尽管食品体系非常复杂，但是通过对食品劣变机制的系统研究，仍可以找到确定食品货架期的方法。一般可采用两种基本的方法来预测货架期。一种方法是把食品置于某种特别恶劣的条件下贮藏，然后每隔一定时间进行品质检验（可采用感官评价的方法检验品质），重复几次，最后将试验结果外推（合理的推测）以预测正常贮藏条件下的货架期。另一种方法是根据适用于食品体系的反应动力学原理，科学地设计和实施有效的货架期试验，达到以最少的时间、最小的花费获得最大量信息的目的。这可以通过应用 Labuza 和 Schmidl 提出的货架期加速试验方法来实现。

货架期加速试验（accelerated shelf-life test，ASLT）就是针对货架期预测时间长、效率低、耗资大的实际问题而发展起来的一种方法。通过应用加速手段在短期内预测出产品的真正货架期。在食品上使用的加速手段主要有：提高温度、增加湿度、光照等。其中温度加速试验使用较为广泛。最广泛使用的加速预测模型是 Arrhenius 模型，用来描述温度对反应速率的影响。通常，货架期加速试验主要应用在以下两个方面：一是在产品开发阶段，通过货架期加速试验快速估计出该产品的货架期。二是在产品投入市场时，为实际的货架期预测收集动力学参数。当然，也可以达到利用货架期加速试验，改进食品加工工艺、改善包装及贮藏条件等目的。

要进行食品货架期加速试验，首先应了解研究食品的性质，了解预测食品的货架期内主要发生的变化和因素影响；然后，选择合适的方法和模型进行预测。因此，设计货架期加速试验需要综合应用食品工程、食品化学、食品微生物学、分析化学、物理化学以及食品相关法律法规等多方面知识和实验技术。其基本步骤包括：

① 评估影响食品微生物安全性的各因素，全面分析食品各组分、贮存的过程与条件，确定显著影响食品货架期的生物或物化反应及其影响因素。通过分析，如果还没有进行试验就发现食品存在严重安全隐患而达不到所要求的货架期，则必须考虑改进产品设计以提升产品品质，如改进配方或工艺过程。

② 为货架期试验选择合适的包装。冷藏、冷冻和罐头食品可在其最终产品实际包装所用的容器中进行试验，脱水食品应贮存于密封玻璃罐或不能透过水汽的包装袋中进行试验，保持产品特定的湿度。

③ 确定试验用贮藏温度条件，包括测试组温度和对照组温度，根据不同食品类型进行选择。可参照表 9-8 进行。

表 9-8 加速贮藏试验温度条件

产品	测试温度/℃	对照温度/℃
罐藏食品	25、30、35、40	4
脱水食品	25、30、35、40、45	−18
冷藏食品	5、10、15、20	0
冷冻食品	−5、−10、−15	<−40

④ 根据食品预期货架期、处理温度以及 Q_{10} 等这些有用的信息，计算所选各温度下的测试时间。若没有 Q_{10} 的可靠资料，应该选择至少三个温度进行试验。

⑤ 确定测试方法以及在每个温度下的测试频率。

$$f_2 = f_1 Q_{10}^{\Delta T/10} \tag{9-15}$$

式中，f_1 为最高试验温度 T_1 时每次测试之间的时间间隔（如天数、周数）；f_2 为较低试验温度 T_2 时每次测试之间的时间间隔；ΔT 为 $T_1 - T_2$，℃。

这样，如果一种罐藏食品在 40℃ 贮存时每月必须测试一次，那么根据上式的计算，在 35℃（即 $\Delta T = 5$℃）和 $Q_{10} = 3$ 贮存时，应每隔 1.73 个月测试一次。在不能确切知道 Q_{10} 时需要多次测试。每个贮存条件至少要有 6 个数据点，以最大限度地减少统计上的误差。

⑥ 针对每个试验贮藏条件，收集数据绘图确定反应级数。

⑦ 由各试验贮藏条件下的反应级数和反应速率，制作恰当的阿伦尼乌斯图，估算 E_a/R 和 k_0，并预测食品在预期贮藏条件下的货架期。当然，也可以将食品贮藏在预期贮藏条件下，确定货架期并验证预测模型的有效性。不过，在食品工业上，由于时间与成本的限制，很少有这样做的。

注意：应用 ASLT 预测食品在一个波动的时间-温度内的质量损失，这个预测基于以下两个假设：

① 时间-温度的变化引起的食品质量损失是累积的，与其所经历的顺序无关。

② 温度的作用不会使主要的质量变化方式发生改变。

此外，应用货架期加速试验，可以将实验结果外推至一般储藏条件。某种食品最有价值的货架期信息可隐藏在通过 ASLT 得到的货架期预测模型中，经推算获得。对冷冻食品而言，零售冷冻食品是 −18℃，流通冷冻食品是 −23℃。应用阿伦尼乌斯关系式建立货架期预测模型的主要好处是可以在较高温度下收集数据，然后用外推方法求得在较低温度下的货架期。

考虑水分活度（A_w）影响因子，添加 A_w 参数的数学模型可用于水分敏感食品货架期预测。Mizrahi 等仍采用货架期加速试验方法，收集食品在高温度、高湿度贮藏条件下的数据预测食品货架期。Weissman 等提出一种新形式的货架期加速试验方法，不仅考虑外部温度等条件，还选择反应物或催化剂浓度提高反应速率来加速贮存试验，显著缩短试验时间。

四、食品货架期的其他预测技术

(一) 微生物生长预测模型

对于主要由微生物引起腐败变质的食品来说，货架期预测的核心是确定特定腐败菌

(specific spoilage organism，SSO)，并建立相应的生长模型。在此基础上，通过预测 SSO 的生长趋势就可以成功预测食品的货架期。

目前，世界上已开发了多种食品微生物生长模型预测软件。美国农业部开发的病原菌模型程序 PMP（pathogen modeling program）包括了嗜水气单胞菌、蜡状芽孢杆菌、肉毒梭菌、产气荚膜梭菌、大肠杆菌 O157：H7、单核细胞增生李斯特菌、沙门菌、弗氏志贺菌、金黄色葡萄球菌、小肠结肠炎耶尔森菌十种重要的食源性病原菌的生长、失活、残存、产毒、冷却、辐射等 38 个预报模型，每个预报模型包括温度、pH、A_w、添加剂等影响因子，其预测结果具有较高的精确度。

英国农业、渔业和食品部开发的食品微生物模型 FM（food micromodel）含有二十几种数学模型，对十二种食品腐败菌和致病菌的生长、死亡和残存进行了数学的表达。该系统具有数据库信息量大、数学模型成熟完善以及预测结果误差小的特点。

(二) 应用统计学方法的预测模型

由于一些食品体系的复杂性或者指标的多样性，往往会遇到多个指标，反而更难清晰地反映食品在贮藏过程中的品质变化问题。这时，需要借助统计学的方法。例如，采用相关矩阵分析的方法来研究两组及两组以上变量间的相关程度；采用主成分分析的方法，将繁杂的多指标问题转化成少数几个独立变量的问题，从而简化问题的分析过程等。并且，这些分析方法大多都可以通过计算机软件完成。

另外，威布尔危害值分析方法（Weibull hazard analysis，WHA）是一种能够直接预测食品货架期的统计学方法。1975 年，Gacula 等将失效的概念引入了食品，认为随着时间的推移，食品将发生品质下降的过程，并最终降低到人们不能接受的程度，这种情况称为食品失效，失效时间则对应着食品的货架期。同时，Gacula 等还在理论上验证了食品失效时间的分布服从威布尔模型，从而提出了一种新的预测食品货架期的方法，即威布尔危害值分析方法。

假设用 $k=1, 2, \cdots, n$ 来对一组食品按照失效时间从后到前倒序计数，t_k 表示相应的失效时间。威布尔模型中 $h(t)$ 称为危害函数，而且 $h(t)=100/k$，危害函数还可表示为：

$$h(t)=\frac{\beta}{\alpha^\beta}\times t^{\beta-1} \tag{9-16}$$

累积危害函数 $H(t)=\sum h(t_k)$ 则累计危害方程为：

$$H(t)=\left(\frac{t}{\alpha}\right)^\beta \tag{9-17}$$

两边求对数得：

$$\lg(t)=\frac{1}{\beta}\lg H+\lg\alpha \tag{9-18}$$

α 为尺度参数，β 为形状参数，它们分别影响概率密度函数图形的散布程度和陡峭程度。在双对数坐标图上利用 Statistics 软件进行线性拟合，得到累积危害值与时间变化的关系曲线，进而分析得到相应条件下食品的货架期。

目前 WHA 方法已应用于肉制品、乳制品、其他食品等货架期的预测研究。

(三) 预测食品货架期的其他方法

近年来，国际食品界出现了 TTI 技术，即时间-温度积分器（time-temperature integator）或时间-温度指示器（time-temperature indicator）。这是一种易于测量和观察的、与时间-温度变化相关的简单装置。其反应原理是利用一些与温度相关的且连续累积的变化，包括机械的、化学的、电化学的、酶反应、微生物等不可逆的变化，变化的结果最后以可见的物化现象如颜色变化等反映出来。这种技术应用于对温度比较敏感的冷藏、冷冻食品上，如鲜牛乳、冷鲜肉、海鲜产品等，可以作为货架期预报装置。

新鲜度指示器（freshness indicator）已经面市。英国的一些超级市场，在肉类和肉类半成品上试用了可以检验食品新鲜程度的新型标签。这种粘贴标签由黄色背景和一个绿色圆环组成，绿色圆环中间涂有特殊的热敏颜料，热敏颜料在正常情况下为黄色，但过了固定的时间后或温度上升到一定值时，颜料会由黄色变成比周围绿色圆环更暗的深绿色。消费者根据这一颜色变化可以直观地判断食品是否已过货架期。

近年来，出现了一种分析、识别和检测复杂嗅味和挥发性成分的仪器——电子鼻（E-nose）。电子鼻常用于检测果蔬成熟度，分析和识别茶叶及白酒等饮品，检测肉制品。在此基础上，研究人员结合食品的货架期研究，利用电子鼻预测了苹果的采后货架期，并准确地区分了不同货架期的牛乳。

货架期对食品生产企业和消费者至关重要。目前，国内外对食品货架期预测的研究，建立了接近实际预测产品货架期的数学模型，还开发了多种简便、快速的预测方法。因此，未来对食品货架期预测的研究，将会更多地借助仪器和计算机，向着数据采集迅速合理、分析模式接近实际、预测结果快速准确的方向发展。

【复习思考题】

1. 简述食品新产品开发的基本过程。
2. 人体工程学与食品产品设计的主要关系有哪些？
3. 讨论影响食品货架期的因素。
4. 说明预测食品货架期基本数学模型及主要影响因素。
5. 说明货架期加速试验（ASLT）方法的主要步骤。

第十章 食品感官评价

第一节 食品感官评价的条件

食品感官评价结果受主观条件和客观条件的共同影响。主观条件主要涉及评价人员的基本条件和素质，客观条件包括外部环境条件和样品的制备。因此，外部环境条件、参与试验的评价员、样品制备是食品感官评价试验得以顺利进行并获得理想结果的三个必备要素。

一、食品感官评价人员的筛选与训练

食品感官的系统分析是在特定的试验条件下利用人的感官进行评价。评价人员的感官灵敏性和稳定性对最终结果的有效性有决定性影响。不同个体间感官灵敏性差异较大，而且许多因素会影响感官灵敏性的正常发挥。

（一）感官评价人员的类型

1. 专家型

这是食品感官评价人员中层次最高的一类，专门从事产品质量控制、评估产品特定属性与记忆中该属性标准之间的差别和评选优质产品等工作。此类评价人员数量最少而且不容易培养。品酒师、品茶师等属于这一类人员，他们不仅需要在特性感觉上具有一定天赋，在特征表述上具有突出的能力，更需要积累多年专业工作经验和感官评价经验。

2. 消费者型

这是食品感官评价人员中代表性最广泛的一类，通常由各个阶层的食品消费者代表组成。与专家型感官评价人员相反，消费者型感官评价人员仅从自身的主观愿望出发，评价是否喜爱或接受所试验的产品及喜爱和接受的程度。这类人员不对产品的具体属性或属性间的差别做出评价。

3. 无经验型

这也是一类只对产品的喜爱和接受程度进行评价的感官评价人员，但这类人员不及消费者型代表性强。一般是在实验室小范围内进行感官评价，由与所试产品有关的人员组成，无需经过特定的筛选和训练。

4. 有经验型

通过感官评价人员筛选试验并具有一定分辨差别能力的感官评价试验人员可以称为有经验型评价人员，他们可专职从事差别类试验，但是要经常参加有关的差别试验以保持分

辨差别的能力。

5. 训练型

这是由有经验型感官评价人员经过进一步筛选和训练而获得的感官评价人员。通常他们都具有描述产品感官品质特性及特性差别的能力，专门从事对产品品质特性的评价。

(二) 感官评价人员的筛选

在感官试验室内参加感官评价试验的人员大多数都要经过筛选程序确定。筛选程序包括挑选候选人员和在候选人员中通过特定试验手段筛选两个方面。

1. 感官评价候选人员的选择

感官试验组织者按照制定的标准和要求在能够参加试验的人员中挑选合适的人选。尽管不同类型的感官评价试验方法对评价人员要求不完全相同，但下列几个因素在挑选各类感官评价人员时都需要调查。

(1) 兴趣　兴趣是挑选候选人员的前提条件。在候选人员的挑选过程中，组织者要通过一定的方式，让候选人员了解进行感官评价的意义和参加试验人员在试验中的重要性。然后通过反馈的信息判断各候选人员对感官评价的兴趣。

(2) 健康状况　感官评价试验应挑选身体健康、感觉正常、无过敏症和无服用影响感官灵敏度药物史的人员作候选人。身体不适如感冒或过度疲劳的人，暂时不能参加感官评价试验。另外，心理健康也很重要。

(3) 表达能力　感官评价试验所需的语言表达及叙述能力与试验方法相关。描述性试验重点要求感官评价人员用专业术语叙述和定义出产品的各种特征特性。因此，这类试验要求感官评价人员具有良好的语言表达能力。

(4) 准时性　感官评价试验要求参加试验的人员每次都必须按时出席。试验人员迟到不仅会浪费别人的时间，而且会造成试验样品的损失和破坏试验的完整性、连贯性。此外，试验人员的缺席会对结果产生影响。

(5) 对试样的态度　作为感官评价试验候选人必须能客观地对待所有试验样品，在评价过程中不能掺杂个人对食品样品的偏爱或厌恶，以及文化、种族或其他方面的因素，否则会使评价结果出现偏差。

除上述几个方面外，职业、教育程度、工作经历、感官评价经验、年龄、性别等因素在挑选人员时也应充分考虑。

试验组织者通过发放问卷或面谈的方式获取有关信息。问卷要精心设计，问题通俗易懂、容易理解，不但要包含候选人员选择时所应考虑的各种因素，而且要能够通过答卷人的回答获得尽量多的准确信息。通常情况下面谈能够得到更多的信息。通过感官评价试验组织者和候选人员之间的双向交流，可以直接了解候选人员的有关情况。在面谈中，候选人员会提出相关的问题，而组织者也可以向候选者交流感官评价方面的信息资料，以从对方获取相应的反馈信息。

2. 筛选

通过一定的筛选试验方法观察候选人员是否具有感官评价能力，如普通的感官分辨能力、分辨和再现试验结果的能力以及适当的感官评价人员行为（合作性、主动性、和准时性等）。根据筛选试验的结果获知每个参加筛选试验人员在感官评价试验上的能力，决定候选人员是否淘汰以及未淘汰候选人员适宜进行哪种类型的感官评价。

筛选试验需要在评价样品所要求的环境中进行。筛选过程通常包括基本识别试验(基本味或气味识别试验)和差异分辨试验(三点试验、排序试验等)。有时也会设计一系列试验多次筛选或者将初步选定的人员分组进行相互比较。

在感官评价人员筛选过程中,应注意下列几个问题:

① 筛选试验最好使用与正式感官评价试验相类似的试验材料,既可以使参加筛选试验的人员熟悉今后试验中将要接触的样品特性,也可以减少由于样品间差距而造成人员选择不适当的可能性。

② 筛选过程中可以根据各次试验的结果随时调整试验难度,难易程度取决于参加筛选试验人员的整体水平。

③ 参加筛选试验的人数要多于预定参加实际感官评价试验的人数。

④ 多次筛选以相对进展为基础,连续进行直至挑选出人数适宜的最佳人选。

3. 感官评价人员的训练

经过一定程序和筛选试验挑选出来的人员,常常还要参加特定的训练才能真正满足感官评价的要求。

(1) 对感官评价人员进行训练的作用

① 提高和稳定感官评价人员的感官灵敏度。通过精心选择的感官训练方法,可以增加感官评价人员在各种感官试验中运用感官的能力,减少各种因素对感官灵敏度的影响,使感官经常保持在一定水平之上。

② 降低感官评价人员之间及感官评价结果之间的偏差。通过特定的训练,可以保证所有感官评价人员对他们所要评价的样品特性、评价标准、评价系统、感官刺激量和强度间的关系等有一致的认识。

③ 降低外界因素对结果的影响。训练后的感官评价人员能增强抵抗外界干扰的能力,将注意力集中于感官评价中。

感官评价组织者在训练中不仅要选择适当的感官评价试验以达到训练的目的,也要向受训练的人员讲解感官评价的基本概念、感官分析程度和感官评价基本用语的定义和内涵,从基本知识和试验技能两方面对评价人员进行训练。

(2) 感官评价人员训练的组织者在实施训练过程中应注意的问题

① 训练期间可以通过提供已知差异程度的样品做单向差异分析,或通过评价与参考样品相同试样的感官特性了解感官评价人员训练的效果,决定何时停止训练,开始实际的感官评价。

② 参加训练的感官评价人员应比实际需要的人数多,以防止因疾病、度假或因工作繁忙造成人员调配困难。

③ 已经接受过训练的评价人员,若一段时间未参加感官评价工作,要重新接受简单训练才能再度参加评价工作。

④ 训练期间,每个参训人员至少应主持一次感官评价工作,负责样品制备、试验设计、数据收集整理和讨论会召集等,使每一个感官评价人员熟悉感官试验的整个程序和进行试验所应遵循的原则。

⑤ 除嗜好性试验外,训练中应反复强调试验中客观评价样品的重要性,评价人员在评价过程中不能掺杂个人情绪。

⑥ 训练期间应严格要求评价人员不接触或使用有气味的化妆品及洗涤剂，如喝咖啡、嚼口香糖、吸烟等。

（三）味觉敏感度的测定

感官评价员应有适当的味觉敏感度。可测定评价人员对四种基本味道的识别能力及其察觉阈、识别阈和差别阈。

1. 基本味道识别能力的测定

按表 10-1 制备四种基本味道的储备液，然后分别按几何系列或算术系列制备稀释溶液，见表 10-2 和表 10-3。

表 10-1　四种基本味道的储备液

基本味道	参比物质		浓度/(g/L)
酸	D,L-酒石酸（结晶）	$Mr=150.1$	2
	柠檬酸（一水化合物结晶）	$Mr=210.1$	1
苦	盐酸奎宁（二水化合物）	$Mr=196.9$	0.020
	咖啡因（一水化合物结晶）	$Mr=212.12$	0.200
咸	无水氯化钠	$Mr=58.46$	6
甜	蔗糖	$Mr=342.3$	32

注：1. Mr 为物质的分子量。
　　2. 酒石酸和蔗糖溶液在试验前几小时配制。
　　3. 试剂均为分析纯。

表 10-2　四种基本味液几何系列稀释液

稀释液	成分		试验溶液浓度/(g/L)					
	储备液/mL	水/mL	酸		苦		咸	甜
			酒石酸	柠檬酸	盐酸奎宁	咖啡因	氯化钠	蔗糖
G6	500	稀释至 1000	1	0.5	0.010	0.100	3	16
G5	250		0.5	0.25	0.005	0.050	1.5	8
G4	125		0.25	0.125	0.0025	0.025	0.75	4
G3	62		0.12	0.062	0.0012	0.012	0.37	2
G2	31		0.06	0.030	0.0006	0.006	0.18	1
G1	16		0.03	0.015	0.0003	0.003	0.09	0.5

表 10-3　四种基本味液算术系列稀释液

稀释液	成分量		试验溶液浓度/(g/L)					
	储备液/mL	水/mL	酸		苦		咸	甜
			酒石酸	柠檬酸	盐酸奎宁	咖啡因	氯化钠	蔗糖
A_9	250	稀释至 1000	0.50	0.250	0.0050	0.050	1.5	8.0
A_8	225		0.45	0.225	0.0045	0.045	1.35	7.2
A_7	200		0.40	0.200	0.0040	0.040	1.20	6.4
A_6	175		0.35	0.175	0.0035	0.035	1.05	5.6
A_5	150		0.30	0.150	0.0030	0.030	0.90	4.8
A_4	125		0.25	0.125	0.0025	0.025	0.75	4.0
A_3	100		0.20	0.100	0.0020	0.020	0.60	3.2
A_2	75		0.15	0.075	0.0015	0.015	0.45	2.4
A_1	50		0.10	0.050	0.0010	0.010	0.30	16

选用几何系列稀释溶液或算术系列稀释溶液，分别放置在 9 个已编号的容器内，每种味道的溶液分别置于 1～3 个容器中，另有一容器盛水，评价员按随机提供的顺序分别取

约 15mL 溶液，品尝后按表 10-4 填写。

表 10-4　四种基本味道识别能力测定记录表

姓名				年　月　日	
容器编号	未知样	酸味	苦味	咸味	甜味

2. 不同类型味感的阈限测定

将 15mL 清水及表 10-2 或表 10-3 的稀释溶液（按浓度从低到高）依次送交评价员，品尝后按表 10-5 填写。

表 10-5　四种基本味道不同值的测定记录表

姓名											年　月　日	
容器顺序	水	1	2	3	4	5	6	7	8	9	10	11
容器编号												
记录												

要求评价员细心品尝每种溶液。如果溶液不咽下，需含在口中停留一段时间。每次品尝溶液后用清水漱口，在品尝下一个基本味道之前，漱口后等待 1min。表 10-6、表 10-7 分别为两次测定实例。

表 10-6　味觉测定实例

姓名				年　月　日	
容器编号	未知样	酸味	苦味	咸味	甜味
13		×			
40	×				
76				×	
28			×		
99		×			
37				×	×
85				×	
72	×				
22					×

注：容器编号取自随机数表。

表 10-7　阈值测定实例

姓名											年　月　日	
容器顺序	水	1	2	3	4	5	6	7	8	9	10	11
容器编号		89	43	12	25	14	18	29	51	22	78	87
记　录	○	○	○	×	××	××	×××	×××	×××	×××	×××	×××

注：○无味；×察觉阈；××识别到；×××识别不同浓度，随识别浓度递增，增加×数。

二、食品感官评价的环境条件

环境条件对食品感官评价有很大影响，体现在对评价人员心理、生理上的影响以及对样品品质的影响两个方面。通常感官评价环境条件的控制要从创造最能发挥感官作用的氛围、减少对评价人员的干扰和对样品质量的影响着手。

（一）食品感官评价室的设置

感官评价室由试验区和样品制备区两个基本部分组成，若条件允许，可设置一些附属部分，如办公室、休息厅等。

试验区是感官评价人员进行感官试验的核心场所，通常由多个隔开的独立评价小间构成。评价小间内带有供评价人员使用的工作台和座椅，工作台上应配备漱口用的清水和吐液用的容器，最好配备固定的水龙头和漱口池。

样品制备区是准备试验样品的场所。该区域应靠近试验区，便于提供样品，但两个区域要隔开。一方面防止样品制备时气味的传输。另一方面避免评价人员经过制备区进入试验区时看到样品及嗅到样品气味，影响后续的评价结果。

试验区和样品制备区的布置有各种类型。两种不同类型的感官评价室的平面布置如图10-1所示。常见的形式是将试验区和样品制备区布置在同一个大房间内［图10-1(a)］，以评价小间的隔板将试验区和样品制备区分隔开。试验区和制备区从不同的路径进入，制备好的样品只能通过评价小间隔板上带活动门的窗口送入评价小间工作台。也有一些感官评价室将试验区和样品制备区分别布置于相邻的房间内［图10-1(b)］，这种布置方式在样品呈送上不及前面的布置合理。

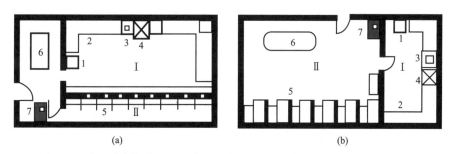

图 10-1 食品感官评价室平面布置示意图（Ⅰ—样品制备区；Ⅱ—试验区）
1—冰箱；2—贮藏柜；3—水槽；4—加热炉；5—评价小间；6—会议桌；7—洗手池

（二）试验区环境条件

1. 试验区内的微气候

试验区工作环境内的气象条件，包括温度、湿度、换气速度和空气洁净程度。

(1) 温度和湿度　温度和湿度对感官评价人员的感觉尤其是味觉有一定影响。不适当的温度、湿度会抑制感官能力的充分发挥。若温湿度条件进一步恶劣，还会造成一些生理上的反应，对感官评价的影响增大。因此，在试验区内最好有空气调节装置，使试验区内温度恒定在21℃左右，相对湿度保持在65%左右。

(2) 换气速度　有些食品本身带有挥发性气味，感官评价人员在工作时也会呼出一些气体。因此，试验区应考虑安装换气系统，换气速度以0.5min左右置换一次室内空气为宜。

(3) 空气的洁净度　从感官评价的角度看，空气的洁净程度主要体现在进入试验区的空气是否有味和试验区内有无散发气味的材料和用具。前者可以通过在换气系统中增加气体交换器和活性炭过滤器去除异味解决；后者通过在建立感官评价室时，精心选择所用材料，避免使用有气味的材料解决。

2. 光线和照明

评价室内光线的明暗对视觉有重要的影响。大多数感官评价试验要求试验区有 200～400lx 光亮的自然光。通常感官评价室采用自然光线和人工照明相结合的方式。人工照明可选择日光灯或白炽灯，以光线垂直照射到样品面上不产生阴影为宜，避免在逆光、灯光晃动的条件下工作。对于一些需要遮盖或掩蔽样品色泽的试验，可以降低试验区光照，使用滤光板或调换彩色灯泡。对于评价样品外观或色泽的试验，需要增加试验区的光亮，使样品表面光亮达到 1000lx。

3. 外界干扰

感官评价试验要求在安静、舒适的气氛下进行，任何干扰因素都会影响感官评价人员的注意力，影响正确评价的结果。分散感官评价人员注意力的干扰因素主要是外界噪声，为避免这类干扰，可将感官评价室独立设置在环境清净的区域，远离道路、机械等噪声源。若感官评价室设置在建筑物内，则应避开噪声较大的门厅、楼梯口、主要通道等。也可以对感官评价室或试验区进行隔音处理，如安装防噪声装置或防噪地板。

(三) 样品制备区的环境条件、常用设施和工作人员

1. 环境条件

样品制备区除满足试验区对其的要求外，还应充分考虑样品制备区的通风性能，以防止样品制备过程中其气味传入试验区。在空间布局上，样品制备区应与试验区相邻但不能相通。此外，样品制备区内所使用的器皿、用具和设施都应无气味。样品制备区应留有余地，便于后续实验室调整。

2. 常用设施和用具

样品制备区应配备必要的加热、保温设施（如电炉、微波炉、烤箱等），以保证样品能适当处理和按要求维持在规定的温度。样品制备区还应配备贮藏设施，存放样品、器皿和用具。根据需要也可配备一定的厨房用具和办公用具。

3. 样品制备区工作人员

样品制备区的工作人员（实验员）应经过适当训练，具有常规化学实验室工作能力，熟悉食品感官评价有关要求和规定。这类人员最好是专职固定工作人员。未经训练的临时人员（如办公室的工作人员）不适合进行样品制备工作。

三、样品的制备和呈送

样品制备方式及呈送至评价人员的方式对感官评价试验能否获得准确而可靠的结果有重要影响。在感官评价试验中，必须遵循样品制备的要求，并进行样品制备及呈送过程中各种外部影响因素的控制。

(一) 样品制备的要求

1. 均一性

均一性是指制备的样品除所要评价的特性外，其他特性如样品的量、颜色、外观、形态、温度等完全相同。要达到均一的目的，除选择适当的制备方式以减少出现特性差别的情况外，还应选择一定的方法以掩盖样品间某些明显的差别。对不希望出现差别的特性，采用不同方法予以消除。例如，在评价某样品的风味时，可使用无味的色素物质掩盖样品间的色差，使感官评价人员能准确地分辨出样品间的味差。

2. 样品量

样品量对感官评价试验的影响体现在两个方面,即感官评价人员在一次试验中所能评价的样品个数及试验中提供给评价人员分析用的每个样品的质量。

感官评价人员在试验期间,理论上可以评价许多个样品,但实际能够评价的样品数取决于下列几个因素:

① 感官评价人员的预期值:指评价人员事先对试验的了解程度,以及根据各方面信息对试验难易程度的预估。

② 感官评价人员的主观因素:参加感官评价试验的人员对试验重要性的认识,对试验的兴趣、理解、分辨未知样品特性和特性间差别的能力等因素也会影响感官评价试验中评价员所能正常评价的样品数。

③ 样品特性:样品的性质对可评价样品数有很大的影响。特性强度不同,可评价的样品数差别很大。通常,样品特性强度越高,越容易引起感觉疲劳,能够正常评价的样品数就越少。强烈的气味或味道会明显减少可评价的样品数。

除上述主要因素外,一些次要因素如噪声、谈话、不适当光线等也会降低评价人员评价样品的数量。

大多数食品感官评价试验在考虑到各种影响因素后,每次试验可评价样品数最好控制在4~8个。对含酒精饮料和有强刺激感官特性(如辣味)的样品,可评价的样品数应限制在3~4个。

呈送给每个评价员的样品分量因试验方法和样品种类的不同而不同。有些试验(如二-三点法)应严格控制样品分量,另一些试验则不须控制。通常,对需要控制用量的差别试验,每个样品的分量控制在液体和半固体30mL左右、固体30~40g为宜。嗜好试验的样品分量应比差别试验高1倍。描述性试验的样品分量依实际情况而定。

(二) 影响样品制备和呈送的外部因素

1. 温度

在食品感官评价试验中,样品的温度是一个重要因素,只有以恒定和适当的温度提供样品才能获得稳定的结果。

样品温度的控制应以最容易感受样品间所评价特性为基础,通常是将样品温度保持在该种产品日常食用的温度。表10-8列出了几种样品呈送时的最佳温度。

表10-8 几种食品作为感官评价样品时最佳呈送温度

品种	最佳温度/℃	品种	最佳温度/℃
啤酒	11~15	乳制品	15
白葡萄酒	13~16	冷冻浓橙汁	10~13
红葡萄酒、餐末葡萄酒	18~20	食用油	55

温度的变化会对评价员的感官造成影响,过冷、过热的刺激会造成感官不适、感觉迟钝,也会造成感觉的差异。此外,温度会影响样品的气味、质地等特性,如温度升高后,挥发性气味物质挥发速度加快;食品的品质及多汁性会随温度变化而产生相应的变化,这些都会影响感官评价结果。因此,试验时可将事先制备好的样品保存在恒温箱内,然后统一呈送,保证样品温度的恒定和均一。

2. 器皿

食品感官评价试验所用器皿应符合试验要求。同一次试验所用器皿最好外形、颜色和大小相同，器皿本身应无气味或异味。通常采用玻璃或陶瓷器皿比较适宜，有时采用一次性塑料或纸塑杯、盘作为感官评价试验用器皿。试验器皿和用具的清洗应慎重选择洗涤剂，不应使用会遗留气味的洗涤剂。

3. 编号

所有呈送给评价人员的样品应适当编号，以免给评价员任何相关信息。样品编号工作由试验组织者或样品制备工作人员进行，试验前不能告知评价员编号的含义或给予任何暗示。可以用数字、字母或字母和数字相结合的方式对样品进行编号。用数字编号时，最好采用从随机数表上选择的三位随机数字。用字母编号时，则应该避免按字母顺序编号或选择喜好感较强的字母（如最常用字母、相邻字母等）进行编号。同次试验中所有样品的编号位数应相同。同一个样品应编几个不同号码，保证每个评价员所拿到的样品编号不重复。同一评价员拿到的样品不能有相同的编号。

4. 样品的摆放顺序

呈送给评价员的样品的摆放顺序也会对感官评价试验（尤其是评分试验和顺位试验）结果产生影响。这种影响涉及两个方面，一是在比较两个与客观顺序无关的刺激时，常常会过高地评价最初的刺激或第二次刺激，造成所谓的第一类误差或第二类误差；二是在评价员较难判断样品间差别时，往往会选择放在特定位置上的样品。因此，在给评价员呈送样品时，应尽量让样品在每个位置上出现的概率相同或采用圆形摆放法。

（三）不能直接用感官评价的样品制备

有些试验样品由于风味浓郁或物理状态（黏度、颜色、粉状度等）而不能直接进行感官评价，如香精、调味品、糖浆等。为此，需根据检验目的进行适当稀释，或与化学组分确定的某一物质进行混合，或将样品添加到中性的食品载体中，而后按照感官评价的样品制备方法进行制备与呈送。

1. 评估样品本身的性质

将均匀定量的样品用一种化学组分确定的物质（如水、乳糖、糊精等）稀释或在这些物质中分散，每一个试验系列的每个样品使用相同的稀释倍数或分散比例。

也可采用将样品添加到中性食品载体的方法，在选择样品和载体食品混合的比例时，应避免两者之间的拮抗或协同效应。操作时，将样品定量地混入选用载体或放在载体（如牛乳、油、面条、大米饭、馒头、菜泥、面包、乳化剂和奶油等）上面，然后按直接感官评价样品的制备与呈送方法进行操作。

2. 评估食物制品中样品的影响

一般情况下，使用的是一种较复杂的制品，然后将样品混于其中。在这种情况下，样品将与其他风味竞争。在同一检验系列中，评估的每个样品使用相同的样品/载体比例。制备样品的温度均应与评估时正常温度相同（例如冰淇淋处于冰冻状态），同一检验系列的样品温度也应相同。几种不能直接用感官评价的食品的试验条件见表10-9。

表10-9 不能直接用感官评价的食品的试验条件

样品	试验方法	器皿	数量及载体	温度
果冻片	P	小盘	夹于1/4三明治中	室温

续表

样品	试验方法	器皿	数量及载体	温度
油脂	P	小盘	1个炸面包圈或三四个油炸点心	烤热或油炸
果酱	D、P	小杯和塑料匙	30g 夹于淡饼干中	室温
糖浆	D、P	小杯	30g 夹于威化饼干中	32℃
芥末酱	D	小杯和塑料匙	30g 混于适宜肉中	室温
色拉调料	D	小杯和塑料匙	30g 混于蔬菜丝中	60~65℃
奶油沙司	D、P	小杯	30g 混于蔬菜中	室温
卤汁	D	小杯	30g 混于土豆泥中	60~65℃
卤汁	DA	150mL带盖杯、不锈钢匙	60g	65℃
火腿胶冻	P	小杯或碟或塑料匙	30g 与火腿丁混合	43~49℃
酒精	D	带盖小杯	酒精:蒸馏水=4:1 混合 5mL	室温
热咖啡	D	陶瓷杯	60g，加入适量乳、糖	65~71℃

注：D表示辨别检验，P表示嗜好检验，DA表示描述检验。

四、食品感官评价的组织和管理

食品感官评价应在专人组织和指导下进行。组织者必须具有良好的感官识别能力和专业知识水平，熟悉多种试验方法，并能根据实际问题正确地选择试验法和设计试验方案。

根据试验目的的不同，组织者可组织不同的感官评价小组，通常感官评价小组有生产厂家组织、实验室组织、协作会议组织及地区性和全国性产品评优组织。生产厂家组织评价是为了改进生产工艺，提高产品质量和加强原材料及半成品质量。实验室组织是为了开发、研制新产品的需要。协作会议组织是为了各地区之间同行业经验交流，改进和提高本行业产品的工艺及质量。产品评优组织主要是评选地方和国家级优质食品，通常由政府部门召集。

第二节 食品感官评价的方法

感官评价方法按应用目的可分为嗜好型和分析型，按方法性质可分为差别检验、标度和类别检验及描述分析检验。

一、差别检验

差别检验要求评价员评定两个或两个以上的样品是否存在感官差异。差别检验的结果分析是以每一类别的评价员数量为基础的。例如，有多少人回答 A，多少人回答 B，多少人回答正确。解释其结果主要运用统计学的二项分布参数检查。差别检验中，一般规定不允许有"无差异"的回答（即强迫选择），即评价员未察觉出两种样品之间的差异时，鼓励其猜一答案做出选择。如果仍然出现"无差异"回答，可忽略"无差异"的回答，或者将"无差异"的结果平均分配到"选 A""选 B"的结果中进行统计。差别检验常用的方法有：成对比较检验法、二-三点检验法、三点检验法、"A"-"非 A"检验法、五中取二检验法。

（一）成对比较检验法

以随机顺序同时出示两个样品给评价员，要求评价员对这两个样品进行比较，判定整个样品或某些特征强度顺序的一种评价方法。此方法是最为简单的一种感官评价方法，它可用于确定两种样品之间是否存在某种差异，差异方向如何；或者偏爱两种样品中的哪一种。本方法比较简便，但效果较差（猜对率为1/2）。

具体试验方法为：把A、B两个样品同时呈送给评价员，要求评价员根据要求进行评价。在试验中，应使样品AB和BA这两种次序出现的次数相等，采用三位随机数对样品进行编码，每个评价员之间的样品编码尽量不重复。

结果分析：根据A、B两个样品的特性强度的差异大小，确定检验是双边的还是单边的。如果样品A的特性强度（或被偏爱）明显优于B，换句话说，参加检验的评价员，做出样品A比样品B的特性强度大（或被偏爱）的判断概率大于做出样品B比样品A的特性强度大（或被偏爱）的判断概率，即$P_A>1/2$（P_A即A样品的概率），则为单边检验；如果没有理由认为A或B的特性强度大于对方或被偏爱，则该检验是双边的。

① 对于单边检验，统计有效回答表的正解数，此正解数与表10-10中相应的某显著性水平的临界值相比较，若大于或等于表中的临界值，则说明在此显著水平上，样品间有显著性差异，或认为样品A的特性强度大于样品B的特性强度（或样品A更受偏爱）。

表10-10　二-三点检验和成对比较检验（单边）法检验表

参加人次 (n)	显著水平			参加人次 (n)	显著水平			参加人次 (n)	显著水平		
	5%	1%	0.1%		5%	1%	0.1%		5%	1%	0.1%
7	7	7	—	24	17	19	20	41	27	29	31
8	7	8	—	25	18	19	21	42	27	29	32
9	8	9	—	26	18	20	22	43	28	30	32
10	9	10	10	27	19	20	22	44	28	31	33
11	9	10	11	28	19	21	23	45	29	31	34
12	10	11	12	29	20	22	24	46	30	32	34
13	10	12	13	30	20	22	24	47	30	32	35
14	11	12	13	31	21	23	25	48	31	33	35
15	12	13	14	32	22	24	26	49	31	34	36
16	12	14	15	33	22	24	26	50	32	34	37
17	13	14	16	34	23	25	27	60	37	40	43
18	13	15	16	35	23	25	27	70	43	46	49
19	14	15	17	36	24	26	28	80	48	51	55
20	15	16	18	37	24	27	29	90	54	57	61
21	15	17	18	38	25	27	29	100	59	63	66
22	16	17	19	39	26	28	30				
23	16	18	20	40	26	28	31				

② 对于双边检验，统计有效问答表的正解数，此正解数与表10-11中相应的某显著性水平的临界值相比较，若大于或等于表中的临界值，则说明在此显著水平上，样品间有显著性差异，或认为样品A的特性强度大于样品B的特性强度（或样品A更受偏爱）。

表 10-11　成对比较检验（双边）法检验表

参加人次 (n)	显著水平 5%	1%	0.1%	参加人次 (n)	显著水平 5%	1%	0.1%	参加人次 (n)	显著水平 5%	1%	0.1%
7	7	—	—	24	18	19	21	41	28	30	32
8	8	8	—	25	18	20	21	42	28	30	32
9	8	9	—	26	19	20	22	43	29	31	33
10	9	10	—	27	20	21	23	44	29	31	34
11	10	11	11	28	20	22	23	45	30	32	34
12	10	11	12	29	21	22	24	46	31	33	35
13	11	12	13	30	21	23	25	47	31	33	36
14	12	13	14	31	22	24	25	48	32	34	36
15	12	13	14	32	23	24	26	49	32	34	37
16	13	14	15	33	23	25	27	50	33	35	37
17	13	15	16	34	24	25	27	60	39	41	44
18	14	15	17	35	24	26	28	70	44	47	50
19	15	16	17	36	25	27	29	80	50	52	56
20	15	17	18	37	25	27	29	90	55	58	61
21	16	17	19	38	26	28	30	100	61	64	67
22	17	18	19	39	27	28	31				
23	17	19	20	40	27	29	31				

③ 当表中值大于 100 时，答案最少数按下式计算，取最接近的整数值。

$$X = \frac{n+1}{2} + K\sqrt{n} \tag{10-1}$$

式中，K 值见表 10-12。

表 10-12　K 值表

显著水平	5%	1%	0.1%
单边检验 K 值	0.82	1.16	1.55
双边检验 K 值	0.98	1.29	1.65

④ 成对比较检验法问答应用实例：

```
姓名：_____ 产品：_____                        日期：____年____月____日
(1) 请评价您面前的两个样品,两个样品中哪个更_____（例如,甜）；_____样品更_____。
(2) 两个样品中,您更喜欢的是_____。
(3) 请说出您的选择理由_____。
```

实例分析：

在统计学分析中，得出某一结论之前，应事先选定某一显著性水平。所谓显著性水平，是当原假设是真而被拒绝的概率（或这种概率的最大值），也可看作为得出这一结论所犯错误的可能性。在感官分析中，通常选定 5% 的显著水平可认为是足够的。原假设一般是：两种样品之间在特性强度上没有差别（或对其中之一没有偏爱）。应当注意：原假设可能在"5% 水平"上被拒绝，而在"1% 水平"上不被拒绝。如果原假设在"1% 水平"上被拒绝，则在"5% 水平"上更被拒绝。因此，对 5% 水平用"显著"一词表示，而对 1% 水平用"非常显著"一词表示。

例如，经过消费者调查，提高芝麻酱的芝麻香气会使产品风味得到改善，研究人员研制出了芝麻香味浓度更高的产品，市场部门想证实该产品在市场中是否会比目前已经销售很好的产品更受欢迎。将原芝麻酱和新芝麻酱分别编号为"584"和"317"，呈送给40名评价员，要求参加试验人员必须从两个样品中选出比较喜欢的一个，显著水平 $\alpha=0.05$。评价结束后，统计结果，28人认为"317"更香，12人认为"584"更香；29人回答更喜欢"317"，11人回答更喜欢"584"。两种芝麻酱产品，"317"配方明显较香，属单边检验。查表10-10，当有效评价员为40人，显著水平 $\alpha=0.05$ 时，正确响应临界值为26，28＞26，所以两种芝麻酱有显著差异，芝麻酱"317"比"584"更香，"317"更受欢迎。

再如，某饮料公司市场调查发现消费者更喜欢新鲜压榨的天然橙汁。公司现有两种具有橙汁风味的粉末混合物，拟通过感官评价判断哪种粉末混合物生产的饮品更接近新鲜压榨橙汁。两种粉末混合物生产的饮品分别编号为"673"和"217"，呈送给30名评价员，显著水平 $\alpha=0.05$。评价结束后，统计结果，22人选择"673"，8人选择"217"。两种粉末混合物生产的饮品都有可能接近新鲜压榨橙汁，属双边检验。查表10-11，有效评价员为30人，显著水平 $\alpha=0.05$ 时，正确响应临界值为21，22＞21，所以两种粉末混合物生产的饮品间有明显差异，样品"673"接近新鲜压榨橙汁。

（二）二-三点检验法

先提供给评价员一个对照样品，接着提供两个样品，其中一个与对照样品相同。要求评价员在熟悉对照样品后，从后面提供的两个样品中挑选出与对照样品相同的样品，此方法称为二-三点检验法。根据对照样品的不同，二-三点检验有固定参照模型和平衡参照模型两种。固定参照模型以评价员熟悉的产品为对照样，有两种样品呈送顺序 $R_A AB$ 和 $R_A BA$；平衡参照模型需要将两种样品均作为对照样，因此有四种样品呈送顺序 $R_A AB$、$R_A BA$、$R_B AB$ 和 $R_B BA$。

此检验法用于区别两个同类样品间是否存在感官差异，尤其适用于评价员熟悉对照样品的情况，如成品检验和异味检查。但由于精度较差（猜对率为1/2），故常用于风味较强、刺激较烈和产生余味持久的产品检验。

结果分析：有效评价表数为 n，回答正确的表数为 R，查表10-10中为 n 的一行的数值，若 R 小于其中所有数，则说明在5%水平，两样品间无显著差异；若大于或等于其中某数，说明在此数所对应的显著水平上两样品间有差异。

例如，某葡萄酒生产商欲采用新型发酵技术提升其产品的品质，为了解新型发酵技术的效果，运用二-三点检验法进行试验。由36名评价员进行检验，其中18名评价员接收到的对照样品是用原技术酿造的葡萄酒，其中13人回答正确；另18名评价员接收到的对照样品是用新型发酵技术酿造的葡萄酒，其中12人回答正确；总计25人回答正确。查表10-10中 $n=36$ 一栏，知24（5%）＜25＜26（1%），则在5%显著水平上，两种技术生产的葡萄酒品质有显著差异；而在1%显著水平上，两种技术生产的葡萄酒品质无显著差异。

（三）三点检验法

同时提供三个编码样品，其中两个是相同的，要求评价员挑选出其中不同于其他两样品的样品的检验方法称为三点检验法，也称三角检验法。此法适用于鉴别两个样品之间的细微差异，如品质控制或仿制产品，也可用于挑选和培训评价员或者考核评价员的能力。此法的猜对率为1/3，比成对比较法和二-三点法的猜对率低，因此检验精度更高。

为了使三个样品的排列次序和出现次数的概率相等，可运用六组组合：BAA、ABA、AAB 与 ABB、BAB、BBA。在实验中，六种组合出现的概率也应相等，评价员最好是 6 的倍数。当评价员人数不是 6 的倍数时，可舍去多余样品组，但需要使 2 个 A+1 个 B 的样品组数和 2 个 B+1 个 A 的样品组数相等，或向每个评价员提供 6 组样品做重复检验。

结果分析：按三点检验法要求统计回答正确的问答表数，查表 10-13 可得出两个样品间有无差异。

例如，某企业拟开发新调味酱系列产品，对进口果酱进行仿制，为检验仿制产品和真品之间的差异，选 30 名评价员进行口味评定，17 人作出了正确回答，选出了三个样品中不同的那个样品。查表 10-13 中 $n=30$ 栏。由于 17 大于 5% 显著水平的临界值 15，等于 1% 显著水平的临界值 17，但小于 0.1% 显著水平的临界值 19，则说明在 5% 和 1% 显著水平上，仿制产品和真品间有差异，仿制失败；而在 0.1% 显著水平上两样品无差异，仿制成功。

表 10-13　三点检验法检验表

参加人次 (n)	显著水平			参加人次 (n)	显著水平			参加人次 (n)	显著水平		
	5%	1%	0.1%		5%	1%	0.1%		5%	1%	0.1%
4	4	—	—	33	17	18	21	62	28	31	33
5	4	5	—	34	17	19	21	63	28	31	33
6	5	6	—	35	17	19	22	64	29	32	34
7	5	6	7	36	18	20	22	65	30	32	35
8	6	7	8	37	18	20	22	66	30	32	35
9	6	7	8	38	19	21	23	67	30	33	36
10	7	8	9	39	19	21	23	68	31	33	36
11	7	8	10	40	19	21	24	69	31	34	36
12	8	9	10	41	20	22	24	70	32	34	37
13	8	9	11	42	20	22	25	71	32	34	37
14	9	10	11	43	21	23	25	72	32	35	38
15	9	10	12	44	21	23	25	73	33	35	38
16	9	11	12	45	22	24	26	74	33	36	39
17	10	11	13	46	22	24	26	75	34	36	39
18	10	12	13	47	23	24	27	76	34	36	39
19	11	12	14	48	23	25	27	77	34	37	40
20	11	13	14	49	23	25	28	78	35	37	40
21	12	13	15	50	24	26	28	79	35	38	41
22	12	14	15	51	24	26	29	80	35	38	41
23	12	14	16	52	24	27	29	82	36	39	42
24	13	15	16	53	25	27	29	84	37	40	43
25	13	15	17	54	25	27	30	86	38	40	44
26	14	15	17	55	26	28	30	88	38	41	44
27	14	16	18	56	26	28	31	90	39	42	45
28	15	16	18	57	26	29	31	92	40	43	46
29	15	17	19	58	27	29	32	94	41	44	47
30	15	17	19	59	27	29	32	96	42	44	48
31	16	18	20	60	28	30	33	98	42	45	49
32	16	18	20	61	28	30	33	100	43	46	49

当有效评价表数大于 100 时（$n>100$ 时），表明存在差异的评价最少数为：

$$X=0.4714Z\sqrt{n}+\frac{2n+3}{6} \qquad (10\text{-}2)$$

X 取最近似整数；若回答正确的评价表数大于或等于这个最少数，则说明两样品间有差异。式中 Z 值见表 10-14。

表 10-14 Z 值表

显著水平	5%	1%	0.1%
Z 值	1.64	2.33	3.10

（四）"A"-"非 A"检验法

在评价员熟悉样品"A"以后，再将一系列样品提供给评价员，其中有"A"也有"非 A"，要求评价员指出哪些是"A"、哪些是"非 A"的检验方法称为"A"-"非 A"检验法。此法适用于确定由于原料、加工、处理、包装和贮藏等各环节的不同所造成的产品感官特性的差异，特别适用于检验具有不同外观或后味样品的差异检验，也适用于确定评价员对一种特殊刺激的敏感性。"A"-"非 A"检验实质是一种顺序成对差别检验或简单差别检验。

实际检验时，分发给每个评价员的样品数应相同，但样品"A"的数目与样品"非 A"的数目不必相同。

结果分析：使用"A"-"非 A"检验法时，有四种情况：①呈送的样品为"A"，评价员判定结果也是"A"；②呈送的样品为"非 A"，评价员判定结果也是"非 A"；③呈送的样品为"A"，但评价员判定结果是"非 A"；④呈送的样品为"非 A"，但评价员判定结果是"A"。实际上①和②两种情况属于正确评定，③和④两种情况属于错误评定。

统计评价表的结果，并汇入表 10-15 中，表中 n_{11} 为样品本身是"A"，评价员也认为是"A"的回答总数；n_{22} 为样品本身是"非 A"，评价员也认为是"非 A"的回答总数；n_{21} 为样品本身是"A"，而评价员认为是"非 A"的回答总数；n_{12} 为样品本身是"非 A"，而评价员认为是"A"的回答总数。$n_1.$、$n_2.$ 为第 1、2 行回答数之和，$n._1$、$n._2$ 为第 1、2 列回答数之和，n 为所有回答数，然后用 χ^2 检验来进行解释。

假设评价员的判断与样品本身的特性无关，当回答总数为 $n \leqslant 40$ 或 E_{ij}（$i=1,2$；$j=1,2$）$\leqslant 5$ 时，χ^2 统计量为：

$$\chi^2 = \frac{\left[|n_{11} \times n_{22} - n_{12} \times n_{21}| - \frac{n}{2}\right]^2 \times n}{n._1 \times n._2 \times n_1. \times n_2.} \tag{10-3}$$

表 10-15 试验结果统计表

统计类型	"A"	"非 A"	累计
判为"A"的回答数	n_{11}	n_{12}	$n_1.$
判为"非 A"的回答数	n_{21}	n_{22}	$n_2.$
累计	$n._1$	$n._2$	n

当回答总数 $n>40$ 和 $E_{ij}>5$ 时，χ^2 统计量为：

$$\chi^2 = \frac{[n_{11} \times n_{22} - n_{12} \times n_{21}]^2 \times n}{n._1 \times n._2 \times n_1. \times n_2.} \tag{10-4}$$

将计算得到的 χ^2 值与 χ^2 检验表中对应自由度和显著水平下的临界值比较，若大于或等于临界值，说明在此显著水平上样品间有差异，反之则样品间无差异。

（五）五中取二检验法

同时提供给评价员五个以随机顺序排列的样品，其中两个是同一类型，另三个是另一种类型，要求评价员将这些样品按类型分成两组的一种检验方法称为五中取二检验法。此法可识别出两样品间的细微感官差异。当评价员人数少于 10 名时，多用此法。但此试验易受感官疲劳和记忆效果的影响，并且需用样品量较大。

结果分析：假设有效评价表数为回答正确的评价表数，查表 10-16 中 n 栏的数值。若 k 小于这一数值，则说明在 5％显著水平上两种样品间无差异。若大于或等于这一数值，则说明在 5％显著水平上两种样品有显著差异。

例如，某面包生产商拟通过添加麦麸提高面包的膳食纤维含量，现采用五中取二法检验添加 5％麦麸的面包和未添加麦麸面包的口感是否有显著差异。由 12 名评价员进行检验，其中有 5 名评价员正确地判断出了 5 个样品的两种类型。查表 10-16 中 $n=12$ 一栏，5％显著水平，临界值为 4，小于 5，说明在 5％显著水平两种面包的口感有显著差异。

表 10-16 五中取二检验法检验表（$\alpha=5\%$）

评价员数(n)	正确答案最少数(k)	评价员数(n)	正确答案最少数(k)	评价员数(n)	正确答案最少数(k)
9	4	23	6	37	8
10	4	24	6	38	8
11	4	25	6	39	8
12	4	26	6	40	8
13	4	27	6	41	8
14	4	28	7	42	9
15	5	29	7	43	9
16	5	30	7	44	9
17	5	31	7	45	9
18	5	32	7	46	9
19	5	33	7	47	9
20	5	34	7	48	9
21	6	35	8	49	10
22	6	36	8	50	10

二、标度和类别检验

在标度和类别检验中，要求评价员对两个以上的样品进行评价，并判断出哪个样品好，哪个样品差，以及它们之间的差异大小和差异方向等，通过检验可得出样品间差异的顺序和大小，或者样品应归属的类别或等级。此类检验法常有：排序检验法、分类检验法、评估检验法、评分检验法、成对比较检验法等。

（一）排序检验法

比较数个样品，按指定特性由强度或嗜好程度排出样品顺序的方法称为排序检验法。该法只排出样品的次序，不评价样品间差异的大小。此检验方法可用于进行消费者的可接受性调查，也适用于确定由于不同原料、加工、处理、包装和贮藏等造成的产品感官特性差异。另外，此法还可用于评价员的选择与培训。当评价少量样品（6 个以下）的复杂特性（如质量和风味）或多数样品（20 个以上）的外观时，此法迅速有效。

排序检验法只能针对一种特性进行，如要求对不同的特性排序，则需要重新编码呈送样品。检验时，每个检验员以事先确定的顺序检验编码的样品，并安排出一个初步的顺序。然后整理比较，再做出进一步的调整，最后确定整个系列样品的强弱顺序。对于不同的样品，一般不应排为同一位次，当实在无法区别两种样品时，应在问答表中注明。

（二）分类检验法

把样品以随机的顺序出示给评价员，要求评价员按顺序评价样品后，根据评价表中所规定的分类方法对样品进行分类，这种试验方法称为分类检验法。当样品打分有困难时，可用分类法评价出样品的好坏差异，得出样品的级别、好坏，也可以鉴定出样品的缺陷等。

结果分析：统计每一种产品分属每一类别的频数，然后用卡方检验比较两种或多种产品落入不同类别的分布，从而得出每一种产品应属的级别。

（三）评分检验法

要求评价员把样品的品质特性以数字标度形式来评价的一种检验法称为评分检验法。在评分检验法中，所使用的数字标度为等距标度或比率标度。它不同于其他方法的是所谓的绝对性判断，即根据评价员各自的评价基准进行判断；它出现的粗糙评分现象也可由增加评价员人数来克服。此方法可同时评价一种或多种产品的一个或多个指标的强度及其差异，所以应用较为广泛，尤其用于评价新产品。

评价结果可转换成数值（见表10-17），如非常喜欢＝9，非常不喜欢＝1的9分制评分式；或非常不喜欢＝－4，很不喜欢＝－3，不喜欢＝－2，不太喜欢＝－1，一般为0，稍喜欢＝1，喜欢＝2，很喜欢＝3，非常喜欢＝4；还可用10分制或百分制等。然后通过统计分析判断各个样品的各个特性间的差异情况。当样品数只有两个时，可用较简单的 t 检验；样品数多于两个时，可用方差分析并根据 F 检验结果判断样品间的差异性。

表10-17 评价结果

评价员		1	2	3	4	5	6	7	8	9	10	合计	平均值
样品	A	8	7	7	8	6	7	7	8	6	7	71	7.1
	B	6	7	6	7	6	6	7	7	7	7	66	6.6
评分差	d	2	0	1	1	0	1	0	1	－1	0	5	0.5
	d^2	4	0	1	1	0	1	0	1	1	0	9	

（四）成对比较检验法

把数个样品中的任何两个分别组成一组，要求评价员对分组的样品进行评价，最后把所有组的结果进行综合分析，从而得出数个样品的相对结果的方法称为成对比较检验法。当样品数比较多，一次把全部样品的差别判断出来有困难时，常用此法。但是，当比较的样品增多时，要求比较的数目[配对数为 $n(n-1)/2$]就会变得极大，以致实际上较难实现。

检验时，要求各个样品的组合概率相同，而且评价顺序应随机、均衡。可同时出示给评价员一对或 n 对组合，但要保证不应导致评价员产生疲劳效应。

（五）评估检验法

评价员在一个或多个指标基础上，对一个或多个样品进行分类、排序的方法称为评估检验法。此法可用于评价样品的一个或多个指标的强度及对产品的嗜好程度，也可通过多指标对整个产品质量的重要程度确定其权数，然后对各指标的评价结果加权平均，得出整个样品的评分结果。检验前，要清楚地定义所使用的类别，并被评价员所理解。

结果分析：统计每一样品落入每一级别的频数，然后检验比较各个样品落入不同级别的分布，从而得出每个样品应属的级别。具体的统计分析方法与分类法相同。

三、描述分析检验

描述分析检验要求评价员对产品的所有品质特性进行定性、定量的分析及描述评价。产品的感官特性包括外观、嗅闻的气味特征、口中的风味特征（味觉、嗅觉及口腔的冷、热、收敛等知觉和余味）及组织特性和几何特性。组织特性即质地，包括机械特性——硬度、凝聚度、黏度、附着度和弹性 5 个基本特性，以及碎裂度、固体食物咀嚼度、半固体食物胶密度 3 个从属特性；几何特性即产品颗粒、形态及方向物性，有平滑感、层状感、丝状感、粗粒感等，以及油、水含量感（如油感、湿润感）等。因此它要求评价员除具备人体感知食品品质特性和次序的能力外，还要熟悉描述食品品质特性的专有名词的定义及其在食品中的实质含义，以及具备总体印象或总体风味强度和总体差异分析能力。通常可依是否定量分析而分为简单描述法和定量描述法。

（一）简单描述检验法

要求评价员对构成样品特征的各个指标进行定性描述，尽量完整地描述出样品品质结果的方法称为简单描述检验法，具体可分为风味描述和质地描述。此方法可用于识别或描述某一特殊样品或许多样品的特殊指标，或将感觉到的特性指标建立一个序列。常用于质量控制，评价产品在贮存期间的变化，描述已经确定的差异，也可用于培训评价员。

简单描述法一般有两种形式：一种是自由式描述，评价员用任意词汇对每个样品的特性进行描述。另一种是界定式描述，先提供指标检查表或评价产品的一组专用术语，评价员选用合适的指标或术语对产品的特性进行描述。

外观：一般、深、苍白、暗状、油斑、白斑、褪色、斑纹、波动（色泽有变化）、有杂色。

组织：一般、黏性、油腻、厚重、薄弱、易碎、断面粗糙、裂缝、不规则、粉状感、有孔、油脂析出。

结果分析：评价员完成评价后，由组织者统计结果。根据每一描述性词汇的使用频数得出评价结果。

（二）定量描述和感官剖面检验法

要求评价员尽量完整地对样品感官特征的各个指标强度进行评价的检验方法称为定量描述检验法。这种评价方法是用简单描述检验法所确定的词汇描述样品整个感官印象，可单独或结合地用于评价气味、风味、外观和质地。此方法对质量控制、质量分析、确定产品之间差异的性质、新产品研制、产品品质的改良等最为有效，并且可以提供与仪器检验数据对比的感官数据，提供产品特征的持久记录。

通常，在正式小组成立之前，需要有一个熟悉情况的阶段，以了解类似产品，建立描述方法和统一评价识别的目标，同时确定参比样品（纯化合物或具有独特性质的天然产品）和规定描述特性的词汇。

此方法的检验内容通常有：

(1) 特性特征的鉴定　即用叙述词汇或相关的术语描述感觉到的特性特征。

(2) 感觉顺序的确定　即记录系列和察觉到各特性特征所出现的顺序。

(3) 强度评价　即记录每种特性特征的强度（质量和持续时间）。特性特征强度可由多种标度来评估：

① 数字法：0＝不存在；1＝刚好可识别；2＝弱；3＝中等；4＝强；5＝很强。

② 标度点法：弱□□□□□强，在每个标度的两端写上相应的叙述词，其中间级数或点数根据特性特征而改变。

③ 直线段法：在直线段上规定中心点为"0"，两端各标叙述词；或直接在线段上规

定两端点叙述词（如弱-强），以所标线段距一侧的长短表示强度。

（4）余味和滞留度的测定　样品被吞下（或吐出）后，出现的与原来不同的特性特征称为余味。样品已经被吞下（或吐出）后，继续感觉到的特性特征称为滞留度。评价员鉴别余味并测定其强度，或者测定滞留度的强度和持续时间。

（5）综合印象的评估　综合印象是对产品的总体评估，考虑到特性特征的适应性、强度、相一致的背景特征的混合等，综合印象通常在一个三点标度上评估：1表示低，2表示中，3表示高。在一致方法中，评价小组赞同一个综合印象。在独立方法中，每个评价员分别评估综合印象，然后计算其平均值。

（6）强度变化的评估　有时可能要求以曲线形式表现从接触样品刺激到脱离样品刺激时感觉强度的变化。

定量描述检验结果可以用表格或图的形式报告，并利用各特性特征的评价结果进行样品间的差异分析。

第三节　食品感官评价的应用

一、消费者试验

延伸阅读11
中心点剖面法

（一）消费者试验目的

人们在食品消费时往往考虑产品的质量、价格、品牌、口味等特征。随着食品市场营销技术的不断发展，往往能够从产品标识上体现产品的口味特征，如巧克力的丝滑、薯片的香脆、酸菜方便面的酸爽等，这些多借助于消费者的感官体验。前面章节讲述的食品感官评价原理、技术及过程都是基于专业感官评价实验室控制条件下进行，评价活动由专业评价人员进行，与消费者消费产品的条件与场景并不完全一致。因此，有必要对消费者行为领域进行单独研究。

（二）消费者感官检验与产品概念检验

新产品或已在市场上流通的产品要想获得消费者认可，最有效的策略就是通过消费者感官检验，获取消费者对产品特性的最直观感受，从而帮助产品升级和工艺改进，生产更具竞争性和创造性的产品。产品概念检验是研发人员通过向消费者展示产品的概念，以此来了解消费者对产品感官性质、吸引力等的评价。消费者感官评价领域检验与在市场研究中所做的产品概念检验不完全相同，一些重要区别列于表10-18。两个检验的相同之处在于都是由消费者检验产品，并在试验进行后对消费者的意见进行评述。然而，对于产品及概念性质，不同的消费者所给予的信息量是不同的。

表10-18　感官检验与产品概念检验

检验性质	感官检验	产品概念检验
指导部分	感官评价部门	市场研究部门
信息的主要最终使用者	研究与发展	市场
产品商标	概念中隐含程度最小	全概念的提出
参与者的选择	产品类项的使用者	对概念的积极反应者

（三）消费者感官检验类型

消费者感官检验可以了解消费者对于某种产品的喜欢程度，还可以进一步获取消费者对某种产品喜欢或厌恶的隐藏原因和相关信息。通常在以下情况应用消费者感官试验：①一种新产品进入市场；②产品的主要成分、工艺过程或包装情况等发生变化；③参加产品评优；④评价一个产品的可接受性是否高于其他产品。

（四）消费者试验问卷设计原则

消费者试验实施的关键在于问卷设计，其根本目的是设计出符合调研与预测需求且能获取足够、适用和准确的信息资料。检验目标、预算资金和时间，以及面试形式决定问卷的设计形式。

1. 面试形式与问题

面试形式一般分为三种：①回答者自我表述，这种方式花费较低，但回答者可能无法理解问题的含义，导致回答混乱或者错误，不适于一些需要解释的复杂问题。②电话会谈，这种方法对于不识字的回答者非常有效，但复杂问题一定要简短、直接。电话面试持续时间一般短于面对面交谈，问题的回答可能较短。③回答者面试，面试可以对消费者的行为进行直接的观察，能更深入地了解消费者的深层需要，为开发新产品或开展新的业务提供有效的信息，这种方法效果明显，但费用较高。

2. 设计流程

设计问卷时，首先要设计主题流程图，包括所有的模型，或者按顺序完全列出主要的问题。问题尽量详细，让顾客或面试者了解面试的总体计划及检验手段。在大部分情况下应按照以下流程询问问题：①能证明回答者的筛选性问题；②总体接受性；③喜欢或不喜欢的可自由回答的理由；④特殊性质的问题；⑤权利、意见和出版物；⑥在多样品检验和（或）再检验可接受性与满意或其他标度之间的偏爱。

3. 面试准则

① 穿着得体，进行自我介绍，与回答者建立友好的关系有助于获取他们更多的想法。
② 对面试需要的时间保持敏感性，尽量不要花费比预期更多的时间。
③ 如果进行个人面试，注意个人言辞，不要让人产生不专业的印象。
④ 不要成为问卷的奴隶。当认为回答者需要放松时，可以接受偏离顺序，跳过去再重复一次。

参与者可能不了解某些标度的含义，可以给予适当解释便于面试者理解。面试结束时，应该给参与人表达额外想法的机会。可以用这样的问题引起，"你还有其他方面想告诉我的事情吗？"

4. 问题构建经验法则

构建问题并设立问卷时有几条主要法则，可以在调查中避免一般性的错误，也有助于确定答案。设计者不应该假设人们知道你所要说的内容，他们会理解这个问题或会从所给的参照系中得到结论。一些经验法则列于表 10-19。

表 10-19　问卷构建的 10 条法则

序号	法则	序号	法则
1	简介	6	不要引导回答者
2	词语定义清晰	7	避免含糊
3	不要询问什么是他们不知道的	8	注意措辞的影响后果
4	详细而明确	9	小心光环效应和喇叭效应
5	多项选择题之间应该是独立的	10	有必要经过预检验

5. 问卷中的其他问题及作用

问卷应该包括一些可能对顾客有用的问题。普通问题是关于感官性质或产品行为的满意程度。这与全面的认同密切相关，但是相对于预期的行为而言，可能比它的可接受性涉及更多。典型的用词是"全面考虑后，你对产品满意或不满意的程度如何？"可用 5 点标度：非常满意、较满意、既不是满意也不是不满意、较不满意以及非常不满意。

消费者检验过程中也可以探查消费者对产品的看法。通常借助于产品陈述评价的同意与不同意程度，比如，非常同意、同意（或稍微同意）、既没有同意也没有不同意、不同意（或稍微不同意）以及非常不同意。消费者对产品感知的信息对于广告设计、商品信息以及与竞品比较都很重要。

6. 自由回答问题

自由回答问题的优点是通过试验可以获得并确定一些反面意见的有效性，但要慎重决定其是否值得进一步利用。自由回答的问题适合于回答者在头脑中有准备好的信息，但是面试者不能期望会出现所有可能的答案。自由回答问题也有一些缺点。首先，难以编码及制成表格。其次，答案难以汇集和总结。

7. 消费者试验问卷举例

问卷设计的题目要能全面反映产品的性质，每个问题和问卷总长度不宜过长，涉及食用方式的说明时，要简单明了、容易理解，否则消费者会失去耐心而影响试验结果。举例如图 10-2 所示。

```
奶糖问卷
姓名：_____  产品编号：_____
■请在试验前漱口。
■评价方法：先观察，再闻气味，然后品尝。
■综合考虑包括外观、风味和质构在内的所有感官特性，在能够代表你对该产品总体印象的方框中打钩。
    □        □        □        □        □        □        □
  特别不喜欢                      无所谓                      特别喜欢
评语：请具体写出你对该产品喜欢或不喜欢的特性。
    喜欢                          不喜欢
  _____                   _____

奶糖喜好问题
  ■请在相应的方框中打钩，表示你对该产品下列各性质的喜爱程度。如果有必要的话，你可以再次品尝样品。
  总体外观：
  _____                   _____                   _____
  特别不喜欢                      无所谓                      特别喜欢
  总体风味：
  _____                   _____                   _____
  特别不喜欢                      无所谓                      特别喜欢
  总体质地：
  _____                   _____                   _____
  特别不喜欢                      无所谓                      特别喜欢
```

图 10-2 消费者试验问卷举例

（五）消费者试验常用的方法

消费者感官检验的主要目的是评价当前消费者或潜在消费者对一种产品或一种产品某

种特征的感受,广泛应用于产品维护、新产品开发、市场潜力评估、产品分类研究和广告定位支持等领域。采用的方法主要是定性法和定量法。

1. 定性法

定性情感试验是测定消费者对产品感官性质主观反应的方法,由参加评价的消费者以小组讨论或面谈的方式进行。此类方法能揭示潜在的消费者需求、消费者行为和产品使用趋势;评估消费者对某种产品概念和产品模型的最初反应;研究消费者使用的描述词汇等。

2. 定量法

定量情感试验是研究多名消费者(50人到几百人)对产品偏爱性、接受程度和感官性质等问题的反应。一般应用于确定消费者对某种产品整体感官品质(气味、风味、外观、质地等)的喜好情况,有助于测定消费者对产品某一特殊性质的反应,理解影响产品总体喜好程度的因素。按照试验任务,定量情感试验可以分成两大类,见表10-20。

表10-20 定量情感试验的分类

任务	试验种类	关注问题	常用方法
选择	偏爱性检验	你喜欢哪一个样品?	成对偏爱检验
		你更喜欢哪一个样品?	排序偏爱检验
		你觉得产品的甜度如何?	标度偏爱检验
分级	接受性检验	你对产品的喜爱程度如何?	快感标度检验
		你对产品的可接受性有多大?	同意程度检验

某项情感试验是用偏爱性检验还是用接受性检验要根据检验目的来确定。如果检验目的是设计某种产品的竞争产品,则使用偏爱试验。偏爱试验是在两个或多个产品中选择一个较好的或最好的,但不能明确消费者是否对所有的产品都喜欢或者都不喜欢。如果检验目的是确定消费者对某产品的情感状态,即消费者对产品的喜爱程度,则应用接受试验。接受试验是将某产品与竞争对手的产品相比较,用不同的喜好标度来确定各种程度(图10-3)。类项标度、线性标度或量值估计标度等都可以在接受试验中使用。

```
                    语言喜好标度                    购买倾向标度
                    □1. 特别喜欢                   □一定会买
                    □2. 很喜欢                     □很可能会买
                    □3. 一般喜欢                   □可能会买
                    □4. 有点喜欢                   □很可能会买
                    □5. 既无喜欢也无不喜欢         □一定不会买
                    □6. 有点不喜欢
                    □7. 一般不喜欢
                    □8. 很不喜欢
                    □9. 特别不喜欢
                          感官属性判断标度
              □     □     □     □     □     □     □     □     □
   甜度      不够甜                    恰好                         太甜
```

图10-3 接受试验中使用的各种标度方法举例

二、产品质量管理

最常用的质量管理系统是在最高管理者下面直接设置质量管理部门,这个部门与其他相关部门密切相关,下属机构包括:分析科、检验科、生产科和卫生科。分析科负责确定原材料是否适用、安全及评定加工过程质量监控成效;检验科负责检验测试所有的材料和成品,以及检查全部生产制造过程是否适当;生产科给有关部门提供技术协助和制定并检查配方及加工程序;卫生科主要防治虫鼠害和评价并审批设备及设施的设计。

(一) 质量参数确定

定量参数包括涉及加工效率的许多因素。加工效率与经济效益密切相关。食品生产从原料采购到加工再到包装的诸多环节中所受的限制越多,质量要求就越高,加工效率则越低,产品也就越贵。

隐蔽参数是指食品的最终用户不能做出评价但却有权期望的因素。通常安全性和营养价值是消费者所期望的因素。食品生产厂家应对食品的安全性担负根本的责任,对营养价值应做出明确的标识。

感官品质是指消费者完全可以作出判断的质量特性,包括颜色、大小、形状、结构、稠度、黏度、味道和气味等。感官品质是食品质量最敏感的部分,也是消费者购买与否所要首先考虑的问题。

(二) 取样分析

如果以样品的表现判定整个群体的表现,该样品必须具备代表性和随机性,而且必须依据科学的方法进行适当的取样和统计分析。比如,对一批产品的10%进行分析,就应该从生产线中均匀收集每十件产品的最后一件。但究竟需要取多少样品,取决于其对结论准确性的影响。例如在检验产品中毒素含量是否超过安全标准时,应提出原假设和备择假设,原假设是毒素为零或在安全水平以下,备择假设则是毒素在安全水平以上。取样之后如果正确得出的结论肯定了原假设,那么所有产品都可安全地进入市场。如果得出的结论(可能正确,也可能不正确)肯定了备择假设,那么所有产品都要作废。如果肯定备择假设不正确,则产品作废是不公平的。然而,如果肯定原假设是不正确的,被污染的产品就会对公众健康造成严重危害。这样一来,肯定原假设就构成一个严重误差,这种误差被称为Ⅱ型误差。测试的样品越多,造成Ⅱ型误差的可能性就越小。例如,如果检验是否存在某种严重缺陷,每个连续取到的无缺陷的样品会使一定批量的缺陷概率降低一半,三个连续无缺陷样品使下一个样品有缺陷的概率降低到0.25,11个样品则降到0.001,31个样品降低到0.000 000 001,所以说所取样的数目很大程度上取决于Ⅱ型误差的严重性。

(三) 标准化检验

检验的方法应标准化。一般化学分析要按国标或地方标准进行。如果暂时没有标准,可参照美国分析化学家协会(AOAC)或国际食品微生物规范委员会(ICMSF)制定的相应方法。样品的感官评价可用仪器测定,但更多的还是由评价小组评定。最有效的感官评价方法通常是由经过训练或未经训练的评价员做出评定,同时辅以分析测试。

食品的感官评价有三种基本方法:嗜好法、差异法和描述法。嗜好法是由未经训练的评价员评价对食品的喜好和接受程度,主要用在产品开发和标准化工作中;差异法是由有经验的评价员进行质量管理,评价生产的样品与对照样品或标准化样品有无差异;描述法需由经过特殊训练的评价员对食品样品进行定量的和定性的评价。

第四节 食品感官评价的仪器分析

一、质构仪

质构仪（texture analyser）是客观评价食品品质的主要仪器，能够数据化地表达食品的物性特征，反映其质量优劣，在食品工业的应用日益广泛。常用的质构仪如图 10-4 所示。质构仪通过探头以稳定速度进行下压，穿透样品并测定受到的阻力。质构仪包含专业分析软件包，可以对仪器进行控制，选择各种检测分析模式，并实时传输数据绘制检测过程曲线。分析软件包拥有内部计算功能，可对有效数据进行分析计算，并比较分析数据，获得有效的物性分析结果。

图 10-4　质构仪

（一）质构仪的定义和特点

1. 定义

质构仪又称物性测试仪、组织分析仪，模拟人的触觉检测样品的物理特征。通过装配不同传感器，质构仪可以精确测定样品的多种感官特性，如硬度、酥脆性、弹性、咀嚼度、坚固度、韧性、黏着性、胶着性、黏聚性、屈服点、延展性、回复性等。借助质构仪，可以对食品进行感官评价，把模糊的口感描述量化，分析物质的内部结构。

2. 特点

①软件功能强大，操作简单；②可选择探头多，检测模式灵活；③精度高，性能稳定，坚固耐用，具有数据存储功能；④适用于大部分食品的检测，包括面制品、烘焙食品、肉制品、米制品、乳制品及果蔬等。

（二）质构仪的发展历史

质构仪的研究始于 20 世纪上半叶，美国马里兰大学的 Ahmed Kramer 教授、B. A. Twigg 教授和 General Kinetics 教授等人率先开始从事物性学相关研究并取得相应成果，于 1966 年成立美国 FTC 公司，专门从事研究和开发物性分析仪。FTC 公司不仅建立了嫩度全球标准，同时拥有多项检测探头的专利，如著名的国际标准多刀剪切探头"Kramer"。1987 年和 1989 年，英国 CNS 公司和 SMS 公司分别成立，也专业从事物性仪器的研发和销售。

（三）质构仪的原理

质构仪主要包括主机、专用软件、探头以及附件。基本结构一般包括机械装置、容器和记录系统，机械装置能对样品产生变形作用，容器用于承装样品，记录系统用于记录力、时间和变形率等信息。质构仪的主机与计算机相连，主机上的机械臂可以随凹槽上下移动，探头与机械臂远端相接，连接处设有力学感应器，能感应样品对探头的反作用力，并将此力学信号传递给计算机。主机底座与探头相对应，探头和底座有不同型号，分别适用于不同样品。

质构仪有多种探头，如圆柱形、圆锥形、球形、针形、盘形、刀具、压榨板、咀嚼性探头等。测定食品时，探头的选取在很大程度上决定了测定结果的准确性。如圆柱形探头可以用来对凝胶体、果胶、乳酪和人造奶油等做钻孔和穿透力测试以获得关于其硬度、坚固度和屈服点的数据；圆锥形探头可以作为圆锥透度计，测试奶酪、人造奶油等塑性样品；压榨板用来测试如面包、水果、奶酪和鱼之类的形状稳定的样品；球形探头用于测量薄脆的片状食品的断裂性质；锯齿测试探头可测定水果、奶酪等食品的表面坚硬度；咀嚼式探头可模仿门牙咬穿食物的动作进行模拟测试等。

（四）质构仪的检测方法

质构仪的检测方法包括五种基本模式：压缩试验、穿刺试验、剪切试验、弯曲试验和拉伸试验。这些模式可以通过不同的运动方式和配置不同形状的探头来实现。

1. 压缩实验

如图 10-5 所示，柱形（或圆盘形）探头接近样品，对样品进行压缩，直至达到设定的目标位置后返回。主要应用于蛋糕、面包等烘焙制品，以及火腿、肉丸等肉制品的硬度、弹性测试。

2. 穿刺试验

如图 10-6 所示，柱形探头（底面积小）穿过样品表面，继续穿刺到样品内部，达到设定的目标位置后返回。主要用于苹果、梨等果蔬类产品的表皮硬度、果肉硬度测定。

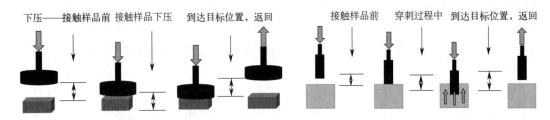

图 10-5 压缩试验示意图　　　　图 10-6 穿刺试验示意图

3. 剪切试验

如图 10-7 所示，刀具探头对样品进行剪切，到达目标位置后返回。主要应用于鱼肉、火腿等肉制品的嫩度、韧性和黏附性的测定。

4. 弯曲试验

如图 10-8 所示，探头对样品进行下压弯曲施力，直到样品受挤压弯曲断裂后返回。主要应用于硬质面包、饼干、巧克力棒等烘焙食品的断裂强度、脆度的测定。

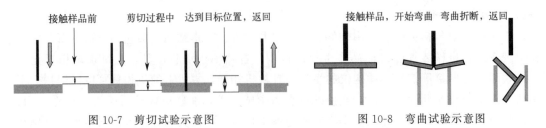

图 10-7 剪切试验示意图　　　　图 10-8 弯曲试验示意图

5. 拉伸试验

如图 10-9 所示，将样品固定在拉伸探头上，对样品进行向上拉伸，直到拉伸到设定距离后返回。主要应用于面条的弹性、抗拉强度和伸展性测试。

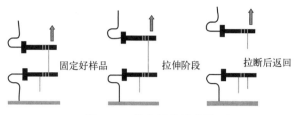

图 10-9　拉伸试验示意图

（五）全质构测试

全质构测试（texture profile analysis，TPA），又称质地剖面分析、两次咀嚼测试，是让仪器模拟人的两次咀嚼动作，记录力与时间的关系，并从中找出与人感官评价对应的参数。TPA 质构图谱如图 10-10 所示。测试时探头的运动轨迹是：探头从起始位置开始，先以一速率压向测试样品，接触到样品的表面后再以测试速率对样品进行压缩，到达设定距离后返回到压缩触发点，停留一段时间后继续向下压缩同样的距离，而后以测试后速率返回到探头测定前的位置。

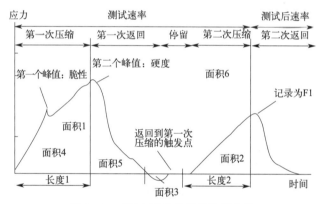

图 10-10　TPA 试验的质地特征曲线

TPA 质构特性涉及的主要参数如下：

（1）硬度　第一次压缩的最大峰。多数食品硬度值出现在最大变形处，有些食品压缩到最大变形处不出现应力峰。

（2）脆性　第一次压缩时若产生破裂现象，曲线中出现一个明显的峰，此峰值定义为脆性。TPA 质构图谱中的第一次压缩曲线中若出现两个峰，则第一个峰定义为脆性，第二个定义为硬度；若只有一个峰，则定义为硬度，无脆性值。

（3）黏性　第一次压缩曲线达到零点到第二次压缩曲线开始之间的曲线的负面积（图 10-10 中的面积 3），反映的是探头由于测试样品的黏性作用所消耗的功。

（4）内聚性　测试样品经过第一次压缩变形后所表现出来的对第二次压缩的相对抵抗能力，在曲线上表现为两次压缩所做正功之比（图 10-10 中面积 2/面积 1）。

（5）弹性　变形样品在去除压力后恢复到变形前的高度比率，用两次压缩的高度比值表示，即长度 2/长度 1。

（6）胶黏性　用于描述半固态测试样品的黏性特性，数值上用硬度和内聚性的乘积表示。

（7）咀嚼性　用于描述固态测试样品，数值上用胶黏性和弹性的乘积表示。测试样品不可能既是固态又是半固态，所以不能同时用咀嚼性和胶黏性来描述某一测试样品的质构特性。

（8）恢复性　第一次压缩循环过程中返回样品所释放的弹性能与压缩时探头的耗能比（图 10-10 中面积 5/面积 4）。

二、电子舌

电子舌（electronic tongue）技术是 20 世纪 80 年代中期发展起来的一种分析、识别液体"味道"的新型检测手段，由具有高度交叉敏感性的传感器单元组成的传感器阵列识别样本中的不同组分，结合适当的模式识别算法和多变量分析方法对阵列数据进行处理，从而获得溶液样本定性定量信息（图 10-11）。它与普通化学分析方法（如色谱法、光谱法、毛细管电泳法等）不同，得到的不是样品中某些成分的定性与定量结果，而是样品的整体信息，也称"指纹"数据。

图 10-11　电子舌

(一) 电子舌技术的基本原理

当味觉物质接触舌头时，首先被味觉细胞的微绒毛吸收，接着被覆盖在味觉细胞表面的双层脂膜吸收，引起膜电位改变，产生不同的输出信号，从而识别出不同的味觉物质，其基本原理如图 10-12 所示。

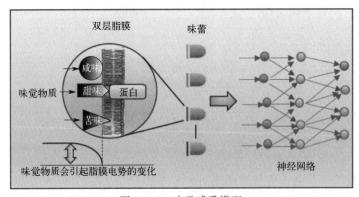

图 10-12　味觉感受模型

电子舌模拟味觉传感机制，如图 10-13 所示，传感器由类脂制成，代替不同特性的味

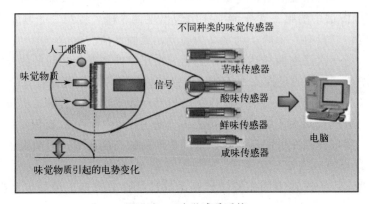

图 10-13　味觉感受系统

觉细胞由不同类脂薄膜材料组成,当味觉物质在薄膜上被吸收,数据便通过类脂膜上电位的变化获得。

(二) 电子舌的组成

电子舌由味觉传感器阵列、信号采集模块以及模式识别系统组成。味觉传感器阵列相当于生物系统中的舌头,感受被测溶液中的不同成分;信号采集模块相当于神经感觉系统,采集被激发的信号传输到计算机;模式识别系统是利用化学计量学方法,模拟人脑将采集的电信号进行识别、分析、处理,对不同物质进行区分辨识,得出其感官信息。

1. 味觉传感器阵列

电子舌味觉传感器的类型主要有:膜电位分析味觉传感器、伏安分析味觉传感器、光电法味觉传感器、多通道电极味觉传感器、生物味觉传感器、基于表面等离子共振味觉传感器、凝胶高聚物与单壁纳米碳管复合体薄膜味觉传感器、硅芯片味觉传感器等。

2. 信号采集器

从味觉传感器采集的电信号经过放大降噪处理,经 A/D 转换转化为计算机能识别的数字信号存储在计算机中。

3. 模式识别

模式识别是电子舌技术的关键部分之一,它是根据研究对象的特征或者属性,利用计算机系统,运用一定的分析算法来认定对象类别的技术。模式识别系统包括 3 个工作步骤。

(1) 数据的获取与前处理 用计算机的运算符号表示研究对象;对获取的模式信息进行去噪,提取有用信息。

(2) 特征提取与选择 对原始数据进行变换,得到最能反映分类本质的信息。

(3) 分类决策 用已有的模式及模式类的信息进行训练,获得一定分类准则,对未知模式进行分类。

(三) 电子舌在食品领域中的应用

1. 食品掺假检测

食品掺假,以次充好,不仅损害消费者的权益,更有可能影响人们健康。伪劣食品掺假鉴别的研究一直备受重视,电子舌可用来检测食品是否掺假。例如,将采集到的不同样品信号用线性判别分析建立模型,可以分别以 97% 和 93% 的正确率区分羊乳、牛乳与两者的混合样。利用伏安型电子舌检测掺入向日葵油、大豆油和玉米油的橄榄油,当掺假量大于 10% 时,电子舌识别掺假橄榄油的正确率为 100%。深度融合了电子鼻、电子舌和光谱分析技术,可以以 100% 的正确率识别掺假蜂蜜。

2. 食品的分类、分级

食品的品质分级关系到食品的质量定位和消费的切身利益,电子舌作为快速检测工具,能够有效地实现食品的分类和分级,帮助实现产品的定位及配方的优化。例如,将采集到的信号用支持向量机神经网络进行处理和模式识别,结果显示电子舌对脂肪含量不同的牛乳和不同品牌的牛乳具有很好的区分和分类效果。电子舌可以作为红酒年份预测和有机酸、酚类化合物定量分析的快速检测工具,对于红酒年份预测的误差在 1.8 年以内,并能有效检测多种有机酸的含量。电子舌还能够有效区分茶叶产品。采用法国 AlphaMOS 公司的 α-ASTREE 电子舌检测装置对三个等级 15 种普洱茶分别进行了感官评价与电子测定，证明即使是特征十分相近的茶叶，电子舌也能进行很好的区分。使用伏安型电子舌结合线性判别方法区分不同炒制温度和炒制时间的苦荞茶，区分指数分别达到 99.8% 和 99.7%。

3. 食品中微生物的检测

微生物在食品中发挥着很大的作用，因此对于微生物的检测非常重要。电子舌技术检测食品中的微生物主要是通过测定微生物所引起的滋味物质的变化，与微生物污染状况建立相关性，从而对微生物的种类和污染程度进行鉴别区分。例如，通过电子舌检测鱼肉营养物质的分解产物，利用分解产物信息构建结果支持向量机模型和 BP 人工神经网络模型，能够很好地检测鱼类中的菌落总数与微生物污染情况。采用 TS-5000Z 型电子舌测定不同时期冷藏双斑东方鲀的滋味物质，结合偏最小二乘法和多元线性回归法建立了菌落总数的预测模型，预测集决定系数达到 0.97 和 0.99，能较好地预测双斑东方鲀的菌落总数，并区分不同冷藏时期样品的新鲜度。

4. 食品加工过程的在线检测

利用电子舌可以对产品的加工过程进行监测，可优化加工条件，实现食品质量控制。例如，在牛乳加工过程中，电子舌可以直接检测不同来源的原料乳，并根据牛乳的不同风味，判断奶牛在饲养过程中所用的饲料（如青贮饲料、苜蓿或干草等）；还可以快速检测所输送牛乳的质量或风味变化情况，防止被污染或风味败坏的牛乳污染其他的原料乳。采用电子舌可以分析红烧鸡肉在整个烹饪过程中的味道变化，监测红烧鸡肉的品质。使用电子舌技术监测室温下新鲜椰奶的质量变化，通过主成分分析、聚类分析和相似性分析对数据进行分析，结果表明新鲜椰奶在室温 2~3h 和 7~8h 两个时间段内发生显著变化，电子舌分析结果与化学和微生物分析结果一致。

5. 食品质量评价

食品的品质往往决定着产品的价格定位和目标消费人群，电子舌可以实现对产品的质量评价。例如，利用多频脉冲电子舌，可以对鲈鱼、鳜鱼、鲫鱼三种淡水鱼和马鲛鱼、小黄鱼、鲷鱼三种海水鱼进行有效区分，能较准确地表征鱼类新鲜度的变化。以金属或金属化合物为传感器的电势型电子舌能够很好地区分产自不同植物的蜂蜜，电子舌数据与蜂蜜的色度、发光度和淀粉酶活性等物理化学参数具有显著的相关性。采用电势型电子舌和线性判别分析方法能够对突尼斯橄榄油进行品种识别和质量等级的划分。

三、电子鼻

电子鼻（electronic nose，EN）也称人工嗅觉系统，是 20 世纪 90 年代发展起来的一种利用气体传感器阵列的响应图案来识别气味的电子系统，它可以在几小时、几天甚至数月的时间内连续地、实时地监测特定位置的气味状况。电子鼻主要用来分析、识别和检测复杂嗅味和大多数挥发性化学成分，与普通成分分析仪器相比，它不需进行样品前处理，很少或者几乎不用有机溶剂，并且得到的不是样品中某种或某几种成分的定性与定量结果，而是样品中挥发成分的整体信息。它可以根据不同的气味检测到不同的信号，并且可以将这些信号与利用标样建立的数据库中的信号加以比较，进行识别和判断。目前，电子鼻在食品、烟草、化妆品、石油化工、包装材料、环境监测、临床、化学等领域得到了广泛应用。

（一）电子鼻技术的基本原理

电子鼻是一种能够感知和识别气味的电子系统，模拟人的嗅觉器官对气味进行感知、分析和判断。其工作原理与人的嗅觉形成相似，包括3个部分：①气味分子被人工嗅觉系统中的传感器阵列吸附，产生信号；②生成的信号经各种方法加工处理与传输；③将处理后的信号经模式识别系统做出判断。

（二）电子鼻的组成

电子鼻一般由气敏传感器阵列、信号预处理系统和模式识别系统三大部分组成。工作时，气味分子被气敏传感器阵列吸附，产生信号；信号经过预处理系统进行处理和加工；并最终由模式识别系统对信号处理结果做出判断。

1. 气敏传感器阵列

在电子鼻系统中，气敏传感器是感知气味的基本单元，也是关键因素。但由于气敏传感器的专一性很强，使得单个传感器在检测混合气体或有干扰气体存在的情况下，难以得到较高的检测和识别精度。因此，电子鼻的气味感知部分往往采用多个具有不同选择性的气敏传感器，并按一定阵列组合，利用其对多种气体的交叉敏感性，将不同的气味分子转化为与时间相关的可测物理信号组，实现混合气体的分析。

气敏传感器阵列是电子鼻的核心部分，根据原理的不同，可以分为金属氧化物型、电化学型、导电聚合物型、质量型、光离子化型等类型。目前应用最广泛的是金属氧化物型。

2. 信号预处理系统

该系统是对传感器阵列传入的信号进行滤波、交换和特征提取，其中最重要的是特征提取。不同的信号处理系统按特征提取方法的不同进行区分。目前，常用的特征提取方法有相对法、差分法、对数法和归一法等，这些方法既可以处理信号，为模式识别过程做好数据准备，也可以利用传感器信号中的瞬态信息检测来校正传感器阵列。大量试验表明，相对法有助于补偿传感器的敏感性；差分法除了可以补偿传感器的敏感性外，还能使传感器电阻与浓度参数的关系线性化；对数法可以使高度非线性的浓度依赖关系线性化；归一法则不仅可以减小化学计量分类器的计量误差，还可以为人工神经网络分类器的输入准备适当的数据。由此可见，不同的信号预处理子系统往往与某个模式识别子系统结合在一起进行开发，将其设计成一套软件系统的两个过程，可以方便数据转换并保证模式识别过程的准确性。

3. 模式识别系统

模式识别是对输入信号再进行适当的处理，以获得混合气体的组成成分和浓度信息的过程。模式识别过程分为两个阶段：第一是监督学习阶段，在该阶段需要用被测试的气体来训练电子鼻，让它知道需要感应的气体是什么；第二是应用阶段，经过训练的电子鼻有了一定的测试能力，这时它就会使用模式识别的方法对被测气体进行辨识。目前主要模式识别方法有统计模式识别技术、人工神经网络技术、进化神经网络技术等。

（三）电子鼻的工作程序

电子鼻识别气味的主要机制是在阵列中的每个传感器对被测气体都有不同的灵敏度，即传感器阵列对不同气体的响应图谱是不同的，这种区别使系统能根据传感器的响应图谱来识别气味。电子鼻典型的工作程序如下。

1. 传感器初始化

利用载气把顶空进样器获取的挥发性物质吸取至装有电子传感器阵列的容器室中。

2. 测定样品与数据分析

取样操作单元把已初始化的传感器阵列暴露到气味中，当挥发性化合物与传感器活性材料表面接触时，产生瞬时响应。这种响应被记录，并传送到信号处理单元进行分析，与数据库中存储的大量挥发性化合物图案进行比较、鉴别，以确定气味类型。

3. 清洗传感器

测定完样品后，要用高纯空气"冲洗"传感器活性材料表面，以去除残留气味混合物。进行下一次测量之前，传感器仍要再次初始化（即工作之间，每个传感器都需用高纯空气进行清洗，以达到基准状态）。被测气味作用的时间称为传感器阵列的"响应时间"，清除过程和气体作用的初始化过程所用的时间称为"恢复时间"。

（四）电子鼻在食品工业中的应用

在食品感官质量评价时，以嗅觉评价最为复杂，也极难把握。目前，这项工作是靠专业技术人员的嗅觉进行评价，评价结果包含了人为因素，可重复性较低。电子鼻技术可得到具有相当精度的多组分信息，其特征图像被用于计算机神经网络的训练，并有可能识别未知试样，大大提高食品感官质量评价结果的准确性。当某种香料香精的香气质量或香型经专业技术人员评价以后，电子鼻系统将其作为学习样本来学习，通过神经网络方法，在学习中不断调整其权值。电子鼻系统在学习并掌握了必要的知识之后，对一种香气就可以通过一次测量，迅速给出其香气质量得分或香型。这样的电子鼻就具有了一定程度的智能，可以部分代替人来评价香气的质量或确定香气的类型。电子鼻通过"学习—测试—再学习—再测试"，多次反复，不断提高分析能力的过程犹如一个评香师的培训过程。

随着电子鼻研究的不断深入，电子鼻的应用深度也在不断扩大，主要体现在其在同一领域不同环节中的应用，如在食品原材料方面，可以检测鱼、肉、蔬菜、水果等的新鲜度，对谷物进行分类以及对禽类进行病菌检疫；在食品生产过程方面，可以实现烹调、发酵、储存等过程的监测；在食品产品评价方面，可以评价水果、葡萄酒和肉制品等的品质，评价和识别不同品牌的白酒、葡萄酒等。

1. 电子鼻在果蔬成熟度检测方面的应用

果蔬在不同成熟阶段，散发的气味不一样，可以通过闻其气味来评价水果的成熟度。电子鼻技术通过将气味检测得到的数据信号与产品各成熟度指标建立模型，从而在线检测水果或蔬菜所散发的气味并进行成熟度判别。采用电子鼻系统对不同成熟度的番茄及其在贮藏期间气味的变化情况进行研究：采用颜色指标进行成熟度区分时，利用主成分分析和线性判别式分析模式识别的研究结果表明，电子鼻可以较好地区分半熟期、成熟期、完熟期的番茄；采用坚实度指标识别和主成分分析处理数据时，电子鼻可以将半熟期、成熟期和完熟期的番茄完全分开。通过将气味检测得到的数据信号与产品各成熟度指标建立关系，用电子鼻在线检测了苹果货架期中成熟度的变化情况。

2. 电子鼻在食品新鲜度检测方面的应用

随着经济的发展和民众生活水平的提高，人们的消费观念与消费行为开始发生改变，对食品品质的要求随之提高。食品新鲜度直接与人类的身体健康与生命安全相关联，因此备受关注。传统的理化分析、微生物分析等新鲜度评价方法存在检测操作烦琐、需要借助复杂仪器设备、检测环境要求严格以及耗时长等缺点。利用人工嗅觉系统，可达到快捷、准确、费用低廉的效果。电子鼻技术已经广泛用于鱼、肉、蔬菜、水果等食品的新鲜度检测。例如，通过比较电子鼻检测系统、感官评价技术以及挥发性盐基氮（TVB-N）测定技术对不同储存时间的猪肉样品的检测结果，同时分析气体传感器信号与传统食品新鲜度检测方法的相关性，发现电子鼻的响应结果与TVB-N的含量存在线性关系，表明电子鼻系统可以对猪肉新鲜度进行检测。电子鼻检测系统能够验证和判别西蓝花等农副产品的新鲜度。此外，采用商用电子鼻PEN 2对不同储存温度下的鲜切菠萝的挥发性化合物进行检测，通过连续方法和不连续方法对样品进行采集分析，能够对与菠萝质量衰减相关的挥发性化合物变化进行区分，监测鲜切水果储存过程中的新鲜度。美国Cyrano sciences公司研制的Cyranose230是目前市场上第一种基于高分子材料传感器的便携式电子鼻，它能快速、准确地判别生产和包装过程中食品的新鲜度、污染情况以及批量产品的一致性。利用仿生电子鼻技术可为人们判断食品及其原料的新鲜度带来巨大方便。

3. 电子鼻在食品等级判定中的应用

传统的食品等级评定基于食品的内在质量、几何形状等参数，往往需要测定各项物理指标和化学指标，才能对食品进行综合评定，需要大量的人力和物力。而对于同一种原料食品来说，不同等级的食品其气味是不同的，因此可以应用仿生电子鼻根据食品气味对食品进行质量分级。例如，利用电子鼻技术结合主成分分析能够正确区分不同品质等级的草莓，等级判定结果与基于理化分析的判定结果相一致。快速气相电子鼻技术结合多元统计分析能够对优质红茶和缺陷红茶进行快速、准确的分类。

4. 电子鼻在食品类别判定方面的应用

食品的种类不同，所带有的挥发性气味物质也不同，因此，应用电子鼻系统可进行食品类别鉴别。例如，电子鼻系统可以快速、准确地实现白酒种类和真假的识别，可以准确识别不同香型和同种香型不同品牌的白酒。利用电子鼻对纯水、稀释的酒精样品、2种西班牙红葡萄酒和1种白葡萄酒进行检测和区分，试验结果表明电子鼻系统可以完全区分5种测试样品，测试结果和气相色谱分析的结果一致。

5. 电子鼻在食品微生物检测中的应用

微生物影响食品质量，其大量繁殖不仅使食品失去原有风味，还会产生不良风味物质。传统的微生物学检测方法有标准平板计数法和显微镜直接观察法，但存在检测周期长、操作烦琐、灵敏度不高、前处理时间长等缺点。电子鼻可依据不同微生物产生的代谢物产物之间的差异，对食品中腐败菌种类及其生长规律进行检测。例如，内置式的电子鼻装置可以实现牛乳中荧光假单胞菌和假单胞腐败菌的区分。电子鼻对牛乳中的不同腐败菌进行监测，同时采用GC-MS测定细菌代谢产生的挥发性物质，结果表明，电子鼻所得的"气味图谱"与细菌数和挥发性细菌代谢物质的种类和数量之间存在良好的相关性，可以利用电子鼻监测牛乳中不同类型腐败菌的生长情况。采用PEN3型电子鼻对多种食源性致病菌进行快速检测，结合主成分分析和线性判别式分析方法能将不同培养时间的细菌区分开，并且在低浓度（10CFU/mL）情况下也可有效区分。采用基于金属氧化物传感器阵列的电子鼻测定了蔬菜汤中的大肠杆菌，对大肠杆菌的检出限为3CFU/100mL，结果准确度高且重现性好，可以很好地区分不同污染程度的蔬菜汤。

6. 电子鼻在食品在线检测方面的应用

食品加工过程中，品质控制对于保证产品质量的稳定性起到决定性作用。现在常用的品质在线监控系统比较庞大、操作复杂、价格昂贵。利用电子鼻，可实现烹调、发酵、贮藏等过程的在线品质监控，检测环境中是否出现异常气味。例如，用电子鼻可识别巴氏杀菌牛乳和经过超高温瞬时杀菌处理的牛乳。用电子鼻识别牛乳的处理过程以及跟踪牛乳腐败的动力学过程，可以得知其品质优劣和整个腐败过程。在乳制品生产工业上应用这种仪器进行质控分析试验，具有很好的重复性，响应时间仅为 2~3min。电子鼻也可用于在线分析肉制品加工中挥发性气体成分变化，评价肉品的质量，同时对环境条件进行监控，最终对产品的质量进行预测和评价。利用电子鼻技术结合线性判别分析和多层感知器神经网络模型，能够对羊肉掺假鸭肉进行快速在线检测，生肉识别率为均为 100%，熟肉识别率分别为 98.2%、96.5%。

（五）当前的电子鼻系统

目前比较著名的电子鼻系统有英国的 Neotronics system、AromaScan system、Bloodhound，法国的 Alpha MOS 系统，日本的 Frgaro 和我国台湾的 Smell 和 KeenWeen 等。当前部分已商品化的电子鼻如表 10-21 所示。

表 10-21 部分商品化的电子鼻

电子鼻名称	国家	传感器类型	传感器数目
Airsense	德国	MOS	10
Alpha MOS	法国	MOS/CP/QCM	达到 24
AromaScan	英国	CP	32
Bloodhound Sensor	英国	CP	14
HKR SensorSysteme	德国	QCM	6
Lennartz electronic	德国	MOS/QCM	达到 40
Neotonics	美国、英国	CP	12
Nordic Sensor Technologies	瑞士	MOSFET/MOS/IR/QCM	达到 15
RSTRostock	德国	QCM/MOS/SAW	达到 6

注：表中 MOS（mental oxide semiconductors）为金属氧化物传感器；CP（conducting ploymer）为导电聚合物传感器；QCM（quartz crystal microbalance）为石英晶体谐振传感器；IR（infrared）为红外线光电传感器；SAW（surface acoustic wave）为声表面波传感器；MOSFET（mental oxide semiconductor field effect transistor）为金属氧化物半导体场效应管传感器。

【复习思考题】

1. 简述感觉阈的概念及分类。
2. 什么是分析型感官评价？
3. 消费者试验常用的方法是什么？
4. 食品感官评价的主要方法有哪些？并详细说明。
5. 在感官评价人员筛选过程中应注意什么问题？
6. 简述电子鼻和电子舌的基本原理以及在食品工业中的应用。
7. 质构仪的检测方法有哪些？这些检测方法各自主要应用在哪些方面？
8. 简述进行消费者试验的场地分类及特点。

参考文献

[1] 朱蓓薇. 食品工艺学 [M]. 2版. 北京：科学出版社，2022.
[2] 曾庆孝. 食品加工与保藏原理 [M]. 北京：化学工业出版社，2014.
[3] 何强，吕远平. 食品保藏技术原理 [M]. 北京：中国轻工业出版社，2020.
[4] 金昌海，食品发酵与酿造 [M]. 北京：中国轻工业出版社，2018.
[5] 赵征，张民. 食品技术原理 [M]. 2版. 北京：中国轻工业出版社，2019.
[6] 张民，陈野. 食品工艺学 [M]. 4版. 北京：中国轻工业出版社，2022.
[7] 卢晓黎，杨瑞. 食品保藏原理 [M]. 2版. 北京：化学工业出版社，2017.
[8] 曾名湧. 食品保藏原理与技术 [M]. 2版. 北京：化学工业出版社，2019.
[9] 于秋生. 现代食品系统工程学导论 [M]. 北京：中国轻工业出版社，2020.
[10] 张国农. 食品工厂设计与环境保护 [M]. 北京：中国轻工业出版社，2015.
[11] 陈军，刘成梅. 食品新产品开发 [M]. 北京：中国轻工业出版社，2023.
[12] 王永华，吴青. 食品感官评定 [M]. 北京：中国轻工业出版社，2018.
[13] 徐树来. 食品感官分析与实验 [M]. 3版. 北京：化学工业出版社，2020.
[14] 孙建同，孙昌言，王世进. 应用统计学 [M]. 3版. 北京：清华大学出版社，2020.
[15] 沈明浩，谢主兰. 食品感官评定 [M]. 2版. 郑州：郑州大学出版社，2017.
[16] 李立，孙智慧，李晓燕，等. 超高压技术在冷冻食品加工中的应用 [J]. 食品工业，2021，42（06）：328-333.
[17] 孙志利，李婧，王波，等. 食品冻结过程的辅助技术研究进展 [J]. 冷藏技术，2022，45（2）：1-11.
[18] 芮李彤，刘畅，夏秀芳. 水-冰-水动态变化引起冷冻肉类食品品质变化机理及控制技术研究进展 [J]. 食品科学，2023，44（5）：187-196.
[19] 孙颜君，孙颜杰. 超高静压技术在乳制品加工中应用的研究进展 [J]. 中国乳品工业，2016，44（2）：26-30.
[20] 李晓燕，樊博玮，赵宜范，等. 超声辅助冷冻技术在食品浸渍式冷冻中的研究进展 [J]. 包装工程，2021，42（11）：11-17.
[21] 陈聪，杨大章，谢晶. 速冻食品的冰晶形态及辅助冻结方法研究进展 [J]. 食品与机械，2019，35（8）：220-225.
[22] 王艳芬. 基于电子舌鉴别的传感器阵列优化方法研究 [J]. 食品与机械，2016，32（7）：93-95.
[23] 朱榕秋，周熠玮，陈维信，等. 电子鼻在果蔬贮藏保鲜中应用的研究进展 [J]. 广东农业科学，2024，51（1）：51-62.

附录一 三位随机数表

862	245	458	396	522	498	298	665	635	665	113	917	365	332	896	314	688	468	663	712	585	351	847
223	398	183	765	138	369	163	743	593	252	581	355	542	691	537	222	746	636	478	368	949	797	295
756	954	266	174	496	133	759	488	854	187	228	824	881	549	759	169	122	919	946	293	874	289	452
544	537	522	459	984	585	946	127	711	549	445	793	734	855	121	885	595	152	237	574	166	145	784
681	829	614	547	869	742	822	554	448	813	976	688	959	714	912	646	873	397	159	155	136	463	363
199	113	941	933	375	651	414	891	129	938	862	572	698	128	363	478	214	241	314	437	792	874	926
918	481	797	621	743	827	377	916	966	426	657	246	423	277	685	533	937	223	582	946	323	626	519
335	662	875	282	617	274	635	379	287	791	334	139	117	963	448	597	451	585	821	829	267	512	638
477	776	339	818	251	916	581	232	372	374	799	461	276	486	274	791	369	774	795	681	458	938	171
653	489	538	216	446	849	914	337	993	459	325	614	771	244	429	874	557	119	122	417	882	714	769
749	824	721	967	287	556	268	843	725	731	553	253	183	653	988	431	788	426	875	838	457	927	475
522	967	259	532	618	624	396	562	134	563	932	441	834	787	231	958	232	537	439	956	531	345	352
475	172	986	859	925	932	282	924	842	642	797	565	399	896	596	282	441	784	258	684	625	662	291
894	333	612	718	869	487	741	259	476	127	286	736	257	168	847	316	969	692	786	549	949	559	526
116	218	464	191	132	218	573	786	258	296	471	372	618	935	353	747	123	863	644	161	793	196	847
381	641	393	375	354	193	165	615	587	384	119	187	965	572	112	695	615	941	361	375	376	871	633
968	755	847	643	773	765	349	478	611	978	868	898	546	319	775	169	896	275	513	222	114	233	184
742	421	226	286	522	618	471	218	397	745	461	477	478	535	957	674	132	228	442	225	444	171	151

续表

859	878	392	311	659	772	935	834	117	658	161	754	654	176	883	855	195	637	751	586	948	513
964	593	137	574	288	994	582	746	336	983	782	611	988	833	265	969	584	564	683	197	214	326
177	636	674	897	167	157	856	662	589	145	926	362	777	415	931	313	317	195	137	959	536	985
228	755	915	955	946	233	647	425	674	719	543	549	826	669	429	576	773	756	392	632	725	879
591	214	852	669	394	349	299	179	261	332	294	896	299	782	397	791	659	921	569	811	683	762
636	167	789	438	413	569	118	253	452	577	859	125	141	241	746	444	841	313	446	225	362	248
415	982	543	743	835	826	364	988	923	224	615	283	462	328	512	228	466	278	874	373	499	437
383	349	468	122	771	481	723	511	889	896	338	937	313	594	158	687	932	889	918	768	857	694
875	973	235	811	761	226	637	741	767	894	371	128	972	161	911	427	164	461	911	792	256	294
257	752	667	227	813	488	598	979	388	921	926	715	349	644	846	879	242	695	222	633	595	526
723	395	174	453	276	732	323	583	826	562	814	397	556	786	358	755	996	249	676	462	614	485
448	524	951	982	455	999	451	695	693	788	493	951	231	259	667	318	655	374	559	577	873	747
539	811	529	664	594	555	779	168	442	377	685	449	128	532	232	421	418	436	733	348	162	919
661	469	312	748	942	671	284	354	939	116	158	583	615	977	625	193	872	833	818	154	449	333
394	647	493	599	618	317	846	416	174	449	269	276	883	828	193	984	529	758	164	215	938	272
882	216	786	376	187	864	912	837	551	233	744	634	464	313	474	536	333	927	345	889	387	658
116	138	848	135	339	143	165	222	215	655	532	862	794	495	789	662	787	112	487	926	721	861

附录二 t 值表

自由度 df	单测	0.25	0.20	0.15	0.10	0.05	0.025	0.01	0.005	0.0025	0.001	0.0005
	双测	0.50	0.40	0.30	0.20	0.10	0.05	0.02	0.01	0.005	0.002	0.001
1		1.000	1.3766	1.963	3.078	6.314	12.71	31.82	63.66	127.3	318.3	636.6
2		0.816	1.061	1.386	1.886	2.920	4.303	6.965	9.925	14.09	22.33	31.60
3		0.765	0.978	1.250	1.638	2.353	3.182	4.541	5.841	7.453	10.21	12.92
4		0.741	0.941	1.190	1.533	2.132	2.776	3.747	4.604	5.598	7.173	8.61
5		0.727	0.920	1.156	1.476	2.015	2.571	3.365	4.032	4.773	5.893	6.869
6		0.718	0.906	1.134	1.440	1.943	2.447	3.143	3.707	4.317	5.208	5.959
7		0.711	0.896	1.119	1.415	1.895	2.365	2.998	3.499	4.029	4.785	5.408
8		0.706	0.889	1.108	1.397	1.860	2.306	2.896	3.355	3.833	4.501	5.041

概率 P

续表

自由度 df	单测	0.25	0.20	0.15	0.10	0.05	0.025	0.01	0.005	0.0025	0.001	0.0005
	双测	0.50	0.40	0.30	0.20	0.10	0.05	0.02	0.01	0.005	0.002	0.001
							概率 P					
9		0.703	0.883	1.100	1.383	1.833	2.262	2.821	3.250	3.690	4.297	4.781
10		0.700	0.879	1.093	1.372	1.812	2.228	2.764	3.169	3.581	4.144	4.587
11		0.697	0.876	1.088	1.363	1.796	2.201	2.718	3.106	3.497	4.025	4.437
12		0.695	0.873	1.083	1.356	1.782	2.179	2.681	3.055	3.428	3.930	4.318
13		0.694	0.870	1.079	1.350	1.771	2.160	2.650	3.012	3.372	3.852	4.221
14		0.692	0.868	1.076	1.345	1.761	2.145	2.624	2.977	3.326	3.787	4.140
15		0.691	0.866	1.074	1.341	1.753	2.131	2.602	2.947	3.286	3.733	4.073
16		0.690	0.865	1.071	1.337	1.746	2.120	2.583	2.921	3.252	3.686	4.015
17		0.689	0.863	1.069	1.333	1.740	2.110	2.567	2.898	3.222	3.646	3.965
18		0.688	0.862	1.067	1.330	1.734	2.101	2.552	2.878	3.197	3.610	3.922
19		0.688	0.861	1.066	1.328	1.729	2.093	2.539	2.861	3.174	3.579	3.883
20		0.687	0.860	1.064	1.325	1.725	2.086	2.528	2.845	3.153	3.552	3.850
21		0.686	0.859	1.063	1.323	1.721	2.080	2.518	2.831	3.135	3.527	3.819
22		0.686	0.858	1.061	1.321	1.717	2.074	2.508	2.819	3.119	3.505	3.792
23		0.685	0.858	1.060	1.319	1.714	2.069	2.500	2.807	3.104	3.485	3.767
24		0.685	0.857	1.059	1.318	1.711	2.064	2.492	2.797	3.091	3.467	3.745
25		0.684	0.856	1.058	1.316	1.708	2.060	2.485	2.787	3.078	3.450	3.725
26		0.684	0.856	1.058	1.315	1.706	2.056	2.479	2.779	3.067	3.435	3.707
27		0.684	0.855	1.057	1.314	1.703	2.052	2.473	2.771	3.057	3.421	3.690
28		0.683	0.855	1.056	1.313	1.701	2.048	2.467	2.763	3.047	3.408	3.674
29		0.683	0.854	1.055	1.311	1.699	2.045	2.462	2.756	3.038	3.396	3.659
30		0.683	0.854	1.055	1.310	1.697	2.042	2.457	2.750	3.030	3.385	3.646
40		0.681	0.851	1.050	1.303	1.684	2.021	2.423	2.704	2.971	3.307	3.551
50		0.679	0.849	1.047	1.299	1.676	2.009	2.403	2.678	2.937	3.261	3.496
60		0.679	0.848	1.045	1.296	1.671	2.000	2.390	2.660	2.915	3.232	3.460
80		0.678	0.846	1.043	1.292	1.664	1.990	2.374	2.639	2.887	3.195	3.416
100		0.677	0.845	1.042	1.290	1.660	1.984	2.364	2.626	2.871	3.174	3.390
120		0.677	0.845	1.041	1.289	1.658	1.98	2.358	2.617	2.860	3.160	3.373
∞		0.674	0.842	1.036	1.282	1.645	1.96	2.326	2.576	2.807	3.090	3.291

附录三 F 分布表

$\alpha = 0.05$

分母自由度 df_2	分子自由度 df_1																												
	1	2	3	4	5	6	7	8	9	10	11	12	13	14	15	16	17	18	19	20	21	22	23	24	25	26	27	28
1	161.45	199.50	215.71	224.58	230.16	233.99	236.77	238.88	240.54	241.88	242.98	243.91	244.69	245.36	245.95	246.46	246.92	247.32	247.69	248.01	248.31	248.58	248.83	249.05	249.26	249.45	249.63	249.80
2	18.51	19.00	19.16	19.25	19.30	19.33	19.35	19.37	19.38	19.40	19.40	19.41	19.42	19.42	19.43	19.43	19.44	19.44	19.44	19.45	19.45	19.45	19.45	19.45	19.46	19.46	19.46	19.46
3	10.13	9.55	9.28	9.12	9.01	8.94	8.89	8.85	8.81	8.79	8.76	8.74	8.73	8.71	8.70	8.69	8.68	8.67	8.67	8.66	8.65	8.65	8.64	8.64	8.63	8.63	8.63	8.62
4	7.71	6.94	6.59	6.39	6.26	6.16	6.09	6.04	6.00	5.96	5.94	5.91	5.89	5.87	5.86	5.84	5.83	5.82	5.81	5.80	5.79	5.79	5.78	5.77	5.77	5.76	5.76	5.75
5	6.61	5.79	5.41	5.19	5.05	4.95	4.88	4.82	4.77	4.74	4.70	4.68	4.66	4.64	4.62	4.60	4.59	4.58	4.57	4.56	4.55	4.54	4.53	4.53	4.52	4.52	4.51	4.50
6	5.99	5.14	4.76	4.53	4.39	4.28	4.21	4.15	4.10	4.06	4.03	4.00	3.98	3.96	3.94	3.92	3.91	3.90	3.88	3.87	3.86	3.86	3.85	3.84	3.83	3.83	3.82	3.82
7	5.59	4.74	4.35	4.12	3.97	3.87	3.79	3.73	3.68	3.64	3.60	3.57	3.55	3.53	3.51	3.49	3.48	3.47	3.46	3.44	3.43	3.43	3.42	3.41	3.40	3.40	3.39	3.39
8	5.32	4.46	4.07	3.84	3.69	3.58	3.50	3.44	3.39	3.35	3.31	3.28	3.26	3.24	3.22	3.20	3.19	3.17	3.16	3.15	3.14	3.13	3.12	3.12	3.11	3.10	3.10	3.09
9	5.12	4.26	3.86	3.63	3.48	3.37	3.29	3.23	3.18	3.14	3.10	3.07	3.05	3.03	3.01	2.99	2.97	2.96	2.95	2.94	2.93	2.92	2.91	2.90	2.89	2.89	2.88	2.87
10	4.96	4.10	3.71	3.48	3.33	3.22	3.14	3.07	3.02	2.98	2.94	2.91	2.89	2.86	2.85	2.83	2.81	2.80	2.79	2.77	2.76	2.75	2.75	2.74	2.73	2.72	2.72	2.71
11	4.84	3.98	3.59	3.36	3.20	3.09	3.01	2.95	2.90	2.85	2.82	2.79	2.76	2.74	2.72	2.70	2.69	2.67	2.66	2.65	2.64	2.63	2.62	2.61	2.60	2.59	2.59	2.58
12	4.75	3.89	3.49	3.26	3.11	3.00	2.91	2.85	2.80	2.75	2.72	2.69	2.66	2.64	2.62	2.60	2.58	2.57	2.56	2.54	2.53	2.52	2.51	2.51	2.50	2.49	2.48	2.48
13	4.67	3.81	3.41	3.18	3.03	2.92	2.83	2.77	2.71	2.67	2.63	2.60	2.58	2.55	2.53	2.51	2.50	2.48	2.47	2.46	2.45	2.44	2.43	2.42	2.41	2.41	2.40	2.39
14	4.60	3.74	3.34	3.11	2.96	2.85	2.76	2.70	2.65	2.60	2.57	2.53	2.51	2.48	2.46	2.44	2.43	2.41	2.40	2.39	2.38	2.37	2.36	2.35	2.34	2.33	2.33	2.32
15	4.54	3.68	3.29	3.06	2.90	2.79	2.71	2.64	2.59	2.54	2.51	2.48	2.45	2.42	2.40	2.38	2.37	2.35	2.34	2.33	2.32	2.31	2.30	2.29	2.28	2.27	2.27	2.26
16	4.49	3.63	3.24	3.01	2.85	2.74	2.66	2.59	2.54	2.49	2.46	2.42	2.40	2.37	2.35	2.33	2.32	2.30	2.29	2.28	2.26	2.25	2.24	2.24	2.23	2.22	2.21	2.21
17	4.45	3.59	3.20	2.96	2.81	2.70	2.61	2.55	2.49	2.45	2.41	2.38	2.35	2.33	2.31	2.29	2.27	2.26	2.24	2.23	2.22	2.21	2.20	2.19	2.18	2.17	2.17	2.16
18	4.41	3.55	3.16	2.93	2.77	2.66	2.58	2.51	2.46	2.41	2.37	2.34	2.31	2.29	2.27	2.25	2.23	2.22	2.20	2.19	2.18	2.17	2.16	2.15	2.14	2.13	2.13	2.12
19	4.38	3.52	3.13	2.90	2.74	2.63	2.54	2.48	2.42	2.38	2.34	2.31	2.28	2.26	2.23	2.21	2.20	2.18	2.17	2.16	2.14	2.13	2.12	2.11	2.11	2.10	2.09	2.08
20	4.35	3.49	3.10	2.87	2.71	2.60	2.51	2.45	2.39	2.35	2.31	2.28	2.25	2.22	2.20	2.18	2.17	2.15	2.14	2.12	2.11	2.10	2.09	2.08	2.07	2.07	2.06	2.05
21	4.32	3.47	3.07	2.84	2.68	2.57	2.49	2.42	2.37	2.32	2.28	2.25	2.22	2.20	2.18	2.16	2.14	2.12	2.11	2.10	2.08	2.07	2.06	2.05	2.05	2.04	2.03	2.02
22	4.30	3.44	3.05	2.82	2.66	2.55	2.46	2.40	2.34	2.30	2.26	2.23	2.20	2.17	2.15	2.13	2.11	2.10	2.08	2.07	2.06	2.05	2.04	2.03	2.02	2.01	2.00	2.00
23	4.28	3.42	3.03	2.80	2.64	2.53	2.44	2.37	2.32	2.27	2.24	2.20	2.18	2.15	2.13	2.11	2.09	2.08	2.06	2.05	2.04	2.02	2.01	2.01	2.00	1.99	1.98	1.97
24	4.26	3.40	3.01	2.78	2.62	2.51	2.42	2.36	2.30	2.25	2.22	2.18	2.15	2.13	2.11	2.09	2.07	2.05	2.04	2.03	2.01	2.00	1.99	1.98	1.97	1.97	1.96	1.95
25	4.24	3.39	2.99	2.76	2.60	2.49	2.40	2.34	2.28	2.24	2.20	2.16	2.14	2.11	2.09	2.07	2.05	2.04	2.02	2.01	2.00	1.98	1.97	1.96	1.96	1.95	1.94	1.93
26	4.23	3.37	2.98	2.74	2.59	2.47	2.39	2.32	2.27	2.22	2.18	2.15	2.12	2.09	2.07	2.05	2.03	2.02	2.00	1.99	1.98	1.97	1.96	1.95	1.94	1.93	1.92	1.91
27	4.21	3.35	2.96	2.73	2.57	2.46	2.37	2.31	2.25	2.20	2.17	2.13	2.10	2.08	2.06	2.04	2.02	2.00	1.99	1.97	1.96	1.95	1.94	1.93	1.92	1.91	1.90	1.90

续表

$\alpha = 0.05$

分母自由度 df_2	分子自由度 df_1																											
	1	2	3	4	5	6	7	8	9	10	11	12	13	14	15	16	17	18	19	20	21	22	23	24	25	26	27	28
28	4.20	3.34	2.95	2.71	2.56	2.45	2.36	2.29	2.24	2.19	2.15	2.12	2.09	2.06	2.04	2.02	2.00	1.99	1.97	1.96	1.95	1.93	1.92	1.91	1.91	1.90	1.89	1.88
29	4.18	3.33	2.93	2.70	2.55	2.43	2.35	2.28	2.22	2.18	2.14	2.10	2.08	2.05	2.03	2.01	1.99	1.97	1.96	1.94	1.93	1.92	1.91	1.90	1.89	1.88	1.88	1.87
30	4.17	3.32	2.92	2.69	2.53	2.42	2.33	2.27	2.21	2.16	2.13	2.09	2.06	2.04	2.01	1.99	1.98	1.96	1.95	1.93	1.92	1.91	1.90	1.89	1.88	1.87	1.86	1.85
31	4.16	3.30	2.91	2.68	2.52	2.41	2.32	2.25	2.20	2.15	2.11	2.08	2.05	2.03	2.00	1.98	1.96	1.95	1.93	1.92	1.91	1.90	1.89	1.88	1.87	1.86	1.85	1.84
32	4.15	3.29	2.90	2.67	2.51	2.40	2.31	2.24	2.19	2.14	2.10	2.07	2.04	2.01	1.99	1.97	1.95	1.94	1.92	1.91	1.90	1.88	1.87	1.86	1.85	1.85	1.84	1.83
33	4.14	3.28	2.89	2.66	2.50	2.39	2.30	2.23	2.18	2.13	2.09	2.06	2.03	2.00	1.98	1.96	1.94	1.93	1.91	1.90	1.89	1.88	1.86	1.85	1.84	1.83	1.83	1.82
34	4.13	3.28	2.88	2.65	2.49	2.38	2.29	2.23	2.17	2.12	2.08	2.05	2.02	1.99	1.97	1.95	1.93	1.92	1.90	1.89	1.88	1.87	1.85	1.84	1.83	1.82	1.82	1.81
35	4.12	3.27	2.87	2.64	2.49	2.37	2.29	2.22	2.16	2.11	2.07	2.04	2.01	1.99	1.96	1.94	1.92	1.91	1.89	1.88	1.87	1.86	1.84	1.83	1.82	1.82	1.81	1.80
36	4.11	3.26	2.87	2.63	2.48	2.36	2.28	2.21	2.15	2.11	2.07	2.03	2.00	1.98	1.95	1.93	1.92	1.90	1.88	1.87	1.86	1.85	1.83	1.82	1.81	1.81	1.80	1.79
37	4.11	3.25	2.86	2.63	2.47	2.36	2.27	2.20	2.14	2.10	2.06	2.02	2.00	1.97	1.95	1.93	1.91	1.89	1.88	1.86	1.85	1.84	1.83	1.82	1.81	1.80	1.79	1.78
38	4.10	3.24	2.85	2.62	2.46	2.35	2.26	2.19	2.14	2.09	2.05	2.02	1.99	1.96	1.94	1.92	1.90	1.88	1.87	1.85	1.84	1.83	1.82	1.81	1.80	1.79	1.78	1.77
39	4.09	3.24	2.85	2.61	2.46	2.34	2.26	2.19	2.13	2.08	2.04	2.01	1.98	1.95	1.93	1.91	1.89	1.88	1.86	1.85	1.83	1.82	1.81	1.80	1.79	1.78	1.77	1.77

$\alpha = 0.01$

分母自由度 df_2	分子自由度 df_1																											
	1	2	3	4	5	6	7	8	9	10	11	12	13	14	15	16	17	18	19	20	21	22	23	24	25	26	27	28
1	405	499	540	562	576	585	592	598	602	605	608	610	612	614	615	617	618	619	620	620	621	622	622	623	623	624	624	625
2	2.18	9.50	9.35	4.58	3.65	8.99	8.36	1.07	2.47	5.85	3.32	6.32	5.86	2.67	7.28	0.10	1.43	1.53	0.58	8.73	6.12	2.84	8.99	4.63	9.83	4.62	9.07	3.20
2	98.50	99.00	99.17	99.25	99.30	99.33	99.36	99.37	99.39	99.40	99.41	99.42	99.42	99.43	99.43	99.44	99.44	99.44	99.45	99.45	99.45	99.45	99.46	99.46	99.46	99.46	99.46	99.46
3	34.12	30.82	29.46	28.71	28.24	27.91	27.67	27.49	27.35	27.23	27.13	27.05	26.98	26.92	26.87	26.83	26.79	26.75	26.72	26.69	26.66	26.64	26.62	26.60	26.58	26.56	26.55	26.53
4	21.20	18.00	16.69	15.98	15.52	15.21	14.98	14.80	14.66	14.55	14.45	14.37	14.31	14.25	14.20	14.15	14.11	14.08	14.05	14.02	13.99	13.97	13.95	13.93	13.91	13.89	13.88	13.86
5	16.26	13.27	12.06	11.39	10.97	10.67	10.46	10.29	10.16	10.05	9.96	9.89	9.82	9.77	9.72	9.68	9.64	9.61	9.58	9.55	9.53	9.51	9.49	9.47	9.45	9.43	9.42	9.40
6	13.75	10.92	9.78	9.15	8.75	8.47	8.26	8.10	7.98	7.87	7.79	7.72	7.66	7.60	7.56	7.52	7.48	7.45	7.42	7.40	7.37	7.35	7.33	7.31	7.30	7.28	7.27	7.25
7	12.25	9.55	8.45	7.85	7.46	7.19	6.99	6.84	6.72	6.62	6.54	6.47	6.41	6.36	6.31	6.28	6.24	6.21	6.18	6.16	6.13	6.11	6.09	6.07	6.06	6.04	6.03	6.02
8	11.26	8.65	7.59	7.01	6.63	6.37	6.18	6.03	5.91	5.81	5.73	5.67	5.61	5.56	5.52	5.48	5.44	5.41	5.38	5.36	5.34	5.32	5.30	5.28	5.26	5.25	5.23	5.22
9	10.56	8.02	6.99	6.42	6.06	5.80	5.61	5.47	5.35	5.26	5.18	5.11	5.05	5.01	4.96	4.92	4.89	4.86	4.83	4.81	4.79	4.77	4.75	4.73	4.71	4.70	4.68	4.67
10	10.04	7.56	6.55	5.99	5.64	5.39	5.20	5.06	4.94	4.85	4.77	4.71	4.65	4.60	4.56	4.52	4.49	4.46	4.43	4.41	4.38	4.36	4.34	4.33	4.31	4.30	4.28	4.27
11	9.65	7.21	6.22	5.67	5.32	5.07	4.89	4.74	4.63	4.54	4.46	4.40	4.34	4.29	4.25	4.21	4.18	4.15	4.12	4.10	4.08	4.06	4.04	4.02	4.01	3.99	3.98	3.96
12	9.33	6.93	5.95	5.41	5.06	4.82	4.64	4.50	4.39	4.30	4.22	4.16	4.10	4.05	4.01	3.97	3.94	3.91	3.88	3.86	3.84	3.82	3.80	3.78	3.76	3.75	3.74	3.72
13	9.07	6.70	5.74	5.21	4.86	4.62	4.44	4.30	4.19	4.10	4.02	3.96	3.91	3.86	3.82	3.78	3.75	3.72	3.69	3.66	3.64	3.62	3.60	3.59	3.57	3.56	3.54	3.53

续表

$\alpha = 0.01$

分母自由度 df_2	分子自由度 df_1																											
	1	2	3	4	5	6	7	8	9	10	11	12	13	14	15	16	17	18	19	20	21	22	23	24	25	26	27	28
14	8.86	6.51	5.56	5.04	4.69	4.46	4.28	4.14	4.03	3.94	3.86	3.80	3.75	3.70	3.66	3.62	3.59	3.56	3.53	3.51	3.48	3.46	3.44	3.43	3.41	3.40	3.38	3.37
15	8.68	6.36	5.42	4.89	4.56	4.32	4.14	4.00	3.89	3.80	3.73	3.67	3.61	3.56	3.52	3.49	3.45	3.42	3.40	3.37	3.35	3.33	3.31	3.29	3.28	3.26	3.25	3.24
16	8.53	6.23	5.29	4.77	4.44	4.20	4.03	3.89	3.78	3.69	3.62	3.55	3.50	3.45	3.41	3.37	3.34	3.31	3.28	3.26	3.24	3.22	3.20	3.18	3.16	3.15	3.14	3.12
17	8.40	6.11	5.18	4.67	4.34	4.10	3.93	3.79	3.68	3.59	3.52	3.46	3.40	3.35	3.31	3.27	3.24	3.21	3.19	3.16	3.14	3.12	3.10	3.08	3.07	3.05	3.04	3.03
18	8.29	6.01	5.09	4.58	4.25	4.01	3.84	3.71	3.60	3.51	3.43	3.37	3.32	3.27	3.23	3.19	3.16	3.13	3.10	3.08	3.05	3.03	3.02	3.00	2.98	2.97	2.95	2.94
19	8.18	5.93	5.01	4.50	4.17	3.94	3.77	3.63	3.52	3.43	3.36	3.30	3.24	3.19	3.15	3.12	3.08	3.05	3.03	3.00	2.98	2.96	2.94	2.92	2.91	2.89	2.88	2.87
20	8.10	5.85	4.94	4.43	4.10	3.87	3.70	3.56	3.46	3.37	3.29	3.23	3.18	3.13	3.09	3.05	3.02	2.99	2.96	2.94	2.92	2.90	2.88	2.86	2.84	2.83	2.81	2.80
21	8.02	5.78	4.87	4.37	4.04	3.81	3.64	3.51	3.40	3.31	3.24	3.17	3.12	3.07	3.03	2.99	2.96	2.93	2.90	2.88	2.86	2.84	2.82	2.80	2.79	2.77	2.76	2.74
22	7.95	5.72	4.82	4.31	3.99	3.76	3.59	3.45	3.35	3.26	3.18	3.12	3.07	3.02	2.98	2.94	2.91	2.88	2.85	2.83	2.81	2.78	2.77	2.75	2.73	2.72	2.70	2.69
23	7.88	5.66	4.76	4.26	3.94	3.71	3.54	3.41	3.30	3.21	3.14	3.07	3.02	2.97	2.93	2.89	2.86	2.83	2.80	2.78	2.76	2.74	2.72	2.70	2.69	2.67	2.66	2.64
24	7.82	5.61	4.72	4.22	3.90	3.67	3.50	3.36	3.26	3.17	3.09	3.03	2.98	2.93	2.89	2.85	2.82	2.79	2.76	2.74	2.72	2.70	2.68	2.66	2.64	2.63	2.61	2.60
25	7.77	5.57	4.68	4.18	3.85	3.63	3.46	3.32	3.22	3.13	3.06	2.99	2.94	2.89	2.85	2.81	2.78	2.75	2.72	2.70	2.68	2.66	2.64	2.62	2.60	2.59	2.58	2.56
26	7.72	5.53	4.64	4.14	3.82	3.59	3.42	3.29	3.18	3.09	3.02	2.96	2.90	2.86	2.81	2.78	2.75	2.72	2.69	2.66	2.64	2.62	2.60	2.58	2.57	2.55	2.54	2.53
27	7.68	5.49	4.60	4.11	3.78	3.56	3.39	3.26	3.15	3.06	2.99	2.93	2.87	2.82	2.78	2.75	2.71	2.68	2.66	2.63	2.61	2.59	2.57	2.55	2.54	2.52	2.51	2.49
28	7.64	5.45	4.57	4.07	3.75	3.53	3.36	3.23	3.12	3.03	2.96	2.90	2.84	2.79	2.75	2.72	2.68	2.65	2.63	2.60	2.58	2.56	2.54	2.52	2.51	2.49	2.48	2.46
29	7.60	5.42	4.54	4.04	3.73	3.50	3.33	3.20	3.09	3.00	2.93	2.87	2.81	2.77	2.73	2.69	2.66	2.63	2.60	2.57	2.55	2.53	2.51	2.49	2.48	2.46	2.45	2.44
30	7.56	5.39	4.51	4.02	3.70	3.47	3.30	3.17	3.07	2.98	2.91	2.84	2.79	2.74	2.70	2.66	2.63	2.60	2.57	2.55	2.53	2.51	2.49	2.47	2.45	2.44	2.42	2.41
31	7.53	5.36	4.48	3.99	3.67	3.45	3.28	3.15	3.04	2.96	2.88	2.82	2.77	2.72	2.68	2.64	2.61	2.58	2.55	2.52	2.50	2.48	2.46	2.45	2.43	2.41	2.40	2.39
32	7.50	5.34	4.46	3.97	3.65	3.43	3.26	3.13	3.02	2.93	2.86	2.80	2.74	2.70	2.65	2.62	2.58	2.55	2.53	2.50	2.48	2.46	2.44	2.42	2.41	2.39	2.38	2.36
33	7.47	5.31	4.44	3.95	3.63	3.41	3.24	3.11	3.00	2.91	2.84	2.78	2.72	2.68	2.63	2.60	2.56	2.53	2.51	2.48	2.46	2.44	2.42	2.40	2.39	2.37	2.36	2.34
34	7.44	5.29	4.42	3.93	3.61	3.39	3.22	3.09	2.98	2.89	2.82	2.76	2.70	2.66	2.61	2.58	2.54	2.51	2.49	2.46	2.44	2.42	2.40	2.38	2.37	2.35	2.34	2.32
35	7.42	5.27	4.40	3.91	3.59	3.37	3.20	3.07	2.96	2.88	2.80	2.74	2.69	2.64	2.60	2.56	2.53	2.50	2.47	2.44	2.42	2.40	2.38	2.36	2.35	2.33	2.32	2.30
36	7.40	5.25	4.38	3.89	3.57	3.35	3.18	3.05	2.95	2.86	2.79	2.72	2.67	2.62	2.58	2.54	2.51	2.48	2.45	2.43	2.41	2.38	2.37	2.35	2.33	2.32	2.30	2.29
37	7.37	5.23	4.36	3.87	3.56	3.33	3.17	3.04	2.93	2.84	2.77	2.71	2.65	2.61	2.56	2.53	2.49	2.46	2.44	2.41	2.39	2.37	2.35	2.33	2.32	2.30	2.28	2.27
38	7.35	5.21	4.34	3.86	3.54	3.32	3.15	3.02	2.92	2.83	2.75	2.69	2.64	2.59	2.55	2.51	2.48	2.45	2.42	2.40	2.37	2.35	2.33	2.32	2.30	2.28	2.27	2.26
39	7.33	5.19	4.33	3.84	3.53	3.30	3.14	3.01	2.90	2.81	2.74	2.68	2.62	2.58	2.54	2.50	2.46	2.43	2.41	2.38	2.36	2.34	2.32	2.30	2.29	2.27	2.26	2.24

附录四 χ² 值表

自由度 df	概率 P												
	0.995	0.99	0.975	0.95	0.90	0.75	0.50	0.25	0.10	0.05	0.025	0.01	0.005
1	0.00	0.00	0.001	0.004	0.016	0.10	0.45	1.32	2.71	3.84	5.02	6.63	7.88
2	0.01	0.02	0.02	0.10	0.21	0.58	1.39	2.77	4.61	5.99	7.38	9.21	10.6
3	0.07	0.11	0.22	0.35	0.58	1.21	2.37	4.11	6.25	7.81	9.35	11.34	12.84
4	0.21	0.30	0.48	0.71	1.06	1.92	3.36	5.39	7.78	9.49	11.14	13.28	14.86
5	0.41	0.55	0.83	1.15	1.61	2.67	4.35	6.63	9.24	11.07	12.83	15.09	16.75
6	0.68	0.87	1.24	1.64	2.2	3.45	5.35	7.84	10.64	12.59	14.45	16.81	18.55
7	0.99	1.24	1.69	2.17	2.83	4.25	6.35	9.04	12.02	14.07	16.01	18.48	20.28
8	1.34	1.65	2.18	2.73	3.4	5.07	7.34	10.22	13.36	15.51	17.53	20.09	21.96
9	1.73	2.09	2.70	3.33	4.17	5.90	8.34	11.39	14.68	16.92	19.02	21.67	23.59
10	2.16	2.56	3.25	3.94	4.87	6.74	9.34	12.55	15.99	18.31	20.48	23.21	25.19
11	2.60	3.05	3.82	4.57	5.58	7.58	10.34	13.70	17.28	19.68	21.92	24.72	26.76
12	3.07	3.57	4.40	5.23	6.3	8.44	11.34	14.85	18.55	21.03	23.34	26.22	28.30
13	3.57	4.11	5.01	5.89	7.04	9.30	12.34	15.98	19.81	22.36	24.74	27.69	29.82
14	4.07	4.66	5.63	6.57	7.79	10.17	13.34	17.12	21.06	23.68	26.12	29.14	31.32
15	4.60	5.23	6.27	7.26	8.55	11.04	14.34	18.25	22.31	25.00	27.49	30.58	32.80
16	5.14	5.81	6.91	7.96	9.31	11.91	15.34	19.37	23.54	26.3	28.85	32.00	34.27
17	5.70	6.41	7.56	8.67	10.09	12.79	16.34	20.49	24.77	27.59	30.19	33.41	35.72
18	6.26	7.01	8.23	9.39	10.86	13.68	17.34	21.60	25.99	28.87	31.53	34.81	37.16
19	6.84	7.63	8.91	10.12	11.65	14.56	18.34	22.72	27.20	30.14	32.85	36.19	38.58
20	7.43	8.26	9.59	10.85	12.44	15.45	19.34	23.83	28.41	31.41	34.17	37.57	40.00
21	8.03	8.90	10.28	11.59	13.24	16.34	20.34	24.93	29.62	32.67	35.48	38.93	41.40
22	8.64	9.54	10.98	12.34	14.04	17.24	21.34	26.04	30.81	33.92	36.78	40.29	42.80
23	9.26	10.20	11.69	13.09	14.85	18.14	22.34	27.14	32.01	35.17	38.08	41.64	44.18
24	9.89	10.86	12.40	13.85	15.66	19.04	23.34	28.24	33.20	36.42	39.36	42.98	45.56
25	10.52	11.52	13.12	14.61	16.47	19.94	24.34	29.34	34.38	37.65	40.65	44.31	46.93
26	11.16	12.20	13.84	15.38	17.29	20.84	25.34	30.43	35.56	38.89	41.92	45.64	48.29
27	11.81	12.88	14.57	16.15	18.11	21.75	26.34	31.53	36.74	40.11	43.19	46.96	49.64
28	12.46	13.56	15.31	16.93	18.94	22.66	27.34	32.62	37.92	41.34	44.46	48.28	50.99

自由度 df	概率 P										
	0.995	0.99	0.975	0.95	0.90	0.75	0.50	0.25	0.10	0.05	0.025	0.01	0.005
29	13.12	14.26	16.05	17.71	19.77	23.57	28.34	33.71	39.09	42.56	45.72	49.59	52.34
30	13.79	14.95	16.79	18.49	20.60	24.48	29.34	34.80	40.26	43.77	46.98	50.89	53.67
40	20.71	22.16	24.43	26.51	29.05	33.66	39.34	45.62	51.80	55.76	59.34	63.69	66.77
50	27.99	29.71	32.36	34.76	37.69	42.94	49.33	56.33	63.17	67.50	71.42	76.15	79.49
60	35.53	37.48	40.48	43.19	46.46	52.29	59.33	66.98	74.40	79.08	83.30	88.38	91.95
70	43.28	45.44	48.76	51.74	55.33	61.70	69.33	77.58	85.53	90.53	95.02	100.42	104.22
80	51.17	53.54	57.15	60.39	64.28	71.14	79.33	88.13	96.58	101.88	106.63	112.33	116.32
90	59.20	61.75	65.65	69.13	73.29	80.62	89.33	98.64	107.56	113.14	118.14	124.12	128.30
100	67.33	70.06	74.22	77.93	82.36	90.13	99.33	109.14	118.50	124.34	129.56	135.81	140.17

附录五 顺位检验法检验表

顺位检验法检验表（$\alpha=0.05$）

评价员数 (n)	样品数 (m)													
	2	3	4	5	6	7	8	9	10	11	12	13	14	15
2	—	—	—	—	—	—	—	—	—	—	—	—	—	—
3	—	—	—	3~9	3~11	3~13	4~14	4~16	4~18	5~19	5~21	5~23	5~25	6~26
4	—	4~8	4~11	4~14	4~17	4~20	4~23	5~25	5~28	5~31	5~34	5~37	5~40	6~42
5	—	5~11	5~13	5~18	6~15	6~18	7~20	8~22	8~25	9~27	10~29	10~32	11~34	12~36
	—	5~11	6~14	7~17	8~20	7~25	7~29	8~32	8~36	8~40	9~43	9~47	10~50	10~54
6	6~9	6~14	7~18	8~22	9~26	9~31	10~35	11~39	13~31	14~34	15~37	16~40	17~43	18~46
	7~11	7~13	8~17	10~20	11~24	13~27	14~31	15~35	17~38	18~42	20~45	21~49	23~52	24~56
7	7~11	8~16	9~21	10~26	12~31	12~36	13~41	14~46	12~43	12~48	13~52	14~56	14~61	15~65
	8~13	9~15	11~19	12~24	14~28	16~32	18~36	20~40	15~51	17~55	18~60	19~65	19~71	20~76
8	8~13	10~18	11~24	12~30	14~35	15~41	17~46	18~52	21~45	23~49	25~53	27~57	29~61	31~65
	9~15	10~18	13~22	15~27	17~32	19~37	22~41	24~46	19~58	21~63	23~69	25~75	26~80	26~86
	10~14	11~21	13~27	15~33	17~39	18~46	20~52	22~58	26~51	28~56	30~61	33~65	35~70	37~75
		12~20	15~23	17~31	20~36	23~41	25~47	28~52	24~64	25~71	27~77	29~83	30~90	32~96
									31~57	33~63	36~68	39~73	41~79	44~84

续表

评价员数(n)	2	3	4	5	6	7	8	9	10	11	12	13	14	15
9	11~16	13~23	15~30	17~37	19~44	22~50	24~57	26~64	28~71	30~78	32~85	34~92	36~99	38~106
10	11~16	14~22	17~28	20~34	23~40	26~46	29~52	32~58	35~64	38~70	41~76	45~81	48~87	51~93
11	12~18	15~25	17~33	20~40	22~48	25~55	27~63	30~70	32~78	34~86	37~93	39~101	41~109	44~116
12	12~18	16~24	19~31	23~37	26~44	30~50	33~57	37~63	40~70	44~76	47~83	51~89	54~96	57~103
13	13~20	16~28	19~36	22~44	25~52	28~60	31~68	34~76	36~85	39~93	42~101	45~109	47~118	50~126
14	14~19	18~26	21~34	25~41	29~48	32~56	37~62	41~69	45~76	49~83	53~90	57~97	60~105	64~112
15	15~21	18~30	21~39	25~47	28~56	31~65	34~74	38~82	41~91	44~100	47~109	50~118	53~127	56~136
16	15~21	19~29	24~36	28~44	32~52	37~59	41~67	45~75	50~82	54~90	58~98	63~105	67~113	71~121
17	16~23	20~32	24~41	27~51	31~60	35~69	38~79	42~88	45~98	49~107	52~117	56~126	59~136	62~146
18	17~22	21~31	26~39	30~47	34~56	38~65	42~74	46~83	50~92	54~101	58~110	62~119	66~128	70~137
19	17~25	22~34	26~44	30~54	34~64	38~74	42~84	46~94	50~104	54~114	58~124	62~134	66~144	70~154
20	18~24	23~33	28~42	33~51	38~60	42~69	47~77	51~86	55~95	59~104	64~112	68~121	72~130	76~139
21	19~26	23~37	28~47	32~58	37~68	41~79	46~89	50~100	54~111	58~122	63~132	67~143	71~154	75~165
22	19~26	25~35	30~45	36~54	42~63	47~73	53~82	59~91	64~101	70~110	75~120	81~129	87~138	92~148
23	20~28	25~39	30~50	35~61	40~72	45~83	49~95	54~106	59~119	63~129	68~140	73~151	77~163	82~174
24	21~27	27~37	33~47	39~57	45~67	51~77	57~87	63~97	69~107	75~117	81~127	87~137	93~147	100~156
25	22~29	27~41	32~53	38~64	43~76	48~88	53~100	58~112	63~124	68~136	73~148	78~160	83~172	88~184
26	22~29	28~40	35~50	41~61	48~71	54~82	61~92	67~103	74~113	81~123	87~134	94~144	100~155	107~165
27	23~31	29~43	34~56	40~68	46~80	51~93	57~105	62~118	68~130	73~143	79~155	84~168	90~180	95~193
28	24~30	30~42	37~53	44~64	51~75	58~86	65~97	72~108	79~119	86~130	93~141	100~152	107~163	114~174
29	24~33	30~46	37~58	43~71	49~84	55~97	61~110	67~123	73~136	78~150	84~163	90~176	96~189	102~202
30	25~32	32~44	39~56	47~67	54~79	62~90	69~102	76~114	84~125	91~137	99~148	106~160	114~171	121~183
31	26~34	32~48	39~61	45~75	52~88	58~102	65~115	71~129	77~143	83~157	90~170	96~184	102~198	108~212
32	26~34	34~46	42~58	50~70	57~83	65~95	73~107	81~119	89~131	97~143	105~153	112~168	120~180	128~192
33	27~36	34~50	41~64	48~78	55~92	62~106	68~121	75~135	82~149	89~163	95~178	102~192	108~207	115~221
34	28~35	36~48	44~61	52~74	61~86	69~99	77~112	86~124	94~137	102~150	110~163	119~175	127~188	135~201
35	28~36	36~52	43~67	51~81	58~96	65~107	72~126	80~140	87~155	94~170	101~185	108~200	115~215	122~230
36	29~37	38~50	46~64	55~77	64~90	73~103	81~117	90~130	99~143	108~156	116~170	125~183	134~196	143~209
37	30~33	38~54	46~69	53~85	61~100	69~115	76~131	84~146	91~162	99~177	106~193	114~208	121~224	128~240
38	31~38	40~52	49~96	58~80	67~94	76~108	85~122	95~135	104~149	113~163	122~177	131~191	141~204	150~218

续表

评价员数 (n)	样品数 (m)													
	2	3	4	5	6	7	8	9	10	11	12	13	14	15
24	31~41	40~56	48~72	56~88	64~104	72~120	80~136	88~152	96~168	104~184	112~200	120~216	127~233	135~249
25	32~40	41~55	51~69	61~83	70~98	80~112	90~126	99~141	109~155	119~169	128~184	138~198	147~213	157~227
	33~42	41~59	50~75	59~91	67~108	76~124	84~141	92~158	101~174	109~191	117~208	126~224	134~241	142~258
26	33~42	43~57	53~72	63~87	73~102	84~116	94~131	104~146	114~161	124~176	134~191	144~206	154~221	164~236
	34~44	43~61	52~78	61~95	70~112	79~129	88~146	97~163	106~180	114~198	123~215	132~232	140~250	149~267
27	35~34	45~59	56~74	66~90	77~105	87~121	98~136	108~152	119~167	129~183	140~198	151~213	162~229	172~244
	35~46	45~63	55~80	64~98	73~116	83~133	92~151	101~169	110~187	119~205	129~222	138~240	147~258	156~276
28	36~45	47~61	58~77	69~93	80~109	91~125	102~141	113~157	124~173	135~189	146~205	157~221	168~237	170~253
	37~47	47~65	57~83	67~101	76~120	86~138	96~156	106~174	115~193	125~211	134~230	144~248	153~267	162~286
29	38~45	49~63	60~80	72~96	83~113	95~129	106~146	118~162	129~179	140~196	152~212	163~229	175~245	186~262
	38~49	49~67	59~86	69~105	80~123	90~142	100~161	110~180	120~199	130~218	140~237	150~256	160~275	169~295
30	39~48	51~65	63~82	74~100	86~117	98~134	110~151	122~168	134~185	146~202	158~219	170~236	182~253	194~270
	40~50	51~69	61~89	72~108	83~127	93~147	104~166	114~186	125~205	135~225	145~245	156~264	166~284	176~304
31	41~49	53~67	65~85	77~103	90~120	102~138	114~156	127~173	139~191	151~209	164~226	176~244	189~261	201~279
	41~51	52~72	64~91	75~111	86~131	97~151	108~171	119~191	130~211	140~232	151~252	162~272	173~292	183~313
32	42~51	55~69	67~88	80~106	93~124	106~142	119~160	131~179	144~197	157~215	170~233	183~251	196~269	208~288
	42~54	54~74	66~94	77~115	89~135	100~156	122~176	123~197	134~218	146~238	157~259	168~280	179~301	190~322
33	43~53	56~72	70~90	83~109	96~128	109~147	123~165	136~184	149~203	163~221	176~240	189~259	202~278	216~296
	44~55	56~76	68~97	80~118	92~139	104~160	116~181	128~202	139~224	151~245	163~266	174~288	186~309	197~331
34	45~54	58~74	72~93	86~112	99~132	113~151	127~170	141~189	154~209	168~228	182~247	196~266	209~286	223~305
	45~57	58~78	70~100	83~121	95~143	108~164	120~186	132~208	144~230	156~252	168~274	180~296	192~318	204~340
35	46~56	60~76	74~96	88~116	103~135	117~155	131~175	145~195	159~215	174~234	188~254	202~274	216~294	231~313
	47~58	60~80	73~102	86~124	98~147	111~169	124~191	136~214	149~236	161~259	174~281	186~304	199~326	211~349
36	48~57	62~78	77~98	91~119	106~139	121~159	135~180	150~200	165~220	179~241	194~261	209~281	223~302	238~322
	48~60	62~82	75~105	88~128	102~150	115~173	128~196	141~219	154~242	167~265	180~288	193~311	205~335	318~358
37	49~99	64~80	79~101	94~122	109~143	124~164	139~185	155~205	170~226	185~247	200~268	215~289	230~310	245~331
	50~61	63~85	77~108	91~131	105~154	118~178	132~201	145~225	159~248	172~272	185~296	199~319	212~343	225~367
38	51~60	66~82	81~104	97~125	112~247	128~168	144~189	159~211	175~232	190~254	206~275	222~296	237~318	253~339
	51~63	65~87	80~110	94~134	108~158	122~182	136~206	150~230	164~254	177~279	191~303	205~327	219~351	232~376
	52~62	68~84	84~105	100~128	116~150	132~172	148~194	164~216	180~238	196~260	212~282	282~304	244~326	260~348

顺位检验法检验表 ($\alpha=0.01$)

评价员数 (n)	样品数 (m)													
	2	3	4	5	6	7	8	9	10	11	12	13	14	15
2	—	—	—	—	—	—	—	—	—	—	—	—	—	—
3	—	—	—	—	—	—	—	—	—	—	—	—	—	—
4	—	—	—	—	—	—	—	—	—	—	—	—	—	—
5	—	—	5~15	4~14	4~17	4~20	5~22	5~25	3~19	3~21	3~23	3~26	3~27	3~29
6	—	6~14	6~19	5~19	5~23	5~27	6~30	6~34	4~29	4~32	4~35	4~38	4~41	4~44
7	—	7~17	7~18	6~18	6~22	7~25	8~28	8~32	5~27	6~30	6~33	7~35	7~38	7~41
8	8~13	8~16	8~22	7~23	7~28	8~32	8~37	9~41	6~38	6~42	7~45	7~49	7~53	7~57
9	9~15	8~20	9~21	8~22	9~26	10~30	11~34	12~38	9~35	10~38	10~42	11~45	12~48	13~51
10	9~15	9~19	10~26	9~27	12~30	13~35	11~43	12~48	9~46	10~50	10~55	11~59	11~64	12~68
11	10~17	10~22	11~24	11~31	12~37	13~43	14~49	16~55	13~42	14~46	15~50	16~54	17~58	18~62
12	10~17	11~21	11~29	12~30	14~35	16~40	18~45	19~51	13~53	13~59	14~64	15~69	16~74	16~80
13	11~19	12~24	13~27	13~35	14~42	17~46	17~55	19~61	17~49	18~54	20~58	21~63	20~85	24~72
14	11~19	12~24	13~32	15~33	17~39	19~45	21~51	23~57	16~61	17~67	18~73	19~79	28~67	21~91
15	12~21	13~27	15~30	15~39	17~46	19~53	21~60	22~68	21~56	21~75	23~81	24~68	25~95	27~101
16	13~20	14~26	15~35	17~37	20~43	22~50	25~56	27~63	20~68	26~68	26~66	26~72	28~77	30~82

注：该表为顺位检验法检验表（$\alpha=0.01$），用于感官评价中的顺位法显著性检验。

续表

评价员数 (n)	2	3	4	5	6	7	样品数 (m) 8	9	10	11	12	13	14	15
17	20~31	25~43	30~55	35~67	39~80	44~92	49~104	53~117	58~129	62~142	67~154	71~167	76~179	80~192
18	21~30	26~42	32~53	38~64	42~76	49~87	55~98	60~110	66~124	72~132	78~143	83~155	89~166	95~177
19	22~32	27~45	32~58	37~71	42~84	47~97	52~110	57~123	62~136	67~149	72~162	77~175	82~188	86~202
20	22~32	28~44	34~56	40~68	46~80	52~92	59~103	65~115	71~127	77~129	83~151	89~163	95~175	102~186
21	23~34	29~47	34~61	40~74	45~88	50~102	59~115	61~129	67~142	72~156	77~170	82~184	86~197	93~211
22	24~33	30~46	36~59	43~71	49~84	56~96	62~109	69~121	75~133	82~146	89~158	95~171	102~183	108~196
23	24~36	30~50	36~64	42~78	48~92	54~106	60~120	65~125	71~140	77~163	82~178	88~192	94~206	99~221
24	25~35	32~48	38~62	45~75	52~88	59~101	63~126	73~127	80~140	87~153	94~166	101~179	108~192	115~203
25	26~37	32~52	38~67	45~81	51~96	57~111	63~126	66~141	75~156	82~170	88~185	94~200	100~215	106~230
26	26~37	33~51	41~61	48~78	55~92	63~105	71~119	78~182	85~146	92~160	100~173	107~187	115~200	122~214
27	27~39	34~54	40~70	47~85	54~100	60~116	67~131	74~148	80~162	80~178	93~193	99~209	106~204	112~240
28	28~38	35~53	43~67	51~81	58~96	66~110	74~124	82~138	90~152	98~166	106~180	113~195	121~209	129~223
29	28~41	36~56	43~72	51~88	57~104	64~120	71~136	78~152	85~168	91~150	98~201	105~217	112~233	119~249
30	29~40	37~55	45~70	53~85	62~99	70~114	78~129	86~144	95~158	103~173	111~188	119~203	128~214	136~232
24	30~42	37~59	45~75	52~92	60~108	67~125	75~141	82~180	89~175	96~192	104~208	111~225	118~242	125~259
24	30~42	39~57	47~73	56~88	65~103	73~119	80~134	91~140	99~165	108~180	117~195	126~210	134~226	143~241
25	31~44	39~61	47~78	55~95	63~112	71~129	78~147	66~164	94~181	101~199	109~216	117~233	124~251	132~268
25	32~43	41~59	50~75	59~91	68~107	77~123	86~139	95~155	101~171	113~187	123~202	132~218	141~234	150~250
26	32~45	41~63	49~81	57~99	66~116	74~134	82~152	90~170	98~188	106~206	114~224	122~242	130~260	138~278
26	33~45	42~62	52~78	61~95	71~111	80~128	90~144	100~166	109~177	149~193	128~210	138~226	147~243	157~259
27	34~47	43~65	51~84	60~102	69~120	77~139	86~157	94~176	103~194	111~213	120~231	128~250	137~268	145~287
28	35~46	44~64	54~81	64~98	74~115	84~132	94~149	104~166	114~183	124~200	134~217	144~234	154~251	164~268
28	35~49	44~68	54~86	63~105	72~124	81~143	90~162	99~181	108~200	110~220	125~239	134~258	143~277	152~296
29	36~48	46~66	56~84	67~101	77~119	88~136	93~154	108~172	119~189	129~207	140~224	150~242	161~259	171~277
29	37~60	46~70	56~89	65~109	75~128	84~148	94~167	103~187	112~207	122~226	131~246	140~266	149~286	158~306
30	37~50	48~68	59~86	69~105	80~123	91~141	102~159	113~177	124~195	135~213	145~232	156~250	167~268	178~286
30	38~52	48~72	58~92	68~112	78~132	88~152	97~173	107~183	117~213	127~233	136~254	146~274	155~295	165~315
31	39~51	50~70	61~89	72~108	83~127	95~145	106~164	117~183	129~201	140~220	151~239	163~257	174~276	185~295
31	39~54	50~74	60~95	71~115	81~136	91~157	101~178	112~198	122~219	132~240	142~261	152~282	162~303	172~324
31	40~53	51~73	63~92	75~111	85~131	98~150	110~169	122~188	133~208	145~227	157~246	169~265	180~285	192~304

续表

评价员数 (n)	样品数 (m)													
	2	3	4	5	6	7	8	9	10	11	12	13	14	15
32	41~55	52~70	62~98	73~119	84~140	95~161	105~183	166~204	126~226	137~217	147~269	158~290	168~312	179~333
33	41~55	53~75	65~95	77~115	90~134	102~154	114~174	120~194	138~214	151~233	163~253	175~273	187~293	199~313
	42~57	53~79	65~100	76~122	87~144	98~166	109~188	120~210	134~232	142~254	153~276	164~298	174~321	185~343
34	43~56	55~77	68~97	80~118	93~138	105~159	118~179	131~199	145~220	156~240	169~260	181~281	194~301	206~322
	44~58	55~81	67~103	78~126	90~148	102~170	113~193	124~216	136~238	147~261	158~284	170~306	181~329	192~352
35	44~58	57~79	70~100	82~121	96~142	109~163	122~184	125~205	148~226	161~217	174~268	187~289	201~309	214~330
	45~60	57~83	69~106	81~129	93~152	95~175	117~198	120~221	141~244	152~208	164~291	176~314	187~338	199~361
36	46~59	59~81	72~103	86~124	99~146	1131~167	120~189	140~210	153~232	167~253	180~275	191~289	207~318	221~339
	46~62	59~85	71~109	84~132	96~156	109~179	121~203	133~227	145~251	157~275	170~298	182~322	194~346	206~370
37	47~61	61~83	74~106	88~128	102~150	116~172	130~194	144~216	158~238	172~260	186~282	200~304	214~326	228~348
	48~63	61~87	74~111	86~136	99~160	112~184	125~208	137~242	150~257	163~281	175~306	188~330	200~355	213~379
38	48~63	63~85	77~108	91~131	105~154	120~176	134~199	149~221	163~244	177~267	192~239	206~312	221~334	235~357
	49~65	62~90	76~114	89~139	102~164	136~188	120~213	142~233	155~263	168~288	181~318	194~338	207~363	219~389
	50~64	64~83	79~111	94~134	109~157	123~181	138~304	153~227	168~250	183~273	198~296	213~319	227~323	242~366